Die katalytische Druckhydrierung von Kohlen Teeren und Mineralölen

(Das I.G.-Verfahren von Matthias Pier)

Von

Dr. Walter Krönig

Mit 26 Abbildungen
und 13 Schemata

Springer-Verlag Berlin Heidelberg GmbH

1950

ISBN 978-3-642-50105-0   ISBN 978-3-642-50104-3 (eBook)
DOI 10.1007/978-3-642-50104-3

Vorwort.

Infolge des Kriegsausganges ist die in erster Linie von der I. G. Farbenindustrie A. G. durchgeführte Entwicklung der Druckhydrierung von Kohlen, Teeren und Mineralölen zu Kraftstoffen aller Art zu einem gewissen Stillstand gekommen. Zugleich ist damit eine Auflockerung des Kreises der Hydrierfachleute eingetreten. Es wäre für die Fortschritte der Technik sehr bedauerlich, wenn die in den zwanzig Jahren der klein- und großtechnischen Entwicklung des I.-G.-Hydrierverfahrens in reichstem Maße gesammelten Erkenntnisse und Erfahrungen sich zerstreuen und somit verlorengehen würden für die Techniker, die an der Weiterentwicklung des Hydrierverfahrens arbeiten werden.

Bisher ist das Gebiet außer in der allgemeinen Literatur in zahlreichen Berichten der amerikanischen und englischen technischen Organisationen (CIOS- und BIOS-Berichten) dargestellt worden. Da aber den verschiedenen Berichten jeweils besondere Fragestellungen zugrunde lagen, geben sie kein in sich geschlossenes Bild des I.-G.-Hydrierverfahrens.

Auf Grund seiner früheren langjährigen Tätigkeit in der von Herrn Dr. M. Pier geleiteten Abteilung Hochdruckversuche der Badischen Anilin- & Soda-Fabrik bzw. I. G. Farbenindustrie A. G., Ludwigshafen am Rhein, hat der Verfasser in dem vorliegenden Bericht den Versuch gemacht, dieses Material unter Verwertung der dort erworbenen Kenntnisse zu ordnen und übersichtlich zusammenzustellen. Er hat sich an diese Darstellung gewagt, obwohl er den Anfang der Entwicklung nicht miterlebt hat, während der letzten Jahre der Weiterentwicklung des Verfahrens nicht mehr bei der I. G., sondern in einem Hydrierwerk tätig war und auch jetzt keine Gelegenheit hatte, die Arbeit mit Herrn Dr. Pier und den anderen Mitarbeitern abzustimmen. Es ist klar, daß der Verfasser bei der Schilderung des umfangreichen I.-G.-Verfahrens das von ihm besonders bearbeitete Gebiet am stärksten berücksichtigt hat, wodurch andere Gebiete in der Darstellung vielleicht etwas zurückgetreten sind.

Bei der Schilderung des I.-G.-Verfahrens, das den weitaus größten Teil der Schrift einnimmt, hat der Verfasser zwecks Vereinfachung auf Angabe von Literaturzitaten an den einzelnen Stellen verzichtet und sich mit der Aufführung einiger wichtiger Publikationen der I. G. am Schluß des Buches begnügt, auch unter Berücksichtigung des Umstandes, daß die Erfindungen, Erkenntnisse und Erfahrungen der I. G., die in dem Kreis der mit der I. G. zusammenarbeitenden Hydrierfachleute Allgemeingut geworden waren, meist in Patenten, weniger in Zeitschriften-Veröffentlichungen niedergelegt sind. Über die Veröffentlichungen vor und nach den Arbeiten der I. G. ist dagegen vielfach mit Literaturzitaten berichtet worden.

Der Verfasser hofft, daß die Darstellung ein brauchbares Bild vom Werdegang des I.-G.-Hydrierverfahrens und von seiner technischen Gestaltung gibt. Mit großer Dankbarkeit erinnert er sich der I.G. Farbenindustrie A.G. und der auf diesem Gebiet leitenden Männer Carl Bosch, Carl Krauch und Matthias Pier.

Der Verfasser widmet diese Schrift

Herrn Dr. Matthias Pier,
dem Schöpfer und Gestalter der katalytischen Druckhydrierung,

der durch Einführung und Auffindung von Katalysatoren die Grundlagen des Verfahrens schuf, der das Verfahren durch zahlreiche Erfindungen und Verbesserungen chemischer und technischer Art ausgestaltete und es gemeinsam mit seinen Mitarbeitern im großtechnischen Maßstab durchführte.

Der Verfasser schuldet besonderen Dank dem Verleger, Herrn Dr. Julius Springer, für dessen Entschluß, dieses Buch trotz der heute nicht günstigen Lage für die Hydrierung herauszubringen. — Der Kraftstoff- und Industriebau G. m. b. H. — vornehmlich deren Herren Dir. Dipl.-Ing. Klink und Ober-Ing. Sattler — ist der Verfasser zu großem Dank für die Anfertigung der dem Buch beigegebenen technischen Zeichnungen und Photographien verpflichtet.

Hamburg, im März 1949.

Dr. Walter Krönig.

Inhaltsverzeichnis.

A. Einleitung.

In der vorliegenden Zusammenstellung soll ein Überblick gegeben werden über die Entwicklung und den erreichten Stand der katalytischen Druckhydrierung nach dem I.-G.-Verfahren von Kohlen, Teeren und Mineralölen zu Treibstoffen aller Art, Schmierstoffen, Paraffin usw. Es werden im einzelnen die verschiedenen Ausführungsformen des Hydrierverfahrens geschildert, wobei auch die Vorbereitung der Rohstoffe und die Aufarbeitung der Nebenprodukte behandelt wird. Des weiteren wird auf die technische Gestaltung des Hydrierverfahrens eingegangen. Einleitend wird — abgrenzend — ein kurzer Überblick gegeben über andere Veredlungsverfahren fester und flüssiger Brennstoffe bzw. über Vorläufer des I.-G.-Hydrierverfahrens.

I. Definition und Anwendungsgebiet.

Die hier zu schildernde katalytische Druckhydrierung umfaßt die Behandlung von Rohstoffen mit freiem oder gebundenem Wasserstoff oder Wasserstoff enthaltenden oder reduzierend wirkenden Gasen unter Teildrucken des Wasserstoffs bzw. der reduzierend wirkenden Gase von 10 bis 1000 at und mehr, vornehmlich unter Gesamtdrucken von 10 bis 700 at in Gegenwart von Katalysatoren.

Die katalytische Druckhydrierung — soweit sie hier behandelt wird — umfaßt im wesentlichen die Umwandlung von Kohlen, sonstiger fester bituminöser Stoffe (Ölschiefer, Asphaltgesteine usw.) und Erdölen als solcher oder in Form ihrer Extraktions-, Destillations- und sonstiger Umwandlungsprodukte zu Treibstoffen aller Art sowie zu Leuchtölen, Schmierölen, Heizölen, Paraffin und chemischen Nebenprodukten.

II. Chemische Grundlagen.

Eine schematische Darstellung der Elementar-Analysen (wasser- und aschefrei, gerechnet auf 100 C) einiger charakteristischer Rohstoffe und Fertigprodukte ist in Abb. 1 wiedergegeben; sie ermöglicht folgende grundsätzliche Schlußfolgerungen:

1. Die Fertigprodukte sind durchweg wasserstoffreicher als die Rohstoffe, d. h. für eine vollständige Umwandlung ist eine Wasserstoffanlagerung notwendig (Hydrierung).

2. Zur Deckung dieser Wasserstoffdifferenz sind bei den Kohlen erheblich größere Beträge notwendig als bei den Erdölen und den ihnen nahestehenden Schieferölen, die Kohlenteere stehen zwischendrin; dies bedeutet, daß die zu leistende Hydrierarbeit in der Reihe: Kohle → Teere → Erdöle abnimmt.

3. Die Rohstoffe enthalten als „Verunreinigungen" Sauerstoff, Schwefel und Stickstoff in z. T. erheblichen Mengen, während die Fertigprodukte —von Spezialfällen abgesehen — lediglich aus Kohlenstoff und Wasserstoff bestehen. Die Entfernung dieser Verunreinigungen geschieht im Zuge der oben erwähnten Hydrierung durch Überführung der genannten Elemente in ihre Wasserstoffverbindungen (Reduktion), wobei statt Wasserstoff auch andere reduzierend wirkende Gase (z. B. CO) Verwendung finden können; ein Teil des Sauerstoffs kann allerdings auch — z. B. durch thermische Zersetzung von Carbonyl- bzw. Carboxyl-Gruppen im Rohstoff — als Kohlenoxyd bzw. Kohlensäure frei werden, womit eine entsprechende Verminderung des Verbrauchs an reduzierend wirkenden Gasen verbunden ist.

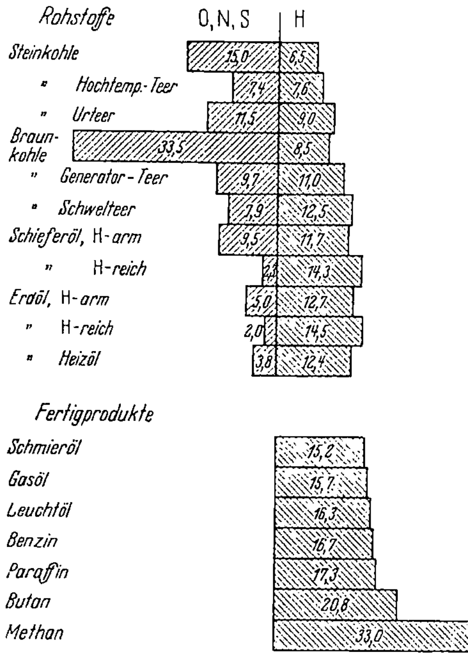

Abb. 1. Elementar-Bestandteile auf 100 C.
(Nach Pier: Österreichische Chemikerzeitung, 1939, Nr. 2)

4. Die Anteile der zu entfernenden Verunreinigungen sind — wie bei der Wasserstoff-Differenz — bei den Kohlen am größten, bei den Erdölen am geringsten; die Teere stehen in der Mitte; d. h. auch die zu leistende Reduktionsarbeit nimmt von den Kohlen über die Teere zu den Erdölen ab.

5. Die Unterschiede im Wasserstoffgehalt der verschiedenen flüssigen Hydrierprodukte sind wesentlich geringer als die der verschiedenen Rohstoffe und auch relativ klein gegenüber der Wasserstoff-Differenz, die — vor allem auch unter Mitberücksichtigung des Wasserstoffverbrauchs für die Reduktion — bei der Umwandlung der Rohstoffe in die Fertigprodukte sowieso aufzubringen ist. So bedeutet es also — wenn man hier einmal von der unterschiedlichen Bildung gasförmiger Nebenprodukte absieht — von der zu leistenden Hydrierarbeit her keinen entscheidenden

Unterschied, auf welches Fertigprodukt die Hydrierung geleitet wird, d. h. man wird das höchstwertige Produkt anstreben, das im allgemeinen zugleich auch das wasserstoffreichste ist.

6. Der Wasserstoffgehalt gasförmiger Produkte ist sehr viel höher als der der flüssigen Hydrierprodukte, so daß also im Interesse der Wasserstoff-Ersparnis die Bildung gasförmiger Nebenprodukte so weit wie möglich ausgeschaltet werden muß.

Nicht dargestellt in dem Schema, das sich auf Reinproben[1] bezieht, ist die Tatsache, daß die Rohstoffe zumeist auch anorganische Nebenbestandteile — Wasser und Asche — in wechselnden Mengen enthalten, wie aus folgender Tab. 1 hervorgeht, in welcher grobe Mittelwerte für den Anlieferungszustand der Rohstoffe in die Hydrieranlagen aufgeführt sind; hierbei ist für Steinkohle eine übliche mechanische Aufbereitung zugrunde gelegt worden, für Braunkohle Anlieferung im grubenfeuchten Zustände (häufig wird es allerdings auch möglich sein, die Kohle auf der Grube vorzutrocknen), bei Teeren und Erdölen nach der üblichen Entwässerung:

Tabelle 1. *Wasser- und Aschegehalte von Rohstoffen.*

Rohstoff	Wasser in Rohprobe %	Asche in Trockenprobe %
Steinkohle....	5—12	3—8
Braunkohle...	20—60	4—15
Teere	0,5—3,0	0,1—2,0
Erdöle	0,5	0,2

Da diese anorganischen Nebenbestandteile der Rohstoffe in den Fertigprodukten fehlen, müssen sie entfernt werden; beim Wasser geschieht das im allgemeinen vor der Hydrierung, bei der Asche z. T. vor, z. T. während des Hydrierprozesses.

Aber die Rohstoffe und Fertigprodukte unterscheiden sich nicht nur in ihrer Elementarzusammensetzung, sondern auch in ihren mittleren Molekulargewichten (Tab. 2).

Man sieht daraus, daß man — vor allem bei Überführung der Rohstoffe in Benzin — eine erhebliche Verkleinerung des mittleren Molekulargewichts vornehmen muß, d. h. daß man die Rohstoffe spalten muß. Auch hier ist die zu leistende Arbeit von den Kohlen zum Endprodukt am größten. Beim Arbeiten auf die höhermolekularen Fertig-

---

[1] In dieser Abhandlung werden grundsätzlich angegeben:
Wassergehalt   bezogen auf *Rohprobe* (Probe im Anlieferungszustand)
Aschegehalt   „   „ *Trockenprobe* (Probe wasserfrei gerechnet)
Elementaranalyse   „   „ *Reinprobe* (Probe wasser- und aschefrei gerechnet).

Tabelle 2. *Molekulargewichte von Rohstoffen und Fertigprodukten.*

Rohstoffe		Fertigprodukte	
Art	Mol.-Gew.	Art	Mol.-Gew.
Steinkohle	> 5000	Schmieröl	ca. 400
„ Hochtemp. Teer	ca. 400	Gasöl	ca. 200
„ Urteer	ca. 350	Leuchtöl	ca. 150
Braunkohle	> 5000		
„ Generatorteer .	ca. 350	Benzin	ca. 100
„ Schwelteer	ca. 250	Paraffin	ca. 250
Schieferöl	ca. 320	Butan	58
Erdöl	ca. 400	Methan	16

produkte muß die Spaltung hintangehalten werden. Generell muß — in Kombination mit den obigen Darlegungen (S. 3) — die Aufspaltung zu den gasförmigen KW tunlichst vermieden werden.

Es ergibt sich also, daß die erstrebte Umwandlung von Kohlen und Erdölen — bzw. ihren Abkömmlingen — in veredelte Produkte (Treibstoffe, Schmierstoffe usw.) nur dann den den chemischen Gegebenheiten gerecht werdenden optimalen Verlauf nimmt, wenn

> eine wirksame Wasserstoffanlagerung,
> eine durchgreifende Reduktion und
> eine gelenkte Spaltung

gewährleistet sind. Dieses Ziel ist mit der katalytischen Druckhydrierung erreicht worden.

III. Andere Veredlungsverfahren bzw. Vorläufer des I.-G.-Hydrierverfahrens.

1. Allgemeine Betrachtungen.

Hat sich schon generell im Laufe der Zeit die Weltenergieerzeugung immer mehr von der Kohle auf das Öl verlagert, so gilt dies in besonderem Maße für die technische Entwicklung der Energieerzeugung in beweglichen Maschinen, wo die flüssigen, rationeller verwendbaren Kraftstoffe an sich immer stärker in den Vordergrund traten. Insbesondere ging in dieser Gruppe die Entwicklung in wachsendem Ausmaß zu den leichten Treibstoffen (Vergaser-Kraftstoffen). So wurde das Mißverhältnis zwischen dem, was die Natur anbietet, und dem, was die Technik verlangte, immer größer. Es wuchsen somit die Bestrebungen, diese Diskrepanz zu beseitigen

> 1. durch Umwandlung der Kohle in Öle,
> 2. durch Überführung schwerer in leichtere Öle.

Für beide Vorhaben sind zunächst thermische Prozesse eingesetzt
worden, die darauf basieren, daß beim Erhitzen die großen Moleküle
aufspalten unter Bildung

      einerseits von kleineren Molekülen,

      andererseits von größeren Molekülen infolge von Polymerisations-
und Kondensations-Vorgängen.

Bei dieser thermischen Spaltung ist die zur Verfügung stehende Wasserstoffmenge durch den Wasserstoffgehalt des eingesetzten Rohstoffes fest
gegeben. Da nun — wie oben (S. 1) gezeigt worden ist — die erstrebten
niedriger molekularen Produkte — das Benzin — mehr Wasserstoff enthalten als die Rohstoffe, muß bei der thermischen Zersetzung — der
Wasserstoff-Umlagerung — ein Teil des Rohstoffs zugunsten eines anderen Teiles an Wasserstoff verarmen und damit höher molekular werden
und letzten Endes in Koks übergehen. Außerdem geht die thermische
Spaltung z. T. über das erstrebte Ziel hinaus, indem sich auch zu kleine
Moleküle — gasförmige KW — bilden, die infolge ihres hohen Wasser-
stoffgehaltes die für die Bildung der erwünschten flüssigen KW zur Verfügung stehende Wasserstoffmenge vermindern; in gleicher Richtung wirkt
sich auch das Auftreten freien Wasserstoffs in den Zersetzungsgasen aus.
Ein schematisches Bild dieser Zusammenhänge gibt Abb. 2, auf welcher
die Benzinausbeuten beim Spalten auf Koks in Abhängigkeit vom Wasserstoffgehalt des Rohstoffs wiedergegeben sind. Man sieht daraus, daß

mit steigendem Wasserstoffgehalt des Rohstoffs die Ausbeute an Benzin zu- und die
Koksausbeute abnimmt.

    Spaltet man flüssige Roh-
stoffe (Gasöle, Destillat-Heiz-
öle) statt auf Koks nur auf
flüssige Rückstandsöle — welche Methode unter den thermischen Verfahren die praktisch allein technisch durchgeführte ist —, so sind die
Ausbeuten naturgemäß geringer, da von der Rückstands-
seite her nicht so viel Wasserstoff zur Bildung der Niedrigsiedenden zur Verfügung gestellt wird[1].

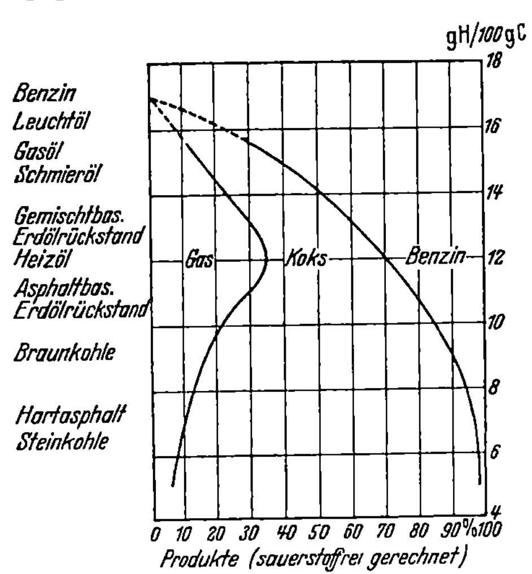

Abb. 2. Benzin durch thermische Spaltung.
(Aus Pier: Chem. Fabr. 8, 45 [1935].)

[1] Über die hier gültigen zahlenmäßigen Zusammenhänge (Formeln für die
Berechnung der Benzinausbeuten beim thermischen Kracken in Abhängigkeit vom spez. Gewicht (Wasserstoffgehalt) des Rohstoffs und Rückstands-
öles) siehe Nelson: Oil and Gas Journal 47, Nr. 12, S. 94 (1948).

2. Wärme-Behandlung fester Brennstoffe.

a) Verkokung von Steinkohle.

Die Verkokung der Steinkohle geschieht in erster Linie zur Erzeugung des Kokses für die Eisenindustrie, in geringem Ausmaß auch auf Gaswerken zur Erzeugung von Leuchtgas. Die dabei gebildeten flüssigen Entgasungsprodukte waren ursprünglich lästige Nebenprodukte, sind aber im Laufe der Zeit zu wertmäßigen Hauptprodukten geworden. Die Gesamtausbeute an flüssigen Produkten ist gering, sie beträgt einschließlich der durch Ölwäsche aus den Gasen gewonnenen flüssigen Anteile etwa 5% der eingesetzten Reinkohle, und hiervon liegt nur etwa der vierte bis fünfte Teil im Siedebereich der Vergaser-Kraftstoffe. In Ländern mit hoher Koksproduktion stellen indessen die so erzeugten Kraftstoffe (Motorenbenzol) eine beachtenswerte Menge dar, wie die folgende Tab. 3 über die deutsche Benzolerzeugung ausweist:

Tabelle 3. *Deutsche Benzolerzeugung* (in 1000 jato).

Jahr	1933·	1935	1937	1939	1941
Benzol Gesamt	225	362	485	554	650
Motorenbenzol + Flug- benzol	153	248	325	314	377

Indessen ist festzuhalten, daß für diese Erzeugung von Kraftstoffen die mengenmäßige Begrenzung durch den Koksabsatz eindeutig gegeben ist, wobei im Auge zu behalten ist, daß der Koksanfall etwa das 80fache des Benzolanfalls ausmacht. Neben der für die Eisenhüttenindustrie gebrauchten Koksmenge dürften die in der Vergasung (Hydrierung, Fischer-Synthese) und in sonstigen Verbrauchskategorien unterzubringenden Quantitäten auch in Zukunft keine entscheidende Rolle spielen.

Während die leichtsiedenden Anteile, die Benzole, nach geeigneter relativ einfacher Raffination einen vorzüglichen Vergaserkraftstoff darstellen, der insbesondere auch als Mischkomponente für weniger geeignete Benzine dienen kann, lassen sich die Mittelöle des Kokereiteers für sich allein nicht für Treibstoffzwecke in Innenverbrennungsmaschinen heranziehen, da ihr aromatischer Charakter im Gegensatz steht zu den Anforderungen, die der Dieselbetrieb stellt. Dagegen kommen sie als Heizöle in Frage, wofern beim Verbrennungsvorgang für genügend feine Zerstäubung des Öles gesorgt wird; dies gilt vor allem für die Stellen, wo der Raumheizwert wichtiger ist als der Gewichtsheizwert. Mit Rücksicht auf die Kältebeständigkeit der Öle ist eine ausreichende Entfernung der festen Aromaten aus den Ölen notwendig.

b) Verschwelung fester Brennstoffe.

Verschwelung von Steinkohle. Während die Verkokung der Steinkohle bei 900° C geschieht (in Gasanstalten sogar bei 1100° C), wobei die primären Entgasungsprodukte der Kohle unter beträchtlichen Verlusten (Umwandlung in Koks und Gas) tiefgreifende Veränderungen erleiden, geschieht die Verschwelung der Steinkohle unter schonenden Bedingungen bei etwa 550 bis max. 800° C, ggf. unter Anwendung von Spülgasen zur Erleichterung der Teer-Entbindung und Schonung des Primärteeres. Dementsprechend sind bei der Verschwelung die Ausbeuten an flüssigen Produkten erheblich größer als bei der Verkokung; bei geeigneten Kohlen (vornehmlich Gasflammkohlen) liegen die Ausbeuten an flüssigen Produkten bei etwa 11% der eingesetzten Reinkohle. Das Schwelbenzin, das — wie bei der Verkokung — insbesondere aus den Schwelgasen gewonnen wird (zumeist mit Ölwäsche), macht etwa 12 bis 15% des gesamten flüssigen Anfalls aus; seine Menge stellt also — bezogen auf die eingesetzte Kohle — prozentisch keine beachtliche Steigerung gegenüber dem Kokereibenzol dar. Die chemische Raffination des Schwelbenzins bereitet indessen wesentlich größere Schwierigkeiten als die des Rohbenzols, und der motorische Wert des raffinierten Schwelbenzins liegt erheblich unter dem des Motorenbenzols.

Auch die Erzeugung des Schwelbenzins ist — wie die des Motorenbenzols — eindeutig gekuppelt mit dem Schwelkoks-Anfall. Während aber der Hochtemperatur-Koks seinen festen Absatz in der Eisenindustrie hat, fehlt noch eine gleich umfangreiche Verwendungsmöglichkeit für den Schwelkoks. Die in England übliche Verwendung als rauchloser Hausbrand hat sich in Deutschland nicht durchsetzen können, obgleich ohne Frage der Schwelkoks durch seine große Elastizität im Verbrennungsprozeß dem Hochtemperatur-Koks weit überlegen ist. Aber selbst wenn in dieser Verwendungsmöglichkeit eine Wandlung eintritt, der große Absatz ist immer nur in der Eisenindustrie gegeben. Indessen sind die Versuche der Erzeugung eines Schwelkokses von gleich guten mechanischen und chemischen Eigenschaften, wie sie der Hüttenkoks aufweist, bisher nicht über das Versuchsstadium[1] herausgekommen, so daß die Verschwelung der Steinkohle für die Erzeugung von Treibstoffen bisher keine entscheidende Rolle gespielt hat und wohl auch in absehbarer Zeit nicht spielen wird.

Als eine Ausnahme könnte man die in großem Maßstabe (Maximal-Erzeugung ca. 100000 jato Heizöl) in Japan[2] durchgeführte Steinkohle-

---

[1] Unter Führung von Pott waren hier Versuche insbesondere nach dem Verfahren von Hock (Clausthal) (Doppelschwelung) eingeleitet worden, die aber nicht mehr zum Abschluß kamen. — Über Versuche der I. G. in ähnlicher Richtung wird weiter unten (S. 100) berichtet werden.

[2] Goddin: Petrol. Process. 3, Nr. 2, S. 121 (1948).

schwelung ansehen; man darf jedoch nicht übersehen, daß hier ausschließlich die Versorgung der japanischen Kriegsflotte mit inländischem — also auch im Kriegsfalle verfügbarem — Heizöl die treibende Kraft gewesen war, was wohl in Zukunft nicht oder nicht in dem Ausmaß der Fall sein wird.

Das Mittelöl der Steinkohlen-Schwelung ist bei guter Zerstäubung als Heizöl brauchbar, wenn auch sein meist hoher Phenolgehalt den Heizwert beeinträchtigt und u. U. ein gewisser Paraffingehalt eine Korrektur des Kälteverhaltens erfordert.

Verschwelung von Braunkohle. Im Gegensatz zur Steinkohlenschwelung spielt die Verschwelung bitumenreicher Braunkohle — die in Deutschland zumeist als Spülgasschwelung (Lurgi) ausgeführt wird — großtechnisch eine erhebliche Rolle. Hier dient die Schwelung im wesentlichen als Vorschaltung vor die Verfeuerung der Kohle in Kraftwerken, d. h. es werden dem Brennstoff vor seiner Verbrennung die wertvollen Entgasungsprodukte entzogen. Während bei der Steinkohle dieser Weg nicht in Frage kommt, da bei der notwendigerweise geringen Bewertung des Schwelteers der Schwelkoks mit den den Kraftwerken zur Verfügung stehenden relativ billigen aschereichen Abfallkohlen nicht konkurrieren kann, ist dieser Weg bei bitumenreicher Braunkohle auch wirtschaftlich richtig, sowohl wegen des niedrigeren Preisgefüges in den Kohlen als auch wegen der besseren Bewertungsmöglichkeit für den Schwelteer.

Bei geeigneten bitumenreichen Braunkohlen liegt die Ausbeute an flüssigen Produkten bei etwa 13%, bezogen auf Reinkohle, wovon das Schwelbenzin etwa 15—20% ausmacht. Es läßt sich — wenn auch recht schwierig und mit nicht unerheblichen Verlusten — zu Motorenbenzin chemisch raffinieren, das allerdings nur eine mittlere Klopffestigkeit aufweist. Immerhin hat dieser Vergaserkraftstoff in Deutschland infolge der relativ großen Mengen zur Verschwelung gelangter Braunkohlen eine gewisse Rolle gespielt.

Eine wesentliche Steigerung ist aber hier nicht zu erwarten, vor allem da die Mengen schwelwürdiger Braunkohlen begrenzt sind.

Das Mittelöl stellt nach Entphenolung einen für langsam laufende Dieselmaschinen geeigneten Treibstoff dar und hat als solcher in Deutschland eine gewisse Bedeutung erlangt.

Die vom Paraffin befreiten schwereren Öle sind als Heizöl eingesetzt worden, als welches sie sich gegenüber den Steinkohlenteerheizölen durch eine leichtere Verbrennbarkeit auszeichnen.

Die Verschwelung der Braunkohle in Kombination mit der Vergasung, wie sie in Generatoren ausgeführt wird, ist mengenmäßig begrenzt durch den Absatz des im Heizwert relativ niedrigen Generatorgases, für das eine Fernleitung nicht in Frage kommt. Auf Grund dieser nur lokalen Bedeutung ist ein größerer Treibstoff-Anfall hier nicht zu erwarten.

Günstiger liegen die Verhältnisse bei der Druckvergasung der Braunkohle (Lurgi-Verfahren)[1], da hier ein normgerechtes Stadtgas anfällt, das — wie beispielsweise das Ruhrgas — ferngeleitet werden kann. Die Teerausbeuten sind zwar niedriger als bei der Spülgas-Schwelung, aber der Teercharakter ist sehr ähnlich. Hier erscheint für die Zukunft eine gewisse Ausweitung der Treibstofferzeugung möglich.

Die Rolle, die die Erzeugung von Treibstoffen durch thermische Behandlung (Verkoken, Verschwelen) von Stein- und Braunkohle in Deutschland auf dem Höhepunkt der Produktion (Anfang 1944) gespielt hat, ergibt sich aus folgender[2] Tab. 4:

Tabelle 4. *Deutsche Treibstofferzeugung 1944 durch Verkokung von Stein- und Braunkohle.*

Treibstoffart		jato	% v. Gesamterzeugg.
Flugbenzol		50 000	2,56 % v. Ges. Flug- benzin
Vergaserkraftstoff	{Autobenzin	35 000	}31,9
	{Motorenbenzol ..	330 000	
Dieselkraftstoff		110 000	6,89
Heizöl		750 000	67,6

Vor allem im Heizölsektor und durch den beträchtlichen Anfall an Motorenbenzol haben die Verkokungs- und Schwelprodukte der Kohlen eine beachtliche Rolle in der deutschen Treibstoffversorgung im Kriege gespielt.

Verschwelung von Torf. Die Verschwelung von Torf spielt für die Gewinnung von Treibstoffen praktisch keine Rolle, vor allem weil die Ausbeuten an flüssigen Produkten unter Berücksichtigung der hohen Trocknungskosten für den Torf viel zu gering sind und auch weil die Qualität der flüssigen Produkte für Treibstoffzwecke nicht geeignet ist. Generell verbietet aber auch schon die relative Geringfügigkeit der Torfvorkommen und die Art seiner Gewinnung einen großzügigen Einsatz für Treibstoffgewinnung durch Verschwelung.

Verschwelung von Holz. Mutatis mutandis gelten hier die gleichen Gesichtspunkte wie für die Verschwelung von Torf, so daß die Holzverkohlung immer beschränkt bleiben wird, einerseits durch die Rohstoffzufuhr, andererseits durch den Absatz der Holzkohle.

Verschwelung von Ölschiefern. Während bei der Entgasung der obigen Brennstoffe ein brennbarer Rückstand verbleibt, fällt bei der Verschwelung der Ölschiefer ein Rückstand an, der im allgemeinen als Brennstoff nicht mehr in Frage kommt, sondern der — wenn überhaupt —

---

[1] Danulat: Die restlose Vergasung fester Brennstoffe mit Sauerstoff unter hohem Druck (H. Schach & Co., Frankfurt/Main-Fechenheim, 1936).
[2] Stahmer: Die Welt **3**, Nr. 34, S. 6 (1948).

nur als Baustoff oder für ähnliche Zwecke verwertet werden kann. Da somit die flüssigen Produkte als die Hauptkostenträger erscheinen, war die Schwelung bisher vornehmlich auf die ölreichen Schiefer beschränkt, die Ölausbeuten von 12—25%, bezogen auf Trockenprobe, liefern. Die verschiedenen Arten der bei der Schwelung entstehenden Schieferöle lassen sich in großen Zügen in zwei Gruppen einteilen, das paraffinische und das asphaltische Schieferöl. Das erstere steht in seinem Charakter dem gemischt-basischen Erdöl nahe, das zweite den Braunkohlenteeren; dies erläutert die nachstehende Tab. 5.

Tabelle 5. *Eigenschaften von Schieferölen.*

Ölart	% C	% H	% O	% N	% S	H/100 C
Paraffin. Schieferöl	85,81	12,29	0,26	1,32	0,32	14,3
z. *Vergl.* gem.-bas. Erdöl ..	86,08	12,26	0,87	0,25	0,60	14,2
Asphaltisches Schieferöl ...	82,45	9,62	6,00	1,07	0,86	11,68
z. *Vergl.* Teer aus bit.-reicher Braunkohle	83,42	10,55	4,09	0,17	1,75	12,67
Teer aus sauerstoffreicher Braunkohle	82,60	9,24	7,64	0,29	1,23	11,19

Hinsichtlich der Treibstoffgewinnung sind also die paraffinischen Schieferöle den gemischt-basischen Erdölen gleichzustellen; für die asphaltischen Schieferöle gilt — mutatis mutandis — das oben für die Braunkohlenteere Gesagte.

Die Ölschieferindustrie hat bisher noch nicht die Bedeutung erlangt, die den großen Ölschiefervorkommen in der Welt entsprechen würde. Es ist aber anzunehmen, daß hier durch Vervollkommnung der Schwelmethoden und Verbesserung der Qualität des Schwelrückstandes im Laufe der Zeit ein erheblicher Aufschwung erfolgen wird. Beispielsweise könnte der von der Lurgi konstruierte Hubofen, bei dem unter Ausnützung des Verbrennlichen im Schwelrückstand für den Schwelvorgang ein praktisch kohlenstofffreier und damit — z. B. als Baustoff — besser verwendbarer Rückstand anfällt, ein gangbarer Weg zu diesem Ziele sein. Auch das Fließverfahren der Standard Oil Development Co[1] erscheint aussichtsreich.

3. Wärme-Behandlung flüssiger Brennstoffe.

An sich stellt das Erdöl als Ganzes ein Treibstoffgemisch dar, so daß eine rein destillative Behandlung genügen würde, um die Treibstoffe zu erhalten. Aber das natürliche Verhältnis der Treibstoffgruppen darin (Vergaser-Kraftstoffe bis Heizöle) entspricht nicht dem Verhältnis des Verbrauchs. Vor allem ist im Laufe der Zeit eine Verschiebung der beiden Verhältnisse gegeneinander dadurch eingetreten, daß anteilmäßig der

---

[1] Murphree: Petr. Proc. **3**, Nr. 4, S. 355 (Apr. 1948).

Bedarf an leichten Treibstoffen anstieg. Es sei dies in Tab. 6 am Beispiel der USA. erläutert[1], also des Landes mit der weitaus größten Erdölerzeugung (über 60% der Welterdölerzeugung).

Tabelle 6. *Relativer Verbrauch der wichtigsten Erdölprodukte in USA.* (in %).

Jahr	1904	1914	1924	1934	Mittel 1934/46	Zum Vergleich: natürl. Anfall
Benzin	10,2	19,2	32,3	44,4	45	16,5
Leuchtöl	48,2	24,4	9,3	4,8	5	5,7
Schmieröle und Verschiedenes	29,0	11,4	9,7	13,6	10	7,7
Gasöle und Heizöle .	12,9	45,0	48,7	37,2	40	70,1

Die in der Rubrik „Gasöle und Heizöle" aufgeführten Produkte setzen sich im Mittel zusammen aus

    60% Rückstands-Heizöl
    22% Destillat-Heizöl (Haushalts-Heizöl)
     8% Dieselkraftstoff
    10% Kerosin.

Die Diskrepanz zwischen natürlichem Angebot und technischer Nachfrage machte es notwendig, über die rein destillative Zerlegung hinauszugehen, d. h. die höhersiedenden Anteile einer Spaltung zu unterwerfen. Dieses Kracken wurde zunächst in rein thermischen Verfahren durchgeführt. Später — wohl auch unter dem Einfluß der Erfolge der katalytischen Hochdruckhydrierung — kamen in wachsendem Ausmaße katalytische Spaltverfahren hinzu, nach welchen Verfahren jetzt in USA. bereits 160000 m³/Tag Erdölprodukte verarbeitet werden[2]. Als Durchschnitts-Schema für Gesamt-USA. kann für die derzeitige Verarbeitung des Rohöls das folgende Schema 1 angegeben werden.

Mit Hilfe der Spaltverfahren konnte bisher der Ausgleich zwischen Angebot und Nachfrage herbeigeführt werden, wobei auch — soweit möglich — die entstehenden Gase zur Benzin-Erzeugung durch Polymerisation und Kondensation herangezogen werden. Außerdem hat der Einsatz der Spaltverfahren — vor allem der katalytischen — zu einer wesentlichen Verbesserung der Benzinqualität geführt.

Durch stärkeren anteiligen Einsatz der katalytischen Krackverfahren sowie durch Heranziehung der Gaspolymerisation und der Alkylierung ist noch eine gewisse Steigerung des Benzin-Ausbringens möglich, wofür nachstehende, für 1950 geschätzte Ausbeute-Zahlen[3] (Tab. 7) (bezogen auf ein Rohöl mit 17% straightrun-Benzin) einen Anhalt geben.

Für das Kracken werden bevorzugt die wasserstoffreicheren Öle (Gasöle) eingesetzt; dementsprechend geht die Vermehrung des Benzinaus-

---

[1] Miller: Oil and Gas Journal **46**, Nr. 7, S. 82 (1947).
[2] Sachanen: Angew. Ch. A **59**, 285 (1947).
[3] Frame: Petrol. Refiner **26**, Nr. 10, S. 106 (1947).

Schema 1.

Durchschnittliches Fließschema der Erdölverarbeitung in USA. um die Zeit 1946/47.

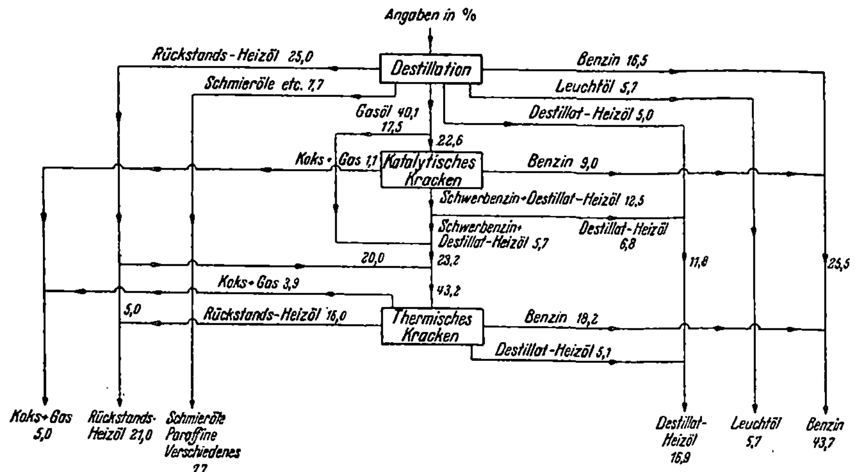

Tabelle 7. *Mögliche künftige Ausbeutezahlen beim Kracken von Rohöl.*
(Schätzung für USA. 1950.)

Produkt	% vom Rohöl					
	Benzin	Leuchtöl	Straight-run Die-selkraft-stoff	Destil-lat-Heizöl	Rück-stands-Heizöl	Gas-und Verlust
Schätzung für 1950	58,3	5,5	3,5	16,0	10,9	5,8
Zum Vergleich: Stand 1946/47 (Schema 1)	43,7	5,7	5,0	11,9	21,0	5,0

bringens auch auf Kosten der motorisch wertvollen Gasöle (Dieselkraftstoffe), für die indessen der Bedarf infolge des zunehmenden Einsatzes schnellaufender Dieselmotoren ebenfalls im Ansteigen begriffen ist[1].

Im allgemeinen wird — wegen der zunehmenden Verluste durch Gas- und Koksbildung — nicht auf hundertprozentige Umwandlung in Benzin + Verlust gearbeitet, sondern man begnügt sich — beispielsweise beim Gasöl — mit einer 50—60%igen Umwandlung, wobei das nicht umgewandelte Gasöl wesentlich wasserstoffärmer ist als der ursprüngliche Rohstoff und somit nicht mehr als Kraftstoff für schnellaufende Dieselmotoren in Frage kommt, sondern nur noch als Heizöl.

[1] Boice: Oil and Gas Journal **46**, Nr. 7, S. 66 (1947).

Immerhin ergibt sich, daß die Spaltverfahren auch noch einer gewissen Verschiebung des in den letzten 15 Jahren in USA. praktisch konstant gebliebenen Verbrauchsverhältnisses leichter zu schwerer Kraftstoffe zugunsten der ersteren gerecht werden können.

Aber diese Feststellung gilt nur für erdölreiche Länder (wie vornehmlich USA.), in denen die Verwendung fester Brennstoffe (Kohlen) als Heizmaterial in starkem Ausmaß durch die elegantere Benutzung flüssiger Brennstoffe (Heizöle) ersetzt worden ist. Erdölarme und generell weniger begüterte Länder, die als Heizquelle in erster Linie die festen Brennstoffe einsetzen, haben grundsätzlich das Bestreben, aus den flüssigen Brennstoffen — den Roherdölen — in erster Linie und in möglichst hoher Ausbeute die hochwertigen leichten Kraftstoffe herzustellen, ja darüber hinaus auch die festen Brennstoffe mit größerem Ausbringen als dies nach den bisherigen Verfahren möglich war, in flüssige, insbesondere niedrigsiedende Kohlenwasserstoffe überzuführen.

4. Druckhydrierung fester Brennstoffe mit nascierendem Wasserstoff (Berthelot, Franz Fischer).

Aber trotz aller technischen Verbesserungen bei den thermischen oder katalytischen Verfahren bleiben die naturgegebenen Grenzen bestehen; sie sind am engsten bei den Kohlen, geräumiger bei den Erdölen. Ein Sprengen dieser Grenzen, d. h. die Erlangung von Freizügigkeit in der Verlagerung nach den leichten Kraftstoffen, ist — wie oben (S. 1) ausgeführt — auf Grund der chemischen Gegebenheiten nur durch Zufuhr von Wasserstoff zu den Rohstoffen zu erreichen. Die ersten Versuche in dieser Richtung sind vor etwa 80 Jahren von Berthelot[1] gemacht worden, wobei der Wasserstoff in nascierendem Zustande unter Druck angewendet wurde, und zwar als Jodwasserstoffsäure, die bei höheren Temperaturen in die Elemente dissoziiert und somit Wasserstoff im Entstehungszustande, d. h. in aktiver Form, dem zu hydrierenden Gut zur Verfügung stellt. Die von Berthelot erhaltenen Ergebnisse bei der Druckhydrierung fester Brennstoffe unter Verwendung gesättigter Jodwasserstoffsäure als Wasserstofflieferant lassen sich etwa wie folgt zusammenfassen (Tabelle 8, Seite 14).

Berthelot hat mit seinen Versuchen bewiesen, daß durch Druckhydrierung mit nascierendem Wasserstoff bereits bei 270° C Steinkohle zu 60% in destillierbare Öle übergeführt werden kann, die vorwiegend aus Paraffinkohlenwasserstoffen bestehen. Holz läßt sich praktisch vollständig in Paraffinkohlenwasserstoffe überführen. Auch bei milder Temperatur hergestellte Holzkohle ist noch weitgehend zu Ölen hydrierbar,

---

[1] Berthelot: Bl. 11 [2] 278 (1869,) A. Ch. 20, [4] 526 (1870). Übersetzung in Abh. Kohle 1, 156 (1915/16).

2*

Tabelle 8. *Druckhydrierung fester Brennstoffe mit Hilfe von Jodwasserstoffsäure.*
(Versuche von Berthelot.)

Rohstoff	Teile gesättigte Jodwasserstoffsäure auf 1 Teil Rohstoff	Temp. °C	Verweilzeit h	Entstandenes Gas	Errechnete H_2-Aufn. Gew. % von Rohstoff	Reaktionsprodukt, bezogen auf Rohstoff
Steinkohle.. (4-5% Teer)	100	270	24	vornehmlich H_2	—	$> {}^1/_3$ bitumenähnliche Masse, 60% Öle, enthaltend: wenig Hexan, worin etwas Benzol, Hauptmenge destillierbare gesättigte Kohlenwasserstoffe
Holz.......	80	280	24	,,	8,6	Nur Spuren Kohle, Hauptmenge flüssige Kohlenwasserstoffe (fast ${}^2/_3$ des Holzes), enthaltend: merkliche Mengen Hexan (kein Benzol), etwa die Hälfte Dodekan, Rest öliger Kohlenwasserstoff, wahrscheinlich $C_{24}H_{50}$
Holzkohle ..	100	280	—	Wasserstoff mit etwas Kohlenwasserstoffen	—	ca. ${}^1/_3$ bitumenähnliche Masse, 70% flüssige Kohlenwasserstoffe, enthaltend: kleine Mengen Hexan, hauptsächlich Dodekan, ca. ${}^1/_3$ öligfester KW, wahrscheinlich $C_{24}H_{50}$
Geglühte Holzkohle ..	—	—	—	—	—	Um so weniger angegriffen, je höher die Glühtemperatur
Koks, Graphit....	—	—	—	—	—	Nicht hydrierbar

während Kohlenstoff als solcher (geglühte Holzkohle, Koks, Graphit) von Jodwasserstoffsäure nicht mehr angegriffen wird.

Ähnliche Ergebnisse wie Berthelot haben später Dafert und Niklausz[1] erhalten bei der Einwirkung von Jodwasserstoffsäure und Phosphor auf Steinkohle.

Fischer und Tropsch[2] haben später die Versuche von Berthelot und Dafert auf die Untersuchung verschiedener Steinkohlen ausgedehnt, wobei sie sich allerdings auf eine Reaktionstemperatur von 200° C beschränkten und dementsprechend die Kohlen nicht in Öle überführten,

---

[1] Dafert u. Niklausz: Denkschrift der Mathem.-Naturw. Klasse der Kais. Akad. d. Wiss. in Wien **87**, 143 (1911), C **1911**, II, 290.
[2] Fischer u. Tropsch: Abh. Kohle **2**, 154 (1917).

sondern nur mehr oder minder in chloroformlösliche Produkte. Die wichtigsten Ergebnisse gehen aus Tab. 9 hervor.

Tabelle 9. *Druckhydrierung von Steinkohlen verschiedenen geologischen Alters mit Hilfe von Jodwasserstoffsäure* (Versuche von Fischer und Tropsch).

Rohstoff			Zusätze Gew. % v. Rohstoff		Temp. °C	Verweilzeit h	Im Reaktionsprodukt lösl. in $CHCl_3$ (% vom Rohstoff)	Bemerkungen
Art	% Koksausbeute	% lösl. in $CHCl_3$	roter Phosphor	Jodwasserstoffsäure (d 1,7)				
Anthrazit ..	89	0,52	100	425	200	12	12,1	—
Halbfette Eßkohle .	85	0;55	100	640	200	12	17,7	—
Fettkohle ..	78	0,71	100	640	200	12	54,6	—
Gasflammkohle ...	64	1,5	100	640	200	12	70,3	Chloroformlösl. hat 11 Tl. H/100 Tl. C gegenüber 6,7 Tl. H/100 Tl. C in der verwendeten Kohle. Extrakt ist stickstofffrei: aller Stickstoff abgespalten als Ammoniak bzw. flüchtige org. N-Verbindungen.

Es ergab sich, daß die Hydrierung der Steinkohle durch Jodwasserstoffsäure um so leichter erfolgt, je geologisch jünger die Kohle ist; es ist beachtenswert, daß schon bei 200° C junge Steinkohle zu 70% in chloroformlösliche Produkte übergeführt werden kann, die wesentlich wasserstoffreicher sind als die verwendete Kohle. Der Stickstoff der Kohle ist vollständig in flüchtige Verbindungen übergeführt worden.

In weiteren Versuchen hat Franz Fischer die von Berthelot verwendete Jodwasserstoffsäure durch andere Mittel ersetzt, die geeignet waren, unter den gewählten Reaktionsbedingungen nascierenden Wasserstoff zu bilden, nämlich

1. Natriumformiat, das in der Hitze leicht Wasserstoff abgibt,
2. CO + H_2O, die durch Umsetzung in der Hitze Wasserstoff liefern,
3. Natriumcarbonat und Wasserstoff, die in der Hitze unter Bildung von Formiat reagieren und somit das Natriumformiat in Reaktion 1. ersetzen.

Die wichtigsten Ergebnisse dieser Versuche gibt Tab. 10 wieder.

Mit allen drei Mitteln, die unter den Reaktionsbedingungen nascierenden Wasserstoff bilden, wurden die Kohlen teilweise in ätherlösliche Verbindungen übergeführt, und zwar in größerem Ausmaß als es molekularer Wasserstoff unter vergleichbaren Bedingungen vermochte. Aber obgleich die Reaktionstemperatur hier wesentlich höher lag als bei den Versuchen von Berthelot, war die Überführung der Kohle in Öle weit geringer als mit Jodwasserstoffsäure. Der aus den Fischerschen Mitteln

Tabelle 10. *Druckhydrierung von Kohlen mit nascierendem Wasserstoff aus verschiedenen Quellen* (Versuche von Franz Fischer).

Rohstoff		Behandlung mit (bezogen auf Rohstoff)	Temp. °C	Verweil-zeit h	Druck at (Anfang)	Im Reaktions-produkt Ätherlösl. % von ein-gesetzter Reinkohle	Eigenschaften des ätherlöslichen Teiles
Art	%Äther-löslich						
Rheinische Braunkohle.	1,6	200% Na-triumformiat + 200% Wasser	400	3	—	44,9	rotbraune, salben-art. Masse, enth.: 4,1% —200°C siedend, 48,6% —350°C siedend
Gasflamm-kohle ...	—	,,	400	3	—	39,2	—
Magerkohle.	—	,,	400	3	—	10,7	—
Anthrazit ..	—	,,	400	3	—	1,6	—
Rheinische Braunkohle.	1,6	Kohlenoxyd + 200% Wasser	400	3	140(40)	35,1	—
Gasflamm-kohle ...	—	Kohlenoxyd + 100% Wasser	400	3	90(40)	13,2	—
Rheinische Braunkohle.	1,2	Wasserstoff + 400% n.NaHCO₃-Lösung	400	2	100(H₂)	36	— —
Rheinische Braunkohle.	1,2	Wasserstoff + 400% Wasser	400	2	,,	10,8	—

gebildete nascierende Wasserstoff ist demnach lange nicht so aktiv wie der aus Jodwasserstoff freiwerdende Wasserstoff.

Auch auf flüssige Rohstoffe hat Fischer die Druckhydrierung mit nascierendem Wasserstoff angewandt, und zwar unter Verwendung von Natriumformiat und Kohlenoxyd + Wasserdampf bei 400° C. Bei Stein-kohle-Urteerölen wurde der Kohlenwasserstoffanteil hierbei nicht ver-ändert, auch die < 250° C siedenden Phenole blieben der Hydrierung un-zugänglich, während die von 250 bis 340° C siedenden Urteerphenole zu hydroaromatischen Alkoholen hydriert wurden.

Grundsätzlich hatten die Versuche von Berthelot und Fischer ge-zeigt, daß selbst so hochmolekulare organische Verbindungen, wie Kohle, durch nascierenden Wasserstoff unter Druck weitgehend in Öle oder ölähnliche Produkte übergeführt werden können. Die prinzipielle Mög-lichkeit der Druckhydrierung von Kohlen zu Ölen war damit bewiesen. — Aber die Anwendung von nascierendem Wasserstoff kam für technische Zwecke nicht in Frage.

5. Druckhydrierung fester und flüssiger Brennstoffe mit molekularem Wasserstoff (Bergius-Verfahren).

Die technische Anwendung der Hydrierung konnte erst dann ins Auge gefaßt werden, wenn es möglich war, mit molekularem Wasserstoff zu arbeiten. Auf Grund einer Anregung von Landsberg nahm Bergius 1910 entsprechende Versuche auf, und zwar zunächst für die Umwandlung hochsiedender Erdölkohlenwasserstoffe in niedrigsiedende. Richtunggebend für Bergius war das aus den obigen Darlegungen (S. 13) sich ergebende Bestreben, die naturgegebene Unvollkommenheit der thermischen Spaltung hochsiedender Kohlenwasserstoffe durch Zufuhr von Wasserstoff zu beheben, d. h. das die Umwandlung höhersiedender in niedrigersiedende Kohlenwasserstoffe begrenzende Wasserstoff-Defizit durch Zufuhr molekularen Wasserstoffs unter Druck zu umgehen. Und tatsächlich konnte Bergius in Autoklavenversuchen erstmalig nachweisen, daß bei der Behandlung höhersiedender Erdölkohlenwasserstoffe mit molekularem Wasserstoff unter Druck eine Wasserstoffaufnahme stattfindet, und daß sich als Produkte der Behandlung gesättigte Hydrierbenzine bilden an Stelle der ungesättigten Krackbenzine; außerdem zeigten die Versuche, daß — im Gegensatz zum Kracken — bei der Hydrierung keine Koksbildung eintritt, und die Gasbildung beim Hydrieren — auf gleiche Benzinbildung bezogen — wesentlich niedriger ist als beim Kracken, d. h. daß beim Kracken die extremen Produkte (Gas und Koks) entstehen, während die Einwirkung des Wasserstoffs die Erhaltung der mittleren Produkte ermöglicht. Damit war grundsätzlich bewiesen, daß die Einschränkung, welche der Wasserstoffgehalt der Rohstoffe darstellt, durch Zufuhr von gasförmigem Wasserstoff (Hydrierung) behoben werden kann.

Ausgehend von der gewonnenen Erkenntnis, daß es für den Ablauf der Hydrierung vorteilhaft ist, die entstandenen leichtsiedenden Produkte aus dem Reaktionsraum zu entfernen, arbeitete Bergius mit strömendem Wasserstoff, der die leichten Anteile dampfförmig aus dem Reaktionsraum herausführte. Indem er dann zusätzlich aus den abziehenden Gasen und Dämpfen mit Hilfe eines aufgesetzten Rückflußkühlers die nicht zureichend umgewandelten Produkte in den Reaktionsraum zurückführte, konnte er in diesen halbkontinuierlichen Autoklavenversuchen bei 430° C und 120 at Druck schweres Gasöl zur Hälfte in Benzin umwandeln; ferner gelang es ihm, Rohöle — auch asphaltreiche — in Gasöle überzuführen, und auch Rohölrückstände weitgehend in destillierbare Öle umzuwandeln, wobei der Schwefel im Rohprodukt großenteils als Schwefelwasserstoff abgespalten wurde, d. h. auch in dieser Hinsicht qualitativ wertvollere Gasöle erhalten wurden als sie die normale Destillation der Rohöle liefert.

Die Versuche wurden später ausgedehnt auf Kohlenteere. Bei Braunkohlengeneratorteer wurde eine weitgehende Umwandlung der > 300° C
siedenden Anteile in Benzin und Mittelöl (< 300° C siedend) erreicht;
durch Druckhydrierung bei 480° C wurde Steinkohlenteer zu 80% in
Motorenöle übergeführt, zur Hälfte Benzin, zur Hälfte Dieselöl, wobei
der Pechgehalt auf 20% erniedrigt wurde und keine Ausscheidung fester
Kohlenwasserstoffe mehr auftrat.

Auf Grund seiner Erfolge bei der Druckhydrierung von Erdölen ging
Bergius 1913 dazu über, das gefundene Verfahren auch auf feste Rohstoffe (Kohlen) anzuwenden. Er konnte zeigen, daß bei 150 at Wasserstoffdruck und 400—450° C Kohle zu 80% in Gase, flüssige und andere benzollösliche Produkte übergeführt werden kann. Bei niedrigeren Drucken
geht die Hydrierung stark zurück, bei 50 at tritt Koksbildung ein.

Damit war grundsätzlich bewiesen, daß nicht nur flüssige Erdölkohlenwasserstoffe mit molekularem Wasserstoff unter Druck hydriert werden
können, sondern daß auch die feste Kohle als ein Gemisch hochmolekularer
Kohlenwasserstoffe und deren Derivate durch Druckhydrierung weitestgehend in flüssige und gasförmige Kohlenwasserstoffe übergeführt
werden kann. Im einzelnen fand Bergius, daß Braunkohlen und jüngere
Steinkohlen dieser Druckhydrierung zugänglich sind und daß Steinkohlen
mit mehr als 85% C in Reinkohle schwerer hydrierbar sind. Vom in den
Rohstoffen eingebrachten Kohlenstoff wurden bei Braunkohlen 99%,
bei Steinkohlen 90% und bei fusitreichen Steinkohlen 80% abgebaut,
d. h. in flüssige bzw. gasförmige Kohlenstoffverbindungen übergeführt.
Die verbliebene Restkohle ist wesentlich ärmer an flüchtigen Bestandteilen
und kohlenstoffreicher als die ursprüngliche Kohle. Die gasförmigen
kohlenstoffhaltigen Nebenprodukte bestehen aus Methan, Äthan und
Homologen; ungesättigte Gase treten kaum auf. Die Bildung gasförmiger
Kohlenwasserstoffe beläuft sich auf 15—25% der eingesetzten Kohle.

Normalerweise wird bei 450—480° C gearbeitet. Bei Überschreitung
des Temperatur-Optimums für die Hydrierung fällt der Kohleabbau
und steigt die Vergasung.

Die Wasserstoff-Anlagerung geht der Spaltung voraus[1]; die Wasserstoff-Anlagerung beginnt gerade bei den Temperaturen, bei denen die
Kohle anfängt sich zu zersetzen.

Von den Nebenbestandteilen der Rohstoffe erscheinen der Sauerstoff
als Wasser, Kohlensäure, Kohlenoxyd und in organischer Bindung
(Phenole), der Stickstoff zur Hälfte als Ammoniak, der Rest als organisch
gebundener Stickstoff in den flüssigen Reaktionsprodukten, der Schwefel
großenteils als Schwefelwasserstoff, z. T. auch in organischer Bindung;
zur Bindung des Schwefels wurde der Kohle Eisenoxyd zugesetzt, da

---

[1] Entsprechend geht beim Kracken die Wasserstoffabspaltung der C-C-
Spaltung voraus: Taylor: J. Americ. Chem. Soc. **70**, 2269 (1948).

entstehender freier Schwefel die Polymerisation schwerer Öle begünstigt, was die Verkokungsneigung erhöht.

Bei seinen Versuchen der direkten Hydrierung trockener Kohle hatte Bergius erkannt, daß es sich bei der Druckhydrierung um einen exothermen Prozeß handelt. Er zog daraus die praktische Folgerung, daß es zweckmäßig ist, die Kohle in einem unter den Reaktionsbedingungen flüssig bleibenden Öl (z. B. Teer oder schwerem Öl aus dem Prozeß selbst) zu verteilen, um so durch lokale Wärmestauungen bedingte unerwünschte Reaktionsrichtungen (Koksbildung) zu vermeiden, die bei der Trockenkohlehydrierung aufgetreten waren. Damit hatte Bergius zugleich eine sehr zweckmäßige Methode für die technische Gestaltung des Verfahrens gewonnen, indem es nun möglich war, für kontinuierliche Arbeitsweise die auf < 1 mm gemahlene Kohle als pumpfähige Paste mittels einer Breipresse in den Reaktionsraum einzubringen. So konnte Bergius seine ursprünglichen Versuche, die Trockenkohle durch schleusenartig wirkende Apparate in das Reaktionsgefäß einzubringen, zugunsten der besseren flüssigen Methode aufgeben. Entsprechend der kontinuierlichen Zufuhr des Kohlebreis wurde auch der im Überschuß angewandte Wasserstoff durch Umwälzung laufend zu- und abgeführt.

Wenn auch Bergius bei seinen Kleinversuchen auch stehende Rührautoklaven verwendet hatte, so entschloß er sich für die 1916 in Mannheim-Rheinau erstellte und 1919 in Betrieb genommene vollkontinuierliche Großversuchsanlage für 30 tato Durchsatz doch für die Anwendung von liegenden Reaktionsöfen, welche zur Verbesserung der Durchmischung von Ölen und Wasserstoff mit Rührern ausgestattet waren, wobei indessen erhebliche technische Schwierigkeiten mit den Rührerstopfbüchsen auftraten. Das Reaktionsrohr (800 mm ⌀, 8000 mm lg) war doppelwandig ausgebildet: durch das innere Rohr gingen die Reaktionsteilnehmer, durch den Ringraum ein Inertgas (N_2 oder CO_2) als Heizmedium, unter etwas höherem Druck stehend als die Reaktionsteilnehmer. Das im Kreislauf geführte Heizmedium wurde nach Ausnutzung der Wärme der Reaktionsprodukte in einem (in einem Bleibad befindlichen) Vorheizer aufgeheizt, ging dann durch den Ringraum des Reaktionsofens und heizte anschließend — nachdem sein eigener Wärmeinhalt in einem Vorheizer erneut erhöht worden war — im Wärmeaustausch den umlaufenden Wasserstoff auf. Während der Kohlebrei kalt in den Reaktionsraum eingedrückt wurde, wurde das zu verarbeitende Öl zusammen mit dem umlaufenden Wasserstoff aufgeheizt. Die Reaktionsprodukte — begleitet vom umlaufenden Wasserstoff — wurden abgekühlt und dabei kondensiert, wobei sich auch die in der Reaktion gebildeten gasförmigen Produkte im flüssigen Reaktionsprodukt lösten und bei dessen Entspannung abgeführt wurden. Der verbrauchte Wasserstoff wurde durch Frischwasserstoff ersetzt.

In der Mannheimer Anlage wurden zunächst hochschwefelhaltige Rückstände von Panuco- und persischen Rohölen verarbeitet, wobei neben wenigen Prozenten Methan erhalten wurden:

25—35% Benzin
40—50% Gasöl
Rest: Schweröle mit geringem Asphaltgehalt, die auf gute, wärmebeständige Schmieröle verarbeitet wurden.

Später wurde die Anlage auf Kohlehydrierung umgestellt; die meisten Kohleversuche sind allerdings in einer kleinen Anlage von 1 tato Durchsatz (entsprechend einem stündlichen Durchsatz von 0,95 t Kohle/m³ Reaktionsraum) ausgeführt worden. — Als typisches Beispiel, bei dem die eingebrachte Reinkohle zu 90% abgebaut wurde, kann das nachstehende Schema 2 angesehen werden:

Schema 2.

Beispielhaftes Fließschema der Kohlehydrierung nach Bergius.

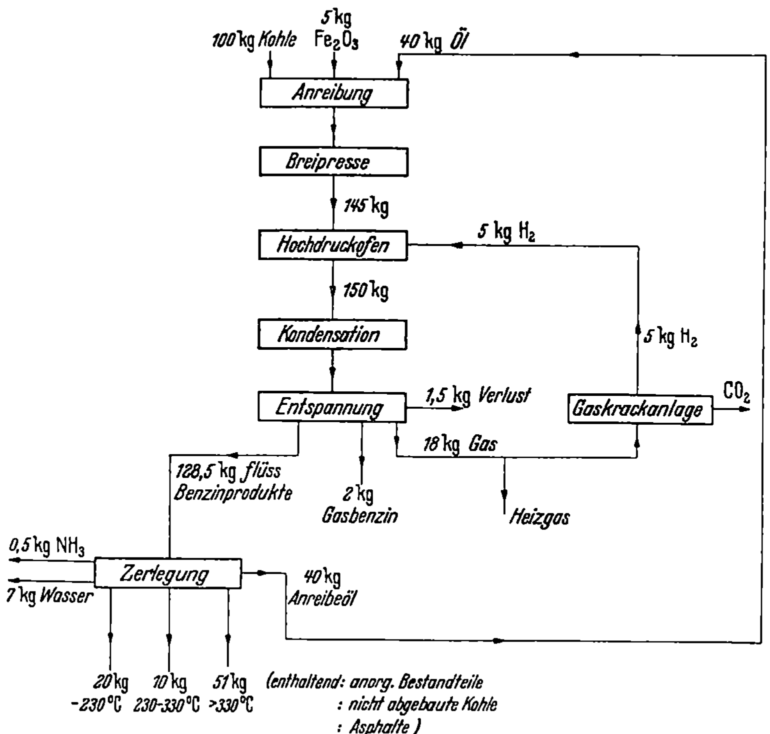

Die Primärprodukte können nochmals mit Wasserstoff behandelt werden, wodurch die Ausbeute an niedrigsiedenden Produkten erhöht wird bzw. praktisch das schwere Öl in seiner Gesamtheit in leichtes umgewandelt werden kann. — Der benötigte Frischwasserstoff wird aus dem Prozeß selbst gedeckt, indem die entstandenen gasförmigen Kohlenwasserstoffe zu Wassergas umgesetzt werden, welches über Kontakte in Kohlensäure und Wasserstoff konvertiert wird, woraus die Kohlensäure mit Wasser unter Druck ausgewaschen wird. — Die Abtrennung der nicht abgebauten Kohle und der anorganischen Bestandteile geschah durch Filtration in Zellenfiltern bei geeigneten Temperaturen, wobei die Filtration um so besser verlief, je weiter die Hydrierung fortgeschritten war. — Auch das Schleudern des Rückstandes hat Bergius herangezogen, wobei er ein von festen Substanzen freies Schleuderöl erhielt, das z. T. mit Wasserdampf bzw. im Vakuum aufdestilliert wurde, z. T. direkt als Anreibeöl für neue Kohle verwendet wurde. Das eigene Rücklauföl erwies sich als besonders geeignet; der Kreislauf konnte völlig geschlossen werden, so daß Teer nur einmalig als Startöl eingesetzt werden mußte.

Das im Schleuderrückstand verbliebene Öl wurde durch Verkokung wiedergewonnen.

In weiteren Beispielen gibt Bergius folgende Ausbeuten an:

Aus 100 kg oberschles. Flammkohle mit 28% Flüchtigen·	Aus 100 kg Steinkohle mit 25% Flüchtigen
55 kg Ölsubstanz: 22 kg Neutralöl — 230° C 17 „ phenolhaltiges Öl > 230° C 16 „ Pech 15 kg Gas 10 kg gebildetes Wasser 0,5 kg NH$_3$ 6 kg Asche 1 kg noch vorhandene Substanz (unveränderte Kohle)	43,5 kg Öl: 15 kg Benzin — 230° C 20 „ Imprägnieröl 6 „ Schmieröl 21 kg Gas (Methan, Äthan u. Homologe, frei von Ungesättigten) 7,5 kg gebildetes Wasser 0,5 „ Ammoniak 35 „ öl- und kohlehaltiger Rückstand aus dem noch 8 kg Öl als Heizöl gewinnbar sind.

Es ist das bleibende Verdienst von Bergius, grundsätzlich die Möglichkeit der Umwandlung von Kohle, Teeren und Mineralölen mit guten Ausbeuten in flüssige, niedrig- bis mittelsiedende Kohlenwasserstofföle durch Druckhydrierung mit molekularem Wasserstoff bewiesen zu haben. Damit hat Bergius eine Entwicklung eingeleitet, die in der Folgezeit in großtechnischen Anlagen in größtem Ausmaß zur Anwendung kam. Auch in die technische Gestaltung des Verfahrens hat Bergius Ideen gebracht, die sich als sehr fruchtbar erwiesen haben.

Die Pionierarbeit von Bergius wird nicht geschmälert durch den Umstand, daß die Druckhydrierung — wie er sie ausgearbeitet hatte — unter Berücksichtigung wirtschaftlicher Gesichtspunkte sich großtechnisch nicht realisieren ließ. Denn die Berginprodukte bestanden nur zum kleineren Teil aus dem in erster Linie erstrebten Vergaserkraftstoff, vorwiegend jedoch aus den geringer zu bewertenden höhersiedenden

Anteilen, die zudem — soweit sie aus der Hydrierung von Kohle oder Teerrückständen stammten — sich qualitativ nicht charakteristisch von den entsprechenden Schwelprodukten unterschieden. Die Umwandlung dieser höhersiedenden Anteile in Benzine durch Rückführung in den Prozeß erforderte nicht tragbare Hochdruck-Reaktionsräume und war außerdem mit zu hoher Gasbildung und damit zu großem Wasserstoffverbrauch verbunden, als daß sie für die Großtechnik hätte in Frage kommen können.

IV. Die beiden grundlegenden Erfindungen der I.G.

An diesem Punkte nun wurden die Arbeiten im Jahre 1924 von der Badischen Anilin- und Sodafabrik in Ludwigshafen a. Rhein aufgenommen. In der großtechnischen Durchführung der katalytischen Druckhydrierung des Stickstoffs zu Ammoniak und der gerade damals gelungenen katalytischen Druckhydrierung des CO zu Methanol hatte die Badische Anilin- und Sodafabrik einen reichen Erfahrungsschatz auf dem Gebiete der katalytischen Druckhydrierung angesammelt, so daß sie in erster Linie die Möglichkeit hatte, den Grundgedanken von Bergius in eine technisch-wirtschaftliche Form zu bringen.

1. Die schwefelfesten Katalysatoren.

Es war damals ein allgemein anerkanntes Dogma, daß Kontaktsubstanzen, welche die Anlagerung von Wasserstoff an Elemente oder Verbindungen zu katalysieren vermögen, grundsätzlich durch die Gegenwart selbst kleinster Mengen freien oder gebundenen Schwefels vergiftet, d. h. ihrer Wirksamkeit beraubt werden. Für den bei der Ammoniak-Synthese verwendeten Katalysator galt die allgemeine Erkenntnis auch in vollem Umfange.

Da nun die für die in Aussicht genommene Druckhydrierung in Frage kommenden Rohstoffe (Kohle, Teere, Mineralöle) durchweg schwefelhaltig sind, erschien nach dem damaligen Stande von Wissenschaft und Technik[1] die Anwendung von Katalysatoren bei der Druckhydrierung der genannten Materialien aussichtslos. Es waren aber gewisse Anzeichen vorhanden, daß der bei der Methanolsynthese verwendete Katalysator nicht im gleichen Maße schwefelempfindlich war wie der Ammoniakkontakt bzw. generell die damals bekannten Hydrierkontakte. Es erschien daher nicht aussichtslos — den Zaun der Vorurteile durchbrechend[2] —, nach Kontaktsubstanzen zu suchen, die bei guter Hydrier-

---

[1] Der Veröffentlichung von Klever (1916) (DRP 301 773) über die katalytische Druckhydrierung von Teeren zu Schmierölen mangelte jede praktische Unterlage, so daß von ihr auch keine technisch-fördernde Wirkung ausgegangen war.

[2] Mittasch: B 59, 13 (1926).

aktivität noch weit weniger schwefelempfindlich sind als der Methanol-
kontakt. In systematischer Arbeit wurde das periodische System der
Elemente durchprobiert, und im Molybdän und Wolfram wurden Elemente gefunden, die an sich eine sehr gute Hydrieraktivität aufweisen
und diese auch in Gegenwart von Schwefel beibehalten. Außerdem
besaßen diese Katalysatoren die Fähigkeit, nicht nur den Reaktionsablauf größenordnungsmäßig zu beschleunigen, sondern auch ihn so zu
lenken, daß die gewünschten Produkte — insbesondere das Benzin —
bevorzugt gebildet wurden, die Entstehung der unerwünschten Nebenprodukte — der gasförmigen Kohlenwasserstoffe — zurückgedrängt
wurde. So gelang es noch im Jahre 1924, Braunkohlenteer mit Wasserstoff unter 200 at Druck bei etwa 450° C in einem Arbeitsgang mit
nahezu 100 Vol.% Ausbeute in Benzin überzuführen.

Durch die Auffindung der wirkungsvollen schwefelfesten Katalysatoren
durch die Badische Anilin- und Sodafabrik war mit einem Schlage das
Verfahren von Bergius in eine technisch-wirtschaftlich realisierbare
Form gekommen.

2. Die Trennung in Sumpf- und Gas-Phase.

Bei der technischen Durchführung der geschilderten Arbeitsweise
zeigte sich indessen, daß man bei der direkten Umwandlung von Braunkohlenteer in Benzin mit sehr hohem, für die Großtechnik nicht mehr
in Frage kommendem Wasserstoffüberschuß arbeiten muß, da sonst eine
Schädigung des Kontaktes durch Ablagerung hochmolekularer Produkte
eintritt, die weiter auf dem Katalysator polymerisieren und kondensieren
und ihn so allmählich vollständig lähmen. Diese Schwierigkeit nun wurde
dadurch umgangen, daß die Reaktion der Benzinbildung aus hochmolekularen Ausgangsstoffen in zwei Stufen zerlegt wurde, in die sogenannte *Sumpfphase*, in welcher die hochmolekularen Produkte (Kohle,
Rückstände von Teeren und Mineralölen) in flüssigem Zustand in Gegenwart feinverteilter Kontakte in ein Zwischenprodukt übergeführt werden,
das dann — in der sogenannten *Gasphase* — in Dampfform über fest im
Reaktionsraum angeordneten Kontakt in Benzin umgewandelt wird. Im
allgemeinen legt man den Schnitt zwischen Sumpf- und Gasphase so,
daß die > 325° siedenden Anteile in der Sumpfphase verarbeitet werden,
die < 325° siedenden in der Gasphase, doch kann man in bestimmten
Fällen den Schnitt auch höher legen.

Die Trennung in die zwei Phasen bedingte zugleich eine Abstimmung
der Form des Katalysators auf die Eigenart der beiden Stufen: in der
Sumpfphase wurde mit feinverteilten Katalysatoren gearbeitet, die in
dem zu hydrierenden Gut suspendiert waren, in der Gasphase wurde
der stückige Katalysator im Reaktionsraum fest angeordnet. Damit
konnte nun in einem wesentlichen Teil der Hydrierung — der Gas-

phase — der Katalysator in der bei den anderen Hochdruckverfahren
(Ammoniak-, Methanol-Synthese) bewährten konzentrierten Form an-
gewandt werden, in welcher er seine optimale Wirksamkeit entfaltet.
Aus dem Kontakt konnte damit sowohl in quantitativer Hinsicht, d. h.
bezüglich Produkt- und Raum/Zeit-Ausbeute, wie auch in qualitativer
Beziehung — d. h. bezüglich der Art des erzeugten Produktes — das
Äußerste herausgeholt werden. Die Anordnung des Sumpfphasekon-
taktes gestattete seine Abstimmung auf die Eigenart des jeweiligen
Rohstoffes, insbesondere hinsichtlich der Verarbeitung der hochmolekularen (flüssigen) Bestandteile, während der Kontakt den Reaktionsablauf der dampfförmigen Anteile nur in untergeordnetem Maße beeinflußt.

Darüber hinaus konnten mit Hilfe der stufenweisen Hydrierung in
beiden Phasen Reaktionsbedingungen eingestellt werden, die auch großtechnisch realisierbar waren.

Mit den geschilderten beiden grundlegenden Erfindungen der Badischen Anilin- und Sodafabrik war das Tor zur Großtechnik der
Hydrierung geöffnet worden.

B. Das I. G.-Hydrierverfahren.

I. Der Hochdruckteil.

Technisch-wirtschaftlich gesehen, steht die Umwandlung der Aus-
gangsstoffe (Kohle, Teere, Mineralöle) durch Hydrierung in niedrigsiedende Produkte (Benzine) im Vordergrund des Interesses. Prinzipiell
aber ist dies nur eine der möglichen Anwendungsformen der katalytischen
Druckhydrierung. Typisierend lassen sich zwei Formen der Hydrierung
unterscheiden:

die spaltende Hydrierung und
die raffinierende Hydrierung.

Wie bei praktisch allen technischen Vorgängen sind auch hier zahlreiche
Übergangsstufen zwischen den beiden Grundtypen vorhanden, so daß
die Grenzen nicht scharf sind.

Bei der *spaltenden Hydrierung* ist die Verkleinerung des Molekulargewichts des Rohstoffs der entscheidende Zweck des Verfahrens. Die
Wasserstoffanlagerung ist nur Mittel zum Zweck, einmal um die Differenz
des Wasserstoffgehalts zwischen Rohstoff und Fertigprodukt zu decken
und zweitens um Polymerisationen ungesättigter Spaltstücke auf dem
Katalysator zu verhindern; ebenso läuft als Mittel zum Zweck nebenher
die Reduktion, die der Entfernung der Nebenbestandteile des Rohstoffs
dient.

Bei der *raffinierenden Hydrierung* sind die Reduktion und die Wasserstoffanlagerung der entscheidende Zweck des Verfahrens. Die Spaltung ist nur eine Begleiterscheinung des Hauptzwecks, die sich durch das Verfahren selbst bzw. die Wirkung der Katalysatoren ergibt.

1. Die Hydrierung in Sumpfphase.

Beim Arbeiten in Sumpfphase befindet sich das zu hydrierende Gut im Reaktionsraum in flüssigem Zustande. Der im Überschuß angewandte und im Kreislauf geführte Wasserstoff perlt wirbelnd durch den Sumpf durch. Indem er sich — in das flüssige Gut hineindiffundierend — im Öl löst, kommt es zu jener innigen Berührung von Öl, Wasserstoff und Katalysator, welche die gewünschte Hydrierung ermöglicht. Die Diffusion des Wasserstoffs in das Öl wird durch die hohe Temperatur und das hohe Druckgefälle begünstigt. Für die Lösung des Wasserstoffs im Öl ist von besonderer Wichtigkeit, daß bei hohen Drucken die Löslichkeit des Wasserstoffs in Ölen mit steigender Temperatur zunimmt, wie aus Abb. 3 hervorgeht. Dieser Effekt ist wohl dadurch

bedingt, daß mit steigender Temperatur die Packung des Lösungsmittels aufgelockert wird, d. h. das Öl wird benzinähnlicher und löst daher besser. Die gelöste Wasserstoffmenge reicht unter den üblichen Bedingungen als solche zwar nicht für die Hydrierung aus, die Lösegeschwindigkeit des aus dem Gasraum hinzudiffundierenden Wasserstoffs in den Ölen unter den Reaktionsbedingungen genügt jedoch, um eine Verarmung an Wasserstoff im flüssigen Ofeninhalt auszuschalten. Da die Löslichkeit des Wasserstoffs in den Ölen annähernd proportional dem

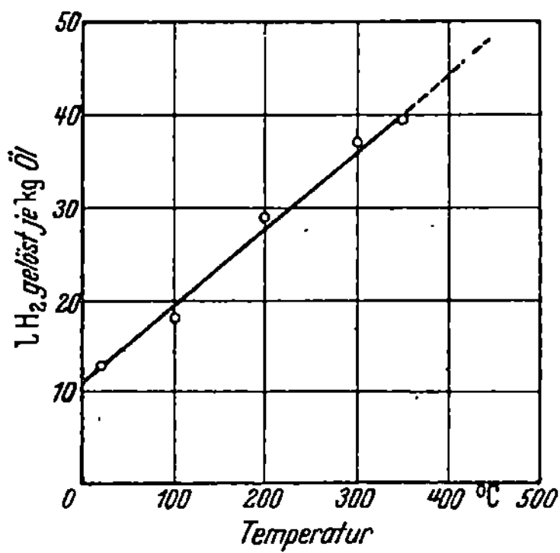

Abb. 3. Löslichkeit von Wasserstoff in Gasöl bei 200 at. (Aus Pier: World Petr. Congr. London 1933, Proc. Bd. II, S. 290.)

Drucke ansteigt, ergibt sich bei Anwendung besonders hoher Drucke (z. B. 1000 at und darüber) grundsätzlich die Möglichkeit, bei nicht zu hohem Wasserstoffverbrauch des Prozesses die Hydrierung in der Sumpfphase nur mit dem gelösten Wasserstoff, also ohne den sonst üblichen Wasserstoffkreislauf durchzuführen.

Bergius hatte sich — wie oben ausgeführt — für seine größeren Apparaturen zu liegenden Reaktionsöfen entschlossen, was bedingte, daß die Durchmischung der Reaktionsteilnehmer durch einen Rührer bewirkt werden mußte. Die I. G.[1] hatte — gemäß ihrer Erfahrung bei der Ammoniak- und Methanol-Synthese — von vornherein mit senkrecht stehenden Öfen gearbeitet. Auch in diesen Öfen verwendete die I. G. zunächst Rührer, einerseits um die Vermischung der Reaktionsteilnehmer zu verbessern, andererseits um den im Ofeninhalt suspendierten Katalysator in Schwebe zu halten. Es zeigte sich dann aber, daß in der Groß-technik die Geschwindigkeit des strömenden Wasserstoffs ausreichend hoch ist, um im Durchwirbeln des Ofeninhalts eine gute Durchmischung der Reaktionsteilnehmer zu bewirken; außerdem reicht diese Wasser-stoffrührung aus, um unerwünschtes Sedimentieren des im Reaktionsgut feinverteilten Katalysators bzw. der mit den Rohstoffen eingebrachten anorganischen Anteile oder nicht umgewandelten organischen Feststoffe zu verhindern. Die „Kreislaufgas"-Menge beträgt im allgemeinen 1000—5000 m³/t Rohstoff (wasser- und aschefrei). So konnte auf die Anwendung mechanischer Rührer verzichtet werden, was auch deshalb vorteilhaft war, weil trotz Erprobung zahlreicher Modelle (auch mit Antrieb innerhalb des Hochdruckraums) sich keines als ausreichend betriebssicher erwiesen hatte.

Um die Durchmischung von Wasserstoff mit dem flüssigen Ofeninhalt zu verbessern, waren versuchsweise auch Schaumplattenöfen verwendet worden, bei denen der überhitzte Wasserstoff durch eine Packung von Drahtnetzen in den Ofen unten eintrat, während das erhitzte Öl oberhalb der Schaumplatte zugeführt wurde. Die Vorteile dieser Anordnung indessen waren weniger bedeutungsvoll als die betrieblichen Störungen, die durch Verstopfung der Schaumplatte infolge sich darin festsetzender Teile des Ofeninhalts eintraten; dieser Weg wurde daher wieder auf-gegeben.

Grundsätzlich hat sich im Laufe der großtechnischen Entwicklung gezeigt, daß der Hochdruckofen in der Sumpfphase um so störungsloser arbeitet, je glatter er innen ist, d. h. je weniger die Strömung störende Einbauten er enthält und je weniger die Form der unerläßlichen Ein-bauten Anlaß zu Ablagerungen und Ansätzen bietet. Durch diesen weitestgehenden Verzicht auf Einbauten steht dann auch praktisch der gesamte Ofeninhalt als freier Reaktionsraum zur Verfügung. Da die drucktragende Wand des Ofens aus Festigkeitsgründen nicht über 3C0° C erhitzt werden darf, ist der Ofen innen mit einer Isolations-schicht ausgekleidet, welche durch ein „Futterrohr" aus schwefelfestem Material (zumeist V_2A) vor Zerstörung durch den Ofeninhalt geschützt wird.

---

[1] Hierunter werden — wenn nichts anderes bemerkt ist — die I. G.-Werke Ludwigshafen-Oppau (bzw. deren Rechtsvorgängerin: die Badische Anilin- und Sodafabrik) bzw. das Ammoniakwerk Merseburg GmbH. (Leuna-Werke) verstanden.

Wie oben dargelegt, hatte Bergius den eigentlichen Reaktionsraum innerhalb des Hochdruckmantels mit einem konzentrischen Ringraum umgeben, durch welchen ein unter Druck stehendes inertes Heizmedium umlief. Bei den großtechnischen Versuchen der I. G. zeigte es sich nun, daß unter den Hydrierbedingungen des I.-G.-Verfahrens die positive Wärmetönung der Reaktion, welche im groben Mittel etwa 7 WE/g chemisch gebundenen Wasserstoffs beträgt, im allgemeinen ausreicht, um die Abstrahlungsverluste der Hochdrucköfen zu decken, ja daß darüber hinaus noch überschüssige Wärme abgeführt werden muß, um eine unzulässige Temperatursteigerung zu verhindern. Diese Wärmeabfuhr geschieht durch Eindrücken von kaltem Wasserstoff (Kreislauf- oder Frischgas) in den Reaktionsraum in Mengen von etwa 20—60% des gesamten Kreislaufgases, wobei die Kaltgaszuführungen in verschiedenen Höhen des Raumes münden, so daß praktisch an jeder gewünschten Stelle die Abkühlung vorgenommen werden kann. Statt oder neben dem Wasserstoff kann gegebenenfalls auch kaltes Öl in die Kaltgaszuführungen eingedrückt werden. Somit konnte die I. G. auf den recht komplizierten Heizmedium-Kreislauf verzichten.

Die Verteilung der Wärmetönung ist nicht gleichmäßig über die ganze Länge des Reaktionsraumes. Besteht dieser beispielsweise aus 4 hintereinandergeschalteten Öfen, so verteilt sich im groben Durchschnitt die Wärmetönung auf die einzelnen Öfen wie folgt:

Ofen	I	II	III	IV
% der Gesamtwärmetönung	40	30	20	10

Bei Rohstoffen mit besonders geringem Wasserstoffverbrauch und damit kleiner Wärmetönung reicht daher gegebenenfalls die Wärmetönung im 4. Ofen nicht mehr ganz aus, um die Abstrahlungsverluste zu decken; in diesen Fällen ist daher ein Rückgehen auf ein Dreifachsystem vorteilhafter.

Der Heizmedium-Kreislauf hatte Bergius auch dazu gedient, den umlaufenden Wasserstoff bzw. die Reaktionsteilnehmer aufzuheizen. Auch diese Aufgabe ist von der I. G. in technisch besserer Weise gelöst worden. Bei der Ammoniak- und Methanol-Synthese waren die Gase aufgeheizt worden durch Vorbeiführen an einem elektrischen Brenner, der im Hochdruckraum angeordnet war. Während so bei diesen Verfahren die gesamten Reaktionsteilnehmer aufgeheizt werden konnten, war dies bei dem vorliegenden Hydrierprozeß nicht möglich, da die Öle — auch in Dampfform — an dem heißen Brenner zu Koksabscheidungen führten. Es wurde daher zunächst eine getrennte Aufheizung vorgesehen dergestalt, daß lediglich der umlaufende Wasserstoff an dem elektrischen Brenner aufgeheizt wurde, während die Öle für sich — anfänglich in durch Schmelzbäder beheizten Rohrschlangen, später in Doppelschlangen mit heißem Druckwasser — auf nahezu 400° vorgeheizt wurden, eine Temperatur, bei der die Öle sich noch nicht bzw. nicht nennenswert zersetzten. Mit dem Grad der Überhitzung des Wasserstoffs war man indessen begrenzt, da bei zu starker Erhitzung sich die im Kreislaufgas enthaltenen Kohlenwasserstoffe am Brenner zersetzten und zu Koksabscheidungen und damit Kurzschlüssen führten. So mußte für die Aufbringung der Spitzenwärme ein großer Überschuß an Wasserstoff angewandt werden, was eine Begrenzung des Öldurchsatzes zur Folge hatte.

Für die Weiterentwicklung des Verfahrens war es daher von großer Bedeutung, daß es der I. G. in Zusammenarbeit mit der Stahlindustrie gelang, Materialien von solcher Qualität durchzubilden, daß eine Wärmeübertragung durch die drucktragende Metallwand ermöglicht wurde. Damit konnten nun die Reaktionsteilnehmer gemeinsam aufgeheizt werden, d. h. der anzuwendende Wasserstoffüberschuß brauchte sich nicht mehr nach dem Diktat der Aufheizung zu richten, sondern lediglich nach den Erfordernissen der Hydrierreaktion selbst. (Alle Angaben über Gasmengen werden in Nm³ [0° C, 760 Torr] gegeben.)

Die gemeinsame Aufheizung geschieht in zu haarnadelförmigen Gebilden gebogenen Druckrohren, die senkrecht in einen gasbeheizten Ofen eingehängt und an ihren oberen offenen Enden durch Rohrbögen hintereinandergeschaltet sind. Dieses Vorgehen weicht von der Destillations- und Kracktechnik ab, wo die Vorheizerrohre horizontal gelagert sind. Diese andere Methode der Hydriertechnik ist darin begründet, daß es bereits bei dem hier in Frage kommenden Temperaturgebiet wichtig ist, eine Einwirkung des Wasserstoffs auf das Öl hervorzurufen, um Polymerisationen und damit Koksbildung zu vermeiden. Im horizontalen Rohr nun findet eine Schichtung statt, indem das Öl im unteren Rohrquerschnitt fließt, während das Gas sich im oberen Querschnitt bewegt, d. h. es findet keine innige Durchmischung beider Phasen statt. Im vertikalen Rohr dagegen ist eine ausreichende Durchmischung gewährleistet bzw. ein Transport des Öles mit einer ausreichenden Geschwindigkeit und damit kurzer Verweilzeit. Die Strömungsvorgänge in der „Haarnadel" sind nämlich im wesentlichen folgende: Im Abwärtsteil fließt die Hauptmenge der flüssigen Produkte als relativ dünner Film an der Rohrwandung herab, während der Wasserstoff zentral durch das Rohr geht; die relativ dünne Ölschicht bietet dem Wasserstoff eine gute Möglichkeit zur Diffusion, so daß hier die physikalischen Vorbedingungen für die Wasserstoff-Einwirkung (Hydrierung) erfüllt sind. Im unteren Bogen sammelt sich nun die Flüssigkeit an, bis sich eine genügende Druckdifferenz ausgebildet hat. Dann wird der flüssige Inhalt der Bögen vom Gas als Kolben im Aufwärtsrohr hochgeschoben, wandert also hier gewissermaßen mit Gasgeschwindigkeit, so daß an sich die Hydrierwirkung hier gering ist; sie wird etwas dadurch verbessert, daß — infolge der Einwirkung der Schwerkraft — die Flüssigkeitskolben die Tendenz zum Zurückfallen haben, was zu gelegentlichem Durchstoßen der Kolben durch das Gas, und damit zu einer gewissen Wasserstoffeinwirkung führt. Die Haupteinwirkung aber findet — wie gesagt — in den Abwärtsrohren statt, und sie reicht aus, um die erwünschten Reaktionen zu bewirken.

Bei Verwendung von relativ hochstockendem Hydriergut erniedrigt die Vermischung des Materials mit dem kalten Wasserstoff gegebenenfalls die Temperatur zu stark. In diesen — sowie in einigen anderen — Spezialfällen hat es sich als zweckmäßig erwiesen, das Kreislaufgas vor der Vermischung mit dem Hydriergut im Durchleiten durch eine in den Vorheizer eingehängte „Gashaarnadel" anzuwärmen.

Die Gasöfen, in welchen die Haarnadeln hängen, sind zwecks Vermeidung lokaler Überhitzungen mit Heißgasumwälzung versehen, die durch „Wälzgasgebläse" bewirkt wird. Praktisch ist also das Wälzgas der Wärmeträger, und die Wärmeübertragung durch Strahlung tritt demgegenüber stark in den Hintergrund. Durch geeignete, regelbare Aufteilung des Wälzgasstromes und seine relativ hohe Geschwindigkeit innerhalb des Vorheizofens wird für eine gleichmäßige Temperatur über die ganze Höhe Sorge getragen. Der eigentliche Brenner dient zur Aufrechterhaltung der gewählten Wälzgastemperatur.

Unter bestimmten Bedingungen, insbesondere bei relativ geringem oder nur sporadischem Wärmebedarf für die Aufheizung im Vorheizer, wird die Gasheizung durch die wesentlich einfachere elektrische Heizung ersetzt, dergestalt, daß die Haarnadeln selbst als Widerstandselemente fungieren, d: h. durch den elektrischen Strom von relativ niedriger Spannung aber hoher Stromstärke direkt erhitzt werden.

Mit dieser Anordnung war nun auch bei dem vorliegenden Mehrphasensystem jene gemeinsame Aufheizung erreicht worden, die bei den reinen Gasphaseprozessen der Ammoniak- und Methanol-Synthese bereits vorher in anderer Weise technisch verwirklicht worden war.

Dieser Fortschritt ermöglichte die Vervollständigung der Aufheizung: Zur Verbesserung der Wärmewirtschaft des Verfahrens erschien es notwendig, den Wärmeinhalt der gas- und dampfförmigen Reaktionsprodukte für die Aufheizung der Reaktionsteilnehmer auszunutzen. Aber während Bergius bei der Ausnützung der Wärme der gesamten Reaktionsprodukte den Inertgaskreislauf als Übertragungsmedium verwendet hatte, ging die I. G. — entsprechend ihren Erfahrungen bei der Ammoniak- und Methanol-Synthese — zur direkten Übertragung der Wärme der Endprodukte auf die Eingangsprodukte über durch Anwendung von Bündel-Wärmeaustauschern, bei welchen innerhalb eines senkrecht stehenden Hochdruckmantels mehrere Hundert parallele Rohre — zu einem Bündel vereinigt — gleichmäßig verteilt über den freien Querschnitt angeordnet sind. Die Eingangsprodukte zusammen mit dem Kreislaufgas steigen im Außenraum des Bündels hoch und übernehmen durch die Wandung der Rohre die Wärme der innerhalb der Rohre abwärts fließenden gas- und dampfförmigen Reaktionsprodukte, wobei die beiden gegenläufigen Ströme durch geeignete Stopfbüchsendichtungen voneinander abgeschlossen sind. Um die Wärmeausnutzung möglichst weit zu treiben, sind zumeist mehrere solcher „Regeneratoren" (2—3 je Einheit) hintereinander geschaltet. — Diese Ausbildung der Wiedergewinnung der Wärme brachte es mit sich, daß durch Fremdwärme nur die Spitze der Aufheizräume im „Spitzenvorheizer" aufgebracht zu werden brauchte, was für die technische Gestaltung des Verfahrens und seine Wirtschaftlichkeit von großer Bedeutung war. Bei den Hydrierverfahren, bei denen mit ansteigenden Temperaturen innerhalb des Reaktionsraumes gearbeitet wird und somit die Reaktionsprodukte auf vergleichsweise hohem Wärmeniveau für die Wärmeausnutzung zur Verfügung stehen, reicht allein die Wärmewiedergewinnung in den Regeneratoren für die Aufheizung der Reaktionsteilnehmer aus — d. h. das System läuft autotherm —, und der Spitzenvorheizer wird praktisch nur zum Anfahren des Systems benötigt, wobei man sich dann vorteilhaft der elektrischen Vorheizung bedient.

Um bei gegebenem Volumen eines Hochdruckofens mit einer Aufheizung einen möglichst großen Reaktionsraum bedienen zu können, ging die I. G. — abweichend von ihren Gepflogenheiten bei der Ammoniak- und Methanolsynthese — zur Hintereinanderschaltung mehrerer (gewöhnlich 3—4) Hochdrucköfen über, wie dies auch schon Bergius durchgeführt hatte. An sich wäre es wünschenswert gewesen, die Zahl der Öfen noch weiter zu vermehren. Dem stand aber entgegen, daß bei den bisher verwendeten Dimensionen der Hochdruck-Hohlkörper (max. 1200 mm lichte Weite) schon der Übergang von 3 zu 4 Öfen nicht die rechnerisch zu erwartende Durchsatzsteigerung ermöglicht, sondern daß der 4. Ofen im Durchschnitt nur noch etwa halb soviel brachte, wie die Theorie forderte. Es hängt dies damit zusammen, daß mit der Vermehrung der Ofenzahl ein linearer Anstieg der Gasgeschwindigkeit Hand in Hand geht, was eine Verminderung des „Füllungsgrades" der Öfen zur Folge hat und damit eine Verringerung der Verweilzeit des flüssigen Gutes in der Reaktionszone. So läßt sich aus Modellversuchen und Betriebsbeobachtungen schließen, daß bei Hintereinanderschaltung von 3 Öfen ein Füllungsgrad von etwa 85% vorliegt, bei 4 Öfen von etwa 78%.

In diesem Zusammenhang war auch ein Extremfall studiert worden, in welchem der gesamte Reaktionsraum nur aus Rohren gebildet wurde unter Weglassung aller Kapazitäten; hierbei betrug die Gesamtlänge (und damit die Gas-Strömungsgeschwindigkeit) etwa das Doppelte von 4 hintereinandergeschalteten Öfen. Es zeigte sich, daß die Umwandlung des Reaktionsgutes sehr gering war, indem es fast mit der Geschwindigkeit des Gases durch den Reaktionsraum hindurchgeführt wurde und somit der für die Hydrierung notwendigen Verweilzeit ermangelte.

Um also die Zahl der Öfen über 4 hinaus erhöhen zu können, mußten größere lichte Weiten der Hochdruckhohlkörper gewählt werden. Der geplante Einsatz von Öfen mit 1500 mm lichter Weite kam aber nicht mehr zur Durchführung.

In der Großtechnik hat sich nun ergeben, daß es nicht notwendig ist, auf die volle Reaktionstemperatur aufzuheizen. Je nach der Art des zu hydrierenden Produktes kann man mit der Eintrittstemperatur der Reaktionsteilnehmer in den ersten Hochdruckofen 20—60° C unterhalb der Reaktionstemperatur bleiben. Bereits innerhalb des ersten Viertels von Ofen I steigt die Temperatur bis zur Reaktionstemperatur an. Dieses „Anspringen" des Ofens ist durch zwei Faktoren bedingt:

1. Gerade die erste Einwirkung des Wasserstoffs auf das jungfräuliche Produkt ist besonders intensiv, und mit dieser starken Wasserstoffaufnahme ist eine entsprechend hohe Wärmetönung verbunden. Dies gilt vor allem für die Rohstoffe, die reich an Nebenbestandteilen (O, N, S) sind, da deren Reduktion besonders leicht verläuft; auch solche Frischprodukte, die viel Ungesättigte oder leicht hydrierbare Aromaten enthalten, geben einen relativ starken Temperatursprung. So nimmt die einzustellende Temperaturdifferenz zwischen Reaktionsraum und Vorheizerausgang im allgemeinen zu von den Erdölen über die Teere zu den Kohlen.

2. Da die Reaktionsteilnehmer zentral in das untere trichterförmige Ende von Ofen I eintreten, üben sie eine gewisse Düsenwirkung aus, die zu einem Rücklauf entlang den Wandungen zum Ofeneingang führt. Dadurch kommt heißer Ofeninhalt nach unten, und durch die eintretende Vermischung wird das Einspritzprodukt[1] rasch aufgeheizt.

Durch diesen Rücklauf tritt in gewissem Umfang eine Vermischung von noch wenig mit bereits stärker hydriertem Material ein. Dies wirkt aber nicht nachteilig auf den Reaktionsablauf ein, während eine solche Befürchtung für Bergius der Anlaß gewesen war, auf die senkrechte Anordnung des Reaktionsraumes zu verzichten.

Das Anspringen im ersten Teil von Ofen I hatte zu dem Gedanken geführt, zwischen Vorheizer und Ofen I einen gesonderten „Anspringofen" anzuordnen in der Erwartung, damit den Vorheizer wesentlich entlasten zu können. Da die großtechnischen Versuche nicht mehr zum Abschluß

---

[1] Unter „Einspritzprodukt" wird das *gesamte* in das System eingehende Gut verstanden, unter „Frischprodukt" der noch nicht mit Wasserstoff in Berührung gekommene Teil des Einspritzprodukts.

gekommen sind, kann ein Urteil über die Durchführbarkeit dieses Gedankens nicht abgegeben werden. — Das Bureau of Mines[1] hat diese Idee aufgegriffen und will sogar vollständig den Vorheizer weglassen.

Im Durchgang durch den Reaktionsraum geschieht dann die Umwandlung der Kohle bzw. der schweren Öle in das Zwischenprodukt, das. im wesentlichen aus Mittelöl neben geringeren Mengen Benzin besteht. Daneben verlassen in gleichen oder auch größeren Mengen Schweröle den Reaktionsraum sowie die in den nicht verdampften Schwerölanteilen suspendierten festen Bestandteile, d. h. die nicht umgewandelte Kohle, die Asche und der Katalysator. Bergius hatte nun das Reaktionsprodukt als Ganzes abgekühlt und nach Entspannung aufgearbeitet, d. h. zunächst die festen Anteile entfernt. Diese Arbeitsweise hat sich für das I.-G.-Verfahren nicht als vorteilhaft erwiesen, und zwar aus folgenden Gründen:

1. Das Gesamtprodukt bildet eine recht stabile Suspension aus Wasser, Feststoffen und asphalthaltigen Ölen, die mechanisch schwer zu trennen ist, bei thermischer Behandlung stark zum Schäumen neigt.

2. Bei der drucklosen Entfernung der Feststoffe lassen sich Verluste an Leichtsiedenden nur sehr schwer vermeiden, und die Filtrate werden nicht immer so feststoffrei erhalten, daß anschließend störungslos eine kontinuierliche Destillation durchgeführt werden kann. Außerdem sind häufig die Filtrationsgeschwindigkeiten technisch unbefriedigend, vor allem wenn nicht völlig entwässert wurde.

3. Die Feststoffteilchen setzen sich im Abkühlungsweg in der Abwärtsströmung in den Rohren der Wärmeaustauscher, insbesondere auf den Rohrböden, fest und führen so zu einer Verschmutzung und schließlich Verstopfung der Regeneratoren. Deshalb hatte Bergius in den Wärmeaustauschern parallele Wege vermieden, was aber zugleich praktisch das Aufgeben großer Übertragungsflächen bedeutet. Der technische Fortschritt der Bündelregeneratoren mußte aber aufrechterhalten werden.

So wurde die I. G. dazu geführt, bereits am Ende des Reaktionsraumes eine Trennung der gas- bzw. dampfförmigen Anteile von den flüssigen vorzunehmen. In den Anfängen und auch in den technischen Arbeiten der I. C. I.[2] geschah dies mit Hilfe eines im letzten Ofen angeordneten Steigrohrs, in welches der flüssige Ofeninhalt überlief, während die gas- und dampfförmigen Anteile am Kopf des Ofens austraten. Es hat sich aber gezeigt, daß diese Anordnung nur schwer zum ruhigen und störungsfreien Betrieb zu bringen ist. Die I. G. ging deshalb dazu über, die Trennung in einem dem Reaktionsraum nachgeschalteten gesonderten Gefäß vorzunehmen, dessen Temperatur etwa 10—40° C

---

[1] Skinner: Ind. Eng. Chem. **41**, 87 (1949).
[2] Hierunter werden die Werke in Billingham der Imperial Chemical Industries Ltd., London, verstanden.

unterhalb der Reaktionstemperatur gehalten wurde. Im unteren, konischen Teil dieses „Abscheiders" wurde ein Flüssigkeitsstand gehalten, am Boden wurden die flüssigen Bestandteile — die „Entschlammung" oder der „Abschlamm" — abgezogen, während die gas- und dampfförmigen Anteile über Kopf gingen. Bei dieser Trennung gehen unter normalen Bedingungen praktisch alle —325° siedenden Anteile in das Kopfprodukt; die Entschlammung enthält zumeist < 10% —325° siedendes schweres Mittelöl. Alle den Ofen verlassenden festen Anteile befinden sich im Abschlamm in einer Konzentration zwischen 15 und 35%; außerdem sind alle Asphalte im Abschlamm. Die den Abscheider dampfförmig verlassenden Teile sind also frei von Feststoffen und Asphalten, was ihre Weiterverarbeitung sehr erleichtert.

Die Wärme der Entschlammung kann vor ihrer Entspannung in konzentrischen Doppelrohrschlangen zur Vorwärmung von Kreislaufgas benutzt werden, gegebenenfalls auch zusätzlich in Naßdampfkühlern zur Dampferzeugung.

Bei einigen Prozessen — insbesondere bei der Teer- und Erdöl-Hydrierung — hat es sich als vorteilhaft erwiesen, die heiße Entschlammung — in Mengen von etwa 30 bis 70% des Rohstoffs — unmittelbar vom Ausgang des Abscheiders ohne Entspannung in den Eingang des Spitzenvorheizers zurückzuführen. Dieser „Heißumlauf" ist in zwiefacher Hinsicht wertvoll:

1. Diese „Heißabschlamm-Rückführung" nivelliert den Reaktionsablauf in den Öfen, d. h. sie wirkt lokalen Temperatursteigerungen entgegen. Insbesondere ist sie wichtig bei Ölen, die infolge geringen Gehaltes an höchstsiedenden Anteilen zur Austrocknung im letzten Ofen bzw. im Abscheider neigen.

2. Durch den Heißumlauf wird die Strömungsgeschwindigkeit im Flüssigkeitsstand des Abscheiders erhöht, wodurch die Gefahr der Ankrustung an den Wandungen entscheidend vermindert wird.

In bestimmten Fällen ist es zweckmäßig, diesen Effekt noch dadurch zu verstärken, daß man das Futterrohr des Abscheiders mit einer Schlange umgibt, durch welche kaltes Kreislaufgas als „Kühlgas"[1] geleitet wird, wodurch an der Innenwand des Futterrohrs eine Kondensation stattfindet, die dem Ankleben von asphaltischen Substanzen entgegenwirkt. Statt oder neben dieser äußeren Kühlung hat sich auch eine innere Kühlung bewährt, bei der man am Boden des Gefäßes durch einen Ring kalten Wasserstoff als Kaltgas einführt, welcher eine Rührwirkung im Sumpf hervorruft. Durch letztere Maßnahme wird außerdem der Kohlenwasserstoffgehalt des im Abschlamm gelöst bleibenden Gases erniedrigt, was für die Weiterverwendung dieses Gases u. U. vorteilhaft ist.

---

[1] Das *indirekt* kühlende Gas wird als „Kühlgas" bezeichnet, das *direkt* kühlende als „Kaltgas".

Über diesen Heißumlauf hinaus hat es sich in den entsprechend gelagerten Fällen als vorteilhaft gezeigt, auch gewisse Mengen — etwa 10—30% des Rohstoffs — der entspannten Entschlammung zum Einspritzprodukt zurückzuführen. Diese „Kaltabschlamm-Rückführung" ist vor allem für die Konstanthaltung des Niveaus im Abscheider von Bedeutung, da diese schwerflüchtigen Anteile in ihrem den Flüssigkeitsstand beeinflussenden Verdampfungsgrad durch Temperaturschwankungen relativ wenig verändert werden.

Der nicht zurückgeführte Teil der Entschlammung — der „Neu-Abschlamm" — geht in die „Rückstandsaufarbeitung" zur Wiedergewinnung des darin enthaltenen Oles.

Die den Abscheider zusammen mit dem Gas dampfförmig verlassenden Anteile werden durch Abkühlung kondensiert, wobei der Vorteil des leichten und vollständigen Verflüssigens unter den hohen Drucken voll zur Geltung kommt. Die Abkühlung erfolgt zunächst in den Regeneratoren, wobei in die kälteren geringe Mengen Wasser eingespritzt werden, um die Ammonsalze (Carbonate, Sulfide) mitzuspülen, die sich bereits vor dem Taupunkt des Reaktionswassers in fester Form ausscheiden. — Die Schlußkühlung erfolgt in Wasserkühlern, woraufhin die Abtrennung des Gases von der Flüssigkeit im „Abstreifer" erfolgt, einem schwach gegen die Horizontale geneigten zylindrischen Gefäß, in welchem ein Flüssigkeitsstand gehalten wird.

Wenn das Kreislaufgas relativ größere Mengen Propan und Butan enthält (was zuweilen unter bestimmten Bedingungen beim Arbeiten bei den niedrigeren Drucken von 210 bis 300 at vorkommt), so neigt der flüssige Inhalt des Abstreifers zum Schäumen, wodurch Flüssigkeit in den Gaskreislauf gelangt, was unerwünscht ist. Man kann sich hiergegen schützen, indem man den Abstreifer wärmer führt (beispielsweise auf 80—100° C), doch bringt man dann leichtsiedende Benzinanteile in den Kreislauf, was auch von Nachteil ist. Als zweckmäßiger hat es sich in diesen Fällen erwiesen, zwischen die beiden Regeneratoren einen senkrecht stehenden „Heißabstreifer" anzuordnen, in welchem sich schwerere Ölanteile kondensieren und so viel Propan und Butan in sich lösen, daß auch bei den üblichen Temperaturen von 20 bis 50° C kein Schäumen im Kaltabstreifer mehr eintritt.

Das aus dem Kaltabstreifer entspannte „Abstreifer-Produkt" (oder kurz „Abstreifer") geht in die „A-Destillation", wo es zerlegt wird.

Bei der Entspannung des Abstreiferprodukts werden die darin unter Druck gelösten Gase frei. Bei ihrem Entweichen führen sie eine kleine Menge niedrigstsiedendes Benzin, hauptsächlich Pentane, mit sich, die durch Kompression des frei gewordenen Gases und durch Rektifikation des Druckkondensats als „Gasbenzin" wiedergewonnen werden.

Das den Abstreifer verlassende Kreislaufgas kehrt — nach Hinzufügung von Frischwasserstoff zur Deckung des Wasserstoffverbrauchs — über eine Gasumlaufpumpe in das System zurück. Schon Bergius hatte beobachtet und praktisch ausgenützt, daß die in der Hydrierreaktion gebildeten gasförmigen KW bevorzugt von dem Reaktionsprodukt gelöst werden, so daß der Wasserstoff gereinigt zurückkehren kann. Bei den hohen Umsätzen und dem relativ geringen Wasserstoffüberschuß des I.-G.-Verfahrens indessen reicht im allgemeinen die Lösekraft des Reaktionsproduktes nicht aus, um die gebildeten gasförmigen Produkte so weit zu entfernen, daß ein befriedigender Wasserstoff-Teildruck am Eingang des Systems gewährleistet ist; in der Regel soll der Wasserstoffpartialdruck am Eingang des Systems etwa 77—82% des Gesamtdruckes betragen. Man kann sich nun damit helfen, daß man entspannten Abstreifer vor den Kühler zurückpumpt; aber dieses Verfahren kommt im allgemeinen nur dann in Frage, wenn nur noch etwas nachgeholfen werden muß. In den meisten Fällen hat es sich als zweckmäßiger erwiesen, das Kreislaufgas einer gesonderten Ölwäsche im Gegenstrom in einem mit Füllkörper versehenen Turm zu unterziehen, wofür sich ein leichtes Mittelöl — zumeist aus der Gasphase — besonders gut eignet. Das Waschöl wird nach Entspannung und Entgasung im Kreislauf geführt. Diese Anordnung hat auch vor allem den Vorteil, daß die Gase aller unter gleichem Druck betriebenen Einheiten („Kammern"), zusammengeschlossen in einem gemeinsamen Gaskreislauf, gemeinsam gewaschen werden.

Abb. 4 (S. 36) vermittelt rein schematisch eine Vorstellung von der oben geschilderten Anordnung einer „Sumpfkammer", wobei je nach den Erfordernissen der jeweiligen Fahrweise gewisse Apparaturteile entbehrt werden können, dafür in Sonderfällen gegebenenfalls andere Vorrichtungen hinzukommen. Eine solche normale Sumpfkammer ist gleicherweise verwendbar für die Hydrierung von Kohle wie für die Hydrierung von Teeren oder Erdölen.

a) Die spaltende Hydrierung in Sumpfphase.

Wie oben (S. 23) ausgeführt, ist das Ziel dieses Verfahrens, hochmolekulare oder höhermolekulare Rohstoffe, also Kohlen, Rückstände von Teeren bzw. Mineralölen, durch Druckhydrierung in der flüssigen Phase in Gegenwart von feinverteilten Katalysatoren in niedriger siedende Produkte überzuführen.

Das dabei anfallende Hauptprodukt, der Abstreifer, wird durch Destillation zerlegt, wobei die Schnitte je nach der gewünschten Weiterbehandlung gewählt werden. Wenn man in der Gasphase auf Benzin arbeiten will, wird man den Sumpfphase-Abstreifer im allgemeinen bei

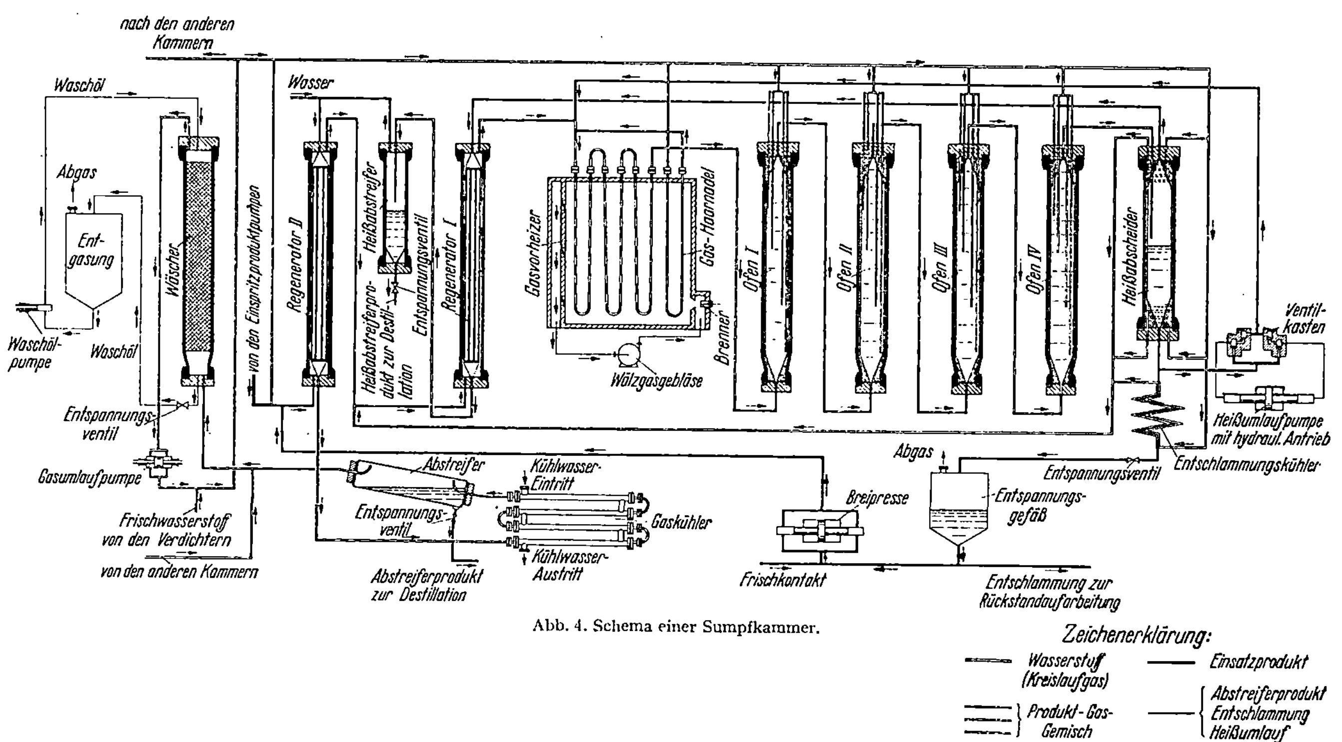

Abb. 4. Schema einer Sumpfkammer.

325° C schneiden — was etwa 40—50% sind —, die darunter siedenden
Anteile — soweit sie nicht direkt verwendbar sind — in die Gasphase
geben, den Rückstand in die Sumpfphase zurückführen. Der Rückstand,
der zu 90—95% —325°/12 mm siedet, kann aber auch für andere
Verwendungen herausgezogen werden, wobei ihm zugute kommt, daß
es sich um ein reines, asphaltfreies Destillat handelt. — Interessanter-
weise ist — und zwar bei allen Rohstoffen — das Abstreiferschweröl
selbst in engsten Vakuumfraktionen immer etwas wasserstoffreicher als
die entsprechenden Fraktionen aus dem Schweröl des Abschlamms, d. h.
in Gegenwart von Wasserstoff unter Druck findet im Abscheider eine
gewisse selektive Destillation statt derart, daß der Wasserstoff etwas
bevorzugt die wasserstoffreicheren Anteile mit sich führt.

Das Öl des Abschlamms, das bei der normalen Fahrweise im wesentlichen oberhalb 325° C siedet, kehrt nach Befreiung von den Feststoffen
in die Sumpfphase zurück, doch können auch andere Verwendungen
des Abschlamms in Frage kommen.

α) Die spaltende Hydrierung von Kohlen in Sumpfphase.

Grundsätzlich läßt sich, wie schon Bergius und auf Grund einer
Anregung von Emil Fischer[1] (1912) Franz Fischer 1914 durch trockene
Destillation der Steinkohle bei höheren Wasserstoffdrucken gezeigt
hatten, Kohle auch ohne Gegenwart von Ölen durch Druckhydrierung
in flüssige und gasförmige Produkte überführen. Diese Arbeitsweise ist
bei der I. G. auch in größerem Maßstabe durchgeführt worden. Die
Einführung der Kohle erfolgte von oben in den senkrecht stehenden
Hochdruckofen, gewissermaßen in „Tablettenform", indem eine große
„Pillenpresse" die durch Zusammenpressen von gepulverter Kohle erzeugten „Tabletten" durch ein Gleitrohr nacheinander in den Ofen
hineinschob, wobei der Wandreibungswiderstand der im Gleitrohr auf-
einandersitzenden Tabletten die — allerdings nicht immer ganz zuverlässige — Abdichtung des Hochdruckraumes gegen die Atmosphäre
vornahm. Die Pillen fielen im Hochdruckofen herunter, zumeist mechanisch bewegt auf Schikanenblechen. Dem Kohlefall entgegen, also aufwärts, strömte der unter Druck stehende Wasserstoff, der an einem
elektrischen Brenner aufgeheizt worden war. Am oberen Ende des Ofens
trat der Wasserstoff aus, der die aus der Kohle gebildeten Öle dampfförmig mit sich führte, durch Abkühlung des Stromes wurden die Öle
kondensiert und gewonnen. Die Asche und nicht umgewandelte Kohle
wurden am unteren Ende des Hochdruckofens durch eine Schleuse ausgetragen oder mit zugepumptem Wasser als Paste abgelassen.

Trotz seiner grundsätzlich erwiesenen technischen Durchführbarkeit
hatte das Verfahren vor allem den Nachteil, daß die ganze Aufheizwärme

---

[1] Fischer, Emil: Abh. Kohle I, 329 (1917).

durch Überhitzung des Wasserstoffs aufgebracht werden mußte. Nachdem, wie oben ausgeführt, das Problem der gemeinsamen Aufheizung aller Reaktionsteilnehmer gelöst war und nach Vorliegen der entsprechenden Vereinbarungen über die Verwendung der Schutzrechte von Bergius konnte daher dieses Verfahren verlassen werden zugunsten der Verwendung der Kohle in mit Öl angepasteter Form, wie dies von Bergius durchgeführt worden war.

Vor dem „Anreiben" mit Öl wird die auf etwa < 5 mm vorgebrochene Kohle in dampf- oder feuergasbeheizten Aggregaten getrocknet, da möglichst wenig Wasser in den Reaktionsraum eingebracht werden soll; denn das im Reaktionsraum in Dampf übergehende Wasser erniedrigt den Partialdruck des Wasserstoffs und verschlechtert dadurch die Hydrierwirkung.

Bergius hatte die Kohle — zumeist kalt — mit Öl angepastet, gewöhnlich im Verhältnis 100 Teile Kohle : 40 Teilen Öl, entsprechend einem etwa 70%igen „Kohlebrei". Diese sehr dickflüssige Paste wurde durch eine Förderschnecke der „Breipresse" zugedrückt, die sie auf den Betriebsdruck brachte und als Strang kalt in den Hochdruckofen beförderte. Diese Anordnung konnte für das von der I. G. angestrebte Prinzip der gemeinsamen Aufheizung der Reaktionsteilnehmer nicht übernommen werden, da ein solcher zäher Strang der gemeinsamen Aufheizung mit Wasserstoff in Rohren nicht zugänglich ist, erst recht nicht im Außenraum von parallelen Rohren des Regenerators. Die I. G. ging deshalb auf eine etwa 50%ige „Breikonzentration" zurück, bei welcher der Kohlebrei bei etwa 100° C wie eine mittelviscose Flüssigkeit pumpbar ist.

Das Anreiben der auf etwa < 5 mm vorgebrochenen und auf etwa 2—6% Wasser vorgetrockneten Kohle geschieht bei 110—130° C in „Konzentramühlen", d. h. horizontal gelagerten, dampfbeheizten, Mahlkörper enthaltenden Drehrohren, in die Kohle und „Anreibeöl" auf der einen Seite eintreten, und der Kohlebrei das Rohr am anderen Ende durch Schlitze und ein 1-mm-Sieb verläßt. Bei dieser „Anreibung" findet die Feinmahlung der Kohle statt auf einen 100%igen Durchgang durch das 900-Maschen-Sieb und ein weiteres Verdampfen des Wassers durch das heiße Anreibeöl. Abgesehen von der Bequemlichkeit der Kohlemahlung auf diese Art bewirkt man damit eine sehr feine Dispersion der Kohle im Öl, was sich für den anschließenden Hydriervorgang als sehr wertvoll erwiesen hat. — In Versuchen ist man so weit gegangen, in Kolloidmühlen die Kohle im Öl auf nahezu kolloidale Feinheit zu mahlen. Hierdurch wird die Hydrierbarkeit der Kohle deutlich verbessert, aber der Kohlebrei wird sehr viel viscoser, so daß man mit der Kohlekonzentration heruntergehen, d. h. mehr Anreibeöl im Kreislauf fahren muß, soweit man nicht den Ausgleich durch Kaltabschlammrückführung herbeiführen kann. Leider vermehren sich durch die Feinstmahlung die Schwierigkeiten in der Rückstandsaufarbeitung, indem das Ausschleudern des Feststoffs schlechter geht. Diese Nachteile haben sich bisher als größer erwiesen als die Vorteile, so daß die Feinstmahlung sich technisch nicht durchgesetzt hat.

Der in der Konzentramühle erhaltene Kohlebrei kann nun nicht nur durch normale Flüssigkeitspumpen der Breipresse zugeführt, sondern vor allem auch gemeinsam mit Wasserstoff — auch in Regeneratoren — aufgeheizt werden. Damit war — aufheizmäßig betrachtet — die Kohlehydrierung in das Prinzip der normalen Schwerölhydrierung eingereiht worden.

Indem so die Kohle bereits vorgeheizt in den Reaktionsraum gelangt, spart man von dem im Vergleich zum Vorheizer relativ teuren Ofenraum den Anteil, den man sonst als Aufheizstrecke im Reaktionsraum aufbringen müßte. Es kommt hinzu, daß bei der Kohlehydrierung bereits in der Vorheizung sehr wesentliche Hydrierreaktionen ablaufen, indem bereits ab etwa 320° C die Reduktion der Sauerstoffgruppe der Humine, als der Hauptbestandteile der Kohlen, beginnt als die erste Stufe der Hydrierung[1]. Durch diesen auf den ersten Blick erstaunlich leichten Angriff wird die feste Kohle in schon bei mäßigen Temperaturen flüssig werdende Verbindungen übergeführt; tatsächlich ist bereits am Ende der Vorheizung der „Abbau" der Kohle — d. h. ihre Überführung in benzollösliche Substanzen — im wesentlichen abgeschlossen. Für die Technik der Vorheizung wirkt sich dieser Vorgang in der Richtung vorteilhaft aus, daß die dabei frei werdende Reduktionswärme zur Aufheizung erkennbar beiträgt.

Dieses für die Hydrierung so günstige Verhalten des „Kohlemoleküls" wird verständlich, wenn man sich die Konfiguration vor Augen hält, die für das Huminsäuremolekül (die hydratisierte Protostufe der Humine) als wahrscheinlich angenommen wird (Abb. 5, S. 39)[2]. Der Komplex I ist das eigentliche Bauelement der Huminsäure; durch zweifache Zusammenfügung dieses Komplexes kommt man zum Strukturbild II. In den Huminsäuren ist ein Komplex I doppelt oder noch öfter verknüpft. Man ersieht aus dem Strukturbild, daß tatsächlich der Sauerstoff das „Schlüsselelement" des Moleküls darstellt, bei dessen Entfernung — insbesondere soweit es sich um Brückenstellungen handelt — der Zusammenhalt des Gesamtmoleküls äußerst gelockert wird, was sich in einer Verringerung der Molekülgröße auf ein solches Maß auswirkt, daß die Produkte schmelzbar = flüssig werden. Aber auch nach Bruch an den empfindlichen Stellen bleiben so viele leicht angreifbare Posi-

---

[1] S. hierzu auch Hlavica: B C **9**, 229 (1928).
[2] Nach Fuchs: Die Chemie der Kohle S. 445 Springer, Berlin (1931).

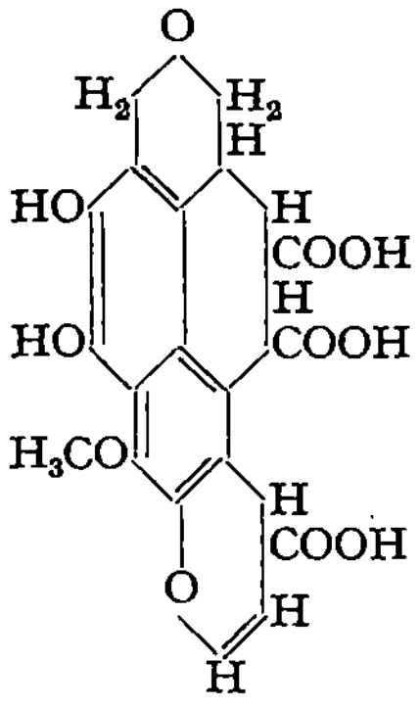

I

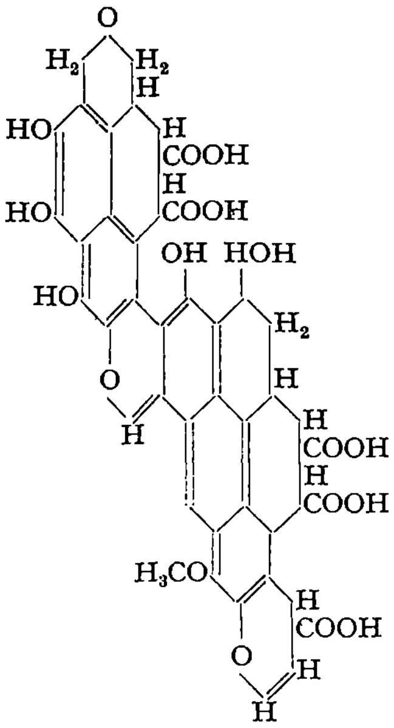

II

Abb. 5. Strukturbilder für Huminsäure. (Nach W. Fuchs.)

tionen übrig, daß die relative Leichtigkeit der weiteren Überführung in Öle mittleren Siedebereichs durchaus verständlich ist[1].

Man erkennt aber weiter aus.diesen Überlegungen, daß das Kohlemolekül möglichst unverändert dem Hydrierprozeß zugeführt werden soll. Daraus folgt, daß bei der Kohletrocknung Überhitzungen — auch lokaler Art — vermieden werden müssen. Deshalb hat sich auch die empfohlene „Bertinierung" der Kohle, d. h. künstliche Alterung der Kohle (Erhöhung des prozentischen Kohlenstoffgehalts) durch Decarboxylierung und Dehydratisierung vermittels Erhitzung auf etwa 300—350° C für die Hydrierung nicht bewährt, denn der Vorteil der Verminderung der Ballaststoffe — vornehmlich Sauerstoff — durch die Bertinierung wird durch den Nachteil der schwereren Hydrierbarkeit des „gealterten" Kohlemoleküls, in welchem also die Zahl der für den Wasserstoffangriff prädestinierten Stellen verringert worden ist, überkompensiert. Im Gegenteil: eine *schwache* Oxydation der Kohle bei der Trocknung ist vorteilhaft, da die Sauerstoffanlagerung an die Kohle

---

[1] Diesen Chemismus kann man sich noch dadurch klarer machen, daß man zum Vergleich den *Oxydations*verlauf analoger Verbindungen heranzieht; man wird dann finden, daß gerade die im Huminsäuremolekül vorliegenden sauerstoffbelasteten Molekülstellen besonders leicht der Oxydation — und also auch der Hydrierung — zugänglich sind.

neue schwache, d. h. für den Wasserstoffangriff leicht zugängliche
Punkte im Molekül schafft, was sich insbesondere in einer Erhöhung
des Kohle- und Asphaltabbaus äußert. Auf der anderen Seite aber vermehrt sich der Wasserstoffbedarf für die Reduktion des hinzugekom-
menen Sauerstoffs, so daß man nur in kleinen Dosen von der „Vor-
oxydation" Gebrauch machen darf.

Das für das Anpasten der Kohle verwendete „Anreibeöl" hat aber
nicht nur die Rolle des mechanischen Trägers der festen Kohle, sondern
darüber hinaus — wie außer Bergius auch Waterman und Perquin[1]
festgestellt hatten — eine sehr wesentliche chemische Mitwirkung im
Prozeß. Bei den erhöhten Temperaturen wirkt das Anreibeöl in einem
Extraktionsvorgang lösend auf die primären Depolymerisationsprodukte
der Kohle und — indem es mit ihnen eine ölartige Flüssigkeit bildet —
macht sie dem Wasserstoffangriff viel leichter zugänglich, als es die
hochmolekularen und hochviscosen Depolymerisate im Gemisch mit der
verbliebenen festen Kohle allein sind. Des weiteren ist es — wie weiter
unten (S. 95) ausgeführt werden wird — recht wahrscheinlich, daß das
Anreibeöl auch eine Rolle als Wasserstoffüberträger spielt.

Auf Grund seiner chemischen Rolle soll daher in qualitativer Hinsicht
das Anreibeöl eine gut lösende Wirkung haben und die Fähigkeit der
Wasserstoffübertragung besitzen; daher sind im allgemeinen aromatische
Anreibeöle geeignet. Öle mit zweckdienlichen Eigenschaften stellen sich
gewissermaßen automatisch ein, wenn man die aus der Kohle selbst
gebildeten Öle im Kreislauf führt unter Abzug der für die Gasphase
geeigneten Öle, d. h. im allgemeinen der bis 325° C siedenden Anteile;
das Anreibeöl selbst siedet daher im wesentlichen oberhalb 325° C.

Da man nach den obigen Betrachtungen im Interesse der Erleichterung
des Wasserstoffangriffs anstreben muß, ein Anreibeöl zu haben, das die
Zähigkeit der Depolymerisationsprodukte der Kohle gut erniedrigt, muß
darauf geachtet werden, daß die Viskosität des rückgeführten Anreibeöls
nicht zu hoch wird.

Die Zähigkeit des Anreibeöls geht unter vergleichbaren Bedingungen
weitgehend parallel mit dem Asphaltgehalt des Anreibeöls, woraus sich
die Forderung ergibt, den Asphaltgehalt des Rücklauföls möglichst
niedrig zu halten. Dies ist auch wichtig für die Vorheizung, da zu hohe
Viskositäten des Anreibeöls und damit des Kohlebreis zu ungleich-
förmiger Beaufschlagung der Regeneratoren und zu unzulässig hohen
Druckdifferenzen im Vorheizer führen.

Weiter darf man bei der Hydrierung wasserstoffreicherer Kohlen den
Asphaltgehalt des „Rücklauföles" nicht zu weit ansteigen lassen, da
sonst die aus der Kohle gebildeten wasserstoffreicheren Produkte aus-

---

[1] Waterman u. Perquin: Erdöl, Teer 669 (1926); Diss. Techn. Hoch-
schule Delft 1929.

fällend auf die Asphalte wirken könnten — Wofern man — was im allgemeinen der Fall sein wird — die Hydrierung der Kohle als einen in sich geschlossenen Prozeß durchführt, muß man in quantitativer Hinsicht darauf achten, daß die Menge des einmal eingesetzten Anreibeöls erhalten bleibt.

Als „Startöl" für das erstmalige In-Betrieb-Gehen eines Systems eignen sich Steinkohlenteer-Schweröle von ausreichender Zähigkeit zum Tragen der Kohle, aber von nicht zu hohem Asphaltgehalt, wie beispielsweise schweres Anthracenöl. Auch Schwelteere der entsprechenden Kohlen kommen in Frage, wofern sie nicht im Paraffingehalt zu hoch liegen für die Lösung der bei der Kohlehydrierung gebildeten Asphalte; besteht diese Gefahr, so kann man sich durch Vermischen der Schwelteere mit Steinkohlenteerölen als Lösungsmittler helfen. Im allgemeinen findet man sogar, daß mit geeigneten Startölen als Anreibeöl die Kohlehydrierung intensiver verläuft als mit den dem Hydrierprozeß bereits unterworfen gewesenen Rücklaufölen.

Als eine oft glückliche Kombination ergibt sich so die ständige Zufuhr gewisser Mengen geeigneter „Fremdöle", wobei dann der Hydrierprozeß so geleitet werden muß, daß der Anfall an Kohlerücklauföl um so viel unter dem Anreibeölbedarf bleibt, wie das der anteilig zugeführten Fremdölmenge entspricht; jedoch hat es sich im allgemeinen gezeigt, daß es nicht vorteilhaft ist, mit dem Fremdöl-Einsatz wesentlich über 20% des gesamten Anreibeöl-Bedarfs hinauszugehen. Hat man mehr Fremdöl zur Verfügung, so empfiehlt sich im allgemeinen die getrennte Hydrierung von Kohle und Fremdöl.

Wenn auch ein Teil der Hydrierung der Kohle bereits in der Vorheizung erfolgt, die Hauptarbeit, nämlich die Umwandlung der Kohle in Öle mittleren Siedebereichs, wird in den Öfen geleistet. Theoretisch kann diese Umwandlung auf zwei Wegen erfolgen:

1. Die Kohle wird zunächst in Schweröl (Anreibeöl) übergeführt, das dann weiter zu Mittelöl hydriert wird;

2. die Kohle geht unter Überspringung der Schwerölstufe direkt in Mittelöl über, d. h. das Anreibeöl bleibt ständig dasselbe.

Praktisch liegt wohl keiner der beiden Wege rein vor, sondern sie laufen nebeneinander her, d. h. das Anreibeöl erneuert sich langsam aber stetig.

Wie schon oben erwähnt, muß bei geschlossenem Anreibeölkreislauf die Anreibeölmenge erhalten bleiben. Auf der anderen Seite muß das aus der Kohle gebildete Öl in gasphasegerechter Form, d. h. bis 325° C siedend, anfallen und die in der Rückstandsaufarbeitung und der Destillation auftretenden Verluste ausgleichen. Nimmt bei gegebenen Bedingungen die Rücklaufölmenge ab, d. h. fällt zu wenig Schweröl an, so wird der Durchsatz gesteigert, wodurch sich mehr Schweröl bildet und somit den Ausgleich herbeiführt. Vermehrt sich die Anreibeölmenge, so wirkt man dem durch Temperatursteigerung entgegen, was die Umwandlung von Schweröl in Mittelöl verstärkt. Diesem „Vorfahren" der Temperatur ist aber, wie schon Bergius in allgemeinen Zügen erkannt hat, bei festgelegten Bedingungen hinsichtlich Katalysator und Wasserstoffpartialdruck eine Grenze gesetzt, indem bei Überschreitung einer bestimmten Temperatur die Hydrierwirkung mit der Spaltwirkung nicht mehr genügend Schritt hält, was sich — wie schon Bergius festgestellt hatte — in einer Erhöhung der Vergasung, einer Erniedrigung des Kohleabbaus und in einer Vermehrung der Asphalte auswirkt.

Es ist allgemein bekannt, daß bei der Einwirkung von Wasserstoff auf Kohlenwasserstoffe bei Steigerung der Temperatur über ein Optimum hinaus die Hydrierung in eine Dehydrierung übergeht. So wird Benzol durch drucklosen Wasserstoff über Platinmohr bei 120° C zu Cyclohexan hydriert, bei 300° wird Cyclohexan zu Benzol dehydriert. Bei der Druckhydrierung liegen diese Gleichgewichte bei entsprechend höheren Temperaturen. Die Dehydrierungsreaktion setzt zunächst bei den höchstmolekularen Verbindungen ein, also bei der Kohle selbst und den Asphalten, so daß der Abbau der Kohle und der Asphalte nachläßt. Bei den Spaltungsreaktionen äußert sich das Nachlassen der Hydrierung darin, daß das Abspalten von Seitenketten, also kleineren Bruchstücken (gasförmigen Kohlenwasserstoffen) gegenüber der Aufspaltung der Mehrkernverbindungen in größere Stücke vom Mittelöl- bzw. Benzinbereich stärker in den Vordergrund tritt.

Verständlicherweise wird man mit der Temperatur — und damit auch dem Durchsatz — so nahe wie möglich an die beschriebene Grenze herangehen, um je Raum- und Zeiteinheit möglichst viel Kohle in Mittelöl umzuwandeln.

In dem den Öfen nachgeschalteten Abscheider findet die Trennung statt in den flüssigen Abschlamm einerseits, Gas und dampfförmiges Produkt andererseits. Nach Kondensation der dampfförmigen Produkte in den Regeneratoren bzw. dem Wasserkühler erfolgt die Trennung von flüssigem Produkt und Gas im Abstreifer. Das entspannte Produkt wird durch Normaldruck-Destillation zerlegt in Benzin und Mittelöl —325° C für die Gasphase und das „Abstreiferschweröl", d. h. den Rückstand > 325° C, der als Anreibeölkomponente zur Verfügung steht.

Bevor der Abschlamm als die andere Anreibeöl-Komponente in den Kreislauf zurückgeht, müssen daraus die nicht abgebaute Kohle, die Asche der Kohle und der Katalysator entfernt werden. Wie schon erwähnt, hatte Bergius, bei dem Abschlamm und Abstreifer gemeinsam anfielen, für diese Aufgabe die Filtration eingesetzt. Auch die I. G. hat die Filtration eingehend studiert. Der Abschlamm, dessen Öl praktisch vollständig oberhalb 325° C siedet, läßt sich unter den üblichen Filtrationsbedingungen als solcher nur mit schlechter Leistung filtrieren. Auch wenn man das Abstreiferschweröl hinzufügt, bleiben die Filterleistungen unbefriedigend. Fügt man zu diesem Gemisch nun auch noch eine wesentliche Menge Mittelöl hinzu (etwa 1 : 1), so kommt man bei Temperaturen von etwa 200° C zu technisch leidlich brauchbaren Filtriergeschwindigkeiten. Aus dem Filtrat muß dann das zuvor zugesetzte Mittelöl wieder abgetrieben werden, da es ja in die Gasphase gehen soll. Aber bei diesem Abtreiben in kontinuierlichen Destillationen treten leicht Schwierigkeiten auf, weil das Filtrat infolge der teilweise fast kolloidalen Teilchengröße des Abschlamm-„Festen" zumeist noch Feststoffe enthält, welche zum Festsetzen in den Destillierapparaturen neigen.

Es mußte also eine Abtrennung gesucht werden, die ohne Mittelölverdünnung bewerkstelligt werden kann. Eine befriedigende Lösung brachte das auch schon von Bergius versuchte Schleudern, und zwar in Form der Verwendung kontinuierlich arbeitender Zentrifugen, der de-Laval-Separator. Es hat sich dabei als vorteilhaft erwiesen, vor dem Schleudern den Abschlamm, der mit etwa 22—35% Feststoffen anfällt, mit Abstreiferschweröl auf etwa 15—20% „Festes" zu verdünnen und bei etwa 140—160° C zu schleudern. In der Schleuder tritt dann die Trennung ein in das „Schleuderöl" mit etwa 2—12% Festem und den „Schleuderrückstand" mit etwa 38—40% Festem. Das Schleuderöl dient als Teil des Anreibeöles.

Der „Schleudereffekt", d. h. die Entfernung des Feststoffs aus dem Schleuderöl, ist unter sonst vergleichbaren Bedingungen um so größer, je niedriger der Asphaltgehalt im Einspritzprodukt ist.

Man erreicht somit bei diesem Schleudern zwar nicht die Feststoffanreicherung im Rückstand, wie sie beim Filtrieren erzielbar ist (etwa 65—70% Festes), aber das Zentrifugieren arbeitet technisch einwandfrei, und man braucht das Schleuderöl nicht mehr zu destillieren. Bei beiden Verfahren kann man nicht auf die Wiedergewinnung des Öles im Rückstand verzichten, und — wo man diesen Prozeß doch braucht — es ist nicht von entscheidender Bedeutung, ob man etwas mehr oder weniger Öl aus dem Rückstand herausholen muß. Ja, es läßt sich sogar als Vorteil des Schleuderrückstandes gegenüber dem Filterrückstand anführen, daß — was für kontinuierliches Arbeiten wichtig ist — der Schleuderrückstand pumpbar-flüssig ist, während der Filterrückstand eine schwieriger zu handhabende bröckelig-krümelige Masse ist.

Für die Gewinnung des Öles aus dem Schleuderrückstand kamen in erster Linie thermische Verfahren in Frage, praktisch also — wie es schon Bergius angewandt hat —das Destillieren auf Koks. Verschiedene Konstruktionen sind hier technisch erprobt worden, u. a. eine nach dem Prinzip der Drehfilter arbeitende „Schwelwalze", die — im Innenraum auf 550—600° C erhitzt — im Rotieren aus einem Vorratsgefäß Schleu-

derrückstand aufnahm und bis zum Abstreifen durch ein Schabemesser
an einer um etwa 300° entfernten Stelle verkokte. Für den Großbetrieb
bewährt aber haben sich nur zwei Konstruktionen: der „Schneckenofen"
und der „Kugelofen". Bei beiden Vorrichtungen wird der Schleuderrückstand in einem Wärmeaustauscher und anschließend in einem gasbeheizten Röhrenvorheizer auf etwa 400—450° C erhitzt und tritt dann
in den Schwelraum ein, der durch Gasheizung von außen auf etwa
550—600° C erhitzt wird. Im Durchwandern durch den. Schwelraum
findet die Destillation auf Koks statt, wobei das Abtreiben des
Öldampfes durch Gegenstrom-Zugabe von ca. 10% (bezogen auf
Schleuderrückstand) überhitztem Wasserdampf gefördert wird. Der
„Schwelrückstand" wird an dem dem Eingang gegenüberliegenden Ende
des Ofens durch eine Wassertauchung ausgetragen. Der Rückstand enthält bei geregeltem Betrieb < 10% Öl; er wird je nach seinem kalorischen
Wert im Kraftwerk verfeuert oder auf Halde gegeben.

Der am Eingang des Hydrierprozesses zugefügte Katalysator geht
also — wenn man von den gegebenenfalls vorgenommenen Abschlammrückführungen absieht — nur einmal durch das Hochdrucksystem hindurch und wird dann verworfen, denn die Wiedergewinnung des Katalysators aus den mengenmäßig stark überwiegenden sonstigen Bestandteilen des Hydrierrückstandes ist mit zu großem Aufwand verknüpft,
als daß sie wirtschaftlich tragbar sein könnte. Bei Festlegung von Menge
und Art des Katalysators müssen daher auch wirtschaftliche Gesichtspunkte berücksichtigt werden.

Das wasserdampfhaltige Schwelöl wird nach Passieren eines Staub-
abscheiders und eines Wärmeaustauschers in einem Vorkühler gekühlt;
das sich im Wärmeaustauscher und Kühler kondensierende „Vorkühleröl" wird gesondert abgeschieden. Es besteht im wesentlichen aus Schweröl
und geht direkt zum Anreibeöl; auf die Gewinnung der geringen Mittelöl-
anteile darin durch Destillation wird verzichtet, vor allem auch, da das
Öl häufig etwas mitgerissene Feststoffanteile enthält, die bei der
Destillation stören könnten. In einem „Nachkühler" wird das „Nachkühleröl" zusammen mit dem Wasser kondensiert; es besteht überwiegend aus Mittelöl, ist feststofffrei und wird zusammen mit dem Abstreifer destilliert. Durch diese Teilung der Kondensation wird auch die
Trennung von Öl und Wasser sehr erleichtert.

Das durch die Spaltung entstehende „Schwelgas" wird zum Heizgas
gegeben.

Die beiden Ofenarten unterscheiden sich in folgenden Prinzipien: Beim
Schneckenofen liegt das horizontale Schwelrohr still (zwei überein-
anderliegende zu einer Einheit zusammengefaßt), und den Transport
der Rückstände im Rohr besorgt eine sich drehende Förderschnecke[1].

---

[1] Etwa 1 U/min; Durchsatz des Ofens ca. 3 stuto.

4*

Bei dem etwa 2° gegen die Horizontale geneigten Kugelofen dreht sich das Schwelrohr, und das Anbacken an der heißen Ofenwandung wird durch eine Füllung des Rohres mit schweren Stahlkugeln verhindert, welche im Herabfallen oder -rutschen den sich an der Wand bildenden Koks immer wieder losschlagen.

Der Kugelofen ist generell anwendungsfähig, aber infolge seiner notwendigerweise starken Bauart recht kostspielig; der demgegenüber leichtere und damit billigere Schneckenofen ist jedoch auf die Verarbeitung asphaltärmerer Schleuderrückstände beschränkt, da bei höheren Asphaltgehalten die Schnecke verkokt und sich dann nicht mehr drehen läßt. Als Grenze für den Schneckenofen haben sich etwa 10 Teile Asphalt auf 100 Teile eingehendes Festes erwiesen, während der Kugelofen noch 30 Teile Asphalt auf 100 Teile Festes zu verarbeiten vermag. Weniger als der absolute Asphaltgehalt des Öles ist das Verhältnis von Asphalt zu Festem für das Verhalten bei der Schwelung maßgebend, da die Feststoffe verteilend auf die Asphalte wirken. In Notfällen kann man sich daher helfen, indem man aufsaugfähige Feststoffe, verteilt in asphaltfreiem Öl, dem in den Schwelofen eingehenden Schleuderrückstand beimischt. Prinzipiell aber gilt für beide Ofenarten, daß sie um so störungsloser arbeiten, je niedriger der Asphaltgehalt im Einspritzprodukt ist.

Aus der gemeinsamen Betrachtung der Sumpfphasehydrierung und der Rückstandsaufarbeitung erkennt man hinsichtlich der Bedeutung des Asphalts grundsätzlich folgendes:

1. Sowohl für die Vorheizung im Hochdrucksystem wie für den Ablauf der Hydrierung selbst ist ein niedriger Asphaltgehalt des Rücklauföles anzustreben.

2. Der Effekt des Schleuderns des Abschlamms ist um so günstiger, je niedriger der Asphaltgehalt des in die Schleuder eingehenden Produktes ist.

3. Die Schwelung des Schleuderrückstandes verläuft um so einwandfreier, je niedriger der Asphaltgehalt im Schleuderrückstand ist.

Die Beeinflussung des Asphaltgehaltes hat durch den Hydrierprozeß zu erfolgen, d. h. für die Wahl der Reaktionsbedingungen ist die Höhe des sich im Rücklauföl einstellenden „Asphaltspiegels" von gleicher Bedeutung wie etwa die je Raum- und Zeiteinheit bzw. je eingesetzter Kohlemenge erzielte Ölbildung. Die dem Hochdruck vorbehaltene Aufgabe des Asphaltabbaues durch Hydrierung kann nicht auf die thermische Zerstörung der Asphalte in der Rückstandsschwelung übertragen werden, da die hier verwendeten Aggregate dafür zu schwach sind.

Die Hydrierung der Braunkohle. Schon die ersten Versuche der I. G. hatten gezeigt, daß Braunkohlen der „Verflüssigung", d. h. der Umwandlung in Öle durch Hydrierung leichter zugänglich sind als Steinkohlen. Es war daher angezeigt, großtechnisch zunächst die Braunkohlehydrierung zu verwirklichen. Hierfür sprach auch der Umstand, daß die I. G. in Leuna über eigene Braunkohlevorkommen verfügte und daß sich dort die Vorbereitung der Kohle und die Wasserstofferzeugung technisch wirtschaftlich gut in die beiden anderen dort großtechnisch auf Braunkohlebasis betriebenen Hochdruckverfahren, nämlich die Ammoniak- und Methanol-Synthese, einfügten. So wurde im Herbst 1926 der Beschluß zur Errichtung einer „Großversuchsanlage" in Leuna gefaßt. Diese Großanlage kam am 1. April 1927 in Betrieb.

Es war zunächst untersucht worden, ob die Braunkohlehydrierung auch ohne Katalysatoren befriedigend durchgeführt werden kann. Es zeigte sich aber, daß dabei der Kohle- und vor allem Asphaltabbau ungenügend ist. Die Asphaltkonzentration steigt so stark an, daß die aus dem Bitumen der bitumenreichen mitteldeutschen Braunkohle gebildeten paraffinischen Kohlenwasserstoffe ausfällend auf die Asphalte wirken, wodurch der Ofeninhalt inhomogen wird. Die Asphalte bilden mit der „Restkohle", d. h. der nicht abgebauten Kohle und der Asche, Agglomerate, die so anwachsen, daß sie vom Strom nicht mehr mitgeführt werden, sich im Hochdruckofen ansammeln und so das Fortschreiten der Hydrierreaktion zum Erliegen bringen.

Es mußte also mit Katalysatoren gearbeitet werden. So wurden der Kohle kleine Mengen Molybdänsäure zugegeben, deren hervorragende katalytische Wirkung sich in Gasphaseversuchen erwiesen hatte. Es zeigte sich aber, daß bei der Kohlehydrierung die Molybdänwirkung weit hinter den Erwartungen zurückblieb. Eine Erklärung hierfür gab die Beobachtung in Gasphase, daß Molybdän durch stärker alkalische Substanzen in seiner katalytischen Wirksamkeit stark beeinträchtigt wird; so ist beispielsweise Calciummolybdat in der Gasphase als Kontakt praktisch unwirksam. Darüber hinaus aber wirkt die Alkalität als solche schädigend auf den Hydrierablauf, indem sie den Abbau der Kohle und vor allem der Asphalte hintanhält. Da nun die Asche der mitteldeutschen Braunkohle sehr wesentliche Mengen Calcium enthält, bestand die Wahrscheinlichkeit, daß die zugesetzte Molybdänsäure vom Kalk gebunden und damit inaktiviert wird. Es kam also darauf an, diese Reaktion auszuschalten. Dies gelang durch Versetzen (Tränken) der gemahlenen Kohle („Neutralisieren") mit verdünnter Schwefelsäure, wobei man zur Vervollständigung des Umsatzes auf etwa 100° C erhitzt. Durch die Säure werden die in der Kohle vorhandenen Calciumhumate zersetzt, und das Calcium wird in Calciumsulfat übergeführt, in welcher Form es nicht mehr mit der als Ammonsalz zugefügten Molybdänsäure reagiert. Bemerkenswerterweise hat sich gezeigt, daß es nicht notwendig ist, die gesamte „Alkalität" der Kohle mit Schwefelsäure zu neutralisieren, sondern daß eine 25%ige Neutralisation ausreicht. Dies läßt sich vielleicht damit erklären, daß 75% des vorhandenen Calciums durch

Kohlensäureabspaltung aus den Huminsäuren in Carbonat übergeführt werden, bevor die Umsetzung mit dem Ammon-Molybdat eintritt, so daß nur $^1/_4$ des Calciums an Schwefelsäure gebunden werden muß. Großtechnisch ging man infolge der größeren Schwierigkeiten der gleichmäßigen Neutralisation auf 50%ige Neutralisation herauf. Mit Zusätzen von 0,02% Molybdänsäure, bezogen auf Trockenkohle — auf die neutralisierte Kohle als wäßrige Ammonsalzlösung aufgetränkt mit anschließender Kohletrocknung —, wurden nunmehr durchaus befriedigende Hydrierresultate erzielt, Kohle- und Asphaltabbau waren sehr gut, und auch Inhomogenitäten durch Asphaltausfällung traten nicht mehr auf.

Die anzuwendenden Molybdänsäuremengen (in der Großtechnik wurden 0,05% benutzt) stellten indessen wirtschaftlich eine fühlbare Belastung dar, auch wurde mit der Ausweitung des Betriebes die Beschaffung der erforderlichen Mengen schwieriger; denn eine Wiedergewinnung der in den Hydrierrückständen in so niedrigen Konzentrationen vorliegenden Molybdänsäure war wirtschaftlich nicht tragbar. Es war daher notwendig, sich nach billigeren und leichter beschaffbaren Kontakten umzusehen. Diese wurden in Eisenverbindungen gefunden, und zwar sowohl in Form natürlicher Vorkommen (wie Raseneisenerz) als auch in Form der Rückstände der Aluminiumfabrikation, also der Bayermasse oder der Luxmasse; auch gebrauchte Luxmasse kann vorteilhaft eingesetzt werden. Charakteristische Unterschiede zwischen diesen verschiedenen Eisenverbindungen bestehen nicht, als etwas überlegen erweisen sich die Aluminiumrückstände, vor allem die Bayermasse. Von diesen Kontakten muß man allerdings wesentlich mehr nehmen als von Molybdänsäure, erreicht aber auch dann nicht ganz die Wirkung der Molybdänsäure, jedoch reicht die Aktivität vollkommen aus, um technisch in jeder Hinsicht befriedigende Resultate zu erhalten. Die angewandten Mengen Bayermasse sind wirtschaftlich tragbar, und ihre Beschaffung bereitet keine Schwierigkeiten. Bei Anwendung dieser Kontaktmassen braucht die Kohle nicht neutralisiert zu werden, ja eine Neutralisation ist sogar eher ungünstig. Auf dieser Grundlage ist Leuna jahrelang mit vollem Erfolge betrieben worden.

Die relativ großen Mengen Wasser, die bei der Trocknung der Rohbraunkohle (Wassergehalt etwa 50—55%) verdampft werden müssen, hatten es angezeigt erscheinen lassen zu untersuchen, ob nicht im Rahmen der Hydrierung das Wasser aus der Rohkohle abgetrennt werden kann, ohne daß man die Verdampfungswärme für das Wasser aufbringen muß. Der Gedanke war dabei der, daß das der Kohle zugefügte Anreibeöl das Wasser von der Kohle verdrängen würde, so daß dann das Wasser flüssig abgezogen werden kann. Tatsächlich tritt dieser Verdrängungseffekt auch ein. Aber die Unterschiede im spezifischen Gewicht zwischen dem Kohlebrei einerseits und dem abgeschiedenen Wasser andererseits sind bis zu den ohne Wasserstoffzugabe möglichen Temperaturen (etwa 280° C unter entsprechendem Druck zur Verhinderung der Wasserverdampfung) nicht groß genug, um in den für technische Zwecke in Frage kommenden Verweilzeiten eine genügend weitgehende Trennung der beiden Schichten zu erreichen.

So wurde auch für die großtechnische Braunkohlehydrierung die übliche Kohletrocknung mit direkten Feuergasen oder mit Dampf beibehalten, wobei der Kontakt, der mit etwa 10—15% Wasser angeliefert wurde, vor der Kohletrocknung zugegeben wurde. Entsprechend den obigen Darlegungen (S. 40) wird bei der Trocknung dafür Sorge getragen, daß die Trocknung der Rohkohle schonend erfolgt, d. h. weder eine Überhitzung noch eine Oxydation in nennenswertem Ausmaße stattfindet. Getrocknet wird auf etwa 5—10% Wasser. In diesem Zustand ist die warme Braunkohle ziemlich stark pyrophor. Um bei der Beförderung eine unzulässige Oxydation oder gar Verbrennung der Kohle zu verhindern, wird die in dünner Schicht auf einem Transportband befindliche Kohle mit etwa 12—15% Öl befeuchtet und damit vor dem Luftzutritt geschützt. Als „Befeuchtungsöl" wird Anreibeöl oder Abstreiferschweröl verwendet. Die Hauptmenge des Anreibeöles wird dann in der Konzentramühle zugegeben.

Bei der Hydrierung bestimmter Braunkohlen machten sich im ersten Hydrierofen unerwünschte Erscheinungen bemerkbar: Im Laufe der Zeit ließ die Reaktionsintensität im ersten Ofen allmählich nach und war nach einer Betriebszeit von etwa 3—5 Monaten so gefallen, daß abgestellt werden mußte. Es zeigte sich dann, daß der erste Ofen weitgehend angefüllt war mit relativ groben Körnern (etwa 2—4 mm ⌀). Die Untersuchung dieses „Kaviars" ergab, daß den Kern der Kugeln ein feines Sandkörnchen bildete, und daß konzentrisch um dieses herum eine größere Zahl schon äußerlich klar voneinander zu unterscheidender Schalen liegt, von denen jeweils die eine — hellere — im wesentlichen aus Calciumcarbonat besteht, die andere — dunklere — aus asphaltkoksähnlichem Kittmaterial. Diese Feststellungen legten es nahe, in den Sandkörnern die eigentliche Ursache für den Aufbau des Kaviars zu sehen. Tatsächlich enthielt die verwendete Kohle etwa 1—3% Sand — bezogen auf Trockenkohle —, der sich aber in technisch befriedigender Weise nicht aus der Kohle selbst entfernen ließ. Der Kohlebrei läßt beim Stehen bei etwa 100° C einen gewissen Teil des Sandes absitzen. so daß man den Sand am unteren Ende des Spitzgefäßes abziehen kann, Hierdurch erreicht man eine kleine, aber nicht ausreichende Verbesserung für die Hydrierung. Eine vollständige Behebung der Schwierigkeiten im ersten Ofen wurde dadurch erreicht, daß man am unteren konischen Teil von Ofen I kontinuierlich eine kleine Menge (etwa 0,2 bis 1,0% des eingebrachten Kohlebreis) abzog, wobei man die An-

ordnung so wählte, daß die Abzugsstelle im Ofen neben und unterhalb
des Endes des zentralen Eingangsrohres lag; hierbei wirkte sich der oben
erwähnte Rückfluß innerhalb des Ofens besonders fördernd aus, indem
er gerade die Sandkörner bzw. den Kaviar in statu nascendi dem
Abzugsrohr für die „Ofen-I-Entsandung" zutrug. Diese Entschlammung
hat etwa 40% Festes, das überwiegend aus Asche (Sand) besteht, d. h.
frische Kohle wird hier praktisch nicht abgezogen; der Abschlamm wird
zusammen mit dem Abscheider-Abschlamm aufgearbeitet. Wenn auch
ein gewisser Teil des Kohlesandes sich der Erfassung in der Ofen-I-
Entsandung entzieht, so ist die Entsandung doch so ausreichend, daß
es nicht zu störender Kaviarbildung kommt und so mit diesem Hilfsmittel ein einwandfreier Dauerbetrieb des Kohleofens möglich ist. Zur
Schonung der Düsen der Schleuder ist es vorteilhaft, durch Absitzenlassen des verdünnten Abschlamms in Spitzgefäßen den Hauptteil des
Sandes vor den Schleudern abzuziehen und den abgezogenen Teil direkt
zu schwelen.

Lediglich im Vorheizer, wo ja die Hauptmenge des Sandes noch vorliegt, macht sich infolge der recht hohen Geschwindigkeit (Gasgeschwindigkeit rechnungsmäßig etwa 10 m/sec.) seine verschleißende
Wirkung bemerkbar, so daß etwa alle 150 Tage die Bögen der Haarnadeln überprüft werden müssen, was im Durchleuchten mit Meso-
thorium geschieht.

Das Verfahren der Ofenentsandung hat sich als besonders vorteilhaft
erwiesen bei der Hydrierung der rheinischen Braunkohle. Hier konnte
großtechnisch ohne Ofenentsandung nur etwa 3—5 Wochen gefahren
werden, nach Einführung der Ofenentsandung war störungsfreier Dauerbetrieb möglich.

Bei der rheinischen Braunkohle bestand der Kaviar praktisch aus
reinem Calciumkarbonat, Kieselsäure war nur in ganz untergeordneten
Mengen vorhanden. Es hatte daher nahegelegen, das Entstehen des
Calciumkarbonats dadurch zu vermeiden, daß die Kohle mit Eisensulfatlösung getränkt wurde, wobei das vorhandene Calciumhumat in
Calciumsulfat übergeht, das sich auch bei der Hydrierung nicht mehr
verändert; entsprechend sollte dann die Menge der zugesetzten Bayermasse vermindert werden. Diese Versuche waren in der Kleinapparatur
erfolgreich durchgeführt worden, infolge der Kriegsverhältnisse aber war
die Einführung in die Technik nicht mehr möglich gewesen. — Es ist
anzunehmen, daß diese Methode auch bei der sandhaltigen Leuna-Kohle
wesentliche Vorteile gebracht hätte.

Die Hydrieranlage in Leuna war nach den Bauprinzipien der Am-
moniak- und Methanol-Anlage errichtet worden. Damit stand der Be-
triebshöchstdruck von 230 at fest, was einem Wasserstoffteildruck am
Eingang der Sumpfkammer von 170—180 at entsprach. Es wurde

erst nach Fertigstellung der Anlage erkannt, daß ein Betriebsdruck von 325 at mit einem Wasserstoffteildruck von etwa 250 at — dies sind die späteren Normen für 300-at-Anlagen — für die Hydrierung der mitteldeutschen Braunkohle vorteilhafter gewesen wäre; aber eine Änderung war dann nicht mehr möglich, und so mußten eben ungünstigere Resultate in Kauf genommen werden. Bis zu einem gewissen Grade konnte dieser Nachteil durch etwa 4—5fache Erhöhung der Kontaktmengen gegenüber den bei 250 at Wasserstoffdruck durchgeführten Klein versuchen ausgeglichen werden. Bei der Beurteilung der Leuna-Ergebnisse sind also die ungünstigen Druckverhältnisse im Auge zu behalten.

Trotz dieser Benachteiligung sind in Leuna recht befriedigende Durchsätze erzielt worden. Zunächst kam man über einen gewissen Durchsatz nicht hinaus, da bei gleichzeitiger Steigerung von Durchsatz und Temperatur der Asphaltspiegel unzulässig anstieg, was sich vornehmlich in Schwierigkeiten in den Schneckenöfen äußerte. Dann aber fand man, daß man die Reaktionstemperatur doch um etwa 20° C (auf etwa 480° C) und damit auch den Durchsatz — und zwar ohne Asphaltvermehrung — steigern kann, wenn man den letzten der vier Öfen, wo der Wasserstoffteildruck am niedrigsten ist, um etwa 15° C in der Temperatur drückt. Dadurch kommt man im letzten Ofen wieder mehr in das Hydriergebiet und reduziert entsprechend besser die Asphalte. Diese Fahrweise hat sich sehr bewährt. Als weiteres Hilfsmittel zur Steigerung des Durchsatzes wurde herangezogen, einen Teil des Abschlamms direkt zu schwelen und so die Asphaltumwandlung von der Hydrierseite auf die Schwelseite zu verlagern. Wenn auch dieser Weg grundsätzlich nicht dem erstrebenswerten Ziel der Totalhydrierung — d. h. der ausbeutemäßig günstigsten Form der Umwandlung — dient, so ist er doch ein brauchbares Hilfsmittel, um auch bei beschränktem Wasserstoffdruck auf gute Durchsätze zu kommen.

Ein vereinfachtes Fließschema über die Ergebnisse der großtechnischen Hydrierung von mitteldeutscher Braunkohle vermittelt Schema 3 (S. 52). Man ersieht daraus, daß aus 100 t Reinkohle 53 t Benzin und Mittelöl als Frischprodukt für die Gasphase erhalten werden. Um diese Menge stündlich zu erzeugen, werden 185 m³ Reaktionsraum benötigt, was einer stündlichen Erzeugung/m³ Reaktionsraum („Benzin [einschl. Gasbenzin] + Mittelöl-Leistung") von 0,286 t entspricht. Von dem im aufgeführten Frischgasverbrauch enthaltenen Reinwasserstoff gehen etwa 87% in chemische Bindung über, entsprechend einem chemischen Wasserstoffverbrauch von 6,5 Gew.% der eingebrachten Reinkohle. Die verbleibenden 13% lösen sich in den Hydrierprodukten und werden daraus bei deren Entspannung wieder frei, so daß sie wiedergewonnen werden können. Die Gesamtkreislauf-Gasmenge beläuft sich auf etwa 4500—5500 Nm³/t eingehende Reinkohle. Hiervon wird etwa

Schema 3.

Vereinfachtes Fließschema der Hydrierung von mitteldeutscher Braunkohle bei 200 at auf Benzin und Mittelöl.

(Alle Angaben, wo nicht anders vermerkt, in stuto.
Eingang 100,0 stuto Reinkohle.)

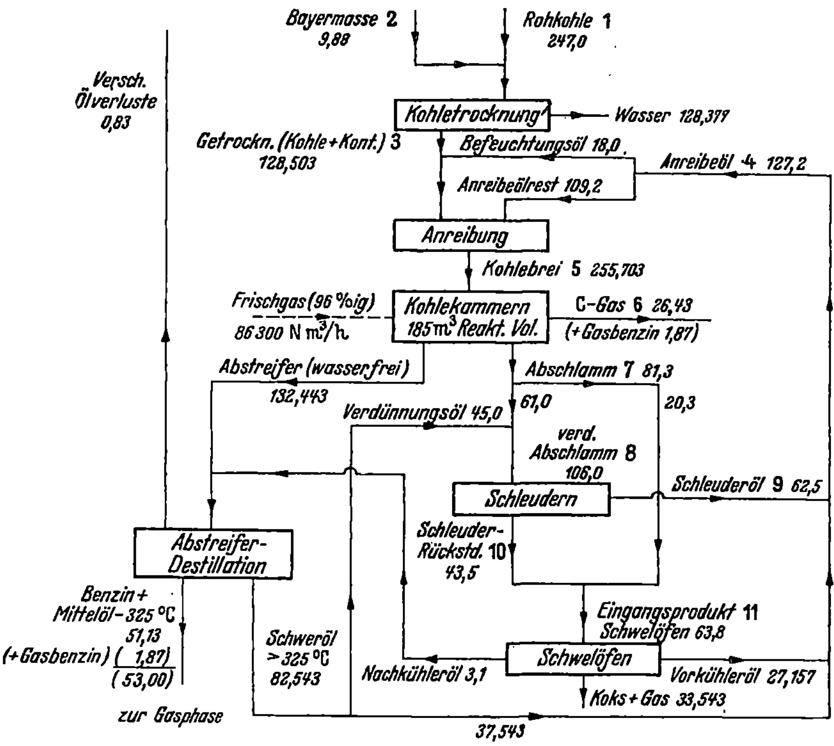

Analysen:

Probe Nr.	In Roh-probe % Wasser	In Trocken-probe % Asche	In Reinprobe				
			% C	% H	% O	% N	% S
[1]	54,0	12,05	71,0	5,0	17,5	1,0	5,5

Probe Nr.	[2]	[3]
% Wasser in Rohprobe	11,9	4,75

Probe Nr.	[4]	[5]	[7]	[8]	[9]	[10]	[11]
% Festes	2,16	49,05	33,0	19,0	4,4	40,0	37,75

Probe [6]

Gasart	CO	CO_2	CH_4	C_2H_6	C_3H_8	C_4H_{10}	Gesamt-menge stuto
Gew.% des C-Gases	5,63	35,55	16,12	13,97	18,44	10,29	26,43
C in Gew.% d. vergasten C	4,10	16,42	20,46	18,97	25,60	14,45	15,62
KW-C in Gew.% d. als KW vergasten C	—	—	25,77	23,85	32,20	18,18	12,42
O im Gas in % von O ein .	44		—	—	—	—	7,693

die Hälfte bis zwei Drittel als Kaltgas benötigt. Der andere Teil geht über die Vorheizung. Die Gesamtmenge wird so hoch gehalten, um auch im letzten Ofen noch einen einigermaßen ausreichenden Wasserstoffteildruck zu haben.

Der bei der Hydrierung in gasförmige Verbindungen übergeführte Kohlenstoff (die „C-Vergasung") ist zu rund 20% an Sauerstoff gebunden (als CO und CO_2), was eine wesentliche Einsparung an Wasserstoff bedeutet gegenüber der Reduktion dieser Sauerstoffmenge zu Wasser. Während das relative Ausmaß der Gasbildung bei den einzelnen Kohlen sehr verschieden ist und auch stark von den Hydrierbedingungen — insbesondere der Aktivität der verwendeten Katalysatoren — beeinflußt wird, wird die Verteilung des vergasten Kohlenstoffs auf die Gase Methan bis Butan von der Art der Kohle und den gewählten Hydrierbedingungen nur wenig beeinflußt. So ist die vorliegende Verteilung des Kohlenstoffs auf die Gase Methan bis Butan typisch für die Kohlehydrierung generell. Dagegen ist die Sauerstoffmenge in der Vergasung stark abhängig vom Sauerstoffgehalt der eingehenden Kohle. Außerdem verschiebt sich bei ein und derselben Kohle bei Steigerung der Hydrierwirkung das Verhältnis des als Kohlenoxyd bzw. Kohlensäure vergasten Kohlenstoffs zugunsten des ersteren. Es ist indessen nicht anzunehmen, daß die einmal gebildete Kohlensäure noch reduziert wird; die größere Wahrscheinlichkeit hat die Vorstellung, daß bei Verstärkung der Hydrierwirkung mehr Carboxylgruppen zu Ketogruppen reduziert werden die dann als Kohlenoxyd abgespalten werden.

Bei sehr sauerstoffreichen Kohlen, d. h. solchen mit mehr als 23% O in Reinkohle, kann man die Bindung von Sauerstoff an Wasserstoff weitgehend unterbinden, wenn man für die Hydrierung an Stelle von reinem Wasserstoff Gemische[1] von Wasserstoff und Kohlenoxyd verwendet, also beispielsweise nur partiell konvertiertes Wassergas. Ob-

---

[1] Waterman: (C 1930, II, 2980) hatte vorgeschlagen, die Kohle zuerst mit CO zu behandeln, dabei den Sauerstoff als Kohlensäure zu entfernen, und erst dann mit H_2 zu hydrieren. Dieses Vorgehen ist zweifellos ungünstiger als die gleichzeitige Anwendung von Kohlenoxyd und Wasserstoff, da bei Benutzung von Kohlenoxyd allein die unerläßliche hydrierende Komponente fehlt.

gleich der Wasserstoff in höherem Partialdruck vorliegt als das Kohlenoxyd, wirkt doch das Kohlenoxyd stärker reduzierend auf die Kohle als der Wasserstoff, so daß die Hauptmenge des frei werdenden Sauerstoffs in den Reaktionsprodukten als Kohlensäure[1] auftritt. Bei gleichem Gesamtdruck sind hierbei die Hydrierergebnisse in quantitativer und qualitativer Hinsicht nicht nennenswert ungünstiger als bei der Hydrierung mit reinem Wasserstoff. Eine Umsetzung zwischen Kohlenoxyd und Wasserstoff tritt praktisch nicht ein, da für diese reine Gasreaktion die Wirkung der asphaltumschlossenen Kontakte nicht ausreicht. Da es sich jedoch hier um einen nur für stark sauerstoffhaltige Rohstoffe in Frage kommenden Spezialfall handelt, ist das Verfahren technisch nicht verwendet worden.

Von der eingebrachten Reinkohle bleiben nur 1,71% als nicht abgebaute Kohle zurück. Trotzdem sind die Ölverluste in der Rückstandsschwelung recht groß (9,43% der eingebrachten Reinkohle), bedingt durch die erheblichen Mengen anorganischer Bestandteile, die in das System eingehen und daher auch wieder ausgebracht werden müssen, was eben über den Schwelofen geschieht, wo das mit den Feststoffen vergesellschaftete Öl in Schwelöl einerseits (76,3% des eingebrachten Öls) und Koks und Gas andererseits (23,7%) übergeführt wird. An den vergleichsweise großen Kontaktmengen konnte infolge des zur Verfügung stehenden relativ niedrigen Wasserstoffdrucks nichts geändert werden.

Es hat indessen nicht an Versuchen gefehlt, die mit der Kohle eingehenden Aschemengen zu vermindern. Eine mechanische Entaschung der Braunkohle kommt nicht in Frage, da die Asche in der Braunkohle infiltriert ist, d. h. sozusagen in chemischer Bindung vorliegt. Eine weitgehende Entaschung aber — auf etwa 2—3% Asche — ist möglich durch Behandlung der Braunkohle mit verdünnter Salzsäure. Bei der Hydrierung einer solchen entaschten und durch Auswaschen von den gebildeten Chloriden befreiten Braunkohle hat sich aber gezeigt, daß der Ofeninhalt inhomogen wird. Offensichtlich genügen die nunmehr verbleibenden Feststoffteile nicht mehr, um auf ihrer Oberfläche die durch die Kohlehydrierung entstehenden Asphalte zu verteilen und so lange in „Lösung" im flüssigen Ofeninhalt zu halten, bis eine ausreichende Asphaltreduktion eingetreten ist. Man muß sich hierbei vor Augen halten, daß das Braunkohle-Bitumen (Montanwachs) bei der Hydrierung in paraffinische Kohlenwasserstoffe übergeht, die auf Asphalte in hoher Konzentration ausflockend wirken[2]. Eine Stütze für diese Anschauung kann man darin sehen, daß — wenn man etwa $^1/_3$ der aus der Kohle

---

[1] Ein Teil der Kohlensäure entsteht allerdings auch durch die in geringem Umfange stattfindende Wassergasreaktion.

[2] Die ins Auge gefaßte vorherige Entfernung des Montanwachses aus der Kohle durch Extraktion kommt wohl nur in Sonderfällen in Frage.

herausgelösten Asche durch einen aktiven Asphaltträger (z. B. eine bestimmte A-Kohle) ersetzt — die Hydrierung einwandfrei verläuft. Technisch indessen kommt dieses Vorgehen nicht in Frage.

Das aus der Braunkohle erhaltene Hydrierprodukt —325° C besteht zu etwa 18% aus Anteilen —180° C und 82% 180—325° C. In seinem Charakter ist es dem entsprechenden Schwelteermittelöl ähnlich, aber etwas wasserstoffreicher, was sich auch in einem geringeren Phenolgehalt äußert. Tab. 11 gibt einen Vergleich der Mittelöle 180—325° C aus der Hydrierung und Schwelung mitteldeutscher Braunkohle:

Tabelle 11. *Vergleich der Mittelöle aus Hydrierung und Schwelung von mitteldeutscher Braunkohle.*

Herkunft	Gesamt-Mittelöl % Phenole	Entphenoliertes Mittelöl			
		Spez. Gew. b. 15° C der Fraktionen		Anilinpunkt ° C der Fraktionen	
		240/70° C	280/310° C	240/70° C	280/310° C
Hydrierung	14	0,878	0,906	24	33
Schwelung	24	0,899	0,912	15	31

Wie das Schwelteermittelöl kommt grundsätzlich auch das Hydriermittelöl, entphenoliert, als Dieseltreibstoff in Frage. Da es aber bei einer Cetanzahl von etwa 25 nur für Langsamläufer geeignet ist, wird man generell das Mittelöl in Gasphase weiterhydrieren.

Auch das Sumpfphasebenzin ist wesentlich stärker raffiniert als das Schwelbenzin, so daß es erheblich leichter chemisch zu raffinieren ist; allerdings müssen auch beim Hydrierbenzin die Phenole vor der Säureraffination entfernt werden. Die Eigenschaften eines Sumpfphasebenzins aus mitteldeutscher Braunkohle gibt Tab. 12 wieder:

Tabelle 12. *Eigenschaften eines Sumpfphasebenzins aus mitteldeutscher Braunkohle.*

Rohbenzin % Phenole	Raffiniertes Benzin						OZR
	d	% — 100° C	Zusammensetzung %				
			Paraffine	Naphthene	Aromaten	Ungesättigte	
6,0	0,738	36	50	28	18	4	62

Es liegt demnach ein Benzin normaler Siedekurve und mittlerer Qualität vor. Da indessen die Raffination des Benzins in der Gasphase praktisch ohne Mehrbelastung neben der Umwandlung der Mittelöle in Benzin vorgenommen werden kann, wird man sich generell zur Hydrierraffination entschließen, um die chemische Entphenolierung und die wenig schöne Säureraffination zu umgehen.

Die Hydrierung der Steinkohle. Wie oben dargelegt, läßt bereits die Elementaranalyse einen Schluß auf das Verhalten der Rohstoffe bei der Hydrierung zu. Tabelle 13 bringt eine Gegenüberstellung der Elementaranalysen von Steinkohle (junge Gasflammkohle) und mitteldeutscher Braunkohle:

Tabelle 13. *Elementaranalysen von Gasflammkohle und mitteldeutscher Braunkohle.*

Kohle	% Wasser in Rohkohle	% Asche in Tr.-Kohle	bezogen auf Reinkohle %					
			C	H	O	N	S	fl. Best.
Gasflamm-kohle	10	.5,0	80,44	4,76	12,37	1,27	1,16	40,0
Braunkohle ..	54	12,0	71,0	5,0	17,5	1,0	5,5	ca. 60

Kohle	bezogen auf 100 C in der Rohkohle						
	Wasser	Asche	H	O	N.	S	H disp.[1]
Gasflamm-kohle	14,2	6,4	5,92	15,38	1,58	1,44	3,53
Braunkohle ..	188,0	19,3	7,0	24,7	1,4	7,8	3,2

[1] Der disponible (verfügbare) Wasserstoff (H/100 C abzüglich H, der anteilig zur Überführung der Elemente O, N, S in ihre Wasserstoffverbindungen benötigt wird) gibt das Bild an sich nicht ganz richtig wieder, da bei der Sumpfphasehydrierung der Braunkohle etwa 44% des mit der Kohle eingebrachten Sauerstoffs als Kohlenoxyde auftreten, bei der Steinkohle etwa 13%.

Der Vergleich läßt erkennen, daß beim Hydrieren von 100 Teilen Reinkohle die Steinkohle 13% mehr Kohlenstoff zur Verfügung stellt als die Braunkohle. Von der gleichen Gewichtsmenge Reinkohle ausgehend, hat man also bei der Steinkohle deutlich größere Ölausbeute-Chancen. — Bei der hydrophilen Braunkohle hat man auf 100 Teile zur Hydrierung gelangenden Kohlenstoffs 188 Teile Wasser zu verdampfen, bei der hydrophoben Steinkohle — die sich gewissermaßen von selbst entwässert — sind es nur 14 Teile; in der Kohlevorbereitung hat man also bei der Steinkohle wesentlich weniger Arbeit zu leisten. — Es kommt hinzu, daß die Steinkohle relativ leicht in ascheärmerer Form zu erhalten ist: Bei zahlreichen Gruben fallen die gröberen Sortimente (beispielsweise Nuß I—III) von vornherein mit Aschegehalten um 5% an bzw. lassen sich die Grobsorten (Stück und Würfel) durch Beklauben auf diesen Aschegehalt bringen. Will man die billigeren Feinsorten verwenden, so ist es zumeist nicht schwierig, durch normale Wäschen (Setzmaschinen, Rinnen) oder durch Schwereflüssigkeitsverfahren Aschegehalte um 5% einzustellen. Die Entaschung der Steinkohle bringt zugleich den Vorteil mit sich, daß mit der Asche auch ein wesentlicher Teil der in der Rohkohle enthaltenen Faserkohle entfernt wird, d. h. des Gefügebestandteils, der wesentlich schlechter der Hydrierung zugänglich ist als die Hauptbestandteile: Mattkohle und Glanzkohle. Von den letzteren lassen sich Vitrit und Clarit am leichtesten hydrieren, Durit etwas schwieriger.

Mit einer Entaschung auf etwa 5% wird man sich aus wirtschaftlichen Erwägungen heraus im allgemeinen begnügen, obgleich es grundsätzlich möglich ist, mit Flotationsverfahren den Aschegehalt auf unter 2% zu erniedrigen (Edelkohle) oder durch Sonderverfahren auf Reinstkohle (unter 1% Asche) zu waschen.

Diese hochgewaschenen Kohlen sind fast frei von Fusit, und auch ihr Durit-Gehalt ist niedriger als der der Originalkohle. Dieser Vorteil in der Zusammensetzung der organischen Substanz wirkt sich in der Hydrierung günstig aus, aber der wirtschaftliche Gewinn auf der Hydrierseite ist zumeist kleiner als die Aufwendungen für die Hochentaschung.

Die bei entaschter Braunkohle gegebene Gefahr der Asphaltausfällung in der Hydrierung durch das aus dem Montanwachs gebildete Paraffin besteht bei entaschter Steinkohle nicht, da sie bei der Hydrierung nur ganz geringe Mengen festen Paraffins entstehen läßt.

Dieses sind die unmittelbar ableitbaren Vorteile der Steinkohle für die Hydrierung. Aber die Tabelle läßt weiter erkennen, daß die Steinkohle auf 100 Teile Kohlenstoff weniger als $^2/_3$ des Schlüsselelements Sauerstoff enthält als die Braunkohle. Es ist demnach zu erwarten, daß die Steinkohle an sich schwerer der Hydrierung zugänglich ist, und daß auch die primären Abbauprodukte, die Asphalte, bei der Steinkohle zur Umwandlung in Öle stärkere Hydrierbedingungen fordern als bei der Braunkohle.

Es mußte also bei der Steinkohlehydrierung bei gleichem Wasserstoffdruck von vornherein besonderer Wert auf die Auswahl der Katalysatoren gelegt werden. Molybdänsäure —wie bei der Braunkohle in Mengen von 0,02% auf die Kohle aufgetränkt — zeigte keine befriedigende Wirkung. Auch die Steinkohlenasche ist alkalisch, allerdings wesentlich schwächer als die der Braunkohle. Die Neutralisation der Steinkohlenasche mit Schwefelsäure brachte aber nicht den gleichen Effekt, wie er bei der mit Molybdänsäure getränkten Braunkohle hervorgetreten war, so daß auch bei der neutralisierten Steinkohle die Aktivität der Molybdänsäure für die technische Hydrierung bei 300 at Druck nicht ausreichte.

Generell hatte die I. G. festgestellt, daß in gewissen Fällen die Elemente der 4. Gruppe des periodischen Systems sehr geeignete Katalysatoren sind. Die I. C. I. hat dann in ihren umfangreichen Versuchen gefunden, daß Verbindungen dieser Elemente gerade bei der Steinkohlenhydrierung sehr wirksam sind. Insbesondere hob sich Zinn heraus, das als Zinnoxalat in Mengen von 0,06% der Kohle zugegeben wurde. Aber auch dieser Effekt genügte für technische Zwecke noch nicht.

Bei der Untersuchung einer Steinkohle nun, die sich bei der Hydrierung wesentlich günstiger verhielt als ihrem geologischen Alter und ihrem Kohlenstoffgehalt entsprach, fand die I. C. I., daß diese Kohle 0,5% Chlor in organischer Bindung enthielt. Aus dieser Feststellung zog die I. C. I. den Schluß, daß das Chlor einen positiven katalytischen Effekt für die Hydrierung habe; diese Schlußfolgerung stand in Übereinstimmung mit der allgemeinen Erkenntnis der I. G., daß Halogene bei der Druckhydrierung katalytisch wirken. Nun wurde bei anderen Kohlen Chlor — in Mengen von 0,75% — in Form von Ammonchlorid zugegeben und ganz generell die sehr günstige Wirkung des Chlors bestätigt gefunden. Unter diesen katalytischen Bedingungen verlief nun bei 300 at Druck in Kleinversuchen wie auch in technischem Maßstab (Großversuch mit 20 tato Kohledurchsatz in Ludwigshafen) die Hydrierung der Steinkohle so befriedigend, daß die großtechnische Durchführung des Verfahrens aufgenommen werden konnte. So wurde 1935 in Billingham eine Anlage zur Erzeugung von 150000 jato Benzin durch Hydrierung von Steinkohle in Betrieb genommen; 1936 nahm die Bergwerksgesellschaft Hibernia in ihrem auf eine Kapazität von 200000 jato Benzin errichteten Hydrierwerk Scholven die Produktion von Steinkohlebenzin auf.

Die in den Kleinversuchen ermittelte günstige katalytische Wirkung der Kombination von Zinn und Chlor bestätigte sich auch in den Großanlagen, so daß die in den Werken erzielten Ergebnisse in chemischer Hinsicht befriedigten und sich auch das erwartete jährliche Ausbringen an Benzin einstellte.

Das als Katalysator verwendete Chlor hatte aber den Nachteil, daß es in bestimmten Temperaturbereichen stark korrodierend wirkte. Dies hatte sich bereits in den Kleinversuchen nach nur wenigen Betriebstagen gezeigt, und zwar im Abkühlungsweg der den Abscheider verlassenden Gase und Dämpfe. Die Korrosion begann bei etwa 410° C und endete bei etwa 290° C mit einem Maximum bei etwa 350—370° C. Es war dies das Intervall des Taupunktes des Ammonchlorids, wo also das Salz sich in fester Form aus den Gasen abschied, also wohl auch der Punkt, wo die bei den höheren Temperaturen vorliegende Dissoziation des Salzes aufhörte. Zugleich begann hier — was sicher auch korrosionsverstärkend wirkte — die erste Ausscheidung flüssigen Reaktionswassers, wobei hinzukam, daß hier flüssiges Wasser eingespritzt werden mußte, um Verstopfungen durch Ammonchlorid zu verhindern. Die Korrosion äußerte sich als eine gemeinsame Wirkung von Chlor und Schwefel, indem das Chlor mit Lochfraß vorbohrte, und der Schwefel die angegriffenen Stellen in Sulfid überführte; als Korrosionsprodukt trat stets nur Eisensulfid auf.

Keines der technisch verfügbaren Metalle und keine der technisch verfügbaren Metallegierungen waren diesem Angriff gewachsen; lediglich

Tantalauskleidung — was aber für die Großtechnik nicht in Frage kam — erwies sich als völlig widerstandsfähig.

Für die Großtechnik mußte also dem Angriff chemisch begegnet werden. Das vorkorrodierende Medium war wohl auch das Ammonchlorid selbst, nicht nur die freie Salzsäure, denn die Zugabe von Ammoniak hinter dem Abscheider — die ja die Konzentration der freien Salzsäure vermindert haben würde — wirkte eher korrosionsverstärkend. Um im Ofen katalytisch wirksam zu sein, mußte aber das Chlor als Ammonchlorid bzw. dissoziiertes Ammonchlorid vorliegen; neutrale — unter den Reaktionsbedingungen nicht dissoziierende — Chloride hatten keine katalytische Wirkung. Zu einem kleinen Teile wird das Chlor zwar durch die alkalischen Bestandteile der Kohlenasche (CaO, MgO) gebunden, aber die Neutralisation ist keineswegs vollständig, da sowohl Calcium- wie Magnesiumchlorid durch den Wasserdampf im Reaktionsraum (Reduktionswasser) weitgehend hydrolytisch gespalten werden. Die Hauptmenge des Chlors liegt also im Ofen als Ammonchlorid bzw. in Form seiner Dissoziationsprodukte vor.

Es mußte demnach dafür gesorgt werden, daß im Ofen freies Ammonchlorid vorlag, hinter dem Ofen nicht dissoziierend gebundenes Chlor. Diese Forderung wurde verwirklicht, indem in die den Abscheider[1] verlassenden Gase und Dämpfe eine Aufschlämmung von Soda in Abstreiferschweröl eingespritzt wurde. Das Chlor wurde als Kochsalz gebunden und in einem zweiten Heißabscheider, in dem Stand gehalten wurde, zusammen mit dem Abstreiferschweröl als Abschlamm wieder abgezogen. Dies war zwar eine zusätzliche Komplikation, aber die Erschwerung spielte gegenüber dem großen katalytischen Effekt des Chlors keine ausschlaggebende Rolle. Die Vollständigkeit der Neutralisation im „Abscheider II" war betrieblich in einfachster Form dadurch zu kontrollieren, daß schon geringste Chlordurchbrüche sich sofort im Auftreten einer hauchdünnen schwarzen Schicht (Eisensulfid) an der Grenzfläche Abstreiferprodukt/Abstreiferwasser äußerten.

Auf Grund der Korrosions-Beobachtungen hätte man befürchten können, daß auch auf der Aufheizseite im entsprechenden Intervall ein Materialangriff eintreten würde. Aber die Kleinversuche, bei denen je Einheit in wochenlangem Betrieb täglich etwa 50 kg Kohle durchgesetzt wurden, zeigten in Übereinstimmung mit den Ergebnissen der I. C. I. keinen Verschleiß in der Vorheizung. Auch der Großversuch in Ludwigshafen, bei welchem innerhalb 3 Monaten 1500 t Kohle durchgesetzt worden waren, zeigte nur einen praktisch zu vernachlässigenden Verschleiß in der Vorheizung. Als Erklärung für das Ausbleiben des Angriffs in der Vorheizung konnten verschiedene Momente ins Feld geführt werden:

---

[1] Die auch technisch angewandte Einspritzung des Sodabreis in den letzten Ofen ist eine wenig glückliche Notlösung.

1. Das Wasser, das wahrscheinlich bei der Korrosion im Abkühlungsweg mitwirkt, ist im Eingang in wesentlich niedrigerer Konzentration vorhanden als im Ausgang.

2. Bei der Aufheizung wird ein Teil des Chlors durch die Kohlenasche gebunden, die im Ofen durch die Einwirkung des Wasserdampfs das Chlor großenteils wieder abgibt.

3. Das hochasphalthaltige Öl in der Vorheizung (Asphalte des Anreibeöls + hauptsächlich die primären zähflüssigen Abbauprodukte der Kohle) erzeugen auf den Wandungen des Vorheizers einen Schutzfilm gegen die Einwirkung des Chlors auf das Material. — Diese Schutzfilmwirkung dicker Öle war schon früher bei anderen Materialangriffen beobachtet worden; es hatte sich damals gezeigt, daß bei Verwendung gewöhnlichen Kohlenstoffstahls der Angriff von Wasserstoff und Schwefelwasserstoff durch den Ölschutzfilm sehr stark verlangsamt wird; da diese Angriffe aber nicht ganz ausgeschaltet worden waren, hatte man nicht auf legierte Stähle verzichten können.

Nach den vorliegenden Beobachtungen konnte man annehmen, daß die Schutzfilmwirkung den größten Anteil an der Korrosionsverhinderung hatte.

Nach längerem Betrieb in der Großtechnik zeigte sich nun aber doch — vornehmlich im Intervall 330—370° C — ein Angriff in der Vorheizung, und zwar in erster Linie in den unteren Bögen des Spitzenvorheizers, in weit schwächerem Ausmaße an den oberen Bögen. An den geraden Stücken der Rohre war kein Angriff festzustellen. Die genaue Verfolgung der Angriffsstellen zeigte, daß in den Ablenkungen praktisch nur dort Verschleiß auftrat, wo nach den Strömungsgesetzen die Hauptströmung verlaufen mußte. Die Form des Angriffs war derselbe Lochfraß, wie er im Abkühlungsweg der Kleinversuche aufgetreten war. Diese Beobachtungen führten zu dem Schluß, daß bei dem Angriff in der Vorheizung der Großtechnik eine Kombination von Erosion und Korrosion vorlag.

Die entscheidende Mitwirkung der Erosion gab eine Erklärung, warum die Verschleißwirkungen nicht oder nur schwach in den Vorversuchen beobachtet worden waren; denn die Strömungsgeschwindigkeiten in der Vorheizung waren bei den Vorversuchen wesentlich niedriger gewesen; sie hatten betragen (berechnet auf Gas allein) im

<pre>
Kleinversuch .... 0,25 m/sec.
Großversuch .... 2,7 m/sec.
Großbetrieb .... 6,6 m/sec.,
</pre>

d. h. die kritische Strömungsgeschwindigkeit lag oberhalb 3 m/sec. Eine reine Erosion konnte aber auch bei den Geschwindigkeiten des Großbetriebs nicht vorliegen, da die Erfahrungen in Leuna gezeigt hatten, daß man selbst mit einer schmirgelnden Sand enthaltenden Kohle gefahrlos auf 8 m/sec. heraufgehen kann, und daß ohne Sand Geschwindigkeiten von 10 m/sec. betrieblich möglich sind.

Die oben gegebenen Deutungen der Angriffserscheinungen erklärten indessen noch nicht, warum der Verschleiß an den unteren Bögen wesentlich stärker war als an den oberen; rein strömungstechnisch sollten die Verhältnisse in beiden Bögen gleich sein. Wir hatten aber bereits oben (S. 28) gesehen, daß in den Abwärts- und Aufwärtsteilen der Haarnadeln verschiedenartige Strömungsbilder für Flüssigkeit und Gas vorliegen, und daß in den unteren Bögen eine gewisse Stauung des flüssigen Materials eintritt. Diese Stauung nun ist bei der Steinkohlehydrierung besonders stark ausgeprägt, und zwar aus folgenden Gründen: Spezielle Versuche über die Aufheizung von Steinkohlebrei mit Wasserstoff unter Druck hatten gezeigt, daß die Zähigkeit[1] des Kohlebreis zunächst bis etwa 300° C abfällt, dann aber rapide ansteigt, bei etwa 360° C ein Maximum erreicht und dann langsam wieder abfällt. Diese Quellungserscheinungen sind gewissermaßen ein Analogon zu dem plastischen Zustand, den Backkohle bei der Verkokung durchläuft; indessen liegt unter den Hydrierbedingungen das Maximum der Plastizität etwa 60° C tiefer als bei der Verkokung. Diese Verschiebung nach unten kann einesteils durch die Gegenwart des Anreibeöls bedingt sein, andernteils durch Hydrierungsvorgänge. Während bei der Verkokung Steinkohlen (Ruhr) mit unter 85% C in Reinkohle nicht mehr plastisch werden, zeigen bei der Hydrierung alle Steinkohlen — auch jüngste mit 78% C in Reinkohle — die Plastizitätserscheinungen in der Vorheizung. Ja, selbst bei der Braunkohlehydrierung ist der Viskositätsanstieg in dem genannten Bereich noch vorhanden, wenn auch in weit schwächerem Maße als bei der Steinkohle.

Das Plastischwerden des Steinkohlebreis im Vorheizer bewirkt nun, daß sich eine relativ zähe Masse in den unteren Bögen so lange ansammelt, bis die Druckdifferenz zwischen dem Abwärts- und dem folgenden Aufwärtsrohr genügend groß geworden ist, um die Masse „herauszuschießen", wobei dann natürlich die nachfolgende, aufgestaut gewesene Masse mit beträchtlicher Beschleunigung in den Bogen hineinfliegt und dabei ihre erodierende Wirkung ausübt. Der obere Bogen ist von dieser exponierten Stelle relativ weit entfernt, so daß bis dahin eine starke Nivellierung eingetreten ist, weshalb der obere Bogen viel weniger der Erosion ausgesetzt ist. Diese „Pulsationen" sind mit empfindlichen schnellaufenden, registrierenden Druckdifferenzwaagen aufgenommen worden, wobei sich gezeigt hat, daß die Druckdifferenzen in dem betrachteten Intervall je nach den vorliegenden Bedingungen zwischen 2 und 8 at betragen bei Perioden von 10 bis 40 sec. Generell

---

[1] Über Viskosität von Kohlebrei bei erhöhten Temperaturen s. Bureau of Mines: Ind. Eng. Chem. **41**, 870 (1949).

5*

ist festgestellt worden, daß bei sonst festliegenden Bedingungen die Pulsationen um so schwächer sind, je aktiver die Katalysatoren sind, bzw. je besser die Hydrierwirkung ist. Damit war die Ursache der Korrosion/Erosion im Vorheizer ausreichend geklärt.

Die naheliegendste Abhilfe war die Verwendung eines dünneren Kohlebreis; es zeigte sich aber, daß man hierbei für technisch-wirtschaftliches Arbeiten zu weit mit der Kohlekonzentration heruntergehen muß. Als vorteilhafter erwies es sich, kleinere Mengen Anreibeöl (etwa 10% auf Trockenkohle) direkt in den Vorheizer einzuspritzen. Man erreicht damit eine bessere Abschwächung der Pulsationen, als wenn die gleiche Menge Anreibeöl zum Kohlebrei gegeben wird; es hat den Anschein, daß bei der Einspritzung des Anreibeöls in den Vorheizer keine völlige Vermischung von Öl und Kohlebrei eintritt, sondern daß das Öl — wenigstens teilweise — an den Wandungen entlangfließt und so als „Gleitöl" wirkt[1].

Durch die Gleitöleinspritzung wurde eine gewisse, aber nicht ausreichende Verminderung des Verschleißes erzielt. Es war nun bereits früher beobachtet worden, daß es bei einigen Kontaktkombinationen vorteilhaft ist, den Katalysator erst hinter der Vorheizung, d. h. in Ofen I unten zuzugeben. Es lag nahe, dies nun auch beim Chlor anzuwenden. So wurde das Ammonchlorid — gemahlen im Anreibeöl — in den senkrecht aufsteigenden Teil der Eingangsleitung zu Ofen I eingeführt. Damit war die korrodierende Komponente im Vorheizer ausgeschaltet und damit dort auch der Verschleiß vermieden. Aber obgleich für bestmögliche Vermischung von Kohlebrei und „Kontaktbrei" gesorgt wurde, traten offensichtlich doch — wohl begünstigt durch die ungleichförmige (pulsierende) Strömung des Kohlebreis im Vorheizer — lokal so hohe Chlorkonzentrationen auf, daß ein Chlorangriff auf das Futterrohr im untersten Teil von Ofen I stattfand, womit dann auch die dahinter liegende Isolierung einer Zerstörung ausgesetzt war. Auch dieser Weg war also nicht gangbar.

Es blieb demnach nur übrig, dem beobachteten Verschleiß im Vorheizer materialtechnisch beizukommen. Dies geschah einmal, indem durch Spezialkonstruktionen die Wandstärke der unteren Bögen wesentlich verstärkt und durch Anwendung einer besonders harten Auskleidung die Verschleißfestigkeit erhöht wurde, was eine wesentlich längere Betriebszeit ermöglichte; allerdings mußten dann aus Platzgründen die unteren Bögen nach unten aus dem Heizraum herausgezogen werden. Eine andere — auch evtl. zusätzliche — Maßnahme bestand in der Auskleidung der unteren Bögen mit säurefester, harter

---

[1] Diese Gleitöleinspritzung ist später generell beibehalten worden, auch wo an sich eine Milderung der Pulsationen nicht notwendig gewesen wäre, und zwar um bei Breipressestörungen bereits eine Anreibeölpumpe in Betrieb zu haben, die rasch hochgefahren werden kann, um ein Austrocknen des Systems zu verhindern.

Emaille. Hiermit wurde das Verfahren technisch befriedigend im Dauerbetrieb durchgeführt, wobei gegebenenfalls durch eine Unterteilung der Chlorzugabe auf Vorheizer und Ofen I für die Haarnadelbögen eine gewisse Entlastung geschaffen wurde.

Infolge aufgetretener Verknappungserscheinungen mußte später das Zinn durch Blei ersetzt werden. Obgleich vom Blei die 3—5fache Menge angewandt wurde, war der katalytische Effekt doch deutlich geringer, was sich vor allem in einem Ansteigen des Asphaltspiegels äußerte. Um trotzdem die Erzeugungshöhe zu halten, war es notwendig, einen Teil der gebildeten Asphalte außerhalb des Hochdrucks zu beseitigen. Der Weg von Leuna, nämlich einen Teil des Abschlamms direkt zu schwelen, erschien nicht vorteilhaft, weil die Kugelöfen an sich schon an der Grenze der Beaufschlagung mit Asphalten lagen. Als ein sehr geeigneter Weg aber erwies sich, den Abschlamm für sich oder das Gemisch aus Abschlamm und Schleuderrückstand im Kugelofen[1] lediglich zu toppen auf einen Rückstand mit Erweichungspunkten zwischen 70—90° C und alle leichteren Öle als Destillat zu erhalten. Das „Hydrierpech" — gewissermaßen ein gefülltes Bitumen — wurde nach dem Verfahren von Rütgers in Wasserrinnen granuliert und mit einem Wassergehalt unter 2% für Straßenbauzwecke, als Brikettierpech oder für sonstige Verwendungen abgegeben. Auf diese Weise wurde auch mit Blei als Kontakt — und zwar mit den gleichen Durchsätzen wie bei Zinn — der Betrieb jahrelang einwandfrei durchgeführt.

Jedoch, wenn so auch die Korrosionsschwierigkeiten umgangen waren, war es doch grundsätzlich wünschenswert, ohne Chlor fahren zu können. Nach den vielen vorliegenden Versuchen indessen erschien es nicht aussichtsreich, eine verfügbare, wirtschaftlich mögliche und nicht korrodierend wirkende Kontaktkombination zu finden von mindestens der gleichen oder besser höheren katalytischen Wirkung. Der nicht ausreichende Effekt weniger aktiver — aber nicht korrodierender — Katalysatoren mußte daher durch Erhöhung des Wasserstoffdruckes verstärkt werden, da — wie auch schon Bergius gefunden hatte — die Reaktion um so rascher verläuft, je höher der Wasserstoffdruck ist. Indem so der Gesamtdruck von 325 auf 700 at heraufgesetzt wurde, war es möglich — analog der Braunkohlehydrierung —, mit Eisenkontakten zu arbeiten. In Vergleichsversuchen mit Eisenkontakten bei 300 und 700 at zeigte sich, daß durch die Druckerhöhung der Abbau der Kohle und der Asphalte erheblich verbessert und die Vergasung stark herabgesetzt wird. So werden bei 700 at. Gasflammkohlen zu 93—97% — bezogen auf den Kohlenstoff der Reinkohle — abgebaut,

---

[1] Das Bureau of Mines (Ind. Eng. Chem. **41**, 870 u. 968 [1949]) nimmt das Toppen mit überhitztem Wasserdampf in der wesentlich billigeren Anordnung der flash-chamber vor (s. a. S. 71).

also nicht entscheidend weniger als bei der Braunkohle, wo der Abbau zwischen 98 und 99,5% liegt. Selbst bei 700 at ist die nicht abgebaute Kohle wasserstoffärmer als die eingehende Kohle, z. T. infolge Anreicherung von Fusit, darüber hinaus aber auch infolge Dehydrierung der höchstmolekularen Anteile der Kohle; für diese Anteile liegt also das Gleichgewicht bereits auf der Dehydrierseite. Praktisch ist dies indessen ohne nennenswerte Bedeutung, da der erzielte Abbau für die technischen Belange ausreicht. Erst durch Anwendung großer Mengen hochaktiver Katalysatoren — was aber nur theoretische Bedeutung hat — gelingt es, die Restkohle auf dem Wasserstoffgehalt der Eingangskohle zu halten.

Während durch die Drucksteigerung Kohle- und Asphaltabbau sowie Vergasung verbessert werden, wird die Spaltung, d. h. die Benzin- und Mittelölleistung, durch die Heraufsetzung des Druckes nicht erhöht. Aber, indem nun die Reduktions- und Hydrierbedingungen soviel günstiger geworden sind, hat man die Möglichkeit gewonnen, mit der Temperatur nachzufahren, d. h. Gebrauch zu machen von der bereits von Bergius gefundenen Tatsache, daß in dem betrachteten Temperaturintervall die Spaltgeschwindigkeit sich bei Erhöhung der Temperatur um 10° C etwa verdoppelt. Auf diese Weise kam man bei 700 at mit harmlosen Eisenkontakten zu einer Leistung, die etwa 70% über der bei 300 at mit Zinn und Chlor als Katalysatoren erreichten lag. Trotz der durch die Temperaturerhöhung bewirkten, sehr viel besseren Spaltung bei 700 at ist hierbei in Gegenwart von Eisenkontakten die Vergasung nicht höher und der Asphaltspiegel etwas niedriger als bei 300 at mit den hochaktiven Kontakten. Auf der so gewonnenen Basis nun konnte die großtechnische Hydrierung der Steinkohle bei 700 at in Angriff genommen werden.

Hierbei hat es sich als zweckmäßig herausgestellt, den Eisenkontakt der Braunkohle etwas zu variieren, indem ein Teil der Bayermasse durch Eisensulfat ersetzt wurde, das vorteilhafterweise als wäßrige Lösung auf die Kohle aufgetränkt wurde. Die hierdurch herbeigeführte Neutralisation der Kohlenasche hatte zur Folge, daß das fast in jeder Steinkohle in Spuren (0,05—0,1%) vorhandene Chlor bei der Hydrierung nicht mehr vollständig durch die Kohlenasche gebunden wurde und also ganz schwache Korrosion im Abgang eintrat. Deshalb wurden zur Chlorneutralisation der Kohle kleine Mengen (etwa 0,3%) Natriumsulfid zugegeben, die nun nicht nur die vollständige Chlorbildung herbeiführten, sondern darüber hinaus einen ausgeprägten, günstigen katalytischen Effekt hervorriefen, vor allem hinsichtlich Verstärkung der Spaltung.

Da die getrocknete Steinkohle — selbst bei schärferer Trocknung — wesentlich weniger pyrophor ist als die getrocknete Braunkohle, kann bei der Steinkohle auf das Befeuchtungsöl verzichtet werden, wofern für

Luftausschluß beim Transport der warmen, getrockneten Steinkohle gesorgt wird.

Bei der großtechnischen Steinkohlenhydrierung bei 300 at war zunächst wegen der noch nicht ganz geklärten Quellungserscheinungen auf eine Aufheizung des Kohlebreis in Wärmeaustauschern verzichtet worden, d. h. die Wärme der abziehenden Produkte wurde lediglich auf das Kreislaufgas übertragen, während der Kohlebrei direkt im Vorheizer aufgeheizt wurde. Nachdem erkannt worden war, daß bis etwa 310° C die Quellung des Kohlebreis sich in tragbaren Grenzen hält und erst dann scharf ansteigt, konnte grundsätzlich — in Analogie zur Braunkohlehydrierung — auch bei der Steinkohle die Breiregeneration ins Auge gefaßt werden. Im einzelnen zeigte sich jedoch, daß bei der üblichen Breikonzentration infolge der schon unterhalb 300° C beginnenden Quellung die Zähigkeit des Breis in der Regenerationszone bereits zu hoch lag für die Erzielung eines guten Wärmeübergangs. Um eine gute Wärmeübertragung zu erreichen, mußte man mit der Konzentration der Reinkohle — als des quellenden Teiles — im Brei auf unter 35% heruntergehen, was einen entsprechend starken Anreibeölkreislauf zur Folge hatte. Um diesem Nachteil zu begegnen, wurde auf die Total-Regeneration verzichtet, d. h. nur etwa $^2/_3$ des Gesamtbreis wurden als „Dünnbrei" durch die Wärmeaustauscher geschickt, etwa $^1/_3$ wurde in überhöhter Konzentration als „Dickbrei" direkt dem Vorheizer zugeführt, so daß damit wieder eine befriedigende Durchschnittskonzentration erzielt wurde[1].

Eine Vorstellung von der Hydrierung von Steinkohle bei 700 at auf Benzin und Mittelöl bis 325° C — also dem Produkt für die Gasphase — vermittelt Schema 4 (S. 66).

Wie oben (S. 56) aus der Elementaranalyse abgeleitet, ist bei der Steinkohle die Ölausbeute wesentlich höher als bei der Braunkohle. Infolge der bereits oben hervorgehobenen geringeren anteilmäßigen Menge des Schlüsselelements Sauerstoff verläuft bei der Steinkohle die Spaltung träger als bei der Braunkohle, was auch durch den erhöhten Wasserstoffdruck nicht ganz ausgeglichen wird: So ist die Ölgewinnleistung bei Steinkohle 0,224 gegenüber 0,286 t/m³ · h bei Braunkohle. Auch die Form der Sauerstoffbindung in der Kohle ist bei Steinkohle offensichtlich nicht so günstig wie bei Braunkohle, denn von dem in der Kohle vorhandenen Sauerstoff erscheinen — wie schon oben erwähnt — als Kohlenoxyde bei der Steinkohle nur 13,4% gegenüber 44% bei der Braunkohle. Dieses andersartige Gefüge des Steinkohlenmoleküls bringt es nun auch mit sich, daß für die Spaltung — gewissermaßen gewaltsamer — C-C-Bindungen gesprengt werden müssen, was sich bei der

---

[1] Der von der I. G. zeitweise beschrittene Weg, durch Zugabe überhitzten Wasserstoffs zum Brei die Quellzone zu überspringen, ist vom Bureau of Mines (Ind. Eng. Chem. 41, 870 [1949]) wieder aufgenommen worden.

Schema 4.
Vereinfachtes Fließschema der Hydrierung von Steinkohle bei 700 at auf Benzin und Mittelöl.

(Alle Angaben, wo nicht anders vermerkt, in stuto; Eingang 100,0 stuto Reinkohle.)

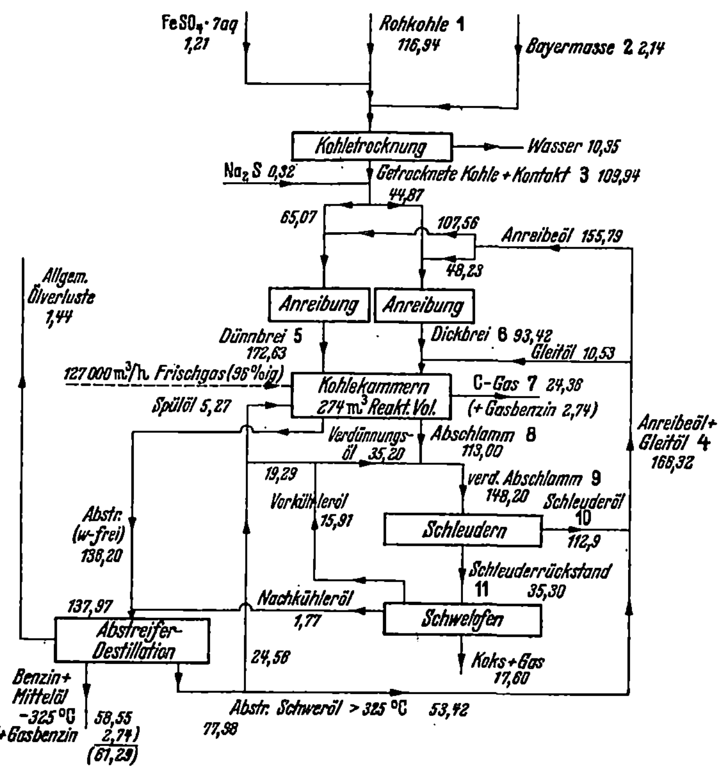

Analysen

Probe Nr.	Rohprobe % Wasser	Tr.-Probe % Asche	Reinprobe %				
			C	H	O	N	S
[1]	10,0	5,0	80,44	4,76	12,37	1,27	1,16

Probe Nr.	[2]	[3]
% Wasser	11,9	1,95

Probe Nr.	[4]	[5]	[6]	[8]	[9]	[10]	[11]
% Trocken-Festes in Trocken-Probe	6,0	41,0	51,0	21,0	16,0	9,98	39,0
% Asche i. Tr.-Festem ..	22,8	8,91	8,19	43,2	43,2	22,8	58,1
% Reinkohle i. Tr.-Probe.	—	34,5	44,3	—	—	—	—

[7]

	CO	CO_2	CH_4	C_2H_6	C_3H_8	C_4H_{10}	Gesamt-menge stuto
Gew.-% d. C-Gases .	3,46	6,94	24,61	21,38	27,91	15,70	24,36
C i. Gew.-% d. verg. C	2,0	2,5	24,7	22,9	30,5	17,4	18,21
KW-C i. Gew.-% d. als KW verg. C ..	—	—	25,9	24,0	31,9	18,2	17,39
O im Gas in % v. O ein	13,4		—	—	—	—	1,71

Steinkohle im Vergleich zur Braunkohle in einer relativ um etwa 10% höheren Bildung gasförmiger Kohlenwasserstoffe und entsprechend etwas größerem Wasserstoffverbrauch äußert.

Der bereits oben gestreifte Umstand, daß bei Steinkohle im Gegensatz zur Braunkohle die anorganischen Bestandteile auf mechanischem Wege entfernt bzw. vermindert werden können, zeigt sich auch noch hinter der Hydrierung: Während bei der Braunkohle der Aschegehalt von den in die Schleuder im verdünnten Abschlamm eingehenden und im Schleuderöl bzw. Schleuderrückstand ausgehenden Feststoffen nur wenig voneinander verschieden ist, findet bei der Steinkohle eine starke Verschiebung statt dergestalt, daß sich die Asche im Festen des Schleuderrückstandes anreichert, im Festen des Schleuderöles vermindert. Wenn nun auch bei der Steinkohle infolge der höheren Zähigkeit (Asphaltgehalt) des Abschlamms der Schleudereffekt an sich geringer ist, so wirkt sich das nicht in gleichem Maße aus wie bei der Braunkohle, da infolge der Ascheverschiebungen bei der Steinkohle überwiegend organisch Festes (also Hydrierbares) in den Hochdruck zurückgeführt wird.

Von der größeren Freiheit in den Asphalten, die man durch die Anwendung des höheren Hydrierdruckes gewonnen hat, kann man — unter Einsatz einer größeren Zahl von Schleudern — in der Form Gebrauch machen, daß man zweimal — also gewissermaßen im Gegenstrom — verdünnt und schleudert, d. h. den Schleuderrückstand der ersten Schleuderstufe mit dem gesamten, der Verdünnung dienenden Abstreiferschweröl aufnimmt und nochmals schleudert; das in dieser zweiten Schleuderstufe anfallende Schleuderöl dient dann als Verdünnungsöl für den Abschlamm für die erste Schleuderstufe. Auf diese Weise führt man einen wesentlichen Teil der im Schleuderrückstand der ersten Stufe vorhandenen Asphalte erneut der Hydrierung zu und verbessert entsprechend die Ölausbeute bei der Schwelung des „Sekundär-Schleuderrückstandes". Es hat sich nämlich gezeigt, daß von dem in den Schwelofen eingebrachten asphaltfreien Öl etwa 85—90% als Schwelöl erscheinen, vom eingebrachten Asphalt dahingegen nur etwa 40—50%. Bei der bei 700 at gewährleisteten guten Hydrierwirkung ist die durch das zweimalige Schleudern bedingte Asphaltmehrbelastung des Hochdrucks durchaus tragbar, und die Vermehrung der Feststoffrückführung ist nicht entscheidend. Wichtig aber ist die damit erzielte Entlastung der Schwelung des Schleuderrückstandes, d. h. die ununterbrochenen Betriebszeiten der Schwelöfen werden dadurch wesentlich verlängert, wie es überhaupt generell der richtigere Weg ist, Asphaltschwierigkeiten dem Hochdruckteil der Hydrierung, nicht dem Niederdruckteil aufzubürden, denn es ist technisch leichter, Asphalte im Hochdruckteil zu hydrieren, als sie im Niederdruckteil zu verkoken.

Aber bei all diesen Erwägungen handelt es sich gewissermaßen nur um Begleiterscheinungen der Steinkohlehydrierung, die die einwandfreie großtechnische und in jahrelangem Betrieb bewährte Steinkohlehydrierung nicht grundsätzlich berühren können.

Wie bei der Braunkohle besteht auch bei der Steinkohle der ,,Ölgewinn'' zu etwa 18% aus Anteilen —180° C und etwa 82% Anteilen 180—325° C. Ebenfalls in Übereinstimmung mit der Braunkohle ist — wie aus Tab. 14 hervorgeht — das Hydriermittelöl der Steinkohle recht ähnlich dem Steinkohlenschwelmittelöl, wiederum abgesehen von dem niedrigeren Phenolgehalt des Hydriermittelöls.

Tabelle 14. *Vergleich der Mittelöle aus Hydrierung und Schwelung von Steinkohle.*

Herkunft	Gesamt-Mittelöl % Phenole	Entphenoliertes Mittelöl			
		d_{15} der Fraktion		Anilinp. ° C d. Frakt.	
		240/70° C	280/310° C	240/70° C	280/310°C
Hydrierung	19	0,950	0,980	— 15	—14
Schwelung	36	0,945	0,975	— 6	—10

Im Vergleich zur Braunkohle ist — wie bei der Schwelung — auch das Hydriermittelöl der Steinkohle wesentlich aromatischer, d. h. der Charakter des Rohstoffs kommt auch in den Eigenschaften der Hydrierprodukte klar zum Ausdruck, eine Regel, die für die Sumpfphase-Produkte ganz generell gilt. Als Dieselkraftstoff kommt das Steinkohlemittelöl praktisch nicht mehr in Frage, da seine Cetanzahl nur wenig über Null liegt. Vor den entsprechenden Kokereiteerölen (z. B. Imprägnieröl) hat das Verflüssigungsmittelöl den Vorteil, daß es von vornherein satzfrei anfällt, da es praktisch keine leicht kristallisierenden Verbindungen (Naphthalin, Anthracen usw.) enthält.

Der aromatischere Charakter der Steinkohle-Hydrierprodukte im Vergleich zur Braunkohle zeigt sich auch in den Eigenschaften des Sumpfbenzins (Tab. 15):
Die Oktanzahl liegt bei Steinkohle wesentlich höher, wofür wohl in erster Linie die Verschiebung zwischen Paraffinen und Naphthenen verantwortlich zu machen ist. Ganz generell enthalten die Steinkohle-Sumpfbenzine mehr Anteile —100° C als die Braunkohle-Sumpfbenzine,

Tabelle 15. *Eigenschaften eines Sumpfbenzins aus Steinkohle.*

% Phenole im Roh-benzin	Raffiniertes Benzin							OZR
	d	% —100°C	Zusammensetzung %					
			Paraffine	Naph-thene	Aro-maten	Un-gesätigte		
9,0	0,740	42	35	45	17	3		70

was mit der oben erwähnten stärkeren C-C-Spaltung bei der Steinkohle in Übereinstimmung steht. Das entphenolierte Steinkohle-Sumpfbenzin läßt sich noch leichter chemisch raffinieren als das entsprechende Braunkohleprodukt, ja beim Abschneiden bei etwa 130° C kommt man allein mit Laugung zu einem testgerechten Benzin; allerdings sind beim Steinkohle-Sumpfbenzin gerade die höheren Fraktionen für die Er-höhung des Klopfwertes vorteilhaft. Es hat sich nämlich generell gezeigt, daß bei relativ wasserstoffreichen Rohstoffen die Klopfwerte der Sumpf-phasebenzine in den höheren Fraktionen abfallen, bei wasserstoff-ärmeren Rohstoffen dahingegen um so mehr ansteigen, je aromatischer die Rohstoffe sind. — Im allgemeinen wird man auch bei den Steinkohle-Sumpfbenzinen auf die chemische Entphenolung bzw. Raffination ver-zichten und sie im Zuge der Gasphasebenzinierung der Mittelöle durch Hydrierung raffinieren.

Damit war das Ziel erreicht und in größtem Ausmaße betrieblich verwirklicht, die Kohle in einem Gang in der Sumpfphase überzuführen in Öle mittleren Siedebereichs, die in der Gasphase in Benzin um-gewandelt werden konnten. Es hatte sich aber immer wieder die Frage erhoben, ob es nicht vielleicht zweckmäßiger ist, die Überführung der Kohle in Benzin nicht in 2 Stufen (Kohlephase/Gasphase) vorzu-nehmen, sondern eine Dreiteilung einzuführen dergestalt, daß die Kohle zunächst ganz oder teilweise in Destillatschweröl (Abstreiferschweröl) übergeführt wird (Kohlephase), dann in einer zweiten Stufe das Schweröl in Mittelöl (Sumpfphase) und dieses in einer dritten Stufe (Gasphase) in Benzin. Daneben spielte die Überlegung eine Rolle, daß das Abstreifer-schweröl als Heizöl Verwendung finden konnte. Diese Gedanken wurden vor allem für die Steinkohlehydrierung eingehend geprüft.

Bei der oben geschilderten Fahrweise werden die Bedingungen — ins-besondere Durchsatz und Temperatur — so eingestellt, daß der gesamte „verfügbare Ölgewinn" nur aus Benzin und Mittelöl besteht und nur soviel Schweröl gebildet wird, daß bei Erhaltung der Anreibeölmenge die Verluste in der Rückstandsaufarbeitung (insbesondere Koks- und Gasbildung im Schwelofen) gedeckt werden. Zieht man nun von dem Abstreiferschweröl, das — wie wir gesehen haben (Schema 4) — etwa 57% des Abstreifers ausmacht, einen Teil heraus und steigert entsprechend den Durchsatz, um die Anreibeölmenge zu erhalten, so kommt man schon sehr bald — d. h. bei einem Schwerölgehalt des verfügbaren Ölgewinns von etwa 10—15% — an einen Punkt, wo infolge Ansteigens des Asphaltgehaltes und Fehlens der entsprechenden Verdünnung durch die herausgezogene Abstreifer-Schwerölmenge das Anreibeöl zu viskos wird, so daß mit der Breikonzentration zurückgegangen werden muß. Dieser Weg ist also nicht gangbar. Eine stärkere Vernichtung von Asphalten im Schwelofen durch direkte Schwelung des Abschlamms ist — abgesehen von den damit verbundenen nicht tragbaren Ölverlusten — auch deshalb nicht angängig, da selbst der Kugelofen mit diesen höheren Asphaltkonzentrationen nicht mehr fertig wird. Das Herausziehen von feststoffhaltigem Hydrierpech ist wohl nur als eine Notlösung anzusehen, da normalerweise ein solches Produkt nicht ausreichende Erlöse erbringt. Aus diesem Grunde ist auch der relativ hohe Kohledurchsatz, den Bergius gewählt hat, unter seinen Bedingungen technisch-wirtschaftlich nicht zu verwirklichen, da er das Herausziehen von Pech fordert. Es stellte sich nun heraus — worauf zuerst die I. C. I. hingewiesen hat —, daß man diese Schwierigkeit umgehen kann, wenn man einen Austausch von Abstreiferschweröl und -mittelöl vornimmt in der Weise, daß man für das herausgezogene Abstreiferschweröl entsprechend Abstreifermittelöl in das Anreibeöl zurückgibt. Auf diese Weise hat man ein mittelölhaltiges Anreibeöl, während bei der normalen Fahrweise — wie oben (S. 41) erwähnt — das Anreibeöl praktisch frei ist von Mittelöl. Infolge der stark viskositätserniedrigenden Wirkung des Mittelöls und damit auch seiner günstigen Beeinflussung des Schleudereffekts kann man nun den Kohledurchsatz erheblich steigern, ohne daß das Anreibeöl — infolge des dadurch ansteigenden Asphaltspiegels — zu dick wird. Es kommt hinzu, daß infolge der stärkeren Verdampfung des Anreibeöls im Ofen die schwereren Anteile (der Sumpf) eine längere Verweilzeit bekommen, die bis zu einem gewissen Grade einer zu starken Verschiebung des Ölgewinns nach der Schweröl- (Asphalt-) Seite entgegenwirkt. Darüber hinaus nutzt man die gewonnene Freiheit in der Höhe des Asphaltspiegels aus, um die Reaktionstemperatur um etwa 8° C (von 482 auf 490° C) zu steigern.

Im Endeffekt erhält man einen schwerölhaltigen Ölgewinn, und zwar nun das Schweröl im Abstreifer, d. h. als asphaltfreies *Destillat*. Die erwähnte Viskositätserniedrigung des Anreibeöls durch den hohen Mittelölgehalt (etwa 40%) vermindert die Tragfähigkeit des Öles für die noch nicht abgebaute Kohle im Aufheizweg zu stark, so daß zur Verbesserung der Tragfähigkeit schwerere Anteile in den Regeneratorweg zurückgeführt werden müssen, wofür man am zweckmäßigsten unmittelbar den Abschlamm aus dem Abscheider nimmt. Naturgemäß setzt man diese „Kaltabschlammrückführung" so niedrig ein wie möglich. Sie reicht dann zwar für die Aufheizung des Dünnbreis im Regenerator aus, nicht aber um der Eindickung des Kohlebreis (Dünn- + Dickbrei) durch Verdampfung von Mittelöl im Vorheizer ausreichend entgegenzuwirken. Deshalb setzt man hier noch zusätzlich den „Abschlammheißumlauf" ein, d. h. die Zurückführung kleinerer Mengen Abschlamms direkt aus dem Abscheider ohne Zwischenentspannung in den Eingang des Spitzenvorheizers. Diese Abschlammrückführungen gewährleisten ein befriedigendes Verhalten des Kohlebreis in der Vorheizung, ohne daß dadurch der Reaktionsablauf in den Öfen nennenswert beeinträchtigt wird. Der von Bergius befürchtete ungünstige Einfluß der Vermischung bereits hydrierten Materials mit noch nicht hydriertem konnte in den hier in Frage kommenden Mengenverhältnissen nicht beobachtet werden.

Die Verdünnung des Abschlamms vor den Schleudern geschieht bei der vorliegenden Fahrweise mit einem stark mittelölhaltigen Verdünnungsöl, um durch diese Viskositätserniedrigung auch bei dem relativ asphaltreichen Öl (hoher Durchsatz!) zu einem günstigen Schleudereffekt zu kommen.

Mit diesem Vorgehen erhält man dann auch einen relativ stark mittelölhaltigen Schleuderrückstand. Dieser läßt sich nach der normalen Methode nicht aufheizen, da hierbei das Mittelöl verdampft und somit in der Aufheizung ein für die Fortbewegung nicht mehr genügend flüssiges Material entsteht. Um diesem Vorgang zu begegnen, nimmt man die Aufheizung des Schleuderrückstands unter Druck von etwa 50 at vor und entspannt dann in einen Turm[1], der mit einer Prallplatte als Panzerung gegenüber dem Eingang versehen ist. Aus diesem „Panzergefäß" destilliert der Hauptteil des eingebrachten Mittelöls ab, und der verbleibende „eingedickte Schleuderrückstand" fließt auf kurzem Wege mit eigenem Gefälle dem Schwelofen zu.

Ein Bild über die Durchführung dieser Fahrweise vermittelt Schema 5 (S. 72). Vergleicht man diese Fahrweise mit der auf Benzin und Mittelöl (Schema 4), so ergibt sich folgende Gegenüberstellung (Tab. 16, S. 73). Bei der Schwerölfahrweise liegt also der Durchsatz um mehr als 70% höher als bei der Mittelölfahrweise, d. h. die Ausnutzung des Hochdruckraums zur Erzeugung asphaltfreien Öls ist mithin bei der Schwerölfahrweise erheblich besser. Ja, selbst wenn man nur die Leistung an Benzin und Mittelöl betrachtet, also des Teiles des Ölgewinns, der unmittelbar in die Gasphase-Hydrierung bei 300 at eingesetzt werden kann, so liegt diese Leistung bei der Schwerölfahrweise um etwa 20% höher als bei der Mittelölfahrweise, d. h. man erhält vergleichsweise das Schweröl ohne Verbrauch von Reaktionsvolumen.

---

[1] s. hierzu S. 63, Fußn. 1.

Schema 5.

Vereinfachtes Fließschema der Hydrierung von Steinkohle bei 700 at auf Benzin, Mittelöl und Schweröl.

(Alle Angaben in stuto, wo nicht anders vermerkt; Eingang 100,0 stuto Reinkohle.)

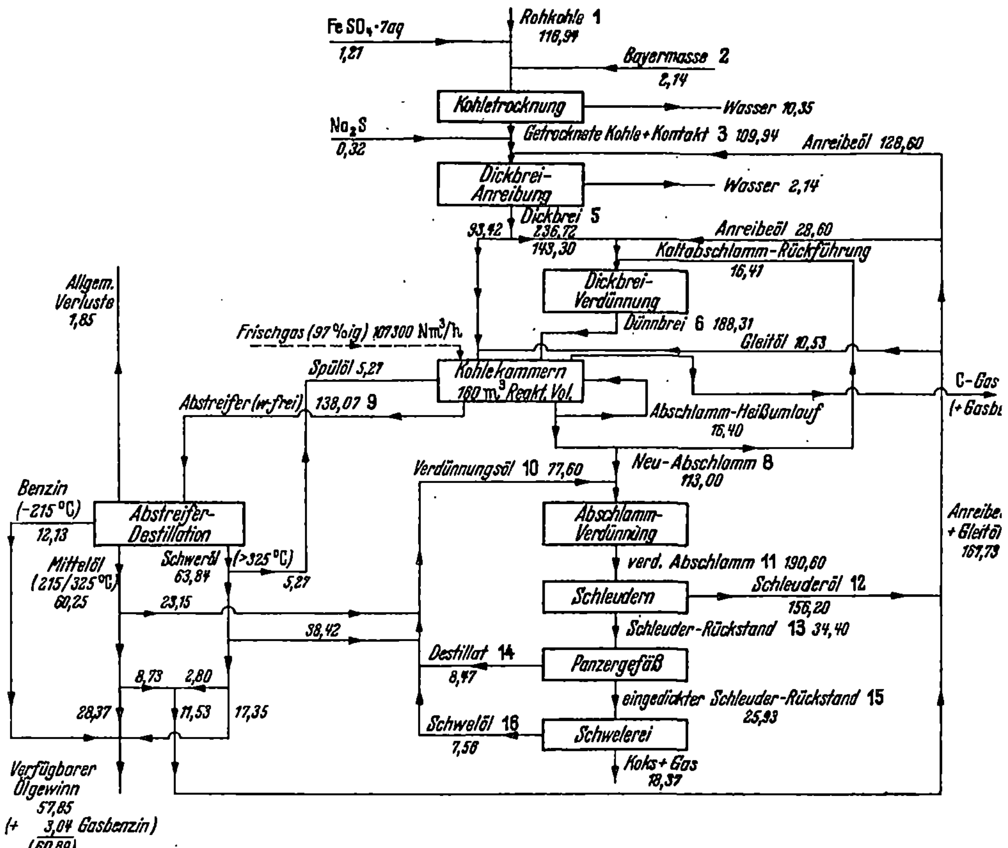

Analysen

Probe Nr.	Rohprobe % Wasser	Tr.-Probe % Asche	In Reinprobe %				
			C	H	O	N	S
[1]	10,0	5,0	80,44	4,76	12,37	1,27	1,16

Probe Nr.	[2]	[3]	[5]
% Wasser	11,9	1,95	0

[7]

Gasart	CO	CO$_2$	CH$_4$	C$_2$H$_6$	C$_3$H$_8$	C$_4$H$_{10}$	Gesamt-menge stuto
Gew.-% des C-Gases	4,31	8,12	23,12	21,27	27,57	15,61	22,84
C in Gew.-% von vergastem C	2,5	3,0	23,5	23,0	30,5	17,5	16,88
KW-C in Gew.-% des als KW verg. C ...	—	—	24,85	24,30	32,32	18,53	15,95
O im Gas in % von O ein	4,6	10,9	—	—	—	—	1,91
	15,5						

Probe Nr.	[4]	[5]	[6]	[8]	[9]	[10]	[11]	[12]	[13]	[14]	[15]	[16]
% Tr.-Festes in Tr.-Probe	10,0	51,0	42,7	27,0	—	—	16,0	10,71	40,0	—	53,0	—
% Asche in Tr.-Festem.........	25,0	9,37	11,66	40,4	—	—	40,4	25,0	59,1	—	59,1	—
% Reinkohle in Tr.-Probe	—	42,2	32,17	—	—	—	—	—	—	—	—	—
% Benzin — 215° C*	—	—	—	—	8,9	—	—	—	—	—	—	—
% Mittelöl 215° bis 325° C*	40,7	40,7	40,0	35,2	44,2	40,6	37,8	37,8	37,8	84,9	5,2	15,0
% Schweröl 325° C*	59,3	59,3	60,0	64,8	46,9	59,4	62,2	62,2	62,2	15,1	94,8	85,0

* in festefreiem Öl

Bei der Schwerölfahrweise entsteht auf 100 Teile gebildetes Mittelöl fast doppelt soviel Benzin wie bei der Mittelölfahrweise. Es ist dies eine generell für die Sumpfphase geltende Erkenntnis, daß die Gegenwart von Mittelöl im Einspritzprodukt die Benzinbildung verstärkt, wobei allerdings zugleich die Vergasung (bezogen auf Benzin + Mittelöl)

Tabelle 16. *Gegenüberstellung der Hydrierung von Steinkohle auf Benzin + Mittelöl und auf Benzin + Mittelöl + Schweröl.*

Fahrweise	Benzin + Mittelöl	Benzin + Mittelöl + Schweröl
Reinkohledurchsatz t/m³ R.V.x h	0,365	0,625
Ölgewinnleistung t/m³ R.V.x h	0,224	0,381
Ölgewinnverteilung:		
Benzin — 215° C ....%	22,5	24,9
Mittelöl 215—325° C ....%	77,5	46,6
Abstreiferschweröl > 325° C ....%	0	28,5
Teile Benzin auf 100 Teile Mittelöl	29,0	53,5
Leistung Benzin + Mittelöl t/m³ R.V.x h	0,224	0,272
Vergastes C in % vom C in Reinkohle	22,0	21,0
Vergastes C in % vom C im Ölgewinn + vergastem C	25,7	24,1
Vergastes C in % vom C im Benzin + Mittelöl + vergastem C	25,7	31,1

erhöht wird. Legt man bei der Schwerölfahrweise die gleiche Vergasung (bezogen auf Benzin + Mittelöl) zugrunde, so ergibt sich, daß das Schweröl entstanden ist mit einer C-Vergasung von 21,8% (bezogen auf C im Schweröl + vergastem C). Mit dieser Vergasung ist also das Schweröl für seine Weiterhydrierung vorbelastet; entlastend steht entgegen,.daß seine Erzeugung aus Kohle kein Reaktionsvolumen benötigt hat, ja daß sogar mit seiner Gewinnung eine Erhöhung der Mittelölleistung und eine anteilig größere Benzinbildung Hand in Hand gegangen sind.

Benzin und Mittelöl aus der Schwerölfahrweise haben praktisch die gleichen Eigenschaften wie die aus der Mittelölfahrweise. So wie das Verflüssigungsmittelöl ähnlich ist dem Schwelmittelöl (s. Tab. 14), so ist auch das Schweröl aus der Hydrierung ähnlich dem Schweröl, wie es als schwere Komponente des sogenannten „Mittelöls“ bei der fraktionierten Kondensation der Schweldämpfe der Steinkohlen-Spülgasschwelung nach Abscheidung des Heißteeres erhalten wird. Einen Vergleich beider Schweröle (siedend über 325° C/760 Torr) vermittelt Tab. 17:

Tabelle 17. *Vergleich der Schweröle aus Hydrierung und Schwelung von Steinkohle.*

Herkunft	d_{20}	% Phen.	Fl. P. °C	Stock-punkt °C	Par. %	Asph. %	Rckstd. >325°C b. 12 mm %	Viskos. °E b. 20°C	Heizwert H_u		%				
									WE/kg	WE/l	C	H	O	N	S
Hydrier.	1,070	2	150	+2	2	1,5	5	17	9700	10380	90,4	7,2	1,3	1,0	0,1
Schwelg.	1,040	7	145	+8	4	3,5	15	35	9400	9770	88,5	7,7	2,0	1,2	0,6

Vergleicht man die beiden Schweröle vor allem unter dem Gesichtspunkt der Verwendung als Heizöle, so zeichnet sich das Hydrierschweröl durch einen höheren Heizwert — vor allem Literheizwert — aus sowie durch eine niedrigere Viskosität und einen besseren Stockpunkt. Daß der Stockpunkt an sich noch > 0° C liegt, ist durch den Paraffingehalt bedingt. Besonders überlegen ist das Hydrierschweröl in seinem Lagerverhalten: es verändert seine Eigenschaften auch beim Lagern an der Luft praktisch gar nicht, während das Schwelöl beim Lagern in zunehmendem Maße verdickt und verharzt.

Im Vergleich zu einem straight-run Destillat-Heizöl aus Erdöl zeichnet sich das Steinkohlenhydrierheizöl durch hohen *Liter*-Heizwert aus, was hinsichtlich des gegebenen Tank-*Volumens* wichtig ist; außerdem wurde als Vorteil des Hydrierheizöles angesehen, daß es *schwerer* ist als Meerwasser (d_{20} = 1,035) und mithin bei eingetretener Leckage versinkt und damit sowohl Brandgefahr ausschließt als auch die Verfolgung erschwert. Das Steinkohlenhydrierschweröl verbrennt schwerer als Erdölheizöl, aber bei ausreichender Zerstäubung ist das Brennverhalten auch des Hydrierheizöles einwandfrei.

Die für manche Verwendungszwecke wünschenswerte Erniedrigung des Stockpunktes des Hydrierheizöles kann außer durch Stockpunktserniedriger auch durch Zugabe von Steinkohlenmittelöl erfolgen, das dann natürlich für die Weiterhydrierung ausscheidet; will man so die sehr hohe Anforderung erfüllen, daß die Viskosität des Öles bei 0° C unter 10° E liegt, so müssen etwa 50 Teile Mittelöl zu 100 Teilen Schweröl hinzugefügt werden; auch diese Mischung ist noch schwerer (d 1,040) als Meerwasser.

Es war nun immer wieder untersucht worden, ob dieses Abstreiferschweröl für sich allein in Sumpfphase mit feinverteiltem Katalysator mit günstigeren Ergebnissen in Benzin und Mittelöl übergeführt werden kann, als es der Fall ist, wenn das Abstreifer-Schweröl im Zuge der Hydrierung der Kohle zu Benzin und Mittelöl (Mittelöl-Fahrweise) im Kohleofen umgewandelt wird. Die Vorteile der getrennten Hydrierung haben sich aber stets als zu unbedeutend erwiesen, um den Mehraufwand zu rechtfertigen; es kam hinzu, daß das Abstreiferschweröl für sich allein bei der Hydrierung eine unzureichende Tragfähigkeit für den feinverteilten Kontakt bewies, was zu technischen Störungen führte. Wurden als tragende Stoffe asphalthaltige Öle hinzugefügt, so gingen die Vorteile, die an sich die Hydrierung eines asphaltfreien Öles bot, praktisch vollständig verloren. In dieser Kombination fand also das Fahren der Kohle auf Schwerölüberschuß keine Rechtfertigung.

Bergius hatte gefunden, daß Steinkohlen mit $>$ 85% C in Reinkohle nur schwer hydrierbar sind. Unter den Bedingungen des I.-G.-Verfahrens ist die obere Grenze nicht so scharf; auch Kohlen mit mehr als 85% C lassen sich noch gut hydrieren. Aber je höher man mit dem C-Gehalt heraufgeht, um so höher wird die Vergasung und damit der H_2-Verbrauch, um so mehr fällt der Reinkohle-Abbau, und entsprechend steigen die Verluste in der Rückstandsaufarbeitung; außerdem steigt der Asphaltspiegel an, was die Notwendigkeit der Vermehrung des umlaufenden Anreibeöles zur Folge hat. An Stelle der relativ scharfen Grenze von Bergius kann man aber mit zureichender Näherung festlegen, bei welchem C-Gehalt der Kohle das Optimum der Hydrierung überschritten ist. Es hat sich nun gezeigt, daß die Höhe dieses Punktes abhängig ist von der Provenienz der Steinkohle, wie Tabelle 18 zeigt: Eine befriedigende Erklärung für diese Erscheinung konnte bisher nicht gefunden werden.

Tabelle 18. *Hydrierbarkeit der Steinkohle in Abhängigkeit von der Provenienz.*

Provenienz	England	Ruhr	Saar	Oberschlesien
Näherungswerte für den C-Gehalt der Reinkohle bei Überschreitung des Hydrier-Optimums	85,5	84,5	83,5	82,5

Bereits bei der Besprechung der Qualität der Anreibeöle für die Kohle (S. 42) war darauf hingewiesen worden, daß die Anreibeöle den Kohlehydrierölen artähnlich sein sollen, um Asphaltausfällungen im Hochdruckofen auszuschließen. Entsprechende Überlegungen gelten für die gemeinsame Verarbeitung verschiedener Kohlen; auch hier ist auf Artähnlichkeit zu achten. Steinkohlen kann man generell gemeinsam hydrieren. Ebenso bilden bitumenreiche Braunkohlen einerseits und bitumenarme Braunkohlen andererseits Gruppen, die im allgemeinen der gemeinsamen Hydrierung zugänglich sind; dagegen führt ein Gemisch von wasserstoffreichen und sauerstoffreichen Braunkohlen unter Umständen zu gefährlichen Asphaltausscheidungen. Wasserstoffreiche Braunkohlen und Steinkohlen vertragen sich schlecht, die Kombination von sauerstoffreichen Braunkohlen und Steinkohle ist häufig möglich. Natürlich kommt es für die Frage der Verträglichkeit auch sehr auf das Mischungsverhältnis an. Zuverlässige Vorhersagen in strittigen Fällen sind nicht möglich; hier kann nur der praktische Hydrierversuch entscheiden.

Die Hydrierung der Braunkohle wie der Steinkohle ist technisch in größtem Maßstabe in zahlreichen Werken durchgeführt worden und hat sich vollauf bewährt; so ist in Deutschland Braunkohle bei 200 und 700 at hydriert worden, Steinkohle bei 300 und 700 at. Auch in England ist die Steinkohlehydrierung mit Erfolg durchgeführt worden. Die mitteltechnischen Steinkohlehydrierversuche in Japan[1] waren nicht erfolgreich, da die Japaner nicht bzw. erst zu spät um die Unterstützung durch die I. G. ersuchten.

Wohl unter dem Eindruck der großen Erfolge der Kohlehydrierung haben C. Krauch[2] und später A. von Weinberg[3] zur Diskussion gestellt, ob nicht das natürliche Erdöl durch unterirdische Hydrierung von Kohle entstanden ist, wobei der benötigte Wasserstoff durch Umsetzung der Kohlenwasserstoffe der Kohle mit Wasserdampf beschafft worden sein sollte. Unter den zahlreichen Argumenten für diese Anschauung führten die Verfasser auch die Tatsache an, daß wie das Erdöl auch die Kohlehydrierprodukte optisch aktiv sind, und zwar in beiden Fällen steigend mit steigendem Molekulargewicht. Dieser Versuch einer Stützung der Hypothese von Potonié über die pflanzliche Entstehung des Erdöls hat sich indessen gegen die Englersche Theorie der tierischen Entstehung bzw. den neueren[4] Abwandlungen dieser Hypothese nicht durchzusetzen vermocht.

---

[1] Goddin: Petrol. Process. **3**, Nr. 2, S. 121 (1948).
[2] Vortrag in Pittsburgh am 19. 11. 28; Petroleum **25**, 699 (1929).
[3] Petroleum **25**, 147 (1929).
[4] Treibs: Erdöl und Kohle **1**, 137 u. 185 (1948); Schwartz: Erdöl und Kohle **1**, 232 (1948).

β) Die spaltende Hydrierung von Rückständen von Teeren
bzw. Mineralölen.

Wie schon oben (S. 23) dargelegt, setzt man in die Sumpfphase im allgemeinen über 325° C siedende Rückstände aus Teeren oder Mineralölen ein. Soweit also die zur Verfügung gestellten Rohstoffe noch größere Mengen von Anteilen —325° C enthalten, werden sie zunächst getoppt. Der Rückstand wird in die Sumpfphase eingesetzt, das Destillat in die Gasphase.

In Anlehnung an die in der Gasphase erprobte und bewährte Hydrierung mit hochkonzentrierten Molybdän- oder Wolfram-Katalysatoren wurden auch hier zunächst diese Art Kontakte benutzt, nur daß die Katalysatoren, die in der Gasphase in stückiger Form fest im Reaktionsraum angeordnet waren, in der Sumpfphase in feinstgemahlenem Zustand, suspendiert im Hydriergut, verwendet wurden. Die einmalig eingesetzte Katalysatormenge wurde so bemessen, daß eine Konzentration von etwa 25% Katalysator im Reaktionsraum vorlag. Um zusätzlich zu der Wasserstoffrührung noch weitere Bewegung in den Ofeninhalt hineinzubringen und so die Vermischung von Hydriergut, Wasserstoff und Katalysator zu verbessern, wurde der Heißumlauf vom Abscheider zum Eingang Spitzenvorheizer eingesetzt. Zugleich wurde damit erreicht, daß der letzte Teil der Aufheizung — also der der relativ höchsten Temperaturen — in Gegenwart des Katalysators erfolgte, sowie daß der Spitzenvorheizer gleichmäßiger beaufschlagt wurde. Aus dem System wurde also lediglich das zusammen mit dem Wasserstoff dampfförmig. aus dem Abscheider übergehende Abstreiferprodukt abgezogen; entsprechend dieser abdestillierenden Menge wurde Frischprodukt nachgefahren, um den Stand im Abscheider zu halten. Nur von Zeit zu Zeit wurde eine kleine Menge des umlaufenden Ofeninhalts herausgenommen, und der damit entfernte Katalysator durch frischen ersetzt. Indessen mußte dieser „Kontaktwechsel" in sehr niedrigen Grenzen gehalten werden, da sonst bei der hohen Molybdän-Konzentration im Katalysator die herausgezogenen Molybdän-Mengen die wirtschaftlich tragbare Grenze überschritten.

Als sehr geeigneter Katalysator hatte sich die auch in der Gasphase bewährte Kombination molekularer Mengen Molybdänsäure, Zinkoxyd und Magnesia erwiesen. Hiermit wurden bei der Hydrierung von Rückständen von Teeren und Mineralölen recht befriedigende Resultate erhalten.

Es zeigte sich dann aber, daß im Laufe des Betriebes die Katalysatorwirkung deutlich nachließ, was sich in einer Verminderung der aus dem Abscheider abdestillierenden Menge und dementsprechend des nachzufahrenden Frischprodukts äußerte, d. h. die Benzin- und Mittelöl-Leistung ging zurück. Dieses Kontaktabklingen ging um so rascher vor

sich, je höher die Reaktionstemperatur gewählt wurde; bei vergleichbaren Reaktionstemperaturen war das Abklingen um so stärker, je
höhermolekular der Einsatzstoff war. Dem Nachlassen der Katalysatorwirkung konnte durch Verstärkung des Kontaktwechsels begegnet
werden, dem jedoch wirtschaftliche Grenzen gesetzt waren. Unter Einhaltung tragbaren Kontaktwechsels konnte im allgemeinen bei 300
at die Reaktionstemperatur nicht über 450° C gesteigert werden,
wobei indessen die erzielten Leistungen nicht den Erwartungen entsprachen. Eine notwendige Voraussetzung für die Durchführung dieses
Verfahrens war eine möglichst restlose Entfernung aller anorganischen
Anteile aus dem Einsatzstoff, da diese — sich im Reaktionsraum anreichernd — den Katalysator schädigten bzw. die Konzentration an
aktiver Kontaktsubstanz herabsetzten, da ja zwecks Aufrechterhaltung
einer ausreichenden Flüssigkeit des Ofeninhalts die Gesamt-Feststoff-
Konzentration eingehalten werden mußte. Auch organische Feststoffe
mußten aus dem Einsatzprodukt entfernt werden, soweit sie nicht unter
den gegebenen Reaktionsbedingungen restlos hydrierbar waren.

Eingehende Untersuchungen des aus dem Reaktionsraum abgezogenen verbrauchten Katalysators zeigten nun, daß sich auf seiner
Oberfläche hochmolekulare Asphaltstoffe (Asphaltharze, Carbene,
Carboide) angereichert hatten, und zwar um so mehr, je höher die Reaktionstemperatur bzw. je höhermolekular der Einsatzstoff gewesen
war. Offensichtlich waren es also Polymerisations- bzw. Kondensationsprodukte, die den Katalysator geschädigt hatten. Ihre Entstehung ließ
sich am zwanglosesten so erklären, daß bei schärferem Fahren bzw.
Verwendung hochmolekularer Einsatzstoffe für die hochmolekularen
Anteile bereits Dehydrierungsbedingungen vorlagen.

Um diesen Unvollkommenheiten zu begegnen, wurde nun gedanklich
die Brücke zur Kohlehydrierung geschlagen. Bei der Kohlehydrierung
wird bewußt eine gewisse Dehydrierung der Höchstmolekularen in
Kauf genommen; dies ist so weit zulässig, als nicht die Menge der Restkohle zu stark ansteigt, d. h. der Kohleabbau zu weit abfällt. Technisch
ist diese Dehydrierung bedenkenlos, da ja die dehydrierten Anteile
laufend aus dem System entfernt werden. Entsprechend ergab sich nun
der Gedanke, auch bei der Sumpfphasehydrierung von Teeren und Ölen
bewußt eine Dehydrierung der Hochmolekularen zuzulassen und — wie
bei der Kohle — die dehydrierten Hochmolekularen laufend aus dem
System zu entfernen. Auf die Praxis übertragen, bedeutete dies, daß
— bezogen auf den eingesetzten Rohstoff — der Katalysator mengen-
bzw. wertmäßig nicht mehr ausmachen durfte als bei der Kohlehydrierung; es bedeutete weiter für die praktische Durchführung, daß
— wie bei der Kohle — die vorbestimmte Katalysatormenge laufend
mit dem Rohstoff in das System eingebracht und laufend am Abscheider

abgezogen werden mußte, so das Gleichgewicht zwischen ein- und ausgehendem Katalysator einhaltend.

In diesem Sinne wurden bei Versuchen mit Erdöltopprückstand dem Rohstoff — wie zuerst bei der Kohle — 0,02% MoO_3 fein gemahlen laufend zugegeben. Wurde nun aber unter den erstrebten, schärferen Spaltbedingungen hydriert, so bildeten sich Dehydrierungs- bzw. Polymerisations-Produkte, die infolge verminderter Löslichkeit in wasserstoffreichen Ölen z. T. ausfielen und so Veranlassung gaben zu Inhomogenitäten im Reaktionsraum. Die Wirkung des zugesetzten Katalysators genügte also nicht.

Nun war ja bei der Kohlehydrierung der Katalysator auf dem Kohlegerüst verteilt. Es erschien daher angezeigt, auch bei der Ölhydrierung den Kontakt auf einem Träger als Gerüst zu verteilen. Als besonders geeigneter Träger hat sich aktivierte Braunkohlengrude erwiesen, wobei man — analog dem Vorgehen bei der Kohle — die Aktivität der Grude zu etwa 90% mit Schwefelsäure neutralisiert, so das molybdänschädigende Alkali ausschaltend. Das Molybdän wird als Ammonmolybdatlösung — entsprechend einem Gehalt von 2% Molybdänsäure — auf die neutralisierte Grude aufgetränkt. Danach konnten nun auch unter scharf spaltenden Bedingungen die Rohstoffe einwandfrei hydriert werden, wobei die zugesetzten Katalysatormengen zwischen 0,3 und 1,5% — bezogen auf eingesetzten Rohstoff — liegen. Die Wirkung der Gruden geht aber weit über die eines gewöhnlichen Verteilungsmittels hinaus, wie allein schon aus dem Einfluß des Aktivierungsgrades der Gruden hervorgeht. Den günstigsten Effekt gibt eine in längerer Einwirkungszeit bei 900° C mit Wasserdampf aktivierte Grude; ausreichend ist aber schon die Aktivierung, die Braunkohle oder Braunkohlengrude bei der staubförmigen Vergasung — z. B. in Winkler-Generatoren — erhält, vor allem, wenn man dabei auf relativ geringen Ausbrand fährt. Wenn man auch bei Verwendung der hochaktiven Grude mit wesentlich geringeren Mengen auskommt als bei der mittelaktiven Grude, so ist doch aus wirtschaftlichen Überlegungen im allgemeinen die mittelaktive Grude vorzuziehen. — Steht Grude aus Winkler-Generatoren nicht zur Verfügung, so müßte diese A-Kohle besonders hergestellt werden, wofür beispielsweise das Verfahren der CIPA[1] (Aktivierung feinkörnigen kohlenstoffhaltigen Materials in schwebendem Zustand — wie beim Winkler-Generator — mit Luft und Wasserdampf bei 900° C) in Betracht gezogen werden kann.

Andere Träger, die untersucht wurden — normale Braunkohlen-Schwelgrude, Kieselgur, Diatomit, Bimsstein, Aktiverden, Bayermasse usw. —, haben sich lange nicht in dem Maße bewährt wie die aktivierten Braunkohlengruden, einige von jenen Trägern ballten sich im Reaktions-

---

[1] Godel: Chem. Eng. **55**, Nr. 27, S. 110 (1948).

raum zu Klumpen zusammen, indem die Asphalte sich auf ihrer *äußeren* Oberfläche verdichteten und so den „Klebstoff" abgaben. Es wurde daraus die Anschauung abgeleitet, daß die aktivierten Gruden gerade die richtige Porengröße zur Aufnahme der Asphalte in der *inneren* Oberfläche haben.

Wie bei der Kohle wurde auch hier später das Molybdän durch Eisen ersetzt, indem das auf die Grude imprägnierte Eisensulfat mit Natronlauge umgesetzt wurde. Von diesem Katalysator muß man etwas mehr nehmen als vom Molybdänkontakt, doch reicht seine Aktivität im allgemeinen aus.

Für die Wirksamkeit des Katalysators ist seine Feinmahlung wichtig; sie erfolgt, indem der trocken grob vorgemahlene Kontakt möglichst in asphaltfreiem Öl — wofür in erster Linie Abstreiferschweröl in Frage kommt — auf einen etwa 90%igen Durchgang durch das 10000er-Maschensieb zu einem etwa 40%igen Kontaktbrei feingemahlen wird. Das Mahlen in asphalthaltigem Rohstoff ist wesentlich ungünstiger, da dann die Kontaktporen von vornherein mit Asphalt angefüllt, d. h. in ihrer späteren Aufnahmefähigkeit für Hochmolekulare geschädigt sind.

Wie schon oben (S. 78) erwähnt, muß die Fahrweise so eingerichtet werden, daß die eingeführte Katalysatormenge mit dem Abschlamm wieder entfernt wird. Je nach dem Rohstoff und den Reaktionsbedingungen richtet man die Arbeitsweise so ein, daß zwischen 2 und 12% des eingesetzten Rohstoffs als Abschlamm anfallen, d. h. der weitaus überwiegende Teil als Abstreifer erhalten wird. Hier geht also die Ölhydrierung weit über die Kohlehydrierung hinaus, bei welcher der Abschlamm etwa 80—120% des eingesetzten Rohstoffs — der Reinkohle — ausmacht.

Da nun die Einstellung so geringer Abschlamm-Mengen nicht einfach ist, führt man einen Teil des Abschlamms als Kaltabschlamm über die gesamte Aufheizung in den Reaktionsraum zurück; zur Erhöhung der Strömungsgeschwindigkeit — vor allem auch im Abscheider — ist zumeist zusätzlich ein Heißumlauf angezeigt.

Indem vom Rohstoff nur ein kleiner Bruchteil als Abschlamm anfällt, tritt — gewissermaßen automatisch — eine Erhöhung der Kontaktkonzentration im Reaktionsraum ein. Diese Anreicherung ist für den katalytischen Effekt erwünscht, wobei man bis zu Konzentrationen von etwa 33% Feststoff im Abschlamm heraufgehen kann. Häufig ist es möglich, Kontakt-Nachschub und -Abfuhr so einzurichten, daß sich gerade die gewünschte Feststoff-Konzentration einstellt. Inwieweit man sich diesem Zustand nähern kann, hängt von dem Grade ab, in dem die Kontaktaktivität während des Prozesses nachläßt, welcher Vorgang das Ausmaß von Zu- und Abfuhr des Kontaktes bestimmt: Kann das Herausziehen so niedrig gehalten werden, daß die gleich starke Ergänzung wirtschaftlich tragbar ist, so läßt sich die erwünschte Höchstkonzentration einstellen, im anderen Falle wird sie etwas darunter liegen.

Das Ausmaß, mit welchem der gebrauchte Kontakt herausgezogen werden muß, ist nun relativ leicht am Aussehen des Abschlamms zu erkennen. Mit steigender Kontaktwirkung ändert sich die Farbe des Abschlamms wie folgt:

Farbe	schwarz	dunkel-braun	hell-braun	braun oliv-grün	oliv-grün	gras-grün	grün-blau	blau
Willkürliche Zahlenskala..	0	25	50	75	100	150	200	300

Im allgemeinen liegen gute katalytische Bedingungen vor, wenn sich beispielsweise bei den verschiedenen getoppten Rohstoffen etwa folgende Farbwerte des Abschlamms einstellen:

Rohstoff	Mitteldeutscher Braunkohlen-schwelteer	Gem. bas. Rohöl	Krackrückstd. aus asph. bas. Rohöl	Steinkohlen-Kokereiteer
Farbwert..	150	75—100	50—75	25

Die Abschlammfarbe ist ein unmittelbares, äußeres Kennzeichen der Kontaktaktivität. Die Wirtschaftlichkeit des Verfahrens indessen wird wesentlich bestimmt durch den Rohstoff-Durchsatz. Je weiter man diesen unter gegebenen Verhältnissen steigert, desto mehr nimmt die anteilige Entschlammungsmenge zu; umgekehrt: je besser die Kontaktwirkung ist, desto niedriger ist die Entschlammungsmenge bei gegebenem Durchsatz. Hier wird man von Fall zu Fall das Optimum heraussuchen müssen, wobei man gegebenenfalls bei festliegendem Frischkontaktnachschub die Konzentration dadurch erhöhen kann, daß man — beispielsweise durch Schleudern — angereicherten Kontakt aus dem Abschlamm zurückführt.

Wenn auch diese Fahrweise, bei der der verdünnte Kontakt laufend erneuert wird, gegen nicht abbaufähige Feststoffe (insbesondere anorganische Bestandteile) im Rohstoff lange nicht so empfindlich ist wie die frühere Arbeitsweise mit einmaligem Einsatz hochkonzentrierten Kontaktes, so ist es doch im Interesse der Verminderung des notwendigen Kontaktnachschubs zweckmäßig, die Fremdstoffe aus den Rohstoffen so weit zu entfernen, wie das mit tragbarem Aufwand möglich ist. Hier hat sich häufig das Schleudern — gegebenenfalls unter Zusatz geringer Mengen konz. Schwefelsäure — als vorteilhaft erwiesen.

Mit dieser Fahrweise nun ist der beabsichtigte Effekt der Annäherung an die Kohlefahrweise erreicht worden, d. h. infolge der laufenden

Kontakt-Zu- und -Abfuhr kann man bis zu einem gewissen Grade
Kondensationen bzw. Polymerisationen der Höchstmolekularen zu-
lassen, ohne in die Gefahr zu geringer Kontaktwirkung zu kommen. Das
bedeutet, daß man die Reaktionstemperatur gegenüber der früheren
Fahrweise wesentlich steigern kann, nämlich auf 470—490° C und damit
wesentlich bessere Durchsätze erzielt. Die anzuwendenden Kreislauf-
gasmengen liegen im allgemeinen zwischen 1500 und 3000 m³/t eingesetztes Frischprodukt.

Nicht alle Rohstoffe lassen sich in so einfacher Weise toppen, wie dies
beim Roherdöl der Fall ist. Zahlreiche Braunkohlenschwelteere und auch
manche Schieferöle neigen infolge ihres Gehaltes an labilen Verbindungen
zum Verkrusten in der Vorheizung der Destillation. Diese Verkrustung
wird verhindert oder zumindest größenordnungsmäßig vermindert, wenn
man solche labilen Rohstoffe im Originalzustand mit dem Hydrier-
abstreifer vermischt und dann das Gemisch beider destilliert. Man erhält
dann das ursprüngliche Mittelöl zusammen mit dem Hydriermittelöl,
was aber für die Weiterverarbeitung — zumeist Hydrierung in Gasphase — ohne Nachteil ist.

Im allgemeinen wird man — wie bei der Kohlehydrierung — das
Verfahren so lenken, daß als Endergebnis ein im wesentlichen —325° C
siedendes Produkt erhalten wird, welches unmittelbar in die Weiterhydrierung in Gasphase eingesetzt werden kann. Wie bei der Kohlehydrierung enthält auch hier der Abstreifer etwa 40—50% —325° C;
nach destillativer Abtrennung dieser Anteile führt man dann das verbleibende Abstreiferschweröl zusammen mit dem Rohstoff in den Prozeß
zurück. Da bereits beim ersten Durchgang des Rohstoffs durch den
Prozeß die am leichtesten spaltbaren Anteile in Benzin und Mittelöl
übergegangen sind, erhält man bei geschlossener Rückführung des
Abstreiferschweröls eine um etwa 10—15% niedrigere Benzin + Mittelöl-
Leistung und eine entsprechend höhere Gasbildung als beim Gerade-
durchfahren des Rohstoffs allein.

Beim Abstreifer-Schweröl handelt es sich — gemäß seiner Bildungs-
weise — um ein asphaltfreies Destillat-Öl. Unter günstigen Preisrelationen kommt es daher bei geeigneten Rohstoffen durchaus in Frage,
das Abstreiferschweröl als Destillat-Heizöl einzusetzen. Die Aufgabe
lautet dann, bei geringen Abschlamm-Mengen eine möglichst hohe Ab-
streiferleistung zu erzielen. Es hat sich nun gezeigt, daß man das Über-
destillieren im Abscheider sehr wesentlich verstärken kann, wenn man
in den Abscheidersumpf Propan oder Butan einleitet[1]; man kann dann
bei gleichbleibendem Verhältnis von Abstreifer:Abschlamm den Roh-

---

[1] Dieser Effekt hängt vielleicht damit zusammen, daß Methan und Propan
auch im überkritischen Zustand ein gesteigertes Lösevermögen für flüssige
Kohlenwasserstoffe besitzen (Treibs: Erdöl und Kohle 1, 185 [1948]).

stoff-Durchsatz erheblich steigern. Um unter diesen Verhältnissen ein Schäumen im Abstreifer zu vermeiden, ist zumeist die Einschaltung eines Heißabstreifers zweckmäßig.

Die Wiedergewinnung des Öles aus dem Abschlamm erfolgt im allgemeinen durch direktes Schwelen, wobei das Schwelöl in den Prozeß zurückgeht. Gegebenenfalls kann auch das Schleudern dazwischengeschaltet werden. Das Schleuderöl fällt hierbei praktisch feststofffrei an, so daß es gegebenenfalls auch als Heizöl herausgezogen werden kann, als welches es bei geeigneten Rohstoffen etwa der Qualität des „fuel II" entspricht. Dieses Herausziehen hat für die Hydrierung gewisse Vorteile, da das Abschlammöl sich etwas schwerer hydriert als das Abstreifer-Schweröl.

Die Sumpfphasehydrierung getoppter Teere oder Öle wird bei 200, 300 oder 700 at durchgeführt. Es hat sich bei der großtechnischen Durchführung gezeigt, daß der aus technisch-wirtschaftlichen Erwägungen heraus anzuwendende Druck in erster Linie bestimmt wird durch die Anteile Vakuum-Rückstand ($> 325°\,C/12$ Torr) in dem $> 325°\,C/760$ Torr siedenden Rohstoff-Topprückstand: für 200 at Druck sollte der Vakuum-Rückstand $<$ etwa 35% liegen, für 300 at $<$ etwa 45%; bei größeren Anteilen Vakuum-Rückstand ist ein Druck von 700 at angezeigt. Daneben ist für die Druckwahl auch der Wasserstoffgehalt des Rohstoffs von Bedeutung derart, daß bei niedrigem Wasserstoffgehalt ein hoher Druck angezeigt ist. Bei Rohstoffen mit sehr niedrigem Vakuum-Rückstand — z. B. mitteldeutschem Braunkohlenschwelteer mit etwa 5—15% Vakuum-Rückstand — ist auch eine obere Druckgrenze gesetzt, bei deren Überschreitung — im gewählten Beispiel etwa 400 at — die Hydrierung so weit geht, daß der Ofeninhalt zu dünnflüssig wird, um noch den Kontakt tragen zu können.

Wie bei artverschiedenen Kohlen muß auch bei artverschiedenen Teeren bzw. Ölen zuvor geprüft werden, ob eine gemeinsame Hydrierung möglich ist. Es gelten im wesentlichen die gleichen Gesichtspunkte, die bereits bei der Besprechung der gemeinsamen Hydrierung verschiedener Kohlen herausgestellt worden sind (S. 76). Jedoch hat man bei den Teeren und Ölen in strittigen Fällen eine einfachere Möglichkeit einer Vorprüfung, indem man die zu behandelnden Gemische von Rückständen in Bechergläsern 3 Tage auf 200° C erhitzt: Bleibt das Gemisch hierbei einwandfrei homogen, so ist im allgemeinen die gemeinsame Hydrierung möglich; setzen sich dagegen asphaltische Massen zu Boden, so ist die Hydrierung des betrachteten Gemisches im allgemeinen nicht möglich, d. h. die Mischungskomponenten müssen dann getrennt hydriert werden.

Im folgenden seien einige Beispiele für die Durchführung bzw. die Ergebnisse der Sumpfphasehydrierung verschiedener Rohstoffe gegeben. Schema 6 (S. 84) gibt ein Fließschema für die Hydrierung von mittel-

Schema 6.

Vereinfachtes Fließschema der Hydrierung von mitteldeutschem Braunkohlen-Schwelteer. Hydrierung des Teerrückstandes in Sumpfphase bei 200 at auf Benzin und Mittelöl.

(Alle Angaben, wo nicht anders vermerkt, in stuto; Eingang 100,0 stuto Rückstand aus geschleudertem Teer. Zahlen in [ ], wenn nicht Rohteer, sondern nur Rückstand aus geschleudertem Teer (100,0 stuto) eingesetzt wird.)

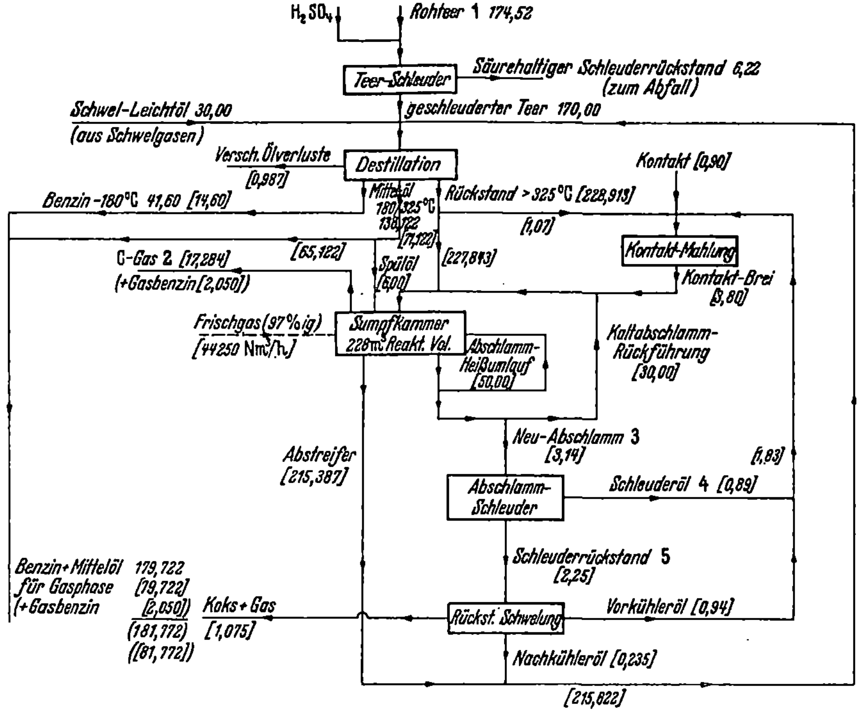

Analysen:

Probe Nr.	[1]	[3]	[4]	[5]
% Wasser	1,0	—	—	—
% Festes	0,5	30,0	4,5	40,0

Probe [2]

Gasart	CO	CO₂	CH₄	C₂H₆	C₃H₈	C₄H₁₀	Gesamtmenge stuto
C in Gew. % von verg. C	0,8	0,4	19,0	26,0	31,5	22,3	13,65

deutschem Braunkohlenschwelteer, ausgehend von Rohteer einschl. zugehörigem Schwel-Leichtöl. An weiteren Beispielen sind in der folgenden Tabelle 19 die Sumpfphase-Hydrierung eines Topprückstandes mit 4,7% Schwefel von asphaltbasischem Rohöl und von $> 325°$ C siedendem Steinkohlen-Kokerei-Teer (Teerpech) aufgeführt; zum Vergleich sind die Zahlen für den Rückstand aus Braunkohlenschwelteer aus Schema 6 mit aufgenommen. Die aufgeführten Werte beziehen sich jeweils auf einen Eingang von 100,0 stuto wasser- und aschefreiem Topprückstand $> 325°$ C, d. h. beim Braunkohlenschwelteer nach erfolgtem Schleudern des Rohteers. Beim Kokereiteerpech ist die eingesetzte Menge Rohstoff um den Aschegehalt von 1,0% erhöht worden.

Tabelle 19. *Sumpfphasehydrierung von Mineralöl- bzw. Teer-Rückständen mit feinverteiltem Katalysator.*
(Mengenangaben in stuto, wo nicht anders vermerkt.)

Rohstoff: Topprückstand von	Asph. bas. Rohöl	Mitteldtsch. Braunkohl.- schwelteer	Steinkohlen- kokereiteer
% C in Reinprobe	83,8	85,3	93,0
g H disp./100 g C	11,573	10,907	5,297
% Rückstand $> 325°$ C/12 mm	70	12	50
Eingang stuto	100,000	100,000	101,010
Druck at	700	200	700
Reaktionsraum m³	234	228	378
Kontakt-Eingang	1,5	0,9	2,0
Kaltabschlamm-Rückführung	15	30	20
H₂ (100%-ig) chem. geb. Nm³/h	40 500	37 330	87 500
Gesamt Nm³/h ca.	48 700	42 900	105 600
Neu-Abschlamm	12,35	3,14	18,0
Org. Verluste in Rückstandsaufarb.	0,434	0,175	5,014
Benzin — 180° C	17,000	14,600	7,000
(Gasbenzin	2,112	2,050	0,736)
(Gesamtbenzin	19,113	16,650	7,736)
Gesamtbenzin in % von Gesamtbenzin + Mittelöl	23,35	20,37	10,25
Mittelöl 180—325° C	62,841	65,122	67,768
Gesamtbenzin + Mittelöl	81,954	81,772	75,504
Nebenprodukte: CH₄	3,787	3,457	6,867
C₂H₆	2,491	4,435	6,325
C₃H₈	4,516	5,528	7,946
C₄H₁₀	3,811	3,679	4,495
KW-Gase .. Sa.	14,605	16,829	25,633

Von den ausgewählten Rohstoffen ist ein Paar (Erdöl und Braunkohlenteer) sehr ähnlich im Wasserstoffgehalt, aber stark verschieden im Anteil an Vakuum-Rückstand; das andere Paar (Erdöl und Kokereiteer) ist ähnlich im Anteil an Vakuum-Rückstand, aber stark verschieden im Wasserstoffgehalt. Der Vergleich des ersten Paares läßt insbesondere erkennen, daß die Druckerhöhung von 200 auf 700 at gerade ausreicht, um hinsichtlich Leistung und Vergasung den Ausgleich für den höheren Anteil an Vakuum-Rückstand im Erdöl zu schaffen. Der

Vergleich des zweiten Paares zeigt in erster Linie die höhere Vergasung beim wasserstoffärmeren Rohstoff, die Verminderung des Benzinanteils im Ölgewinn, die Erniedrigung der Leistung sowie die Vermehrung der Verluste in der Rückstands-Aufarbeitung. Indessen entspricht diese Vermehrung keineswegs dem Gehalt des Rohstoffs an benzolunlöslichen organischen Anteilen (etwa 17%); vielmehr werden etwa 85% dieser Höchstmolekularen im Hydrierprozeß abgebaut. Der Einfluß der beiden Rohstoff-Eigenschaften: Anteil an Vakuum-Rückstand und Wasserstoffgehalt ist also recht beträchtlich. Die weiten Spannen dieser Eigenschaften in den gewählten Beispielen ermöglichen es, für die meisten Rohstoffe die zu erwartenden Werte durch Interpolation in erster Annäherung zu schätzen.

Analog den Erscheinungen bei der Kohlehydrierung weisen bei der Sumpfphasehydrierung die Fraktionen der Hydrierprodukte aus den Rohstoff-Rückständen in ihren Eigenschaften eine große Ähnlichkeit auf mit den entsprechenden Fraktionen aus den Original-Rohstoffen. Dies sei am Beispiel des asphaltbasischen Rohöls in Tab. 20 erläutert:

Tabelle 20. *Eigenschaften von Destillations- und Hydrierprodukten aus asphaltbasischem Rohöl.*

Fraktion	Benzin		Mittelöl		Schweröl	
Herkunft	Hydrierg.	Dest.	Hydrierg.	Dest.	Hydrierung (Dest. S'Öl)	Destill. (Rückstds.- S'Öl)
d_{20}	0,723	0,730	0,876	0,852	0,987	1,020
A. P. °C	46	53	41	46	—	—
C %	85,29	84,85	87,1	85,4	87,8	83,8
H %	14,6	14,8	12,0	12,7	9,9	10,2
O %	0	0	0,1	0,1	0,2	0,76
N %	0,1	0,19	0,2	0,2	0,6	0,54
S %	0,01	0,16	0,6	1,6	1,6	4,7

Die Tabelle bestätigt, daß sich aus dem Rohöl-Rückstand bei der Hydrierung leichtsiedende Fraktionen gebildet haben, die weitestgehend denen ähnlich sind, die in dem ursprünglichen Rohöl enthalten waren. Diese Gesetzmäßigkeit gilt so allgemein, daß man die Eigenschaften der Hydriermittelöle aus einem Rohölrückstand mit großer Genauigkeit voraussagen kann, wenn man die Eigenschaften des im ursprünglichen Rohöl enthaltenen Mittelöls kennt. Die Fraktionen der Hydrieröle sind fast gleich im Wasserstoffgehalt wie die Destillatfraktionen des Rohöls. Charakteristische Unterschiede bestehen im Schwefelgehalt, indem dieser bei den Hydrierfraktionen wesentlich niedriger liegt als bei den Destillatfraktionen; dies ist vor allem deshalb beachtenswert, weil der eingesetzte Topp-Rückstand sehr schwefelreich ist. Bei dem Vergleich ist zu beachten, daß das aufgeführte Hydrierschweröl als Abstreiferschweröl ein asphaltfreies Produkt ist, das — wenn es herausgenommen, d. h. nicht wie in der Bilanz (Tab. 19) eingesetzt, zurückgeführt wird — als Heizöl ungleich wertvoller ist als das hoch asphalthaltige Rückstandsöl aus der direkten Rohöl-Destillation.

Bei diesem Herausziehen des Abstreiferschweröls erspart man den Aufwand zu seiner Hydrierung und erzielt dementsprechend noch wesentlich günstigere Resultate, wie aus Tab. 21 hervorgeht, in welcher die Ergebnisse der Hydrierung des asphaltbasischen Rückstandes beim Fahren „im geraden Durchgang" in verkürzter Form wiedergegeben sind, wobei man also neben Benzin und Mittelöl noch Abstreiferschweröl erhält oder bei Vereinigung der beiden letzten Fraktionen ein Gasöl weiteren Siedebereiches bzw. ein sehr gutes Heizöl; zum Vergleich sind die entsprechenden Daten für das Fahren auf Benzin und Mittelöl aus Tab. 19 nochmals aufgeführt:

Tabelle 21. *Hydrierung von getopptem, asphaltbasischen Rohöl im geraden Durchgang auf Benzin, Mittelöl und Abstreiferschweröl.*
(Eingang: 100,0 stuto Topp-Rückstand.)

Fahrweise	Gerader Durchgang auf Benzin, Mittelöl und Abstreiferschweröl	Zum Vergleich: Fahren mit Rückführung auf Benzin u. Mittelöl (aus Tab. 19)
Reaktionsraum m³	116	234
H_2 (100%ig) chem. geb. Nm³/h	18 670	40 500
Gesamtbenzin — 180 ° C stuto	12,620	19,113
Mittelöl 180/325° C stuto	32,568	62,841
Abstr. Schweröl > 325° C stuto	43,684	—
Gesamt-Hydrierdestillat stuto	88,872	81,954
KW-Gase stuto	6,781	14,605

Beim Fahren im geraden Durchgang spart man also im Vergleich zur Rückführfahrweise etwas mehr als die Hälfte an Reaktionsraum, Wasserstoffbedarf und Gasbildung und erhält eine um fast 10% höhere Destillatöl-Ausbeute, entsprechend einer Ausbeute von 101,0 Vol.%.

Eine sich dem Kracken nähernde Variante dieser Fahrweise liegt in der Durchführung dieses Hydrierprozesses unter Druckverhältnissen, wie sie auch beim Kracken geläufig sind, nämlich von etwa 70 at. Man erhält dann allerdings wesentlich größere Entschlammungsmengen, aber dieser Abschlamm stellt nach Entfernung des Kontaktes — z. B. durch Schleudern — ein erheblich weniger viskoses Heizöl dar, als es der eingesetzte Rückstand ist, d. h. er nähert sich in seinen Eigenschaften mehr einem Destillat-Heizöl. So werden beispielsweise bei der Hydrierung von 100 Gew.-Teilen asphaltbasischem Erdöl-Rückstand bei 70 at Druck erhalten:

        9 Teile Benzin
       37   ,,   Langschnitt-Gasöl (Abstreifer)
       45   ,,   Heizöl (Abschlamm).

Mit diesem Verfahren wäre relativ einfach — d. h. durch Umstellung vorhandener geeigneter Krackanlagen — eine Einfügung des Hydrierverfahrens in die großtechnische Erdölspaltung zu bewirken.

Die Entschweflung, die mit der Hydrierung Hand in Hand geht, ist vor allem auch von Wichtigkeit für das Hauptprodukt des Prozesses, das Mittelöl, und zwar sowohl wenn dieses als Dieselkraftstoff verwendet, als auch wenn es als Rohstoff für Krackprozesse eingesetzt wird.

Das Sumpfphasebenzin aus dem asphaltbasischen Rohöl läßt sich einfach und mit ganz geringen Verlusten chemisch raffinieren. Die Oktanzahl beträgt etwa 57, läßt sich aber verbessern, wenn aus anderen Quellen leichtsiedende Anteile zur Verfügung stehen, da es nur etwa 26% — 100°C hat.

Ein wesentlich klopffesteres Sumpfphasebenzin (OZ 73) erhält man, wenn man als Rohstoff Krackteer aus der thermischen Spaltung von asphaltbasischem Gasöl in die Hydrierung einsetzt, entsprechend dem aromatischen Charakter des Rohstoffs. Das dabei erhaltene Mittelöl ist infolge seines aromatischen Charakters besonders geeignet für die Umwandlung in klopffestes Benzin durch Hydrierung in Gasphase.

Statt Gasöl-Krackteer kann man auch die gegebenenfalls noch stärker aromatischen Lösungsmittelextrakte aus Schmierölfraktionen in die Sumpfphase-Hydrierung als Rohstoff einsetzen und erhält dann Produkte, die sich infolge ihres stark aromatischen Charakters besonders gut für die Herstellung klopffester Benzine eignen. — Ähnliche Überlegungen gelten für den Einsatz von Propanasphalten aus Rohölrückständen, wobei allerdings hier der aromatische Charakter nicht so stark ausgeprägt ist.

Auch bei den beiden anderen aufgeführten Beispielen spiegeln die Hydrierprodukte den Charakter des Rohstoffs wieder. Die Sumpf-Benzine und -Mittelöle sind indessen sowohl beim Braunkohlenschwelteer als auch beim Kokereiteer wasserstoffreicher und phenolärmer als die entsprechenden Destillatfraktionen, und zwar ist der Unterschied bei dem hocharomatischen Steinkohlenteer größer als bei dem mittelaromatischen Braunkohlenschwelteer. Auch hier äußert sich eine generelle Gesetzmäßigkeit, die darauf hinausläuft, daß der Unterschied im Wasserstoffgehalt zwischen Hydrierölen einerseits und den entsprechenden Destillatfraktionen andererseits um so größer ist, je wasserstoffärmer der eingesetzte Rohstoff ist. Beim asphaltbasischen Rohöl stimmen Hydrier- und Destillatöle praktisch überein, bei gemischtbasischen Rohölen sind die Hydrieröle etwas wasserstoffärmer, bei paraffinbasischen deutlich wasserstoffärmer als die entsprechenden Destillatfraktionen. Das asphaltbasische Rohöl ist also sozusagen der Drehpunkt in der Skala.

Entsprechend dieser Gesetzmäßigkeit fehlen bei den Hydrierprodukten aus Kokereiteer-Rückstand die festen Aromaten (Naphthalin, Anthracen usw.), die die Kokereiteeröle kennzeichnen; an ihre Stelle sind Hydro-

Aromaten von der Art des Tetrahydronaphthalins, Tetrahydroanthracens usw. getreten. So liegt das Hydriermittelöl aus Kokereiteer-Rückstand in seinem Wasserstoffgehalt etwa in der Mitte zwischen Kokereiteer-Mittelöl und Hydriermittelöl aus Steinkohle. Ebenfalls entsprechend ist das Sumpfphasebenzin aus Kokereiteer-Rückstand nicht so aromatisch und vor allem nicht so ungesättigt wie das Rohbenzol, so daß die Oktanzahl des Sumpfphasebenzins bei etwa 80 liegt im Vergleich zu etwa 100 für Motorenbenzol.

Die Sumpfphasehydrierung von Rückständen aus Braunkohlenschwelteeren ist in Deutschland in mehreren Werken in größtem Maßstabe durchgeführt worden und hat damit die technische Reife bewiesen. Auch Erdölrückstände sind in Deutschland und im Auslande großtechnisch in Sumpfphase erfolgreichst hydriert worden. Auch diese Art der Hydrierung ist demnach gesicherter technischer Besitz.

Eine Anwendung, die vielleicht in Zukunft großtechnische Bedeutung erlangen könnte, ist die Sumpfphasehydrierung von Rückständen aus Schieferölen, vor allem, da — vornehmlich in USA.[1] — der großzügigste Ausbau der Schieferölgewinnung ins Auge gefaßt worden ist. Dies wird in erster Linie für die sauerstoff- und asphalthaltigen Schieferöle gelten, die der Verarbeitung vermittels der üblichen Krackverfahren schwerer zugänglich sind. Die Rückstände solcher Schieferöle stellen ein ausgezeichnetes Rohmaterial für die Sumpfphasehydrierung dar. Als ein Beispiel sei hier kurz die Sumpfphasehydrierung von estnischem Schieferölrückstand betrachtet. In seiner Zusammensetzung vergleicht er sich mit dem oben erwähnten Rückstand aus asphaltbasischem Rohöl wie folgt:

Tabelle 22. *Vergleich der Zusammensetzung von Rückständen aus estnischem Schieferöl und asphaltbasischem Roherdöl.*

Rückstand aus	D	Asph. %	Vak.-Rück-stand %	C %	H %	O %	N %	S %	g H disp./ 100 g C
Estn. Schieferöl	1,050	15	34	82,45	9,62	6,00	1,07	0,86	10,43
Asph.-bas. Rohöl ...	1,020	7,5	70	83,8	10,2	0,76	0,54	4,7	11,57

Der Schieferölrückstand ist also etwas wasserstoffärmer als der Erdölrückstand, zum Ausgleich dafür aber hat der Schieferölrückstand wesentlich weniger Vakuumrückstand, so daß bei beiden Rohstoffen ungefähr die gleichen Hydrierergebnisse erhalten werden. Der Schieferölrückstand kann noch bei 300 at hydriert werden. Ein besonders charakteristischer Unterschied beider Rohstoffe liegt darin, daß prak-

---

[1] S. z. B. Petrol. Refiner **27**, Nr. 3, S. 138 (1948).

tisch Sauerstoff und Schwefel miteinander vertauscht sind. Dies hat zur
Folge, daß die Hydrierprodukte des Schieferölrückstandes phenolhaltig
sind. Entsprechend den obigen allgemein gültigen Darlegungen sind die
Hydrierprodukte des Schieferölrückstandes etwas wasserstoffreicher und
phenolärmer als die entsprechenden Produkte der direkten Destillation
des Original-Schieferöles. Es sei dies an Hand der analytischen Daten
der beiden Mittelöle belegt:

Tabelle 23. *Vergleich der Hydrier- und Destillations-Mittelöle aus estnischem
Schieferöl.*

Mittelöl aus	D	Phe-nole %	Vom entphenolierten Mittelöl				
			D	A.P. °C	Cetan-zahl	Stock-punkt °C	Ole-fine %
Hydrierung von Schieferöl-Rückstand	0,914	13,8	0,894	20	41,5	— 31	22
Destillation von Original-Schieferöl ..	0,938	19,0	0,907	8	39,5	— 38	35

Infolge seines niedrigen Stockpunktes ist das Mittelöl besonders geeignet für die Verwendung als Dieselkraftstoff, wobei man die notwendige Entfernung der Phenole zweckmäßigerweise durch Gasphasehydrierung vornimmt und damit zugleich eine Verbesserung des motorischen Verhaltens des Öles bewirkt.

Es war bereits oben (S. 87) darauf hingewiesen worden, daß man den
Prozeß auch so lenken kann, daß auf die Rückführung des Abstreiferschweröls verzichtet wird und dementsprechend neben Benzin und
Mittelöl noch asphaltfreies Schweröl als Reaktionsprodukt herausgezogen wird. Analog der Schwerölfahrweise bei der Kohlehydrierung
sind so wesentlich höhere Durchsätze möglich. Auch diese Fahrweise
ist in Deutschland großtechnisch bei 700 at durchgeführt worden, und
zwar ausgehend von Steinkohlenteerpech. In Tab. 24 seien in verkürzter Form die dabei erhaltenen Ergebnisse denen gegenübergestellt,
die bei geschlossener Rückführung des gesamten Schweröls erhalten
werden (Tab. 19). Bei dem Vergleich ist zu berücksichtigen, daß bei
der Mittelölfahrweise die restlose Aufarbeitung auch des Abschlamms
eingesetzt worden ist, während bei der großtechnischen Durchführung
der Schwerölfahrweise auf die Verarbeitung des Abschlamms verzichtet
wurde, da er eine geeignete Verwendung als Brikettiermittel finden konnte.

Bei der Schwerölfahrweise kommt man also mit sehr viel weniger
Reaktionsraum aus, hat erheblich kleinere Gasbildung und geringeren
Wasserstoffverbrauch, auch benötigt man weniger Kontakt. Diese Fahrweise ist also dort angezeigt, wo es nicht auf die Herstellung gasphase-
reifen Produktes ankommt, sondern wo eine tragbare Verwertung für

Tabelle 24. *Gegenüberstellung der Druckhydrierung von Kokereiteer-Rückständen auf Benzin + Mittelöl+ Schweröl bzw. Benzin + Mittelöl.*
(Mengenangaben in stuto, wo nicht anders vermerkt.)
(Eingang 100,0 stuto Reinprobe.)

Fahrweise	Schweröl-Fahrweise	Mittelöl-Fahrweise
Rohstoff	Kokereiteer-Hartpech + Kokereiteer-Schweröle (70 : 30)	Topp-Rückstand aus Kokereiteer
Reaktionsraum m³	197	378
Kontakt-Eingang	0,25	2,0
Kaltabschlammrückführung	40	20
H₂ (100%ig) Gesamt Nm³/h rd. ...	78 500	105 600
Neu-Abschlamm	15	18
Org. Verluste in Rückstands-aufarbeitung	gesamter Neu-Abschlamm als Brikettiermittel herausgezogen	5,014
Gesamtbenzin	6,0	7,736
Mittelöl	24,0	67,768
Schweröl	45,0	—
Gas	10,0	25,633

das asphaltfreie Schweröl vorhanden ist; da — vor allem bei einer Überproduktion an Steinkohlenpech und damit niedrigen Pechpreisen — die Preisspanne zwischen Pech und Destillat-Heizöl recht groß sein kann, ist gegebenenfalls die Heizölherstellung nach der Schwerölfahrweise wirtschaftlich günstiger als die Benzinherstellung über die Mittelölfahrweise.

Das Hydrier-Heizöl aus Kokereiteerpech ist infolge völligen Fehlens von Paraffin und festen Aromaten sehr günstig in seinem Kälteverhalten, im übrigen dem Schweröl aus Steinkohle (Tab. 17) recht ähnlich, aber etwas höher im spez. Gewicht, da es etwas wasserstoffärmer ist.

b) Die raffinierende Hydrierung in Sumpfphase.

Die bisher betrachteten Hydrierverfahren in Sumpfphase hatten das Ziel, die hochmolekularen Rohstoffe (Kohlen, Mineralölrückstände) unter starker Aufspaltung der Moleküle in asphaltfreie, niedriger siedende Produkte überzuführen, die dann der direkten Verwendung oder der Weiterhydrierung in Gasphase zugänglich sind. Die dabei durchlaufenen Zwischenstufen wurden nicht festgehalten. Es war indessen möglich, daß die Fixierung dieser Zwischenstufen — und zwar sowohl bei Kohlen als auch bei Mineralölen — besonderes Interesse beanspruchen konnte. Um sie zu fassen, mußte die Hydrierung der Hochmolekularen in schonender Weise, d. h. unter Vermeidung stärkerer Spaltung vorgenommen werden, mithin die raffinierende Hydrierung angewandt werden.

7 Krönig, Katalyt. Druckhydrierung.

α) Die raffinierende Hydrierung von Kohlen.

Es war schon oben hervorgehoben worden, daß die Kohle infolge der Eigenart ihres molekularen Aufbaus besonders leicht zu hochmolekularen, asphaltischen Stoffen depolymerisiert, so daß bei der spaltenden Kohlehydrierung die Kohle bereits während der Aufheizung des Kohlebreis zum größten Teile in öllösliche Verbindungen übergeht. In Übereinstimmung mit dieser Beobachtung hatte die I. G. festgestellt, daß Kohle beim Erhitzen unter Druck mit geeigneten höhersiedenden aromatischen Ölen — vorzugsweise Anthracenöl — sich zu 70% und mehr im Öl „auflöst", d. h. zu asphaltischen, öllöslichen Verbindungen depolymerisiert („Druckextraktion"). Die Isolierung dieser Depolymerisate bereitete indessen Schwierigkeiten, da sich der Aufschluß nur mit technisch unbefriedigenden Leistungen filtrieren ließ.

Das Pott-Broche-Verfahren. Fußend auf den Arbeiten von Berl über die Druckextraktion von Kohlen mit Tetralin, untersuchten Pott und Broche die Behandlung von Kohlen mit diesem Lösungsmittel eingehender und stellten fest, daß man die Extraktausbeuten wesentlich heraufsetzen kann, wenn man mit steigenden Temperaturen arbeitet derart, daß die Temperatursteigerung dem allmählichen Ansteigen des Zersetzungspunktes des der Extraktion unterworfenen Materials folgt. Als besonders geeignetes Lösungsmittel erwies sich eine Mischung von Tetralin + Kresol (80:20)[1], womit Steinkohlen zu 80%, Braunkohlen zu über 90% in öllösliche Verbindungen übergeführt wurden. Der hiermit erhaltene Aufschluß ist sehr gut filtrierbar, so daß der Isolierung des Kohleextraktes keine besonderen Schwierigkeiten im Wege stehen.

Damit hebt sich dieser Aufschluß deutlich ab von den oben erwähnten Anthracenöl-Aufschlüssen und auch von dem Abschlamm, wie er bei der spaltenden Hydrierung der Kohle erhalten wird, die beide — wie erwähnt (S. 44) — sich nur mit unbefriedigenden Leistungen filtrieren lassen. Eingehende vergleichende Untersuchungen der I. G. haben gezeigt, daß der Tetralin-Kresol-Extrakt im wesentlichen aus einer einheitlichen Asphaltgruppe — den sogenannten Asphaltharzen — besteht, während die genannten anderen Produkte praktisch die ganze Skala der Asphaltgruppen enthalten; offenbar führt die gleichzeitige Anwesenheit von z. B. Asphaltharzen und Ölharzen zur Bildung schleimiger Substanzen, die leicht die Filterporen verschmieren.

Das Lösungsmittel bleibt bei der Druckextraktion nach Pott-Broche nicht unverändert, sondern es findet eine teilweise Dehydrierung des

---

[1] Nach Orchin (Erdöl und Kohle **1**, 370, [1948]) kann man die Hydroaromaten und das Phenol auch zu *einer* Verbindung kombinieren und so beispielsweise 1-, 2-, 3-, 4-Tetrahydro-5-hydroxy-Naphthalin als Lösungsmittel verwenden.

Tetralins zu Naphthalin statt unter Übertragung des Wasserstoffs auf das Kohlemolekül; z. T. wird der Wasserstoff auch molekular entbunden. Über das Ausmaß der Wasserstoff-Verschiebung gibt Tab. 25 Auskunft (Analysen. bezogen auf Reinproben):

Tabelle 25. *Vergleich von Kohle, Extrakt und Rückstand der Pott-Broche-Extraktion von Steinkohle.*

Material	Kohle	Extrakt	Rückstand
% C	86,45	89,2	86,3
% H	5,2	5,45	4,0
% O	5,03	2,42	6,3
% N	1,75	2,0 .	1,45
% S	1,4	0,85	1,5
% Cl	0,17	0,08	0,45
g H disp./100 g C .	4,747	5,227	3,239

Besonders beachtenswert ist, daß auch hier wieder der Sauerstoff als das Schlüsselelement erscheint, dessen starke Verminderung (durch Reduktion bzw. sonstige Abspaltung) sich in der Depolymerisation der Kohle und damit ihrem Löslichwerden äußert. Zugleich tritt eine — vor allem im disponiblen Wasserstoff zum Ausdruck kommende — Wasserstoffanlagerung ein. Wir haben es also hier mit einer „Hydrierung mit gebundenem Wasserstoff" zu tun.

Der Extrakt selbst ist eine harte, spröde, asphaltische Masse mit einem Erweichungspunkt von etwa 220° C; sein Aschegehalt liegt bei 0,15—0,20%.

Die Überführung des Verfahrens in die Technik geschah zunächst unter Verwendung von Tetralin-Kresol als Lösungsmittel. Es zeigte sich dann aber, daß die notwendige Wiederaufhydrierung des gebildeten Naphthalins zu Tetralin eine zu starke wirtschaftliche Belastung des Verfahrens bedeutete. Da die Anlage in Verbindung stand mit einer Anlage der Sumpfphasehydrierung von Kokereiteerpech, war Sumpfphasemittelöl daraus als Lösungsmittel für die Extraktion verfügbar. Wie bereits oben (S. 89) erwähnt, ist das Öl in seinem hydroaromatischen Charakter dem Tetralin ähnlich; da es außerdem etwa 7% Phenole enthält, konnte es als ein brauchbares Extraktionsmittel angesehen werden. Die eintretende Dehydrierung des Lösungsmittels war hier ohne Belang, da das Mittelöl sowieso in die Gasphase weitergegeben wurde, wofür eine Wasserstoffverarmung praktisch bedeutungslos war. Die technische Durchführung lief also letzten Endes darauf hinaus, daß ein Teil des in der Sumpfphase erzeugten Mittelöls auf dem Wege über die Extraktion in die Gasphase ging. Die mit diesem Lösungsmittel erhaltenen Resultate waren fast die gleichen, wie sie sich mit Tetralin-Kresol ergeben hatten.

Die in der Technik angewandte Arbeitsweise war folgende: Die fein-
gemahlene Steinkohle wurde mit dem Mittelöl im Verhältnis 1:2 angerieben. Der Brei wurde unter einem Druck von 100—150 at der
Extraktionskammer zugeführt, die — ähnlich dem Spitzenvorheizer der
Druckhydrierung — aus wälzgasbeheizten, senkrechten Druckrohren
bestand. Der erste Teil der Haarnadeln diente als Vorheizer, der zweite
Teil als Reaktionsraum. Auf Verwendung von Wärmeaustauschern für
die Breiaufheizung wurde verzichtet, da diese in relativ kurzer Zeit
verkrusteten. Die Reaktionstemperatur wurde auf etwa 430° C eingestellt, der Breidurchsatz auf etwa 1 t/m³ Volumen · h. Es hat sich als
zweckmäßig herausgestellt, im Reaktionsteil Aufwärts- und Abwärts-
rohre der Haarnadeln von verschiedenen Weiten zu wählen, und zwar
erstere mit 180, letztere mit 120 mm lichter Weite. Bei dieser Behandlung
wurde die organische Substanz der Kohle zu etwa 80% in öllöslichen
Extrakt übergeführt.

Hinter dem Reaktionsteil wird in ein Panzergefäß entspannt, wobei
dafür Sorge getragen wird, daß die mit den gebildeten Entspannungs-
gasen abgehenden Ölanteile kondensiert und gefaßt werden. Das flüssig
ablaufende Produkt gelangt in ein gut wirkendes Rührgefäß, da für die
anschließende Filtration eine gleichmäßige Verteilung der verschiedenen
Feststoff-Kornklassen wichtig ist. Dann wird der Aufschluß mit einem
Druck ansteigend bis max. 8 at bei 150° C der Filtration zugepumpt;
eine im Interesse des Filtermaterials an sich erwünschte Erniedrigung
der Temperatur ist nicht möglich, da dann bereits Extrakt ausfällt, der
die Filter verstopft. Als Filtrationseinrichtung waren senkrecht stehende,
2000 mm lange Filterkerzen gewählt worden, die aus keramischen
Ringen zusammengesetzt waren; das Filtergut wird von außen nach
innen durch die Kerzen gepumpt. Nach Erreichung einer Schichtdicke
von 20 mm wird mit Mittelöl nachgewaschen, so daß nur etwa 1%
löslicher Extrakt im Kuchen verbleibt; durch kurzes Nachspülen mit
Kohlensäure wird der Ölgehalt des Kuchens auf etwa 30% erniedrigt.
Anschließend wird durch einen Gasstoß (Kohlensäure) von innen nach
außen der Kuchen abgestoßen, woraufhin der Turnus (insgesamt viermal
je Stunde) von neuem beginnt; die Kerzen haben eine Lebensdauer von
etwa 5000 Einzelfiltrationen.

Aus dem Filterrückstand wird das noch anhaftende Öl in einem
Schwelofen wiedergewonnen.

Die Filtrate werden im Vakuum auf Extrakt und Öl destilliert. Vom
gesamten wiedergewonnenen Öl werden etwa 60% als Anreibeöl zurückgeführt, etwa 40% gehen in die Hydriergasphase und werden (einschließlich der eintretenden Ölverluste) durch frisches Öl aus der Hydrier-
Sumpfphase ersetzt.

Eine Vorstellung über den Ablauf des Verfahrens vermittelt Schema 7 (S. 96). Es ergibt sich danach, daß aus 100 t Reinkohle etwa 75 t Extrakt erhalten werden, wobei allerdings zu berücksichtigen ist, daß zugleich etwa 2½ t des frisch eingesetzten Anreibeöles verlorengehen (Wasserstoffverluste des Öles nicht mitgerechnet), so daß der tatsächliche „Ölgewinn" nur etwa 72½ t beträgt, was unter Berücksichtigung der vergleichsweise geringen Veredlung der Kohle im Zuge dieses Verfahrens relativ niedrig erscheint. Der Bedarf an Reaktionsraum bei der Extraktherstellung ist je t Ölgewinn etwa der gleiche wie bei der Erzeugung von Benzin und Mittelöl durch normale Kohlehydrierung (Schema 4); der Nachteil des vergleichsweise hohen Stahlverbrauchs bei aus relativ engen Rohren bestehenden Reaktionsräumen wird auch durch den vergleichsweise niedrigen Reaktionsdruck nicht ausgeglichen. Bei dem Pott-Broche-Verfahren gehen je t erzeugten Extraktes 4,25 t Produkt über die recht komplizierte Filtration, bei der normalen Kohlehydrierung 2,42 t verdünnter Abschlamm je t erzeugten Benzins und Mittelöls über die sehr einfache Schleuderei; in der zu schwelenden Rückstandsmenge ist zwischen beiden Verfahren kein charakteristischer Unterschied. Schließlich setzt die das Pott-Broche-Verfahren kennzeichnende indirekte Wasserstoffübertragung voraus, daß die Hydrierung einerseits ein zur Wasserstoffabgabe befähigtes Öl zur Verfügung hat, andererseits in der Lage ist, das im Extraktionsverfahren dehydrierte Mittelöl weiterzuverarbeiten.

Faßt man gedanklich die beiden Teilprozesse des Pott-Broche-Verfahrens zusammen, nämlich einerseits die Anlagerung von Wasserstoff an das Anreibeöl durch direkte Hydrierung mit molekularem Wasserstoff und andererseits die Abgabe dieses angelagerten Wasserstoffs vom Anreibeöl auf die Kohle, so ergibt sich, daß das Anreibeöl gewissermaßen als Wasserstoffüberträger wirkt, indem es zunächst den molekularen Wasserstoff bindet und ihn dann — in statu nascendi — weiterleitet an die Kohle. Es ist recht wahrscheinlich, daß dieser Vorgang auch bei der unmittelbaren Kohlehydrierung eine nicht unwesentliche Rolle spielt.

Betrachtet man das Pott-Broche-Verfahren im Rahmen der Herstellung flüssiger Treibstoffe durch Hydrierung von Kohle, so stellt es eine Kohleveredlung (Entaschung) dar, die der Sumpfphasehydrierung vorangeht, während bei der normalen Kohlehydrierung die Entaschung hinter die Sumpfphase gelegt wird. Der wesentlich einfacheren Entaschungsart bei der Kohlehydrierung stehen möglicherweise Vorteile bei der Sumpfphasehydrierung von Extrakt im Vergleich zu der von Kohle gegenüber, doch sind nach den bisher vorliegenden Versuchen diese möglichen Vorteile nicht groß genug, um die kompliziertere Entaschungsart nach dem Extraktionsverfahren zu rechtfertigen.

Schema 7.
Vereinfachtes Fließschema der Druckextraktion von Steinkohle nach dem Pott-Broche-Verfahren.

(Alle Angaben in stuto; Eingang 100,0 stuto Reinkohle.)

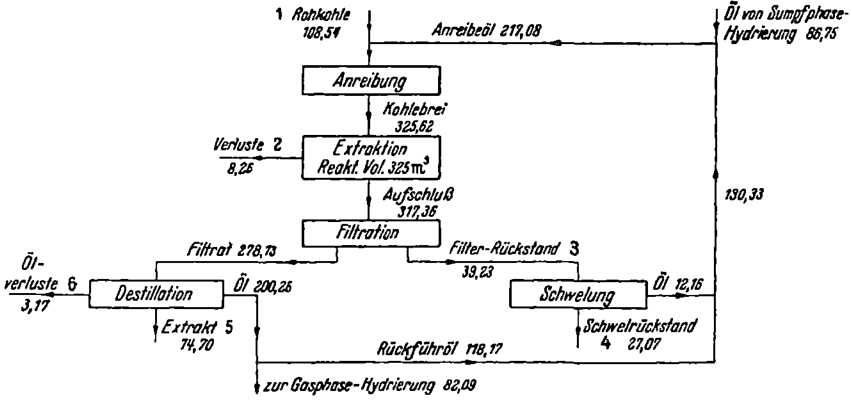

Zusammensetzung der Produkte.

[1]		[2]		[3]	
Wasser	2,17	Trocknungswasser	2,17	Org. Restkohle	20,00
Asche	6,37	Gas + Reakt.-		Extrakt	0,41
Reinkohle	100,00	Wasser a. Kohle	5,00	Asche	6,26
Rohkohle	108,54	H₂ aus Öl	1,09	Ges. Festes	26,67
		Verluste	8,26	Öl	12,56
				Filterrückstand	39,23

[4]		[5]		[6]	
Ges. Festes	26,67	Org. Extrakt	74,59	Allg. mech. Ölverluste	2,17
Öl	0,40	Asche	0,11	Ölverminderung durch	
Schwel-Rückstand	27,07	Extrakt	74,70	H₂-Übertrag. an Kohle	1,00
				Ölverluste	3,17

Derartige Betrachtungen waren auch der Anlaß gewesen, auf die groß-technische Hydrierung des Extraktes zu verzichten, wobei außerdem berücksichtigt wurde, daß die aufgetretenen Schwierigkeiten durch Verkrustung der Reaktionsrohre nicht ausreichend behoben worden waren, und daß auch die Filtration noch nicht die gewünschte Betriebssicherheit erlangt hatte; schließlich wurde auch der Verzicht auf Wärmeaustausch in der Vorheizung als recht nachteilig empfunden.

So wurde der gewonnene Extrakt zur Erzeugung hochwertigen Elektrodenkokses eingesetzt, wofür er sich infolge seines niedrigen Aschegehaltes sehr gut eignete; die Ausbeute hierbei belief sich auf etwa 65—70%, bezogen auf eingesetzten Extrakt.

Aber ganz unabhängig davon, ob sich endgültig das Pott-Broche-Verfahren wirtschaftlich in die Treibstofferzeugung aus Kohle durch

Hydrierung eingliedern läßt, es ist das bleibende Verdienst von Pott und Broche, gezeigt zu haben, daß man durch geeignete Lenkung der hydrierenden Depolymerisation der Kohle zu Aufschlüssen kommen kann, die sich mit technisch befriedigenden Durchsätzen filtrieren lassen. Und so hat auch diese wichtige Erkenntnis technisch fortgewirkt.

Das Uhde-Verfahren. Aus der Beobachtung von Pott und Broche, daß bei Hydrierung mit gebundenem Wasserstoff, d. h. bei indirekter, vorsichtiger und dosierter Wasserstoffübertragung, Kohle in einen gut filtrierbaren Extrakt übergeführt werden kann, hatte Uhde — im Sinne der oben (S. 95) gegebenen gedanklichen Zusammenfassung der beiden Teilprozesse des Pott-Broche-Verfahrens — geschlossen, daß ein ähnlicher Effekt auch mit molekularem Wasserstoff zu bewerkstelligen sein müßte, wofern er vorsichtig zur Kohle dosiert wird. Diese „Hydrierung mit beschränktem Wasserstoffangebot" führte Uhde in der Weise durch, daß er dem in den Reaktionsraum eintretenden Kohlebrei nur soviel Wasserstoff zugab, daß der Wasserstoffteildruck infolge Wasserstoffverbrauchs am Ende des Reaktionsraums nur noch etwa 30—50% desjenigen am Eingang des Reaktionsraums betrug. Der relativ hohe Wasserstoffdruck am Eingang gewährleistete einen guten Abbau der Kohle (etwa 90%) zu löslichen Produkten, der dann stark abfallende Wasserstoffteildruck verhinderte eine wesentliche Weiterhydrierung des gebildeten „Primärbitumens". Dieses Verfahren wurde von der I. G. übernommen und von ihr technisch durchgebildet.

Als geeigneter Wasserstoffteildruck am Eingang erwiesen sich beispielsweise 250 at, am Ausgang etwa 50—100 at; als Eingangs-Gasmenge bewährte sich eine solche von etwa 400—500 m^3/t Reinkohle, als Reaktionstemperatur etwa 450° C bei einem Reinkohle-Durchsatz von 0,5. Damit also lagen die Bedingungen etwa in der Mitte zwischen denen der Extraktion nach Pott und Broche und der normalen, spaltenden Kohlehydrierung. Entsprechendes gilt für den Kohleabbau und die Gasbildung.

Dementsprechend lag auch das Reaktionsprodukt sozusagen in der Mitte der beiden erwähnten Verfahren, indem beispielsweise das Primärbitumen aus Steinkohle einen Erweichungspunkt von etwa 90° C aufwies. Trotz dieser stärkeren Hydrierung war aber auch das Primärbitumen noch so ausreichend einheitlich in seiner Zusammensetzung, daß der erhaltene Aufschluß sich bei etwa 150—170° C und 5—8 at Druck mit technisch befriedigender Leistung filtrieren ließ. Das Primärbitumen enthält im allgemeinen etwas mehr Asche als der Extrakt nach dem Pott-Broche-Verfahren. Eine gewisse Verbesserung der Filtrierfähigkeit kann dadurch erreicht werden, daß der Abschlamm nicht — wie üblich — durch Ventile, sondern in einer Entspannungsmaschine entspannt wird[1]; dies hängt wohl damit zusammen, daß bei der schonenden Entspannung die Restkohle weniger stark zerteilt wird.

Analog dem Verfahren von Pott und Broche wurde auch hier Mittelöl als Anreibeöl verwendet, aber — wie das Anreibeöl bei der spaltenden Kohlehydrierung — vollständig im Kreislauf geführt. Unter Erhaltung der erwünschten Eigenschaften des Primärbitumens konnte dabei durch Spaltung so viel Mittelöl erzeugt werden, daß die Mittelölverluste in der Aufarbeitung der Reaktionsprodukte gedeckt wurden; daneben entstanden noch unbedeutende Mengen Benzin. Die Anlieferung von Mittelöl aus einem anderen Prozeß — wie beim Pott-Broche-Verfahren — ist also hier nicht notwendig. Wie bei der oben (S. 70) geschilderten Schwerölfahrweise wird auch hier Abschlamm kalt und heiß zurückgeführt, um ein Ausfallen der Kohle aus dem dünnen Anreibeöl zu vermeiden; an sich sollte man vermuten, daß diese — gewissermaßen dem Prinzip des Verfahrens widersprechende — Rückführung sich ungünstig auf die Filtriereigenschaften des Aufschlusses auswirkt; tatsächlich aber tritt aus bisher unbekannten Gründen keine wesentliche Verschlechterung ein. Bei der Aufarbeitung des Abschlamms hat sich eine zweifache (Gegenstrom-)Filtration als zweckmäßig erwiesen, um das gebildete Primärbitumen möglichst vollständig von der Restkohle zu trennen und in das Filtrat zu bringen. Das zur Verdünnung dienende Abstreiferprodukt wird zweckmäßiger zuvor von den darin enthaltenen Benzinanteilen durch einfaches Strippen befreit, um Benzinverluste in der Filtration zu vermeiden. So braucht das Mittelöl aus dem Abstreifer nicht übergetrieben zu werden, womit sich die Trennung von Abstreifer- und Filtrat-Destillation rechtfertigt.

Eine Vorstellung von dem Ablauf des Verfahrens — wie es sich nach den umfangreichen Kleinversuchen (wenn auch bisher ohne großtechnische Bestätigung) darstellt — vermittelt Schema 8 (S. 99). Danach ergibt sich eine Ausbeute an Primärbitumen von rund 73% der Reinkohle, daneben werden noch rund 2½% Benzin gebildet. — Die vorgenommene Gegenstrom-Auswaschung des Hydrierrückstandes bringt eine wesentliche Erleichterung für die Schwelerei mit sich, indem dieser Verfahrensteil dann nur aus einem Abtreiben des anhaftenden Mittelöls besteht, so daß hier nur 0,43% des eingebrachten Kohlenstoffs in Koks + Gas übergehen, gegenüber 4,13% bei der normalen Kohlehydrierung. Außerdem wird hier wesentlich weniger Öl durch die Schwelerei geführt, allerdings mit dem Nachteil, daß der Filterrückstand in fester Form in den Schwelofen eingebracht werden muß.

---

[1] Die generelle Anwendung dieser Arbeitsweise aus Gründen der EnergieEinsparung wird vom Bureau of Mines diskutiert: Skinner: Ind. Eng. Chem. **41**, 87 (1949).

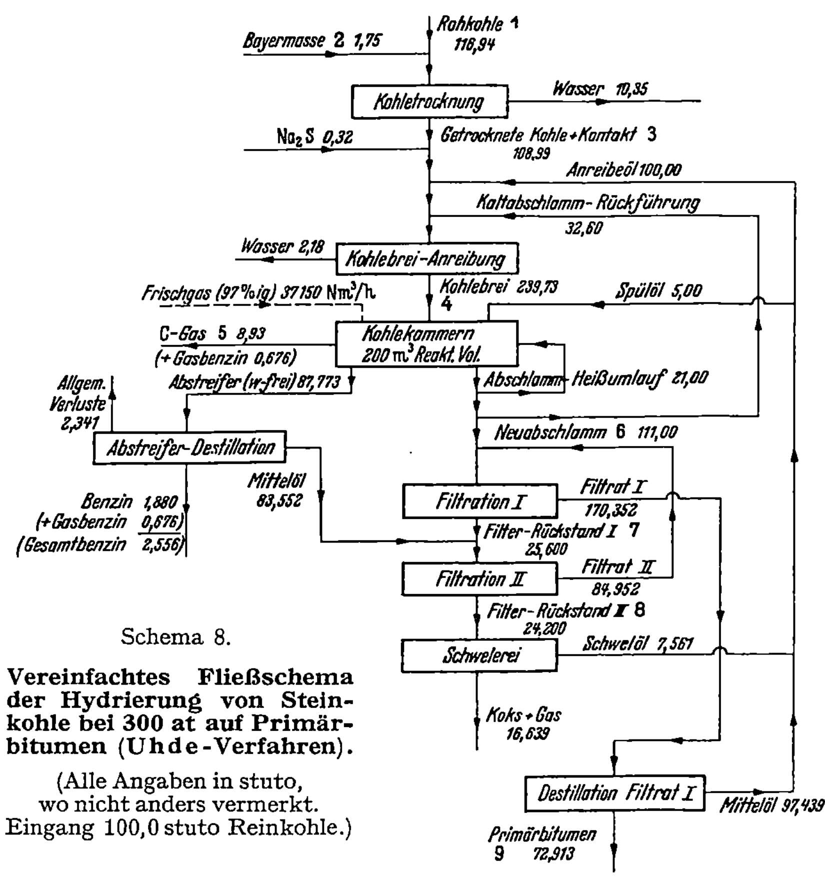

Schema 8.

Vereinfachtes Fließschema der Hydrierung von Steinkohle bei 300 at auf Primärbitumen (Uhde-Verfahren).

(Alle Angaben in stuto, wo nicht anders vermerkt. Eingang 100,0 stuto Reinkohle.)

Analysen:

Probe Nr.	In Roh-probe %Wasser	In Tr.-Probe % Asche	In Reinprobe %				
			C	H	O	N	S
[1]	10,0	5,0	80,44	4,76	12,37	1,27	1,16

Probe Nr.	[2]	[3]	[4]
% Wasser	11,9	2,0	0

Probe Nr.	[6]	[7]	[8]
% Festes	15,0	63,5	67,1

Probe Nr.	vom vergasten C % C als						In Probe [9] % Asche
	CO_2	CO	C_1	C_2	C_3	C_4	
[5]	9,80	8,40	24,54	20,45	24,54	12,27	0,51

Betrachtet man — wie das Pott-Broche-Verfahren (S. 95) — auch dieses Hydrierverfahren im Rahmen der Treibstofferzeugung durch Hydrierung, d. h. als vorverlegte Entaschung, so ist es zweifellos in dieser Hinsicht günstiger als das Pott-Broche-Verfahren. Da indessen großtechnische Erfahrungen mit dem vorliegenden Verfahren noch ausstehen, kann ein endgültiges Urteil über die Zweckmäßigkeit der Einschaltung des Verfahrens in den Gesamtgang der Hydrierung noch nicht abgegeben werden, doch wird diese Arbeitsweise auch vom Bureau of Mines erwogen[1].

Die Anwendung des Verfahrens auf bitumenreiche (mitteldeutsche) Braunkohle führt zu recht interessanten Ergebnissen. Das als Destillationsrückstand erhaltene Primärbitumen trennt sich beim Erstarren in zwei Schichten, eine obere hellbraune, paraffinöse Schicht und eine untere schwarzbraune, asphaltische Schicht. Vollständiger kann diese Trennung durch Schleudern des geschmolzenen Primärbitumens bewirkt werden. Die obere Schicht, die das in Protoparaffin übergeführte Montanwachs der Kohle darstellt, läßt sich über fest angeordnetem Kontakt zu Reinparaffin hydrieren, auf welche Weise sehr gute Paraffinausbeuten aus der Kohle erhalten werden. Für die Weiterhydrierung der unteren Schicht in Sumpfphase ist die Abtrennung des Protoparaffins vorteilhaft, da sonst die Asphaltausfällungen eintreten, wie sie bei der Hydrierung entaschter bitumenreicher Braunkohle beobachtet werden (S. 54).

Eine beachtenswerte, sehr vereinfachende Variante des beschriebenen Verfahrens der Steinkohle-Hydrierung ist von der I. G. eingehend — auch in mitteltechnischem Maßstab — untersucht worden. Sie besteht darin, daß man auf die Entfernung des Hydrierrückstandes aus dem Aufschluß verzichtet, d. h. den Abschlamm direkt toppt, wobei man als Rückstand ein Primärbitumen bekommt, das die nicht abgebaute Kohle, die Asche und die Kontakte enthält. Da man hierbei auf Einhaltung der Filtrierfähigkeit des Abschlamms nicht zu achten braucht, kann unter gleichzeitiger Temperatursteigerung der Reinkohle-Durchsatz auf 0,75 und darüber heraufgesetzt werden.

Das durch diese „Kurzhydrierung" erhaltene Bitumen eignet sich vorzüglich als Zuschlag in Mengen von etwa 6—12% zu nicht- oder schlechtbackenden Steinkohlen, um aus der damit vermischten bzw. brikettierten Kohle bei der Verkokung einen festen stückigen Hochtemperaturkoks (Hüttenkoks) zu erzeugen. In dieser Eigenschaft ist das Bitumen normalem Kokereiteerpech ganz wesentlich überlegen, und zwar wahrscheinlich deshalb, weil es sehr viel hochmolekularer ist und dementsprechend — abweichend vom Verhalten des Kokereiteerpechs — in der Besatzkohle verbleibt, bis diese die Temperatur des plastischen Zustandes erreicht hat und darin jene Homogenisierung bewirkt, welche

―――――――――

[1] Storch: Erdöl u. Kohle 2, 168 (1949).

die Voraussetzung für die Bildung eines festen Stückkokses ist. — In analoger Weise kann dieses Bitumen auch zur Herstellung von Briketts für die Steinkohleschwelung verwendet werden, wobei man dann ebenfalls einen festen, stückigen Schwelkoks erhält.

Der Umstand, daß bei diesem Hydrierverfahren mäßige Wasserstoffteildrucke ausreichen, eröffnet die Möglichkeit der Verwendung von Kokereigas[1] als Wasserstoffquelle, wobei man sich dann mit geradem Durchgang des Hydriergases begnügt, und — kalorienmäßig betrachtet — keine Einbuße erleidet, d. h. lediglich die Kompressionskosten für das Kokereigas aufzubringen hat. Besonders vorteilhaft ist es, wenn man hierfür — entsprechend dem Hinweis von Bergius — das wasserstoffreichere Kokereigas der letzten Garungsstunden einsetzen kann. Auf diese Weise läßt sich — beispielsweise durch ein zentrales Hydrierwerk — eine Gruppe von Kokereien mit dem Bitumenzuschlag versorgen.

In entsprechender Weise — wenn auch zumeist mit etwas weniger günstigem Effekt — können auch die eingedickten Schleuderrückstände bzw. Abschlämme der normalen Steinkohlehydrierung als Zuschläge für die Verkokung bzw. Verschwelung von Steinkohle eingesetzt werden. — Als normale Brikettiermittel sind diese Zuschläge generell sehr brauchbar, ja sogar der Abschlamm aus der großtechnischen Hydrierung von Steinkohlenteerpech ist laufend für diesen Zweck verwendet worden.

β) Die raffinierende Hydrierung von Teeren und Mineralölen.

Es war oben (S. 23) gezeigt worden, daß man für die spaltende Hydrierung das Verfahren in zwei Phasen zerlegt, in die Sumpfphase, die mit fein verteilten Katalysatoren arbeitet, und die Gasphase, bei welcher der Katalysator stückig im Reaktionsraum fest angeordnet ist. Es war weiter darauf hingewiesen worden, daß die feste Anordnung, d. h. die Anwendung höchster Kontakt-Konzentration, die Entfaltung seiner optimalen Wirksamkeit ermöglicht. Das Streben nach größter katalytischer Wirkung ließ es nun angezeigt erscheinen zu prüfen, ob nicht auch bei Verarbeitung feststofffreier schwerer Öle, d. h. solcher, die unter den Reaktionsbedingungen weitgehend flüssig bleiben, mithin in der Sumpfphase hydriert werden, unter gewissen Bedingungen die Anwendung des fest angeordneten Katalysators möglich ist, so daß dann — wie oben (S. 91) erwähnt — die gegebenenfalls interessanten Zwischenstufen der Hydrierung hochmolekularer Öle unter optimalen Hydrierbedingungen erzeugt und gefaßt werden können. Die Prüfung dieser Fragen hat zu positiven Resultaten geführt.

---

[1] Auch hier (s. S. 54) findet — wie neuerdings auch das Bureau of Mines (Ind. Eng. Chem. **41**, 972 [1949]) bestätigt hat — keine Methanisierung des Kohlenoxyds statt.

**Die raffinierende Hydrierung von Rohschmierölen (Schmieröl-
verbesserung).** Es wurde zunächst erkannt, daß feststofffreie, über
325° siedende Öle über fest angeordnetem Kontakt hydriert werden
können, wenn sie frei sind von Asphalten und nicht zu wasserstoffarm,
und wenn die Reaktionsbedingungen so abgestimmt sind, daß im ganzen
Reaktionsraum flüssige Phase herrscht, daß auch für die höchstmolekularen Anteile noch eindeutig hydrierende Wirkung vorliegt, und daß die
Spaltung tunlichst hintangehalten wird. In diesem Sinne erschienen
Rohschmieröle, wie sie aus Erdölen durch Vakuum-Destillation oder
Lösungsmittel-Entasphaltierung erhalten werden, als geeignete Rohstoffe.

Diese Rohschmieröle ließen sich bei Drucken von 200 bis 300 at und
Temperaturen von 350 — 400° C über fest im Reaktionsraum an-
geordnete Katalysatoren mit guten Durchsätzen (0,8—1,2) einwandfrei
hydrieren, d. h. ohne daß im Laufe der Zeit ein Nachlassen der Hydrierwirkung eintrat. Wie bei der Sumpfphase-Hydrierung mit feinverteiltem
Kontakt wurde auch hier in Aufwärtsströmung von Gas und Rohstoff
durch den Reaktionsraum gefahren, so daß Sumpfphasebedingungen
vorlagen, d. h. der Kontakt ständig von flüssigem Öl umspült war. Als
Katalysatoren eigneten sich in erster Linie Molybdän- und Wolfram-
Kontakte, wobei zunächst die schon oben (S. 77) erwähnte oxydische
Kombination aus Molybdänsäure, Zinkoxyd und Magnesia verwendet
wurde, später der aktivere Wolframsulfid-Katalysator. Die erzielte
Wirkung besteht in erster Linie in einer Vermehrung des Wasserstoffgehalts der Schmierölfraktionen, insbesondere als Folge der Absättigung
von Aromaten und Ungesättigten, sowie Überführung von Naphthenen
in Paraffine. Dieser Effekt ist deshalb so wertvoll, weil gerade die
wasserstoffreichen Schmieröle die besten Schmiereigenschaften haben,
vornehmlich hinsichtlich der Temperatur-Viskositäts-Kurve, d. h. einem
möglichst geringen Abfall der Zähigkeit mit der Temperatur. Auf
diese Weise werden die weniger wertvollen naphthenbasischen Schmieröle in die erwünschten paraffinbasischen Öle übergeführt. Zahlenmäßig
ausgedrückt bringt die Hydrierung eine Erhöhung des Viskositäts-
Index (VI) — also des Maßes für die Temperatur-Viskositäts-Kurve —
auf 90—100 und darüber, d. h. in den Bereich der besten pennsylvanischen (paraffinbasischen) Schmieröle.

Hand in Hand mit der Hydrierung verläuft die praktisch vollständige
Reduktion der Sauerstoff-, Stickstoff- und Schwefel-Verbindungen des
Rohschmieröls, d. h. die Überführung der verharzenden Bestandteile in
stabile Kohlenwasserstoffe. Rein äußerlich schon zeigt sich dieser Effekt
in einer erheblichen Verbesserung der Farbe. Die Erhöhung der Stabilität
der Öle äußert sich insbesondere beim motorischen Verhalten, indem
sie im Motor nur geringste Mengen Kohlenstoff-Abscheidung geben
(wofür der Conradson-Kokstest ein Maß ist) und außerdem der ab-

geschiedene Kohlenstoff porös-rußig ist, d. h. mit den Auspuffgasen abgeführt wird und nicht zum Aufbau an den Kolbenringen neigt. In dieser Hinsicht übertreffen die Hydrierschmieröle auch die pennsylvanischen Öle, die zur Abscheidung harter, schuppiger Kohle neigen als einer wesentlichen Ursache des Ringsteckens. — Weiter kommt die Erhöhung der Stabilität der Öle durch die Hydrierung in einer erheblichen Verbesserung der Oxydationsbeständigkeit und in relativ hohem Flammpunkt zum Ausdruck. — Bemerkenswert ist ferner, daß sich die aus gemischt-basischen Ölen erzeugten Hydrierschmieröle besser und vollständiger entparaffinieren, d. h. auf niedrigen Stockpunkt bringen lassen als die paraffinbasischen Öle. Offenbar werden durch die Hydrierung Stoffe entfernt oder umgewandelt, welche die Kristallisation des Paraffins erschweren, bzw. die Paraffine selbst werden in ihrer Struktur verändert. Da durch die Hydrierung bereits vollständige Raffination erreicht worden ist, bedürfen die Hydrierschmieröle nicht der sonst allgemein notwendigen Säureraffination, sondern lediglich gegebenenfalls einer Entparaffinierung.

In der praktischen Verwendung äußern sich die Vorteile der Hydrierschmieröle in einer wesentlichen Herabsetzung des Verbrauchs und in einer beachtlichen Schonung des Motors.

In den unteren Schmierölfraktionen (Spindelölbereich) läßt sich die Hydrierung bis zu den weißen Qualitäten (Weißöle, Medizinöle) vortreiben, so daß für die Erzeugung dieser Spezialöle in der Hydrierung eine hervorragende Methode gegeben ist, bei der es keinen Säureverbrauch und keinen Anfall des lästigen Säureteers gibt, sondern nur hervorragend verwendbare Nebenprodukte, vornehmlich hochwertigen Dieselkraftstoff.

Mit der Hydrierung tritt auch eine gewisse Spaltung der vorhandenen oder entstandenen Naphthene ein, so daß im ganzen das Molekulargewicht zurückgeht. Die Viskosität der hydrierten Öle liegt demnach im ganzen niedriger als die des Rohschmieröls, indessen kann durch Abtrennen der entstandenen niederen Schmierölfraktionen auch eine Fraktion im Zähigkeitsbereich des eingesetzten Rohschmieröls erhalten werden. — Darüber hinaus führt die mitlaufende Spaltung zur Bildung gewisser Mengen Gasöl und kleiner Mengen Benzin. Die Gasbildung ist sehr gering, so daß die Gesamtausbeute an flüssigen Produkten über 100 Vol.-% liegt. Als durchschnittliche Ausbeuten (in Vol.-% des eingesetzten Rohschmieröls) können folgende gelten:

Gesamtes Hydrierprodukt	103—108
Hydrierte Schmieröle	60— 85
Gasöl	10— 35
Benzin	5— 10

In Schema 9 ist ein Beispiel für die hydrierende Raffination eines geringerwertigen mittelschweren Maschinenöls gegeben, wobei wahl-

Schema 9.

Vereinfachtes Fließschema der Schmierölverbesserung bei 300 at.

(Alle Angaben in stuto, wo nicht anders vermerkt; Eingang 100,0 stuto Rohschmieröl.)

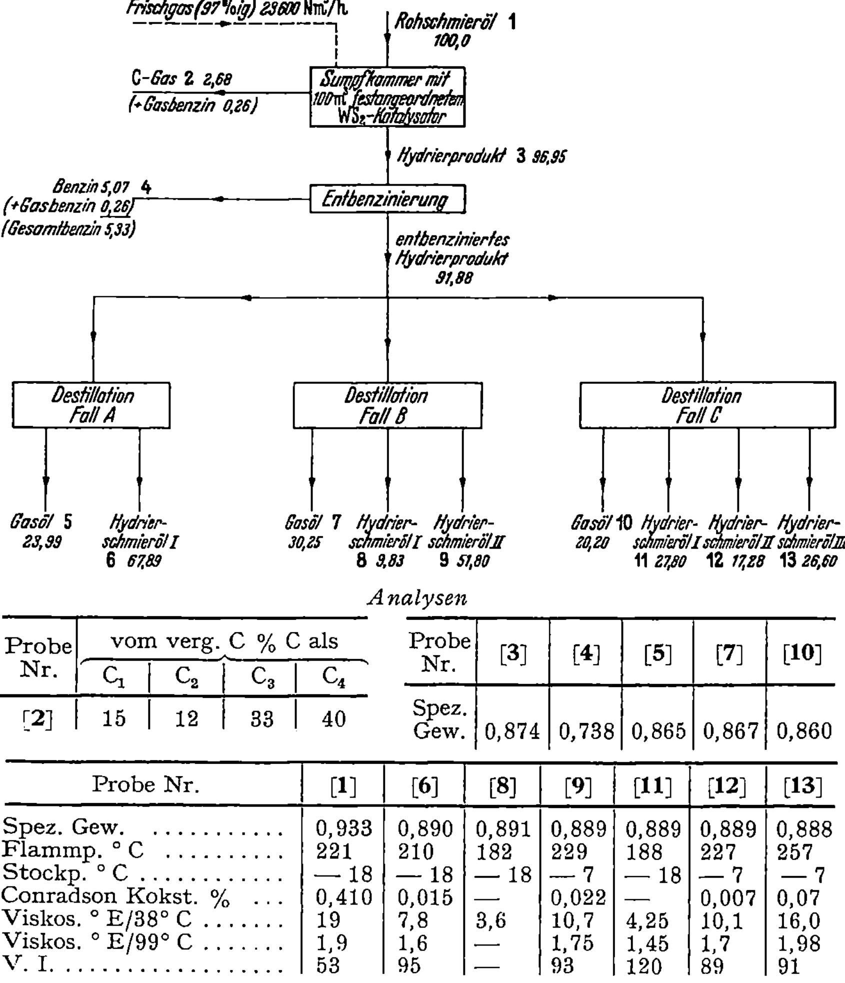

Analysen

Probe Nr.	vom verg. C % C als				Probe Nr.	[3]	[4]	[5]	[7]	[10]
	C_1	C_2	C_3	C_4						
[2]	15	12	33	40	Spez. Gew.	0,874	0,738	0,865	0,867	0,860

Probe Nr.	[1]	[6]	[8]	[9]	[11]	[12]	[13]
Spez. Gew.	0,933	0,890	0,891	0,889	0,889	0,889	0,888
Flammp. ° C	221	210	182	229	188	227	257
Stockp. ° C	— 18	— 18	— 18	— 7	— 18	— 7	— 7
Conradson Kokst. % ...	0,410	0,015	—	0,022	—	0,007	0,07
Viskos. ° E/38° C	19	7,8	3,6	10,7	4,25	10,1	16,0
Viskos. ° E/99° C	1,9	1,6	—	1,75	1,45	1,7	1,98
V. I.	53	95	—	93	120	89	91

weise Destillation des Hydrierprodukts auf verschiedene Schmierölqualitäten eingesetzt worden ist. Durch die Hydrierung ist der V.I. des Rohschmieröls von 53 auf über 90 heraufgebracht worden, wobei durch die mitlaufende Spaltung etwa $1/4$ des Einsatzproduktes als Gasöl und etwa $1/20$ als Benzin erhalten worden ist. Das gesamte Hydrierschmieröl ist etwas weniger viskos als das Rohschmieröl, läßt sich aber — wie im Schema aufgeführt — auf die ursprüngliche Viskosität toppen.

Dieses Verfahren ist in USA. jahrelang mit bestem Erfolge großtechnisch durchgeführt worden. Die als „Hydrolube" in den Handel gebrachten Öle haben sich — vor allem als Autoöle — im praktischen Betrieb hervorragend bewährt. Insbesondere haben sie um etwa 25—30% niedrigeren Verbrauch ergeben als selbst die besten Naturschmieröle; auch eine Erniedrigung des Benzinverbrauchs trat ein durch besseren Kolbenschluß (geringerer Ringverschleiß infolge niedrigerer Kohlebildung beim Hydrolube) und eine Verminderung der Ventilverpichung.

Die großtechnische Schmierölhydrierung in USA. ist später wieder aufgegeben worden, da sie wirtschaftlich mit den in der Zwischenzeit vervollkommneten Selektiv-Verfahren unter den Preisrelationen in USA. nicht voll wettbewerbsfähig war. Jedoch dürfte damit kein allgemein geltendes und endgültiges Urteil über die hydrierende Schmierölverbesserung gesprochen sein. Einmal können Verschiebungen im Preisgefüge zu anderen Bewertungen führen. Außerdem ist das Hydrierverfahren inzwischen durch Entwicklung neuer Katalysatoren und Ausbildung der allgemeinen Hydriertechnik — auch bei 700 at — in seinen technisch-wirtschaftlichen Grundlagen wesentlich verbessert worden, so daß eine Überprüfung der damaligen Entscheidung unter den heutigen Gesichtspunkten angezeigt erscheint. Hierbei wäre insbesondere auch die Herstellung der weißen Qualitäten durch Hydrierung — also ohne Säureverbrauch und ohne Anfall von Säureteer — zu berücksichtigen.

Das TTH-Verfahren. Es war eingangs des voraufgegangenen Abschnitts (S. 101) erwähnt worden, daß über 325° C siedende Öle über fest angeordnetem Kontakt hydriert werden können, wenn sie frei sind von Asphalten und nicht zu wasserstoffarm. Diese Feststellung war u. a. aus der Beobachtung abgeleitet worden, daß asphalthaltiger Braunkohlen-Schwelteer-Rückstand sich bei 300 at Druck unter den obengenannten Bedingungen nicht ohne Kontaktabklingen raffinierend hydrieren ließ. Bei eingehender Verfolgung dieser Beobachtung zeigte sich dann aber, daß es doch Bedingungen gibt, unter denen bei 300 at Druck auch Braunkohlenschwelteer der raffinierenden Hydrierung zugänglich ist.

Vornehmlich zwei Bedingungen schälten sich als wichtig heraus:

1. Der Teer muß als Ganzes, d. h. einschließlich dem Mittelöl und dem zugehörigen Leichtöl, eingesetzt werden;

2. es muß mit stark gestaffelter Temperatur im Kontaktraum gearbeitet werden dergestalt, daß der Teer mit relativ sehr niedriger Temperatur in den ersten Kontaktofen eintritt und daß erst allmählich im Laufe des Durchgangs durch den Reaktionsraum die Temperatur auf die gewünschte Höchstgrenze gesteigert wird.

Für die erstere Feststellung sind verschiedene Erklärungsmöglichkeiten gegeben; da indessen keine ausschließlich und eindeutig experimentell gestützt ist, möge es mit der Feststellung des Faktums sein Bewenden haben. Bei mitteldeutschen Braunkohlenschwelteeren haben sich — bei sonst vergleichbaren Eigenschaften — die als besonders vorteilhaft für das Verfahren erwiesen, die mehr als 40% — vorteilhaft 50% und darüber — an Anteilen —325° siedend (einschließlich dem zugehörigen Leichtöl) enthielten.

Im übrigen waren Schwelteere mit weniger als 3% Asphalt geeigneter als solche mit einem höher liegenden Asphaltgehalt.

Der Sinn der Temperatur-Staffelung liegt darin, daß zunächst unter vornehmlich reduzierend und daneben schwach hydrierend wirkenden Bedingungen gearbeitet wird, bei denen also die Asphalte, Harze und sonstigen hochmolekularen Sauerstoff- und Schwefelverbindungen in Kohlenwasserstoffe übergeführt und die stark ungesättigten Verbindungen hydriert werden. Damit werden unter schonendsten Bedingungen zu Beginn der Reaktion die Stoffe durch Überführung in stabile Substanzen entfernt, die bei schärferem Angreifen leicht auf der Kontaktoberfläche irreversibel kondensieren und polymerisieren und damit Kontaktabklingen hervorrufen; denn gerade die Asphalte und ähnliche hochmolekulare Stoffe unterliegen besonders leicht dem thermischen Zerfall; bringt man sie daher auf den Katalysator bei Temperaturen, bei denen der Kontakt schon eine gewisse Spaltwirkung ausübt, so unterliegen gerade sie dieser Spaltwirkung zuerst, und zwar in einem Ausmaß, mit dem die Hydrierung nicht Schritt halten kann, so daß es zu Kondensationen kommt. Ist aber die Überführung der labilen Substanzen in stabile Kohlenwasserstoffe erst einmal unter den schonendsten Bedingungen beendet, so kann die Temperatur weiter auf die Höhe gesteigert werden, bei welcher der Katalysator seine volle Hydrieraktivität entwickelt. Dieser Übergang wird allmählich vollzogen im Zuge der Verminderung der instabilen Verbindungen. Beispielsweise haben sich in der Großtechnik bei 3 hintereinander geschalteten Öfen für die „Tieftemperaturhydrierung" („TTH-Verfahren") von mitteldeutschem Braunkohlenschwelteer bei 300 at Druck folgende Temperaturen bewährt:

Ofen I   .... 280→340° C
Ofen II .... 340→360° C
Ofen III .... 360→375° C

Für den praktischen Betrieb ist ein solcher Temperaturgradient sehr vorteilhaft, weil dann die hydrierten Produkte mit relativ hoher Temperatur in die Wärmeaustauscher gelangen, während der eingehende Rohstoff nur auf relativ niedrige Temperatur aufgeheizt zu werden braucht; die Aufheizung im Kontaktraum besorgt die Reaktionswärme. So konnte in der Großtechnik autotherm, d. h. ohne Wärmezufuhr von außen gefahren werden; der Spitzenvorheizer diente lediglich zum Anfahren und blieb während des Betriebes ausgeschaltet; für diese Betriebsweise war der Elektrovorheizer prädestiniert.

Als Katalysator, der fest im Reaktionsraum angeordnet ist, wurde zunächst die bereits erwähnte (S. 77) oxydische Mo-Zn-Mg-Kombination verwendet, später wurde — wie auch bei der Schmierölverbesserung (S. 102) —auf Wolframsulfid übergegangen. Besonders bewährt hat sich für dieses Verfahren eine Kombination von 27% WS_2 + 3% NiS auf aktiver Tonerde, ein Kontakt, der mindestens so gut reduziert wie WS_2 allein, aber — bei sonst guter Hydrierwirkung — wesentlich weniger spaltet, so daß die Gefahr der Kondensation und Polymerisation sehr gering ist, wie überhaupt dieser Katalysator sich als außerordentlich stabil erwiesen hat. Mit diesem Katalysator wurde im Dauerbetrieb bei 300 at Druck ein Durchsatz von 1,0 t Schwelteer/m³ Kontaktvolumen x h erzielt; als zweckmäßig hat sich eine Kreislaufgasmenge von etwa 2500 Nm³/t Einspritzung erwiesen.

Wie schon oben (S. 101) erwähnt, müssen verständlicherweise die in das System eingebrachten Rohstoffe frei sein von festen und anorganischen Bestandteilen, da diese auf der Kontaktoberfläche adsorbiert werden — so die Katalysatorwirkung schädigend — oder (bei größeren Mengen) sich in den Hohlräumen zwischen den Kontaktkörpern festsetzen und zu Verstopfungen führen. Zur Entfernung der Feststoffe aus den Teeren hat sich in Ergänzung des Schleuderns das Filtrieren des Teeres bei etwa 100° C durch feinporiges Papier bewährt, das in Filterpressen auf Stoffgrundlage gespannt ist; damit lassen sich die im Teer suspendierten Feststoffe praktisch ausreichend entfernen. — Infolge des Gehaltes des Teeres an sauren Bestandteilen (Phenole) finden sich in ihm häufig aber auch anorganische Bestandteile in echt gelöster Form, insbesondere als Calcium- oder Eisenphenolate, welche in den Teerölen löslich sind; diese können natürlich durch Filtrieren nicht entfernt werden, zersetzen sich aber unter den Hydrierbedingungen und führen zur Ablagerung der anorganischen Bestandteile — zumeist als Sulfide — im Kontaktraum. Diese gelösten anorganischen Verbindungen lassen sich indessen zersetzen, wenn man den Teer zuvor in geschlossenen Gefäßen mit geringen Mengen eines Gemisches konzentrierter wäßriger Ammonsulfid- und Ammoncarbonatlösung bei etwa 120—140° C innig verrührt. Die anorganischen Bestandteile gehen dann in Carbonate bzw. Sulfide über, die sich grobdispers ausscheiden und somit nach Verdampfen des zugesetzten Wassers durch anschließende Filtration — gegebenenfalls unter Zusatz geringer Mengen Filterhilfen — entfernt werden können. — Da beim Lagern in eisernen Tanks der filtrierte phenolhaltige Teer wieder Eisen von den Gefäßwandungen löst, soll die

Lagerzeit zwischen Filtration und Hydrierung möglichst kurz bemessen sein; vorteilhaft ist ein ölbeständiger Schutzanstrich an den Innenwandungen der Lagertanks. — Die Summe von Feststoffen und anorganischen Bestandteilen im Einspritzprodukt in die Hydrierung soll $< 0,01$ Gew.-% liegen, tunlichst $< 0,005\%$.

Im ganzen gesehen sind die Reaktionsbedingungen der Hydrierung nach dem TTH-Verfahren — ganz entsprechend dem Vorgehen bei der Schmierölverbesserung — so abgestimmt, daß eine vollständige Reduktion und starke Aufhydrierung erfolgt bei Vermeidung wesentlicher Spaltung; d. h. die Neubildung an leichter siedenden Anteilen hält sich im wesentlichen in dem Rahmen, der durch die Reduktions- und Hydriervorgänge gegeben ist, die ja beide zu einer gewissen Erniedrigung der Siedekurve führen, da die reduzierten und hydrierten Produkte niedriger sieden als ihre zugehörigen Rohstoffe.

Dementsprechend bleiben die festen Paraffine des Rohstoffs praktisch vollständig erhalten, auch schon deshalb, weil die festen Paraffine im Vergleich zu den anderen Kohlenwasserstoffen des gleichen Siedebereichs relativ schwer spalten. Aber die Paraffine werden als solche verändert, insbesondere werden die im Teer vorhandenen schleimigen Protoparaffine, d. h. die Übergangsstufen vom Montanwachs der Kohle zum kristallisierten Paraffin, in feste, gut kristallisierende, reine Paraffine übergeführt. Das hat zur Folge, daß die festen Paraffine aus dem völlig von Asphalten und Harzen befreiten TTH-Produkt sich durch die üblichen Entparaffinierungsmethoden einwandfrei und mit sehr guten Filterleistungen herausholen lassen, während bekanntlich der rohe Braunkohlenschwelteer, damit er entparaffiniert werden kann, zunächst einer zersetzenden Destillation auf Koks unterworfen werden muß, welche neben der Zerstörung der die Entparaffinierung störenden Asphalte und Harze auch die Beseitigung der Protoparaffine bewirkt. Wegen seines besonders niedrigen Schwefelgehaltes eignet sich das TTH-Paraffin hervorragend für das Spalten zu Olefinen für synthetische Schmieröle sowie zur Oxydation zu Fettsäuren, wobei ihm — vor allem im Hinblick auf die Erzeugung von Speisefett — der Umstand zugute kommt, daß es aus geradkettigen Paraffinen besteht und somit auch geradkettige Fettsäuren liefert, aus welchen auch die Naturfette bestehen. Folgerichtig haben die Untersuchungen[1] ergeben, daß gegen das aus TTH-Paraffin gewonnene Fett aus physiologischen Gesichtspunkten kein Einwand zu erheben ist.

Auch die wertvollen höhermolekularen Öle im Schmierölbereich bleiben beim TTH-Verfahren weitgehend erhalten, werden aber von allen Harzen und Asphalten befreit und aufhydriert, d. h. in ihren

---

[1] Wachs und Reitstötter: Angew. Chem. B **20**, 61 (1948); Schiller: Angew. Chem. A **60**, 213 (1948).

Schmiereigenschaften wesentlich verbessert. So hat das aus dem TTH-Produkt von mitteldeutschem Braunkohlenschwelteer durch Entparaffinierung und Destillation gewonnene leichte Maschinenöl bei einer Viskosität von 4,5° E/50° C einen V. I. von etwa 50.

Da hier der Katalysator in fest angeordneter Form und dementsprechend in höchster Konzentration vorliegt, beschränkt sich seine Wirkung nicht nur auf die Hydrierung der flüssig bleibenden Stoffe, sondern auch die im Reaktionsraum verdampfenden Anteile werden von der hydrierenden Wirkung voll miterfaßt. Während das im ursprünglichen Braunkohlenschwelteer enthaltene Mittelöl stark phenolhaltig ist und auch im entsprechenden Zustand nur — wie oben (S. 8) dargelegt — einen für langsam laufende Dieselmaschinen geeigneten Treibstoff darstellt, ist das Mittelöl aus dem entsprechenden TTH-Produkt völlig phenolfrei und bei einer Cetanzahl von 50—55 ein vorzüglicher Dieselkraftstoff für Schnelläufer.

Das Benzin, das mit einer Oktanzahl von etwa 58 anfällt, ist einwandfrei raffiniert und bedarf daher nur noch einer Laugewäsche zur Entfernung gelösten Schwefelwasserstoffs, während das ursprüngliche Schwelbenzin außer der Phenolentfernung auch noch einer Schwefelsäurewäsche bedarf.

Die Arbeitsweise beim TTH-Verfahren ist im wesentlichen die gleiche, wie sie in Schema 9 für die Schmierölverbesserung durch Druckhydrierung wiedergegeben worden ist. Auch die Gasbildung hält sich im gleichen Rahmen. Da indessen der eingesetzte Braunkohlenschwelteer wesentlich wasserstoffärmer ist als das dem Schema zugrunde liegende Erdölschmieröl, ist bei der TTH-Verarbeitung von Braunkohlenteer der Wasserstoffverbrauch mit 500—550 m³/t eingesetzter Schwelteer höher als bei der Verbesserung von Erdölschmierölen. Über das wiedergegebene Schema hinaus ist im vorliegenden Falle — wie auch bei paraffinösen Erdölschmierölen — eine Entparaffinierung des getoppten TTH-Produktes vorzunehmen.

Die Druckhydrierung von mitteldeutschem Braunkohlenschwelteer nach dem TTH-Verfahren ist in Deutschland in größtem Maßstabe technisch durchgeführt worden. Das dabei erhaltene TTH-Produkt setzte sich im Mittel folgendermaßen zusammen:

25% Benzin   OZM 58
50% Dieselkraftstoff   CZ 50—55
13% Paraffin
7% Spindelöl   E/20 = 4,0
5% leichtes Maschinenöl   E/50 = 4,5; V. I. = 50.

Außer Braunkohlenschwelteer hat sich auch paraffinisches Schieferöl als sehr geeigneter Rohstoff für die TTH-Verarbeitung erwiesen. Bei diesem wasserstoffreicheren und weniger harzige Bestandteile enthalten-

8*

den Rohstoff ist die Anwesenheit gleich großer Mittelölmengen im Einsatzprodukt wie beim Braunkohlenschwelteer nicht erforderlich.

Die Veränderung von schottischem Schieferöl durch TTH-Behandlung bei 300 at über festangeordnetem Kontakt geht aus nachstehender Tab. 26 hervor:

Tabelle 26. *Eigenschaften von TTH-Produkt aus schottischem Schieferöl im Vergleich zum Rohstoff.*

Produkt	TTH-Produkt	Rohstoff
d/15	0,857	0,891
Asphalt %	0	0,35
Farbe	hellgelb	dunkel
Gew.-% —180° C	0,6	0
—325° C	34,8	30,2
>325° C	64,6	69,8

Während die Hydrierung — wie die Änderung des spez. Gewichts anzeigt — sehr stark ist, und eine völlige Entfernung der Asphalte und Harze eintritt — was auch in der sehr starken Farbverbesserung zum Ausdruck kommt —, ist die Verschiebung der Siedekurve nach unten ganz geringfügig.

Bei der Aufarbeitung dieses TTH-Produktes durch Destillation und Entparaffinierung erhält man neben den geringfügigen Benzinanteilen beispielsweise folgende Endprodukte:

Dieselkraftstoff	42%:	CZ 67; 0,03% S,
Spindelöl	23%:	E/20 = 4,7,
leicht. Masch.-Öl	17%:	E/50 = 4,7; V. I. = 98; Fl.-Pkt. = 225° C; Conradsontest = 0,11%,
Weichparaffin	11%:	ep. 35° C,
Hartparaffin	6%:	ep. 55° C.

Das Gasöl stellt also einen ausgezeichneten, schwefelfreien Dieselkraftstoff dar, der zufolge seiner hervorragenden motorischen Eigenschaften als Mischkomponente für geringerwertige Gasöle eingesetzt werden kann. Das Spindelöl kann — wenn man auf seine Herausnahme verzichten will — als Ganzes oder in den unteren Bereichen dem Gasöl zugesetzt werden, ohne daß sich dadurch die Cetanzahl verändert. Das leichte Maschinenöl zeichnet sich durch eine hervorragende Temperatur-Viskositäts-Kurve aus und durch sehr guten Kokstest. — So gibt das TTH-Verfahren ein vorzügliches Mittel an die Hand zur Aufarbeitung paraffinöser Schieferöle auf höchstwertige Treib- und Schmierstoffe sowie Paraffin und ergänzt in glücklichster Weise damit die Verarbeitung asphaltreicher Schieferöle durch die spaltende Druckhydrierung (S. 89).

Das MTH-Verfahren. Als ein wichtiges Prinzip des TTH-Verfahrens war erkannt worden (S. 106), durch Fahren mit ansteigenden Temperaturen den Rohstoff zunächst unter milden Hydrierbedingungen von den leicht polymerisierenden Bestandteilen (Asphalte, Harze, Phenole, Ungesättigte etc.) zu befreien und erst dann der schärferen Hydrierung auszusetzen. In Verfolgung dieses Gedankens erschien es möglich, unter Einhaltung des TTH-Prinzips die Bedingungen so zu wählen, daß nicht nur im wesentlichen eine Hydrierung, sondern auch — gegen Ende der Reaktion — in größerem Umfange eine Spaltung eintritt. Um dies zu erreichen, verringert man den Durchsatz um etwa 40%, also auf etwa 0,6 und läßt zugleich bei Einhaltung der Eintrittstemperatur die Endtemperatur etwa 30° C höher auflaufen als beim TTH-Verfahren, d. h. auf etwa 405° C, und geht so zur „Mittel-Temperatur-Hydrierung" („MTH-Verfahren") über. Dieses Auflaufenlassen der Temperatur zusammen mit der eintretenden Erniedrigung der Siedekurve des Prcduktes bedeutet, daß im letzten Teil des Reaktionsraumes ein Übergang von der Sumpfphase in die Gasphase, d. h. eine Gemischphase vorliegt. — Aber auch unter diesen — am Schluß der Reaktion verschärften — Bedingungen arbeitet der Katalysator einwandfrei und behält seine volle Aktivität.

Auch dieses Verfahren ist — ausgehend von mitteldeutschem Braunkohlen-Schwelteer — in Deutschland großtechnisch im Dauerbetrieb bei 300 at Druck durchgeführt worden. Entsprechend den schärferen Bedingungen werden hier die höhersiedenden Fraktionen in Gasöl übergeführt. Auf diese an sich einwandfrei mögliche vollständige Umwandlung wurde bei der großtechnischen Durchführung des Verfahrens verzichtet, und es wurde ein kleiner, stark paraffinischer Rückstand belassen, der in anderer Weise aufgearbeitet wurde. — Entsprechend dieser — im Vergleich zum TTH-Verfahren — erheblich verstärkten Spaltung liegt beim MTH-Verfahren naturgemäß auch die Gasbildung etwas höher; sie beträgt etwa 6% C vom eingebrachten C gegenüber 2,5% beim TTH-Verfahren. Bezieht man die Vergasung beim MTH-Verfahren nur auf den Kohlenstoff im eingesetzten Teer-Rückstand > 325° C, so ist die C-Vergasung mit 12% deutlich niedriger als bei der spaltenden Druckhydrierung von Braunkohlenteer-Rückstand in Sumpfphase mit feinverteiltem Kontakt (16% C-Vergasung), obgleich beim MTH-Verfahren eine viel weitergehende Hydrierung des Reaktionsproduktes und eine stärkere Benzinbildung stattgefunden hat; die Herbeiführung des gleichen Effektes durch eine Gasphasebehandlung des Produktes aus der spaltenden Sumpfphasehydrierung hätte dort noch eine zusätzliche Vergasung gebracht. Weiter ist zu berücksichtigen, daß beim MTH-Verfahren die Aufarbeitung des Abschlamms wegfällt, die bei der Sumpfphasehydrierung mit feinverteiltem Kontakt als zusätzliche Arbeit hinzukommt.

So hat das MTH-Verfahren bewiesen, daß die erstrebte (S. 101) Anwendung des festangeordneten, hochkonzentrierten Kontaktes auch für

die spaltende Hydrierung höhersiedender Produkte grundsätzlich die
richtige Arbeitsweise ist, wofern — was für die Braunkohlenteer-Hydrie-
rung nach dem MTH-Verfahren der Fall ist — Bedingungen gefunden
werden können, unter denen der festangeordnete Kontakt im Dauerbetrieb seine hohe Aktivität durchhält.

Gleichfalls entsprechend der stärkeren Überführung des Rohstoffs
in niedrigersiedende, wasserstoffreichere Produkte ist beim MTH-
Verfahren auch der Wasserstoffverbrauch mit 650—700 m³/t ein-
gesetztem Teer etwas höher als beim TTH-Verfahren (S. 109).

Das in der Großtechnik aus Braunkohlenschwelteer im MTH-Verfahren erhaltene Produkt setzte sich im Mittel wie folgt zusammen:

    35% Benzin,
    60% Dieselkraftstoff,
     5% paraffinischer Rückstand (für andere Verwendung).

**Ausweitung des MTH-Verfahrens auf die spaltende Hydrierung
schwerer Öle über festangeordnetem Kontakt.** Wir hatten eingangs
(gz(S. gesehen, daß die spaltende Hydrierung schwerer Öle über festangeordnetem Kontakt bei 200 at nicht möglich ist, da die Kontaktaktivität zu rasch nachläßt. Auf dem Weg über die raffinierende
Hydrierung schwerer Öle über festangeordnetem Kontakt waren nun
Bedingungen gefunden worden, unter denen bestimmte Rohstoffe bei
300 at Druck über festangeordneten Katalysatoren mit sehr befriedigenden Ergebnissen ohne Kontaktabklingen *spaltend* hydriert werden
können. So war der Anreiz gegeben, dieses Verfahren generell auszu-
weiten auf die Überführung schwerer Öle in mittlere Öle, d. h. von den
Vorteilen des hochkonzentrierten Kontaktes auch bei der spaltenden
Hydrierung schwerer Öle Gebrauch zu machen. Als nächster Schritt
schien die Verarbeitung des in der spaltenden Sumpfphase-Hydrierung
mit feinverteilten Kontakten anfallenden Abstreiferschweröls angezeigt,
da dieses Produkt zufolge seiner Entstehung praktisch asphaltfrei war.
Es stellte sich indessen heraus, daß das Abstreiferschweröl — es wurde
vornehmlich das bei der Steinkohlehydrierung erhaltene für die Versuche
herangezogen — bei der spaltenden Hydrierung bei 300 at Druck über
festangeordnetem Katalysator zu Kontaktabklingen führte, wenn die
Temperaturbedingungen so gewählt wurden, daß sich eine technisch
befriedigende Spaltwirkung, d. h. Bildung von Mittelöl je Raum- und
Zeiteinheit (Mittelöl-Leistung) ergab. Bei 700 at Druck und vor allem
bei Verwendung des bereits erwähnten (S. 107) besonders widerstands-
fähigen $Al_2O_3/WS_2/NiS$-Kontaktes waren die Ergebnisse wesentlich
besser, doch trat noch immer ein gewisses Kontaktabklingen auf.
Systematische Untersuchungen zeigten nun, daß nur die höchstsiedenden
Anteile des Abstreiferschweröls — d. h. praktisch die $> 325°$ C/12 Torr
siedenden Produkte — für das Kontaktabklingen verantwortlich zu

machen sind. Als daher diese — in Mengen von etwa 10% des Abstreiferschweröls — vor der Hydrierung durch Vakuumdestillation des Abstreiferschweröls abgetrennt worden waren, verlief die spaltende Hydrierung des Vakuum-Destillats zu Mittelöl —325° C bei 700 at Druck über festangeordnetem Al_2O_3/WS_2/NiS-Katalysator ohne Kontaktabklingen einwandfrei und mit befriedigender Mittelöl-Leistung. Der Vakuum-Rückstand wird in den Kohleofen bzw. die Sumpfphase mit feinverteiltem Kontakt zurückgegeben und dort in Schweröl < 325°C/ 12 Torr übergeführt.

Als geeignete Temperatur bei 700 at Druck hat sich eine solche von etwa 450° C erwiesen; die Einschaltung eines Temperaturgradienten — wie beim MTH-Verfahren — ist hier nicht mehr unbedingt notwendig, doch ist auch hier eine Temperatursteigerung im Reaktionsraum von etwa 10 bis 20° C vorteilhaft. Die Kreislaufgasmenge liegt bei etwa 2000—2500 Nm^3/t Frischprodukt. Unter diesen Bedingungen liegt — wie im letzten Reaktionsteil des MTH-Verfahrens (S. 111) — im Reaktionsraum Gemischphase vor. Bleibt man bei der Aufwärtsströmung des MTH-Verfahrens, so bedeutet dies, daß die flüssig bleibenden Anteile wesentlich länger im Reaktionsraum verweilen als die verdampfenden Produkte. Unter den relativ scharfen Spaltbedingungen ist diese Differenzierung nicht günstig, weshalb es sich als vorteilhafter erwiesen hat, hier mit Abwärtsströmung von Gas und Rohstoff zu arbeiten, wobei auch die flüssig bleibenden Anteile mit zureichender Geschwindigkeit durch den Reaktionsraum hindurchgeführt werden.

Es hat sich — wie generell auch bei der Sumpfphase-Hydrierung mit feinverteiltem Kontakt — als zweckmäßig herausgestellt, nicht in *einem* Durchgang das gesamte Schweröl in Benzin und Mittelöl überzuführen, sondern nur eine teilweise Umwandlung vorzunehmen und das verbliebene Schweröl über eine Normaldruck-Destillation in die Hydrierkammer zurückzuführen.

Wenn auch dieses Verfahren — wie auch die Hydrierung von Steinkohle auf Schweröl-Überschuß — bisher noch nicht in der Großtechnik erprobt worden ist (wohl aber der Planung eines großen Hydrierwerkes zugrunde gelegt worden war), so erlauben doch die umfangreichen Kleinversuche, das Verfahren als technisch gesichert anzusehen.

Während — wie wir oben (S. 75) gesehen haben — das Steinkohlen-Abstreifer-Schweröl für sich allein in Sumpfphase bei 700 at mit feinverteiltem Kontakt sich technisch nur unbefriedigend in Mittelöl überführen läßt, verläuft die Hydrierung bei 700 at über festangeordnetem Katalysator technisch einwandfrei und unter optimalen Kontaktbedingungen und bietet so die Möglichkeit, die Schwerölfahrweise für die Erzeugung leichterer Öle auszuwerten.

Eine Vorstellung von der Hydrierung von Steinkohle-Abstreifer-Schweröl über festangeordnetem Kontakt bei 700 at Druck vermittelt Schema 10. Es ergibt sich daraus, daß das Abstreifer-Schweröl mit einer Ausbeute von nahezu 92 Gew.-% in Benzin und Mittelöl übergeführt wird. Die Ausbeute liegt demnach — soweit ein Vergleich hier zulässig ist — dank der Wirkung des hochkonzentrierten Kontakts wesentlich höher, als sie bei der Sumpfphase-Hydrierung mit feinverteiltem Kontakt von Mineralöl- bzw. Teer-Rückständen (Tab. 19, S. 85) erhalten wird. Auch dies ist wieder — in Ergänzung der beim MTH -Verfahren gewonnenen Erkenntnisse (S. 111) — ein Hinweis auf die Richtigkeit des Strebens, auch für die spaltende Schwerölhydrierung den hochkonzentrierten, d. h. festangeordneten Kontakt einzusetzen, wo immer dies möglich ist.

Schema 10.

Vereinfachtes Fließschema der Druckhydrierung von Steinkohle-Abstreifer-Schweröl über fest angeordnetem Katalysator bei 700 at Druck zu Benzin und Mittelöl.

(Alle Angaben in stuto, wo nicht anders vermerkt; Eingang 17,35 stuto Steinkohle-Abstreifer-Schweröl im Anschluß an Schema 5.)

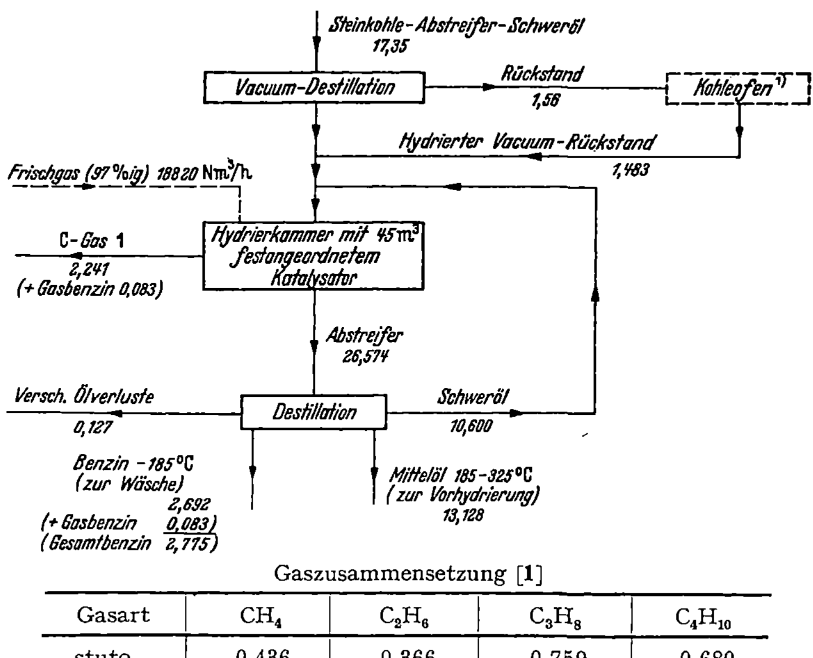

Gaszusammensetzung [1]

Gasart	CH$_4$	C$_2$H$_6$	C$_3$H$_8$	C$_4$H$_{10}$
stuto	0,436	0,366	0,759	0,680

[1] Wasserstoffverbrauch und Vergasung bei der Hydrierung des Vacuum-Rückstandes im Kohleofen sind bei der Hydrierung des Vacuum-Destillats über festangeordnetem Kontakt berücksichtigt.

Betrachtet man nun im Gesamtrahmen der Sumpfphase die Hydrierung der Steinkohle auf Benzin und Mittelöl, vergleichend das ein- und zweistufige Verfahren, d. h. einerseits Kohlephase allein (Mittelölfahrweise), andererseits Kohlephase (Schwerölfahrweise) + Hydrierung des Abstreiferschweröls, so ergibt sich in Ergänzung der früheren Betrachtung (Tab. 16, S. 73) folgendes Bild (Tab. 27):

Tabelle 27. *Gegenüberstellung der Hydrierung von Steinkohle zu Benzin und Mittelöl im ein- und zweistufigen Verfahren.*
(Eingang 100,0 stuto Reinkohle.)

Fahrweise		Mittelöl	Schweröl
Reaktionsraum (m³):	Kohlephase	274	160
	Sumpfphase	—	45
	Gesamt	274	205
H₂ (chemischer Verbrauch) (100%ig) Nm³/h:			
	Kohlephase	98 400	81 100
	Sumpfphase	—	15 520
	Gesamt	98 400	96 620
Benzin + Mittelöl (einschl. Gasbenzin) (stuto):			
	Kohlephase	61,29	43,54
	Sumpfphase	—	15,903
	Gesamt	61,29	59,443
(davon fertiges Benzin)		—	(2,775)
KW-Gase (stuto):	Kohlephase	21,83	19,99
	Sumpfphase	—	2,241
	Gesamt	21,83	22,231

Die Ersparnis beim zweistufigen Verfahren liegt also im Verbrauch an Reaktionsraum, was bei den Kosten der 700-at-Anlagen relativ stark zu Buch schlägt. Daß in Ausbeute, Wasserstoffverbrauch und Vergasung die Vorteile des zweistufigen Verfahrens nicht hervortreten, ist darin begründet, daß die günstigen Momente der Schwerölhydrierung über festen Kontakt kompensiert werden durch die relativ zu hohe Vergasung (S. 74), mit der das Schweröl bei der Schwerölfahrweise gebildet wird; diese Vorbelastung des Schweröls vermag die Hydrierung über festem Kontakt nicht ganz auszugleichen. — Bei der Betrachtung der beiden Fahrweisen ist allerdings zu berücksichtigen, daß das Benzin aus der Sumpfphase mit festem Kontakt bereits fertig ist, d. h. nicht mehr über die Gasphase geführt zu werden braucht und daß auch das Mittelöl aus dieser Sumpfphase bereits wesentlich weiter aufhydriert ist als das aus dem Kohleofen, was sich naturgemäß für die Weiterhydrierung vorteilhaft auswirkt.

Das Mittelöl aus der Sumpfphase mit festem Kontakt ist praktisch phenolfrei und hat eine Cetanzahl von etwa 35, so daß es für langsam laufende Dieselmaschinen als Kraftstoff in Frage kommt, bzw. nach Zusatz tragbarer Mengen Cetanzahl-verbessernder Stoffe (z. B. i-Amylnitrit[1]) auch für hochtourige Maschinen, während das Mittelöl aus der Kohlephase als Dieselöl praktisch nicht herangezogen werden kann (S. 68).

Aus diesen günstigen Ergebnissen der Abstreifer-Schweröl-Hydrierung über festem Kontakt ergaben sich logischerweise Versuche, und zwar insbesondere auf dem Gebiete der Hydrierung von Teeren und Erdölen, das Abstreiferschweröl nicht zunächst für sich zu isolieren und dann gesondert der Hydrierung über festem Kontakt zu unterwerfen, sondern diese Hydrierung in unmittelbarem Anschluß an die Sumpfphase-Hydrierung mit feinverteiltem Kontakt vorzunehmen, d. h. die den Abscheider zusammen mit Wasserstoff verlassenden Dämpfe — gegebenenfalls unter Zwischenschaltung eines . Heißabstreifers zwecks Kondensation der höchsten Anteile des Abstreiferschweröls und Niederschlagung evtl. mitgerissener fester Anteile — direkt über den festangeordneten Kontakt zu leiten. Indessen konnten diese Versuche nicht mehr so weit gefördert werden, um ein abschließendes Urteil über die technische Durchführbarkeit der sich hier bietenden Möglichkeiten zu erlauben. — Dieser Gedanke ist jetzt auch wieder vom Bureau of Mines[2] aufgegriffen worden, doch stehen die entsprechenden praktischen Versuche noch aus.

Die günstigen Ergebnisse, die mit der Hydrierung von Steinkohle-Abstreifer-Schweröl bei 700 at über festangeordnetem Katalysator erhalten worden sind, hatten naturgemäß Veranlassung gegeben, diese Fahrweise auch für andere Rohstoffe anzuwenden. Und so sind auch mit asphalthaltigen Frischprodukten bereits beachtliche Erfolge erzielt worden. Jedoch sind die Versuche noch nicht so weit zum Abschluß gekommen, daß schon ein endgültiges Urteil abgegeben werden könnte; aber es ist erkannt worden, daß hier bedeutende Möglichkeiten für die Vervollkommnung des Hydrierverfahrens bestehen, die für seine Zukunftsaussichten sehr wesentlich ins Gewicht fallen.

Die strenge Scheidung in Sumpfphase mit feinverteiltem Kontakt einerseits und Gasphase mit festangeordnetem Kontakt andererseits für die spaltende Hydrierung von Kohlen, Teeren und Mineralölen, welche Trennung die technische Gestaltung der Hydrierung beherrscht hat, ist durch die Erfahrungen, die im Anschluß an die raffinierende Hydrierung schwerer Öle über festangeordnetem Kontakt gesammelt worden sind, fließend geworden. Ein großer Schritt ist getan worden in der Richtung des weitgehenden oder gar ausschließlichen Einsetzens des hochkonzentrierten Kontaktes für die Hydrierung aller feststofffreien Teere und Öle. Es ist zu erwarten, daß die Entwicklung in dieser Richtung weitergehen wird.

----

[1] Nach **Albright** (Ind. Eng. Chem. **41**, 929, [1949]) hat 2,2-Dinitropropan eine stärkere Wirkung.
[2] **Skinner**: Ind. Eng. Chem. **41**, 87 (1949).

2. Die Hydrierung in Gasphase.

Doch kehren wir nach diesem Ausblick in die Entwicklungsmöglichkeiten, die sich der Hydrierung in der Anwendung der Gemischphase bieten, zu der strengen Zweiteilung in Sumpf- und Gasphase zurück. Wir haben die Wege beleuchtet, die von den hochmolekularen Rohstoffen: Kohlen, Rückständen von Teeren und Mineralölen durch spaltende Hydrierung in Sumpfphase mit feinverteiltem Katalysator zu Ölen mittleren Siedebereichs führen. Dieses Stück des Weges zu den leichten Treibstoffen macht den Hauptanteil der zu leistenden Hydrierarbeit aus, wie dies in den Ausmaßen der Verkleinerung des Molekulargewichts, vor allem aber im Wasserstoffverbrauch zum Ausdruck kommt: so werden beispielsweise bei der Steinkohlehydrierung zu Autobenzin etwa $^3/_4$ des in chemische Bindung übergehenden Wasserstoffs in der Kohlephase verbraucht. In qualitativer Hinsicht aber liegt das Schwergewicht in der Gasphase, weil hier alles mit der zuverlässigen Wirkung des Katalysators steht und fällt. Eine Spaltung von Mittelöl zu Benzin in Gasphase in Abwesenheit von Katalysatoren gibt selbst bei leichtest spaltenden Ölen technisch völlig unbefriedigende Raum-Zeit-Ausbeuten (Benzinleistungen), bei schwerer spaltenden Ölen tritt unter praktisch anwendbaren Bedingungen so gut wie gar keine Spaltung mehr ein. Hier lag daher auch die Grenze für die Anwendungsmöglichkeit des Verfahrens von Bergius: Das Streben nach Erzeugung ausschließlich leichter Treibstoffe durch Hydrierung der gegebenen Rohstoffe konnte erst erfüllt werden, als wirksame schwefelfeste Katalysatoren für die Hydrierung in Gasphase zur Verfügung standen.

Sieht man von Spezialverfahren ab, so ist eine grundsätzliche Forderung der in Gasphase — und zwar fest im Reaktionsraum angeordnet — anzuwendenden Katalysatoren, daß sie über lange Zeit ihre volle oder wenigstens eine technisch befriedigende Aktivität behalten; als ein solches Zeitmaß wird in der Großtechnik eine „Kontaktlebensdauer" von mindestens 11 Monaten eingesetzt. Denn der beim katalytischen Kracken übliche Zyklus von Krack- und Regenerierperiode bei fest angeordneten Katalysatoren ist unter den üblichen Druckverhältnissen bei der Hydrierung ($>$ 200 at) im allgemeinen nicht wirtschaftlich, weil wegen der großen Gasmengen, die sich unter Druck in den Apparaturen befinden, die Spülperioden zu langdauernd werden.

Die andere, beim katalytischen Kracken geübte Technik des fließenden (fluidized) Kontaktes ist zwar bei der Gasphasehydrierung experimentell untersucht worden, indessen haben sich die technischen Schwierigkeiten — gemessen an den möglichen Vorteilen — als zu groß erwiesen.

In mechanischer Hinsicht muß der Katalysator die Belastungen aushalten, die einerseits der statische Druck der Kontaktsäule selbst hervorruft, andererseits die Strömung der Gase. Als mechanische Festigkeit ist — vor allem bei Kontakten, welche durch die Wasserstoffeinwirkung chemisch verändert werden — diejenige maßgebend, die unter den Reaktionsbedingungen vorliegt.

Als äußere Form für die Katalysatoren haben sich auf eine Größe von 5 bis 15 mm gebrochene — zumeist würfelförmige — Stücke bewährt, vor allem aber auch walzenförmige Pillen, bei denen Durchmesser und Höhe ungefähr gleich sind. Diese Pillen werden durch Pressen von Pulver unter hohem Druck hergestellt. Dementsprechend bestand Grund zu der Befürchtung, daß die inneren Teile der Pillen an der katalytischen Wirkung nicht mehr teilhaben würden. Eingehende Untersuchungen haben indessen gezeigt, daß eine Schichtdicke von 2,5 mm (entsprechend 5-mm-Pillen) hundertprozentige Wirksamkeit entfaltet. Da diese relativ kleinen Pillen in der Großtechnik einen zu hohen Strömungswiderstand mit sich bringen würden, geht man für die technischen Anlagen auf 10- bzw. höchstens 15-mm-Pillen herauf, wobei man eine Aktivitätseinbuße von etwa 10 bzw. etwa 20% in Kauf nehmen muß. Verschiedentlich wurden auch Hohlwalzenkörper benutzt, bei denen eine hundertprozentige Ausnutzung der Kontaktmasse sichergestellt ist; doch entsprechen die dabei gewonnenen Vorteile nicht den erhöhten Herstellungsschwierigkeiten.

Die apparative Gestaltung der Gasphase-Hydrierung ist in ihren Grundzügen der der Sumpfphase-Hydrierung ähnlich, jedoch im ganzen einfacher. Die Aufheizung der Reaktionsteilnehmer geschieht — wie bei der Sumpfphase — in Wärmeaustauschern und im Spitzenvorheizer, wobei je nach den Bedingungen Gasvorheizer oder Elektrovorheizer gewählt werden. Wichtig ist, daß die Vorheizung soweit getrieben und von vornherein dem Einspritzprodukt so viel Kreislaufgas zugesetzt wird, daß bei Eintritt in den Kontaktraum das Einspritzprodukt völlig verdampft ist; zahlreiche Kontakte nämlich leiden in ihrer mechanischen Festigkeit, wenn sie einem häufigen Wechsel von Flüssigkeits- und Gasphase ausgesetzt sind; bei Vorherrschen der Flüssigkeitsphase saugen sie sich mit Öl voll, das bei rascher Temperatursteigerung plötzlich aus den Kontaktporen verdampft und so eine sprengende Wirkung ausübt.

Grundsätzlich ist in der Gasphase die Strömungsrichtung in den Kontaktöfen gleichgültig. Im allgemeinen wird in der Technik die Abwärtsströmung bevorzugt, da bei der Aufwärtsströmung vor allem spezifisch leichtere Kontakte durch das strömende Gas ins „Tanzen" kommen, was Abrieb der Kontaktstücke aneinander zur Folge hat.

Die Abführung der Reaktionswärme in den Öfen geschieht auch in der Gasphase durch Kaltgas, wobei der Austritt des Kaltgases in die Kontaktöfen zumeist in sogenannten „Blenden" erfolgt, d. h. in kontaktfreien Mischvorrichtungen, die den Zweck haben, die kalten und heißen

Gase so miteinander zu vermischen, daß der Kontakt nicht schroffen Temperaturwechseln ausgesetzt ist, die infolge des raschen Wechsels von Ausdehnung und Kontraktion die Festigkeit des Kontaktes ungünstig beeinflussen. Außerdem soll nach Möglichkeit keine lokale Unterkühlung von Kontaktstrecken eintreten, denn eine solche Unterkühlung führt leicht zur Unterschreitung des Taupunktes und damit zu dem un- erwünschten Wechsel von Flüssigkeits- und Gasphase. Liegt die Re- aktionstemperatur weit über dem Taupunkt, so kann gegebenenfalls auf die Anwendung der Blenden verzichtet werden.

Vom Austritt aus den Öfen — von denen auch hier im allgemeinen 3—4 hintereinander geschaltet werden — gehen die Gase durch den Rückweg der Wärmeaustauscher und einen Wasserkühler zum Ab- streifer, wo die Trennung in kondensierte Anteile und Kreislaufgas erfolgt. Die Verstopfung der Regeneratoren durch Ammonsalze wird auch hier durch Einspritzen von Wasser vermieden.

Im allgemeinen ist eine Ölwäsche für das Kreislaufgas nicht not- wendig, da die Gasbildung in der Gasphase anteilig wesentlich kleiner ist als in der Sumpfphase und das Gasphaseprodukt eine bessere Lös- lichkeit für die gebildeten gasförmigen Kohlenwasserstoffe hat als das Sumpfphase-Produkt; begünstigend kommt hier hinzu, daß die in der Gasphase gebildeten gasförmigen KW im allgemeinen höhermolekular sind als die der Sumpfphase. So hält sich auch hier nach Hinzufügen des Frischwasserstoffs der Wasserstoffteildruck am Eingang des Ofens bei etwa 80% des Gesamtdrucks.

Da es sich in der Gasphase — wie in der Sumpfphase — im all- gemeinen als zweckmäßig erwiesen hat, den Einsatzstoff nicht in einem Durchgang vollständig in das gewünschte Endprodukt überzuführen, wird auch bei der Gasphasehydrierung das entspannte Abstreiferprodukt durch Destillation zerlegt, wobei jedoch hier nur die leichten Anteile über Kopf getrieben zu werden brauchen, während das Mittelöl als Sumpf abgezogen und gegebenenfalls in die Hydrierung zurückgegeben wird.

Aus den bei der Produktentspannung frei werdenden Gasen wird auch hier das Gasbenzin gewonnen und dem Abstreiferbenzin zugefügt.

a) Spaltende Hydrierung unter hydrierenden Bedingungen.

Als Einsatzstoffe kommen in erster Linie die in der Sumpfphase erzeugten Mittelöle in Frage. Als Siedeendpunkt sollte im allgemeinen 325° C eingehalten werden; bei wasserstoffreicheren Produkten — z. B. den Erdölderivaten — kann man mit dem Siedeendpunkt gegebenenfalls bis auf 360° C heraufgehen, was naturgemäß zu einer entsprechenden Entlastung der Sumpfphase führt und dementsprechend — über alles genommen — zu einer Verbesserung der Ausbeute, da die Spaltung der Anteile 325—360° C über dem hochkonzentrierten Kontakt der Gasphase mit weit geringerer Gasbildung verläuft als bei den relativ geringeren Mengen verdünnten Kontaktes in der Sumpfphase; doch lohnt sich diese Entlastung der Sumpfphase nicht, wenn sie mit einem Abklingen des Gasphase-Kontaktes erkauft wird. Wichtig ist auf jeden Fall, daß der Destillationsschnitt scharf ist; Produkte mit hoch heraufgehenden Siedeschwänzen wirken sich meistens sehr nachteilig auf die Kontaktaktivität aus.

Es ist vorteilhaft, wenn die Produkte möglichst bald nach ihrer Destillation in die Gasphase eingesetzt werden. Da die Produkte der Sumpfphase nicht durchraffiniert sind, neigen sie — vor allem diejenigen, die einen höheren Gehalt an Sauerstoff aufweisen — beim längeren Lagern zur Bildung von Polymerisations- und Kondensations-Produkten, deren Menge an sich nicht groß ist, aber doch genügt, um zu Schwierigkeiten bei der Gasphasehydrierung zu führen. Auch nehmen die phenolreicheren Produkte beim längeren Lagern aus den Wandungen der Tanks und Leitungen kleine Mengen Eisen als Eisenphenolate auf, die bei der Hydrierung zu Eisensulfid zersetzt werden, welches sich in den Wärmeaustauschern oder auf dem Kontakt festsetzt und so zu Verstopfungen führt. Grundsätzlich ist daher — wenn möglich — eine ölfeste Auskleidung der Lager- oder Zwischentanks vorteilhaft. Als besonders nachteilig erweist sich gegenüber phenolhaltigen Ölen verzinktes Eisen, einmal da es sehr stark angegriffen wird, und zweitens weil das aus den Zinkphenolaten bei der Hydrierung entstehende leichte Zinksulfid vom Gasstrom tief in die Kontaktschichten hineingetragen wird und den Kontakt überzieht.

Soweit die spaltende Hydrierung unter milden Bedingungen ausgeführt wird, wird man im allgemeinen das Sumpfphasebenzin mit über die Gasphase führen, da die hierbei eintretende Erhöhung der Vergasung von geringerer Bedeutung ist als die Umstände, die mit einer Säureraffination des Sumpfphasebenzins verbunden sind. Bei schärferer Spaltung bzw. in Sonderfällen ist gegebenenfalls die chemische Raffination des — vorteilhaft tiefer abgeschnittenen — Sumpfphasebenzins vorzuziehen. Die Sumpfphasebenzine, die — wie beispielsweise bei manchen Erdölen — im Zuge der sowieso notwendigen Laugewäsche testgerecht zu erhalten sind, nimmt man im allgemeinen vor der Gasphasehydrierung heraus.

Statt der Sumpfphase-Produkte kann man naturgemäß auch Mittelöle fremder Herkunft als Rohstoffe für die Gasphase einsetzen. Abweichend von den Rohstoffen für die Sumpfphase (S. 83) hat man hier den Vorteil, daß alle Arten Mittelöle ganz beliebig miteinander gemischt werden können[1]. Im übrigen gelten für die Fremdöle die gleichen Gesichtspunkte, wie sie bei den Sumpfphaseprodukten dargelegt worden sind.

Die Entwicklung der Gasphasehydrierung im Laufe der Zeit ist die Geschichte ihrer Katalysatoren. Nachdem die I. G. gefunden hatte (S. 23), daß es — entgegen dem damals gültigen Dogma — schwefelfeste Hydrierkatalysatoren gibt, war der Weg frei geworden für das systematische Studium von Kontakt-Kombinationen, und zwar in erster Linie ausgehend von Molybdän- und Wolfram-Verbindungen. Es würde zu weit führen, hier die Entwicklung im einzelnen zu schildern; es seien daher im folgenden nur die Stufen herausgegriffen, die großtechnische Bedeutung erlangt haben.

Als ein Kontakt mit befriedigender Hydrier- und Spaltaktivität und zugleich guten mechanischen Eigenschaften hatte sich die bereits erwähnte (S. 77) oxydische Kombination Mo/Zn/Mg herausgeschält. Bei Erdöl-Mittelölen wurden bei 300 at Druck und Temperaturen von 460—480° C befriedigende Benzinleistungen und tragbare Vergasung erhalten.

Für Braunkohle-Mittelöle befriedigte der Kontakt im großen und ganzen auch noch, für Steinkohleprodukte indessen genügte die Aktivität dieses Kontaktes nicht mehr. Bei der Anwendung dieses Kontaktes in der Großtechnik für die Hydrierung von Braunkohle-Mittelölen zeigte sich, daß die Ergebnisse wesentlich ungünstiger waren als in den Kleinversuchen: die Leistung war etwa nur die Hälfte und die Vergasung fast doppelt so groß. Zum Ausgleich des Leistungsdefizits mußte die Reaktionstemperatur auf etwa 500° C heraufgenommen werden, was durch eine entsprechende Vergasungserhöhung erkauft wurde. Wurde in der Großtechnik ein frisch eingesetzter Katalysator mit Frischgas — statt wie üblich Kreislaufgas — betrieben, so entsprachen die Ergebnisse der Kleinapparatur; es lag demnach keine Apparatekonstante vor, sondern ein Einfluß irgendwelcher Stoffe im Kreislaufgas. Die eingehende Untersuchung des Gases zeigte nun, daß es außer den normalen Verunreinigungen (Kohlenwasserstoffe, Kohlenoxyde, Stickstoff, Schwefelwasserstoff) auch Ammonsalze und organische Basen enthält. Als dann in Kleinversuchen derartige Basen in kleinen Mengen dem Frischgas zugeführt wurden, trat ein rapider Leistungsabfall ein; nach Weglassen des Zusatzes erholte sich der Kontakt, ohne allerdings seine ursprüngliche Leistung wieder voll zu erreichen.

Es lag hier also zweifellos eine Vergiftung der Kontaktwirkung durch organische Basen vor. Eine ähnliche Beobachtung war bereits früher von Zelinsky[2] gemacht worden: Er hatte beobachtet, daß ein

---

[1] Für die spaltende Hydrierung unter dehydrierenden Bedingungen gilt dieser Satz nur mit Einschränkung (S. 144).

[2] Zelinsky: B **57**, 150 (1924); C **1924**, I, 1142; s. a. die neueren entsprechenden Beobachtungen von Maxted: Angew. Chem. **61**, 269 (1949).

Pd-Asbest-Kontakt, welcher für die Hydrierung von Pyridin zu Piperidin eingesetzt worden war, anschließend nicht mehr in der Lage war, Benzol zu Cyclohexan zu hydrieren, während der gleiche Kontakt in frischem Zustande die Benzolhydrierung glatt bewerkstelligte. Umgekehrt vermochte der gleiche für Benzolhydrierung eingesetzt gewesene Kontakt Pyridin störungslos zu hydrieren.

Der Umstand, daß die Aktivität des Mo/Zn/Mg-Kontaktes für die spaltende Hydrierung wasserstoffärmerer Mittelöle nicht ausreichte und durch organische Basen des Kreislaufgases stark beeinträchtigt wurde, machte es notwendig, nach aktiveren Katalysatoren zu suchen. Der in oxydischer Form eingesetzte Katalysator war im Laufe der Verwendung durch den Schwefel in den Rohstoffen in Sulfidform übergeführt worden und lag mithin während der Hauptzeit seiner Tätigkeit in sulfidischer Form vor. Nun war es nicht wahrscheinlich, daß diese Form der Kontaktschwefelung optimal wirksame Sulfide schaffen würde; vielmehr war anzunehmen, daß eine Schweflung in Abwesenheit von Öldämpfen zu wirksameren Sulfidformen führen würde. Indessen wurden zunächst bei druckloser Behandlung von Molybdän- und Wolfram-Kombinationen mit Schwefelwasserstoff keine nennenswert aktiveren Sulfidformen erhalten. Als aber eine oxydische Wolfram-Zink-Kombination unter bestimmten Bedingungen behandelt wurde mit Wasserstoff von 200 at Druck, dem so viel Schwefelkohlenstoff beigegeben worden war, daß durch dessen Zersetzung am Kontakt ein Schwefelwasserstoffteildruck von 10 bis 25 at sich einstellte, resultierte ein sulfidischer Katalysator, der ungleich aktiver war als die Mo/Zn/Mg-Kombination. Der geschwefelte W/Zn-Kontakt gab bereits bei 425° C — d. h. etwa 50° C niedriger als die Mo/Zn/Mg-Kombination — fast die doppelte Leistung wie der frühere Katalysator bei etwa der halben Gasbildung, wobei zudem die gebildeten Gase fast ausschließlich aus Propan und Butan bestanden und somit weit weniger Wasserstoff gebunden hatten als der frühere Kontakt, bei dem die Vergasung ein mittleres C von etwa 2,3 hatte. Ferner war bei dem neuen Kontakt die Hydrierwirkung erheblich stärker als bei der früheren Kombination, auch schon weil unter den Arbeitsbedingungen des neuen Kontaktes das Gleichgewicht viel stärker auf der Hydrierseite lag. — In der praktischen Anwendung wirkte sich die erhöhte Aktivität des Kontaktes dahin aus, daß nun auch wasserstoffarme Mittelöle — beispielsweise die durch Steinkohlehydrierung erhaltenen oder Kokereiteer-Mittelöle — mit ausgezeichneten Leistungen und niedrigen Vergasungen in Benzin umgewandelt werden konnten, wobei außerdem die Flüchtigkeit des Benzins (Anteile —100° C siedend) erheblich höher lag als mit der früheren Kontaktkombination. Weiter zeigte sich, daß der neue Kontakt gegen organische Basen nahezu unempfindlich ist und mithin auch mit dem „gifthaltigen" Kreislaufgas der Großtechnik praktisch die gleichen Ergebnisse lieferte wie mit Frischgas.

Indessen war die Präparierungsmethode des neuen Kontaktes wegen der Korrosionsgefahren durch den hohen Schwefelwasserstoff-Teildruck recht wenig geeignet. Aber für die Fortführung der Versuche zur drucklosen Herstellung hochaktiver Sulfidformen hatte der neue Kontakt doch wertvolle Fingerzeige gegeben. Die drucklose Herstellung eines hochaktiven Wolframsulfids gelang nun durch thermische Zersetzung von Ammonsulfowolfranat $[(NH_4)_2WS_4]$ zu WS_2 und Ammonsulfid bzw. dessen Dissoziationsprodukten. Dieses hochaktive Wolframsulfid ist — wie die kristallographischen und röntgenographischen Untersuchungen gezeigt haben — pseudomorph nach Ammonsulfowolframat, hat also ein aufgezwungenes Gitter; es ist wahrscheinlich, daß die dadurch vorhandenen Gitterspannungen der Grund für die hohe Aktivität dieser Form des Wolframsulfids sind.

In seiner Aktivität übertraf der pseudomorphe WS_2-Kontakt noch die druck-geschwefelte W/Zn-Kombination. Bereits bei etwa 410° wurden in der spaltenden Hydrierung aller Mittelöle ausgezeichnete Ergebnisse erhalten, so daß damit ein in quantitativer Hinsicht vollauf befriedigendes Verfahren der Benzinbildung aus allen Mittelölen sichergestellt war. Erwartungsgemäß bestätigten sich mit dem WS_2-Kontakt nun auch die Ergebnisse der Kleinapparatur vollauf in der Großtechnik, d.h. ein ungünstiger Einfluß des Kreislaufgases war nicht mehr festzustellen.

Die ausgezeichnete Wirkung dieses Katalysators für die Benzinierung von Mittelölen war begründet in seiner gleich hervorragend ausgebildeten Hydrier- und Spaltwirkung. Aber die starke Hydrierwirkung ließ auch ein recht wasserstoffreiches Benzin entstehen, das in seiner Klopffestigkeit den Wünschen nicht ganz gerecht wurde, wenngleich bei diesem Kontakt die isomerisierende Wirkung weit besser ausgebildet war, als bei der Mo/Zn/Mg-Kombination. Es erhob sich daher die Frage, ob es nicht möglich sein könnte, durch Verdünnen des Wolframsulfids mit selbst aktiven Trägern einen Kontakt gleicher Spaltwirkung bei verminderter Hydrierwirkung zu entwickeln. Nun war schon von den Anfängen der Hydrierkontaktentwicklung bekannt, daß Elemente der 4. Gruppe des periodischen Systems, vor allem Kohlenstoff und Silicium — und unter diesen insbesondere Aluminiumsilikate (Tone) —, eine gute Spaltwirkung haben[1]. Und so erwiesen sich auch Tone von der Art der in der Erdölraffination gebräuchlichen Bleicherden als sehr geeignete Träger für das Wolframsulfid. Jedoch befriedigten die Ergebnisse zunächst noch nicht völlig. Dann jedoch wurde gefunden, daß eine erhebliche Verbesserung eintritt, wenn die als Träger dienenden Bleicherden

---

[1] Von diesem Umstand ist in der Folgezeit in USA beim katalytischen Kracken in größtem Ausmaße Gebrauch gemacht worden.

9 Krönig, Katalyt. Druckhydrierung.

zuvor mit Flußsäure behandelt, d. h. angeätzt werden[1]. So wurde ein aus 90% mit Flußsäure geätzter Bleicherde „Terrana" (einer Fullererde) und 10% über das Ammonsulfowolframat hergestelltem WS_2 bestehender Kontakt entwickelt, der — ausgehend von beispielsweise Erdölgasölen — bei gleicher Temperatur die gleiche Spaltwirkung und gleiche Vergasung gab wie der unverdünnte WS_2-Kontakt; das mit dem verdünnten Kontakt erhaltene Benzin aber war wesentlich klopffester als das mit dem konzentrierten Kontakt erhaltene, vornehmlich da die Hydrierwirkung des verdünnten Kontakts beträchtlich kleiner war als die des konzentrierten Kontakts.

Während nun aber der reine WS_2-Kontakt alle Mittelöle mit vollauf befriedigendem Ergebnis benzinierte, war bei dem Terrana/WS_2-Kontakt schon bei Braunkohlenteermittelölen die Benzinleistung wenig befriedigend, bei Steinkohlenölen völlig unzureichend. Insbesondere waren es Phenole und Basen, die den Terrana/WS_2-Kontakt stark in der Entfaltung seiner Aktivität hemmten, aber unabhängig davon war er grundsätzlich für die Benzinierung aromatischerer Öle wenig geeignet. So war das Gebiet seiner unmittelbaren und sehr vorteilhaften Einsatzfähigkeit die Benzinierung von Erdölmittelölen, sei es den durch direkte Rohöl-Destillation erhaltenen als auch den durch Sumpfphasehydrierung von Erdöl-Rückständen gewonnenen Mittelölen. Bei ungewöhnlich wasserstoffarmen Mittelölen läßt die Leistung etwas nach. Auch Krackmittelöle (cycle-stocks) lassen sich — wenn sie nicht zu stark an Wasserstoff verarmt sind — sehr gut über den Terrana/WS_2-Kontakt in Benzin umwandeln. Die sich hieraus ergebende Kombination von katalytischem Kracken von Destillat-Gasölen und hydrierender Benzinierung[2] der beim Kracken verbleibenden cycle-stocks über Terrana/WS_2-Kontakt hat sich in Versuchen als sehr glücklich erwiesen, indem hierbei eine vollständige Umwandlung des eingesetzten Destillat-Gasöls in Benzin ($+$ Gas) von sehr guter Klopffestigkeit erfolgt. Diese Kombination vereinigt also die Vorteile beider Benzinierungsverfahren in sich und könnte daher sehr wohl in solchen Erdölländern eine Rolle spielen, in denen das Verbrauchsverhältnis Benzin: Destillatheizöl (cycle-stock) stark nach der Benzinseite verschoben ist.

Der Umstand, daß der Terrana-WS_2-Kontakt zwar für Erdölmittelöle, praktisch aber nicht für Kohle- und Teermittelöle eingesetzt werden kann, führte zu der Schlußfolgerung, daß man die Kohle- und Teermittelöle durch Behandlung mit dem stark hydrierenden und reduzierenden konzentrierten WS_2-Kontakt von Phenolen und Basen befreit und auf den Wasserstoffgehalt der Erdölmittelöle bringt, bevor man die

---

[1] Auch diese Maßnahme hat in der Folgezeit beim katalytischen Kracken in USA Eingang gefunden.

[2] Man kann sich auch mit der hydrierenden Raffination des cycle-stocks begnügen (S. 157) und so anteilig mehr Krackbenzin erzeugen.

so „vorhydrierten" Mittelöle der „Benzinierung" über Terrana/WS$_2$-Kontakt zuführt. Und in der Tat erwies sich dieser Gedanke als sehr wertvoll: Wurde beispielsweise Steinkohlemittelöl über dem konzentrierten WS$_2$-Kontakt unter tunlichster Hintanhaltung der Spaltung, d. h. bei möglichst niedrigen Temperaturen, so hydriert, daß das vorhydrierte Mittelöl einen Anilinpunkt von > 50° C — zweckmäßig 52° C — aufwies, so waren Phenole und Basen soweit reduziert und der Rohstoff soweit mit Wasserstoff angereichert, daß er sich einwandfrei über dem Terrana/WS$_2$-Kontakt benzinieren ließ. Mit dieser „Vorhydrierung" tritt gleichzeitig eine Erniedrigung des Endpunktes der Mittelöle von etwa 325° C auf etwa 290° C ein. Damit der Terrana/WS$_2$-Kontakt einwandfrei arbeiten kann, soll der Phenolgehalt des als Frischprodukt für die Benzinierung dienenden vorhydrierten Mittelöls < 0,5% liegen und der Gehalt an Basen-N < 5 mg/l[1]. Wie gegen organische Basen im Frischprodukt, so ist der Benzinierungs-Kontakt auch gegen Ammoniak im Kreislaufgas empfindlich; es hat sich deshalb als zweckmäßig erwiesen, die Benzinierung in einem Gaskreislauf für sich zu fahren und in diesem eine Wasserwäsche vorzusehen, die den Ammoniakgehalt, der durch Aufspaltung neutral gebundenen Stickstoffs des Frischproduktes entsteht[2], auf < 0,5 mg/l Einspritzung hält. — Bemerkenswerterweise benötigt der Terrana/WS$_2$-Kontakt zur Entfaltung seiner vollen Aktivität einen gewissen Schwefelwasserstoff-Teildruck im Reaktionsraum, und zwar in einem Ausmaß entsprechend einem Schwefelgehalt des Frischproduktes von > 0,5%. Dies gilt übrigens auch für den konzentrierten WS$_2$-Kontakt. Doch während die Frischprodukte für die Vorhydrierung zumeist von Natur aus einen ausreichenden Schwefelgehalt besitzen, ist das vorhydrierte Mittelöl für die Benzinierung infolge der Reduktion bei der Vorhydrierung praktisch schwefelfrei. Es muß also für die Benzinierung — und in gewissen Fällen auch für die Vorhydrierung — eine Aufschweflung des Einspritzproduktes erfolgen. Diese kann geschehen durch Auflösen in der Wärme von elementarem Schwefel im Einspritzprodukt; für das saubere Einspritzprodukt der Benzinierung ist diese Methode recht gut anwendbar; bei dem das noch wesentlich rohere Frischprodukt enthaltende Einspritzprodukt für die Vorhydrie-

---

[1] Hierunter wird nur der N verstanden, der in diazotierbarer oder potentiometrisch titrierbarer Form vorliegt (s. hierzu Wittmann: Angew. Chem. A 60, 330 [1948]). Daneben sind im Frischprodukt noch etwas größere Mengen neutral gebundenen Stickstoffs vorhanden. Noch nicht ganz geklärt ist, warum bei gleichem Anilinpunkt (Wasserstoffgehalt) Erdölmittelöle wesentlich mehr organisch gebundenen Stickstoff enthalten können, ohne daß eine Schädigung des Terrana/WS$_2$-Kontakts eintritt.

[2] Eine Umwandlung von elementarem Stickstoff zu Ammoniak — für die an sich Wolfram und Molybdän gute Katalysatoren sind — findet an den sulfidischen Kontakten — WS$_2$, MoS$_2$ — nicht einmal in geringsten Spuren statt.

rung bekommt man mit dieser Arbeitsweise recht häufig Schwierigkeiten, da der elementare Schwefel auf gewisse Inhaltstoffe des rohen Mittelöls polymerisierend bzw. kondensierend wirkt, und die hierbei entstehenden Produkte zum Ankleben an den Rohren der Wärmeaustauscher neigen. Eine generell und sehr erfolgreich anzuwendende Methode der Einspritzprodukt-Schweflung dahingegen ist das Sättigen des Einspritzprodukts mit hochprozentigem Schwefelwasserstoffgas bei etwa.0,5—1,0 atü und gewöhnlicher Temperatur derart, daß das mit Schwefelwasserstoff beladene Mittelöl von der Sättigung aus ohne Druckentlastung den Einspritzpumpen zugeführt wird.

Warum die sulfidischen Kontakte einen gewissen Schwefelwasserstoff-Teildruck im Reaktionsraum brauchen, um ihre volle Wirksamkeit zu entfalten, ist nicht völlig geklärt: Es könnte sein, daß bei Fehlen des Schwefelwasserstoffs eine Reduktion der vierwertigen Verbindungen durch den Wasserstoff unter Druck zu niederen Stufen stattfindet, deren Sulfide weniger aktiv sind; es kann aber auch sein, daß die Gegenwart des Schwefelwasserstoffs ein Oscillieren zwischen WS_2 und dem unter den Reaktionsbedingungen an sich unbeständigen WS_3 bewirkt; es sind gewisse Hinweise[1] vorhanden, daß WS_3 eine noch weit höhere Aktivität besitzt als WS_2. —

Unter Beachtung der angegebenen Maßnahmen arbeitet der Terrana/WS_2-Kontakt auch mit Mittelölen, die aus Kohle oder Teeren stammen, völlig einwandfrei und mit hervorragenden Ergebnissen, und zwar sowohl bei der Erzeugung von Autobenzin (E. P. etwa 185° C) wie von Flugbenzin (E. P. etwa 155° C).

Wie schon erwähnt (S. 125), muß bei der Verwendung von konzentriertem WS_2-Kontakt für die Vorhydrierung relativ stark aufhydriert werden, um eine ausreichende Entfernung der Sauerstoff- und Stickstoff-Verbindungen aus dem Rohprodukt zu bewirken. Wenn auch diese starke Aufhydrierung für die anschließende Benzinierbarkeit des Produktes in quantitativer Hinsicht recht günstig ist, so wirkt sie sich in qualitativer Hinsicht nachteilig aus, indem wasserstoffreichere, d. h. weniger klopffeste Benzine entstehen. Es kommt hinzu, daß man, um diese starke Vorhydrierung zu erzielen, die Temperatur in der Vorhydrierung doch schon so weit heraufnehmen muß — etwa 390° C —, daß schon eine beachtliche Spaltung des Rohstoffs zu Benzin eintritt; dies ist aber nicht sehr erwünscht, da das Vorhydrier-Benzin — wie das bei Totalbenzinierung der Roh-Mittelöle über konzentrierten WS_2-Kontakt erhaltene Benzin — recht wasserstoffreich ist und damit im Klopfwert nicht so günstig liegt. Da die unteren Fraktionen dieses Vorhydrierbenzins eine gute Klopffestigkeit haben, kann man sich so

---

[1] s. z. B. Tropsch: Proc. Int. Conf. Bit. Coal **2**, 35, (1931); C **1932**, **II**, 2767.

helfen, daß man das Vorhydrierbenzin relativ niedrig abscheidet (etwa 150° C für Autobenzin bzw. etwa 130° C für Flugbenzin) und das Schwerbenzin mit über die Benzinierung gibt, wo durch Spaltung eine Aufbesserung des Schwerbenzins eintritt; dieser Weg ist dann auch der allgemein übliche gewesen, aber er blieb trotzdem nur gewissermaßen ein Ausweg.

Eine andere, für die Steinkohlehydrierung vorgeschlagene Variante beruht auf folgenden Überlegungen: Das bei etwa 130° C abgeschnittene Sumpfbenzin geht nicht über die Gasphase, sondern wird lediglich gelaugt, was — wie wir gesehen haben (S. 69) — zu testgerechtem Benzin führt. Das Kohle-Mittelöl 130—325° C wird unter solchen (milden) Bedingungen über WS_2-Kontakt vorhydriert, daß gerade noch ausreichende Stickstoffentfernung stattfindet. Die Phenol-Reduktion reicht dann allerdings für die nachfolgende Benzinierung nicht mehr ganz aus. Deshalb wird der gesamte Vorhydrierungs-Abstreifer zur Entphenolung gelaugt, wobei die Kosten hierfür von den extrahierten Phenolen getragen werden, die vornehmlich aus den niedrigsten (wertvollsten) Gliedern bestehen, da diese schwerer reduziert werden als die höheren Phenole. Das gesamte entphenolte, vorhydrierte Produkt geht dann in die Benzinierungskammer, nachdem es noch eine Wasserwäsche passiert hat, wo das Ammoniak und die wasserlöslichen organischen Basen herausgenommen werden, die bei der normalen Fahrweise mit Destillation des Vorhydrierungs-Abstreifers durch das Abtreiben des Benzins aus dem Einspritzprodukt für die Benzinierung entfernt werden. Da die leichten Anteile des Sumpfbenzins zuvor herausgenommen worden sind, und da bei der milden Vorhydrierung nur ein relativ hochsiedendes Benzin entstanden ist, wird durch die Gegenwart dieses Vorhydrierbenzins bei der Benzinierung die Vergasung nur wenig erhöht; aber das eingeführte Vorhydrierbenzin wird in der Benzinierung durch spaltende Isomerisierung verbessert. Durch die Gesamtheit dieser Maßnahme kommt man bei nur wenig vermehrter Vergasung zu einer Oktanzahlverbesserung um 2—3 Einheiten gegenüber der geschilderten normalen Fahrweise; außerdem hat man den Vorteil, daß man mit *einer* Gasphase-Destillation auskommt. Dieser Vorschlag ist für die großtechnische Durchführung durchaus in Betracht zu ziehen.

Ein grundsätzlich anderer Weg lag in dem Streben, einen Vorhydrier-Kontakt zu entwickeln, der bei praktisch gleicher Reduktionswirkung (Entfernung der schädigenden Sauerstoff- und Stickstoff-Verbindungen) wie der konzentrierte WS_2-Kontakt weniger stark hydriert und vor allem weniger Benzin bildet. Als ein solcher Kontakt erwies sich die bereits erwähnte (S. 107) Kombination von 70 Tl. Al_2O_3 (aktivierter Tonerde), 27 Tl. WS_2 und 3 Tl. NiS. Obgleich dieser Kontakt bei höheren Temperaturen arbeitet (etwa 415° C) als der konzentrierte WS_2-Kontakt, spaltet er doch wesentlich schwächer, d. h. gibt viel geringere Mengen des weniger erwünschten Vorhydrierbenzins, und hydriert etwas weniger als der konz. WS_2-Kontakt; die geringere Spaltung zeigt sich auch darin, daß der Endpunkt des Mittelöls weniger herabgesetzt wird, nämlich auf etwa 310—320° C. Hydriert man mit diesem Kontakt die Mittelöle auf einen Anilinpunkt von etwa 45° C, so ist die Phenolreduktion sogar noch besser (unter 0,05%) als beim konzentrierten Kontakt, in der Basen-Reduktion allerdings ist der $Al_2O_3/WS_2/NiS$-Kontakt etwas unterlegen, so daß die Werte an oder sogar etwas über der genannten Grenze liegen, und somit in ungünstigen Fällen eine kleine Beeinträchtigung der Aktivität des Benzinierungskontaktes eintritt; aber diese ist nicht von solchem Belang, daß sie die Vorteile der neuen Kombination nennenswert tangieren könnte. Bei der Spaltung (Benzinierung) tritt nun auch eine weitere Erniedrigung des Endpunktes des Mittelöles ein, und zwar auf etwa 290—300° C.

Zu den chemischen Vorteilen, die in der Erzeugung eines klopffesteren Benzins ihren Ausdruck finden, traten bei der neuen Kombination sehr wesentliche fahrtechnische Vorteile in Erscheinung: Der $Al_2O_3/WS_2/$ NiS-Kontakt gibt an sich eine geringere Wärmetönung, so daß selbst bei höheren Durchsätzen als mit dem konzentierten WS_2-Kontakt die Temperaturbeherrschung viel einfacher ist. Außerdem reagiert der verdünnte Kontakt lange nicht so lebhaft auf Temperaturschwankungen, so daß die Gefahr des „Durchgehens" — d. h. der nicht mehr zu haltenden Temperatursteigerung — bei ihm wesentlich geringer ist als bei dem „scharfen" konzentrierten WS_2-Kontakt[1]; weniger geübte Mannschaften vermögen daher den verdünnten Kontakt besser zu beherrschen als den konzentrierten.

Bei den Verknappungserscheinungen an Wolfram, die während des Krieges in Deutschland auftraten, hat zudem die Wolfram-Einsparung, welche durch Verwendung des verdünnten Wolfram-Kontaktes möglich wurde, die Versorgung der neu hinzukommenden Hydrierwerke mit Vorhydrier-Kontakt sehr erleichtert. Hierbei ist außerdem zu berücksichtigen, daß der $Al_2O_3/WS_2/NiS$-Kontakt ein Schüttgewicht von etwa 1,4 t/m³ hat gegenüber 2,6 beim konz. WS_2-Kontakt, womit sich der Al_2O_3-Kontakt dem Schüttgewicht des Terrana/WS_2-Kontaktes (etwa 1,1) nähert. (Die praktischen Füllgewichte der Hochdrucköfen je cbm frei gerechneten Raumes liegen infolge der Einbauten noch niedriger: WS_2-Kontakt ca. 2,3, $Al_2O_3/WS_2/NiS$-Kontakt ca. 1,1, Terrana/WS_2-Kontakt ca. 0,8.)

Die ausgezeichnete Phenolreduktion des verdünnten Kontaktes ermöglicht es, mit der Aufhydrierung und damit auch Spaltung noch

---

[1] Der häufig intern gebrauchte Vergleich des „Ackergauls" gegenüber dem „rassigen Rennpferd" gibt in der Tat die Verhältnisse gut wieder.

weiter zurückzugehen: Hydriert man nur auf Anilinpunkt des Mittelöls von 40—42° C, so ist die Phenolreduktion immer noch vollauf ausreichend, und auch der Wasserstoffgehalt des Öles genügt durchaus für die einwandfreie Benzinierbarkeit über Terrana/WS_2-Kontakt; der Basengehalt des Mittelöles liegt dann allerdings erheblich zu hoch. In vertauschender Analogie zu den entsprechenden Betrachtungen (S. 127) bei der Vorhydrierung über WS_2-Kontakt kann man nun hier die Basen (statt der Phenole beim WS_2-Kontakt) beseitigen, indem man das vorhydrierte Mittelöl drucklos im Gegenstrom mit 30%iger Schwefelsäure[1] wäscht; dann ist das Produkt einwandfrei benzinierbar. Ob der Klopfwert-Vorteil, den man auf diese Weise erzielen kann, die mit der Säurewäsche verbundenen Umstände (verbleite Apparatur) kompensiert, kann nur von Fall zu Fall entschieden werden. — Auch hier kann man nun — wie bei dem entsprechenden Vorschlag mit WS_2 als Vorhydrierkontakt (S. 127) — das tief abgeschnittene Sumpfphasebenzin laugen und den *gesamten* Vorhydrierungsabstreifer nach Schwefelsäurewäsche in die Benzinierung geben, wobei man wiederum mit *einer* Gasphasedestillation auskommt. Dies wird wahrscheinlich das vorteilhafteste Verfahren der zweistufigen Benzinierung sein.

Wir hatten oben (S. 115) gesehen, daß bei Anwendung der Schweröl-Fahrweise durch Hydrierung des Abstreiferschweröls über fest angeordnetem Kontakt bei 700 at ein Mittelöl erhalten wird, welches praktisch phenolfrei und schon recht stark aufhydriert ist. Der Grad der erzielten Phenolreduktion und Aufhydrierung reicht an sich für die direkte Benzinierung über Terrana/WS_2-Kontakt aus, aber der Basengehalt liegt erheblich zu hoch. Da die Versuche der direkten Benzinierung dieses Mittelöls nach Schwefelsäurewäsche nicht mehr zum Abschluß gekommen sind, sei hier dieser Weg nur als Entwicklungsmöglichkeit angedeutet.

Nach den hier gemachten Ausführungen stellt sich also die Umwandlung von Kohle- und Teer-Mittelöl zu Autobenzin bei 300 at nach dem großtechnisch durchgeführten und bewährten gegenwärtigen Stande des Verfahrens wie folgt dar (Tab. 28):

Es ergibt sich daraus, daß auch hier — bei der Benzinierung — wie bei den früher erwähnten Verfahren die gewünschte Umwandlung nicht in *einem* Durchgang herbeigeführt wird, sondern daß ein Teil des Mittelöls zu nochmaliger Behandlung zurückgeführt wird; bei Totalbenzinierung in einem Durchgang steigt die Vergasung (bezogen auf das gebildete Benzin) an. — Die beiden Destillationen können auch zu einer zusammengefaßt werden — und dies ist auch großtechnisch gemacht

---

[1] Eine Säure dieser Konzentration bewirkt noch keinerlei Sulfurierungen oder Polymerisationen des vorhydrierten Mittelöls, so daß demnach auch keine Schwierigkeiten bei der Aufheizung in der Benzinierung eintreten.

Tabelle 28. *Fahrweise bei der Umwandlung von Kohle- und Teer-Mittelöl zu Autobenzin.*

Stufe	I	II
Bezeichnung	Vorhydrierung	Benzinierung
Hochdruck:		
Einspritzprodukt	Sumpfphase-Benzin + -Mittelöl aus Kohle und Teer	Vorhydriertes Mittel- öl (von Stufe I) + Rückführ-Mittelöl (von Stufe II)
Kontakt	$Al_2O_3/WS_2/NiS$	Terrana/WS_2
Einspritzung (t/m³ RR × h) ca	0,6—1,0	0,8—1,2
Kreislaufgas (m³/t Ein- spritzung) ca.	3500—4000	1500—2000
Temperatur ° C ca.......	410— 420	400— 410
Destillation:		
Benzin bis ° C (zur Wäsche und Stabilisierung) ca.	155	185
Benzinkonzentration im Abstreifer % ca.	15—30	60
Verwendung des Mittelöls	Einsatz in Stufe II	Rückführ. i. Stufe II

worden —, doch begibt man sich dabei des Vorteils, der in dem verschiedenartigen Abschneiden der Benzine der beiden Stufen für den Klopfwert liegt.

Das zweistufige Verfahren, wie es hier geschildert worden ist, ist in Deutschland in größtem Ausmaße in den verschiedensten Hydrierwerken für die Benzinierung von Kohle- und Teer-Mittelölen zu Auto- und Flugbenzin in jahrelangem Betrieb einwandfrei durchgeführt worden und ist somit gesicherter technischer Besitz. Auch das einstufige Verfahren ist in USA., ausgehend von Erdöl-Gasölen, großtechnisch mit bestem Erfolge angewandt worden; allerdings wurde in der Folgezeit der Betrieb wieder eingestellt, einerseits unter dem Eindruck der Erfolge des katalytischen Krackens in der Erzeugung klopffesten Benzins, andererseits in Auswirkung eingetretener Verschiebungen der Preisrelationen. Der Betrieb war durchgeführt worden teils mit der Mo/Zn/Mg-Kombination, teils mit dem konz. WS_2-Kontakt; der Terrana/WS_2-Kontakt, der wesentlich besseres Benzin liefert, war nicht mehr zum Einsatz gekommen; hierin, sowie in der erwähnten (S. 124) Kombination von Kracken und Hydrieren könnte die Möglichkeit der Wiederaufnahme des Betriebes liegen.

Eine Vorstellung über den Ablauf der zweistufigen Umwandlung von Steinkohle-Mittelöl vermittelt Schema 11 (S. 131). Es ist hier auch das Vorhydrierbenzin bei 185° C geschnitten, d. h. die in quantitativer Hinsicht optimale Verarbeitungsweise eingesetzt worden; wählt man im Interesse der Oktanzahl den Weg des tieferen Abschneidens des Vor-

Schema 11.

**Vereinfachtes Fließschema der Druckhydrierung
von Steinkohle-Benzin + -Mittelöl (aus der Mittelöl-Fahrweise)
über fest angeordneten Kontakten bei 300 at Druck zu Autobenzin.**

(Alle Angaben in stuto, wo nicht anders vermerkt; Eingang 58,55 stuto
Benzin + Mittelöl im Anschluß an Schema 4.)

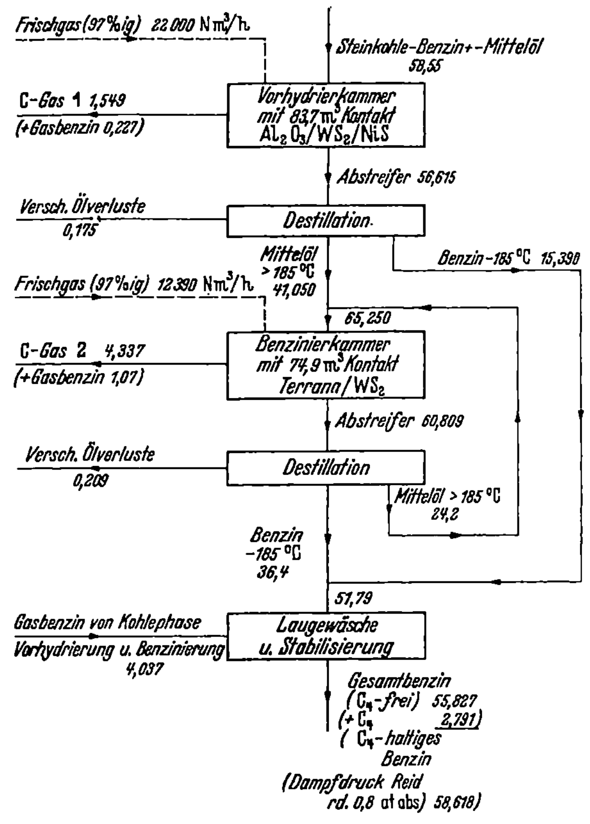

Analysen:

Probe Nr.	Vom vergasten C % C als			
	C_1	C_2	C_3	C_4
[1]	10	15	30	45
[2]	3	2	22	73

hydrierbenzins, so tritt eine kleine Verminderung der Benzinausbeute
ein. Im Interesse der Vergleichbarkeit der Zusammensetzung der Vergasung mit der der anderen, hier wiedergegebenen Verfahrensgänge ist
die Rechnung auf die Erzeugung von C_4-freiem Benzin abgestellt worden,
d. h. alles entstandene Butan ist der Vergasung zugeschlagen worden;

in Paranthese ist aber auch die Menge an dampfdruckgerechtem Autobenzin angegeben, wobei das hinzugefügte Butan von der Vergasung in
allen Stufen zusammen abgesetzt werden muß.

Das Schema läßt vor allem die durch die hohe Konzentration wirk-
samster Kontakte im Reaktionsraum bedingte sehr gute Benzinausbeute
bei relativ geringem Wasserstoffverbrauch erkennen. Dies wird besonders deutlich durch einen Vergleich von Kohlephase und Gasphase
(Tab. 29):

Tabelle 29. *Vergleich von Kohlephase und Gasphase.*

Vergleichsgrundlage	Kohle-phase	Gas-phase
C-Ausbeute in flüssigen Produkten (einschl. Gasbenzin)	65,6	89,7
Verteilung der gesamten C-Verluste %	85,6	14,4
Verteilung der gesamten Zunahme des disp. H in den flüssigen Produkten %	68,1	31,9
je 1 Tonne Zunahme an disp. H in flüssigen Produkten chemisch aufgenommener Wasserstoff Nm^3	26 400	17 700
Verteilung des gesamten in chemische Bindung über-gegangenen Wasserstoffs %	76,2	23,8
mittleres C des als KW vergasten C	1,93	3,09

Da die C-Ausbeute in der Gasphase nahezu 90% beträgt, gegen 66%
in der Kohlephase, liegt nur $^1/_7$ der gesamten C-Verluste in der Gasphase; wenn auch gewiß die zu bewirkende Erniedrigung des Molekulargewichts in der Kohlephase weit größer ist als in der Gasphase, so
kommt doch auch zweifellos in der Verteilung der C-Verluste auf die
beiden Phasen die Wirkung der hohen Kontakt-Konzentration in der
Gasphase zum Ausdruck. Deutlicher wird dies noch, wenn man berücksichtigt, daß fast $^1/_3$ der gesamten Zunahme des disp. Wasserstoffs in
den flüssigen Produkten in der Gasphase erfolgt, und daß zur Bewirkung
der Einheit dieser Zunahme in der Gasphase nur $^2/_3$ der Wasserstoffmenge benötigt werden, die für den gleichen Effekt in der Kohlephase
aufgebracht werden müssen. Das Ausmaß dieses Unterschiedes ist — abgesehen von der relativ höheren Gasbildung in der Kohlephase — auch
dadurch bedingt, daß die Vergasung in der Gasphase eine wesentlich
günstigere (wasserstoffärmere) Zusammensetzung hat als in der Kohlephase; in der eigentlichen Spaltstufe der Gasphase, der Benzinierung,
liegt sogar $^3/_4$ des vergasten C als Butan vor, wobei zu berücksichtigen
ist, daß von dem in allen 3 Stufen zusammen angefallenen Butan 36,4%
dem Benzin einverleibt werden können. — Umgekehrt ergibt sich aus
diesen Betrachtungen, daß in quantitativer Hinsicht (Ausbeute) in der
Gasphase nicht mehr wesentliche Fortschritte zu erzielen sind, daß
vielmehr die großen Entwicklungsmöglichkeiten in der Sumpfphase
liegen; und es ergibt sich weiter, daß die schon oben (S. 116) hervor-

gehobene Forderung des weitestgehenden Einsatzes des festangeordneten Kontaktes ein wichtiger Schritt auf diesem Wege ist.

In ähnlicher Weise, wie in Schema 11 geschildert, verläuft die Benzinierung aller anderen Mittelöle; wie schon erwähnt (S. 124), kann bei den meisten Erdöl-Mittelölen die Vorhydrierung wegfallen, was eine erhebliche Einsparung an Reaktionsvolumen mit sich bringt. Das Sumpfphasebenzin ist hier bei 120° C abgeschnitten worden, da die Anteile bis 120° C allein durch Laugewäsche testgerecht zu erhalten sind. In Ergänzung der mitgeteilten Ergebnisse der Sumpfphasehydrierung charakteristischer Rohstoffe (Schemata 3—6 und Tab. 19) sind in Tab. 30 die Werte für Sumpf- und Gasphase zusammengefaßt, die sich bei der Verarbeitung der Rohstoffe auf Autobenzin ergeben, wobei im Interesse der Vergleichbarkeit der Vergasung das Autobenzin butanfrei gerechnet ist:

Während — wie zu erwarten — der Wasserstoffverbrauch fällt in der Reihenfolge: Steinkohle → Braunkohle → Steinkohlenteer → Braunkohlenschwelteer → Erdöl, fällt aus dieser Reihe die Braunkohle hinsichtlich des Rohstoffbedarfes heraus infolge des hohen Anteils an Nebenbestandteilen (Sauerstoff und Schwefel) in der Reinkohle; der Steinkohlenteer fällt hinsichtlich des Reaktionsvolumens und der Vergasung heraus, da die rein aromatischen, kondensierten Ringsysteme der Spaltung besonders schwer zugänglich sind: Es fehlt weitgehend das die spaltende Hydrierung der Kohle so sehr erleichternde Schlüsselelement Sauerstoff. In bezug auf die zu schleudernden und schwelenden Mengen fällt die Braunkohle etwas heraus infolge ihres hohen Aschegehalts und der starken Kontaktzugabe (200 at!), in den zu destillierenden Mengen sind keine charakteristischen Unterschiede, lediglich schneidet das Erdöl günstig ab durch den Wegfall der Vorhydrierung. Der relativ starke Einsatz der Benzinierungsstufe beim Erdöl drückt sich in der sehr günstigen Zusammensetzung der Vergasung aus.

Mit aufgenommen in die Tabelle ist für Steinkohle der Vergleich von Mittelöl- und Schweröl-Fahrweise, durchgeführt bis zum Autobenzin. In Ergänzung der bereits getroffenen Feststellung (S. 115) ergibt sich, daß bei der Schwerölfahrweise auch in der Gasphase die Einsparung an Reaktionsvolumen zum Ausdruck kommt, ein Vorteil, der aber etwas gemindert wird durch die größeren Mengen, die bei der Schwerölfahrweise zu schleudern und zu destillieren sind. Auf jeden Fall aber zeigt die bei der Schwerölfahrweise erzielte Ersparnis an Hochdruckvolumen, daß die hierbei verstärkte Einschaltung des festangeordneten Kontaktes ein grundsätzlich richtiger Weg ist.

Während die Sumpfphase-Mittelöle aus den verschiedenen Rohstoffen sich in ihrem Habitus noch grundlegend voneinander unterscheiden, bringt die hydrierende Spaltung in der Gasphase eine gewisse Nivellie-

Tabelle 30. *Druckhydrierung charakteristischer Rohstoffe zu Autobenzin.*
(Alle Angaben bezogen auf die Erzeugung von 100,0 stuto Autobenzin [C_4-frei]).

Bedarf bzw. Anfall	Einheit	Rohstoffe					
		Steinkohle		Braun-kohle	Rückstand von		
		Mittelöl-Fahrweise	Schweröl-Fahrweise		Steink.-Kokerei-teer	Braunk.-Schwel-teer	Asphalt-basisch. Erdöl
Anschluß an	—	Schema 4	Schema 5	Schema 3	Tab. 19	Tab. 19	Tab. 19
Rohstoffeinsatz: Rohprobe	stuto	209,7	213,6	526,5	—	—	—
Trockenprobe	stuto	189,0	192,7	242,4	144,2	—	—
Reinprobe	stuto	179,2	182,7	213,6	142,8	139,5	135,7
Druck Sumpfphase	at	700	700	200	700	200	. 700
Gasphase	at	300	300	200	300	200	300
H_2 (100%ig) chem. geb. Sumpfphase ..	Nm³/h	176 200	176 490	158 700	124 900	52 050	54 920
Gasphase	Nm³/h	54 930	49 780	53 400	70 700	56 530	38 230
Sa.	Nm³/h	231 130	226 270	212 100	195 600	108 580	93 150
H_2 (97%ig) gesamt ca. Sumpfphase ..	Nm³/h	228 000	231 600	182 200	155 200	61 650	68 100
Gasphase	Nm³/h	61 500	55 700	61 200	78 650	64 500	44 250
Sa.	Nm³/h	289 500	287 300	243 400	233 850	126 150	112 350
Reaktionsvolumen Sumpfphase ..	m³	491	374,4	394,0	539,5	318,0	317,5
Gasphase	m³	280,6	236,1	282,0	338,0	286,0	155,2
Sa.	m³	771,6	610,5	676,0	877,5	604,0	472,7
Zu schleudernde Mengen	stuto	266,0	348,3	226,0	—	4,4	16,8
Zu schwelende Mengen	stuto	63,3	62,8	136,1	25,6	3,1	5,8
Zu destillier. Mengen Sumpfphase ..	stuto	247,6	318,8	289,3	256,4	300,6	242,0
Gasphase	stuto	210,2	193,4	180,3	237,3	213,3	136,6
Sa.	stuto	457,8	512,2	469,6	493,7	513,9	378,6
Gasförmige Nebenprodukte: CH_4	stuto	11,31	10,90	7,39	10,41	5,55	5,43
C_2H_6	stuto	9,41	10,01	6,81	9,67	6,73	3,52
C_3H_8	stuto	14,72	15,01	11,11	14,19	10,57	9,04
C_4H_{10}	stuto	13,73	13,74	14,17	14,21	16,24	15,02
Sa.	stuto	49,17	49,66	39,48	48,48	39,09	33,01
Vom butanhaltigen Benzin (Dampf-druck Reid 0,8 ata) (ca. 105,0 stuto) Klopfwert	OZM	72	72	66	74	64	67

rung, indem alle Mittelöle in der Vorhydrierung auf einen ähnlichen Wasserstoffgehalt gebracht werden, der dann den Tenor für die Benzinierung abgibt. So sind die Unterschiede im Klopfverhalten der Autobenzine aus den verschiedenen Rohstoffen nicht so groß, wie man nach den Unterschieden im Wasserstoffgehalt der Rohstoffe erwarten sollte; aber in dem gegebenen Rahmen kommt die Überlegenheit der Steinkohle-Produkte klar zum Ausdruck. Im ganzen genommen, liegen die Benzine auf gutem Niveau der Klopffestigkeit, und, da sie sehr gut auf Blei ansprechen, ist eine wesentliche Verbesserung schon mit geringen TEL-Zusätzen zu erreichen. Eine Vorstellung von der Bleiempfindlichkeit der Hydrierbenzine in den hier betrachteten Bereichen gibt Tab. 31:

Tabelle 31. *Bleiempfindlichkeit von Hydrier-Autobenzinen.*

TEL-Zusatz Vol.-%	0,0132	0,0264	0,0528
OZ-Erhöhung um Einh. ca.	7	10—13	14—17

Der Durchschnitt der Qualität[1] der USA.-Autobenzine im Sommer 1947:

Benzin-Art	Zusatz TEL Vol.-%	OZM	% S
Premium-price	0,049	79,2	0,075
Regular-price	0,039	75,1	0,092

läßt sich demnach mit den Hydrier-Autobenzinen mit den angewandten Bleimengen in beiden Klassen einstellen, wobei sich dann die Hydrierbenzine noch durch besonders niedrigen Schwefelgehalt (unter 0,01%) auszeichnen, was ebenfalls zu der guten Bleiempfindlichkeit beiträgt[2]. Dieser niedrige Schwefelgehalt — wie überhaupt alle sonstigen sehr guten Teste — resultiert bei der normalen Laugewäsche des Hydrierbenzins vor der Stabilisierung.

 Schneidet man das durch die Gasphasehydrierung erzeugte Benzin tiefer ab — beispielsweise bei 155° C statt 185° C, wie bei den vorstehenden Beispielen —, so steigt die Oktanzahl an, da die unteren Benzin-Fraktionen einen besseren Klopfwert haben als die oberen. Bei dieser Fahrweise wird also auch das Schwerbenzin zusammen mit dem nicht umgewandelten Mittelöl über den Benzinierungskontakt zurückgeführt; außerdem wird die Temperatur etwas gesteigert, um die Anteile bis 100° C im fertigen Benzin zu erhöhen und damit in den Bereich zu bringen, der für Flugbenzin üblich ist. Bei diesem etwas verschärften Fahren stellt sich der Endpunkt des Mittelöls etwas niedriger ein, auf etwa 280—290° C. Wie schon oben (S. 127) erwähnt, schneidet man hierbei auch das Vorhydrierbenzin etwas tiefer ab, da es — wie er-

---

[1] Blade: Oil and Gas Journal **46**, Nr. 43, S. 111 (1948).

[2] Über den Einfluß der Art des Schwefels auf die Bleiempfindlichkeit siehe Livingstone: Oil and Gas Journal **46**, Nr. 45, S. 80 (1948); Hanson: Erdöl und Kohle **1**, 208 (1948).

wähnt — in seinem Klopfwertniveau etwas[1] hinter dem Benzinierungsbenzin zurücksteht. Im ganzen genommen ist also bei der Herstellung
des Flugbenzins eine stärkere Spaltung zu bewirken, was verständlicherweise zu einer etwas erhöhten Gasbildung führt. Am Beispiel der Benzinierung von Hydriermittelöl aus Steinkohle (Schema 4) ist in Tab. 32
das Fahren auf Flugbenzin dem auf Autobenzin (Schema 11) gegenübergestellt; die Vorhydrierung ist in beiden Fällen die gleiche, aber das
Vorhydrierungsprodukt wird in verschiedener Weise zerlegt:

Tabelle 32. *Vergleich der Benzinierung von Steinkohle-Mittelöl auf Flugbenzin
und Autobenzin bei 300 at.*
(Angaben in stuto, wo nicht anders vermerkt; Eingang 58,55 stuto [ohne
Gasbenzin] Sumpfphase-Benzin + -Mittelöl).

Fahren auf	Flugbenzin	Autobenzin
Vorhydrierungsprodukt geschnitten bei ° C ...	130	185
Vorhydriertes Mittelöl für Benzinierung	47,980	41,050
Reaktionsvolumen m³	180,8	158,6
H_2-Verbrauch: 100%ig chem. geb. Nm³/h	34 680	30 680
97%ig gesamt Nm³/h ca.	39 570	34 390
Benzin (C_4-frei) einschl. Gasbenzin der Gasphase	47,518	53,087
Gasbildung: Methan	0,612	0,311
Äthan	0,756	0,325
Propan	2,699	1,149
Butan	7,622	3,831
Gesamt	11,689	5,886
Fertigbenzin (einschl. Gasbenzin der Sumpf-phase) mit zulässigem Butan (auf 100,0 Rein-kohle)	50,258	58,613
Vom Fertigbenzin: Dampfdruck (Reid) ata ...	0,5	0,8
% — 100° C	57	38
E. P. ° C	155	185
Vol.-% Aromaten	5,0	8,0
Vol.-% Naphthene	54,5	50,0
Vol.-% Ungesättigte	0,5	1,0
Vol.-% Paraffine	40,0	41,0
OZM	74,5	72
OZM + 0,09 Vol.-% TEL .	89,5	—

Während die Ausbeute an Autobenzin aus Reinkohle bei nahezu 60%
liegt, beträgt die Flugbenzin-Ausbeute etwas über 50%. Die hierin zum
Ausdruck kommende Vermehrung der Gasbildung bei der Flugbenzin-
herstellung liegt aber fast ausschließlich in den Flüssiggasen, also in den
wertvollsten Teilen der gasförmigen Kohlenwasserstoffe; die Erhöhung
des Wasserstoffverbrauchs und des Reaktionsraumbedarfs beim Übergang von Autobenzin- zu Flugbenzin-Herstellung hält sich in durchaus

---

[1] Bei Steinkohle beispielsweise hat das

Vorhydrierbenzin	OZM 66—67;	+ 0,115 Vol. % TEL	84—85
Benzinierungsbenzin	,, 73—74;	,, ,, ,,	91—92
Gemisch	,, 72;	,, ,, ,,	90

tragbaren Grenzen. Trotz der stark hydrierenden Wirkung bei der zwei-stufigen Benzinierung und der damit verbundenen nivellierenden Wirkung kommt doch in den Fertigbenzinen der cyclische Grundcharakter des Rohstoffs (Steinkohle) in dem recht hohen Naphthengehalt — vornehmlich Sechsring-Naphthene — der Benzine zum Ausdruck; der Umstand, daß trotz des recht erheblichen Gehaltes der Benzine an paraffinischen Kohlenwasserstoffen die Benzine doch gute Klopffestigkeit haben, beweist, daß ein wesentlicher Teil der paraffinischen Kohlenwasserstoffe als verzweigtkettige Verbindungen vorliegt, die zweifellos einer isomerisierenden Wirkung der Katalysatoren ihre Entstehung verdanken. Die isomerisierende Wirkung von Kontakten der hier verwendeten Art ist direkt nachgewiesen worden von Nikolajewa[1], der gezeigt hat, daß n-Hexan beim Erhitzen im Autoklaven mit H_2 auf 400° C und 340 at praktisch ohne Wasserstoffverbrauch weitgehend in 2-Methylpentan und 2,2-Dimethylbutan übergeht. Zur Erläuterung der angestellten Betrachtungen seien in Tab. 33 die Klopfwerte einiger reiner Kohlenwasserstoffe der angezogenen Klassen im Benzinbereich herangezogen:

Tabelle 33. *Klopfwerte von Kohlenwasserstoff-Typen.*

Siede-Intervall der Kohlenwasserstoffe ° C	68/85	95/107	121/140
n-Paraffinen	34	0	— 21
Olefinen	79	60	36
OZ von { 5-Ring-Naphthenen	85	60	30
6-Ring-Naphthenen	94	77	48
i-Paraffinen	96	100	95
Aromaten	101	113	121

In Übereinstimmung mit der gegebenen Betrachtung steht die sehr gute Bleiempfindlichkeit der Hydrierbenzine, da es gerade Iso-Paraffine und Naphthene sind, die am besten auf Blei ansprechen.

Für alle normalen Flugmotoren genügt die Klopffestigkeit des verbleiten Steinkohle-Flugbenzins, so daß in Deutschland in größtem Ausmaße die Steinkohle-Hydrierung in erster Linie zur Flugbenzinherstellung eingesetzt worden ist, während Braunkohle und Braunkohlenteer großtechnisch durch Hydrierung vorwiegend auf Autobenzin verarbeitet wurden; doch können auch aus diesen Rohstoffen sogenannte „87"er-Flugbenzine (Oktanzahl des Grundbenzins > 72) hergestellt werden, wenn man das Benzin aus Braunkohle bei 140, das aus Braunkohlenschwelteer bei 130° C schneidet. Auch Erdöle können — wie auch die großtechnischen Versuche in USA. bewiesen haben — erfolgreich zur Flugbenzinherstellung herangezogen werden; so wird beispielsweise bei relativ niedrigem Abschneiden (135° C) aus asphaltbasischem Erdöl-Mittelöl ein Flugbenzin mit OZM 77, + 0,09 Vol.-% TEL: 91,5 erhalten. Grundsätzlich sind — ob man auf Flug- oder Auto-Benzine arbeitet —

---

[1] Nikolajewa: C **1947**, II, 22.

die Hydrierbenzine aus Erdölen den entsprechenden Straight-Benzinen im Klopfwert überlegen.

Die Eigenschaften von 87er-Hydrier-Flugbenzinen aus verschiedenen Rohstoffen sind beispielsweise folgende:

Rohstoffe	Erdöl			Estn. Schiefer-öl	Braun-kohlen-Teer	Braun-kohle	Stein-kohle	Stein-kohlen-Teer
	Ge-mischt-basisch	Asphalt-basisch	Gasöl-Krack-rückst.					
d_{15}	0,720	0,722	0,725	0,725	0,725	0,723	0,730	0,725
Vol % — 100 ° C ..	59	56	65	50	50	65	57	65
E. P. ° C..........	147	145	140	137	156	132	153	160
% Paraffine	65	53	40	55	60	53	40	37
% Naphthene	30	40	50	35	30	42	57	55
% Arom. + Unges.	5	7	10	10	10	5	3	8
OZM.............	69	73	73	70	69	71	73	75
OZM + 0,12 % TEL	88.	90	93	88	89	89	91	94

Aber unabhängig davon, ob man nun Flugbenzin oder Autobenzin herstellt, die zweistufige Benzinierung aller Mittelöle zu guten Benzinen hat sich in vieljährigem Großbetrieb in den verschiedensten Hydrierwerken vollauf bewährt und ist daher gesicherter technischer Besitz.

b) Spaltende Hydrierung unter dehydrierenden Bedingungen.

Wie wir gesehen haben, verläuft das zweistufige BenzinierungsVerfahren durchweg unter relativ stark hydrierenden Bedingungen und liefert daher ein fast ausschließlich aus Naphthenen und Paraffinen bestehendes Benzin. Da nun Aromaten — vor allem auch im oberen Benzinbereich — einen sehr guten Klopfwert haben, war schon frühzeitig das Bestreben aufgetaucht, ein stark aromatenhaltiges Benzin zu erzeugen. Im Laufe der Entwicklung haben sich hierfür 2 Verfahren herausgebildet:

1. Die unmittelbare Herstellung von Aromatenbenzin durch Spaltung von Mittelölen unter aromatisierenden Bedingungen („Aromatisierung") und

2. die Wasserstoffabspaltung aus fertigen wasserstoffreichen Benzinen, d. h. Dehydrierung („DHD-Verfahren", „Hydroforming").

Aromatisierung. Bekanntlich kommt man auf Grund der herrschenden Gleichgewichte bei gegebenem Wasserstoffdruck durch Steigerung der Temperatur vom hydrierenden zum dehydrierenden Bereich, so wie beispielsweise Benzol bei niedrigen Temperaturen zu Cyclohexan hydriert und Cyclohexan bei höheren Temperaturen zu Benzol dehydriert werden kann. So erschien es grundsätzlich möglich, durch Spaltung selbst von wasserstoffreicheren Mittelölen zu relativ wasserstoffarmen Benzinen zu gelangen, indem zunächst eine Wasserstoffverarmung der Mittelöle eintritt — mit steigendem Siedepunkt verschiebt sich das Gleichgewicht stärker nach der Dehydrierseite — und dann durch Spaltung der wasserstoffärmeren Mittelöle ein aromatisches Benzin entsteht.

Die eingehenden Studien der I. G. wurden auch hier zunächst mit Erdöl-Mittelölen — insbesondere den nicht zu wasserstoffreichen Typen (aus asphaltbasischen Ölen) — durchgeführt, und zwar unter Verwendung der Mo/Zn/Mg-Kontaktkombination, bei Drucken von 200 bis 300 at und Temperaturen von eben über 500° C. Der erwartete Effekt trat auch ein: Das im Kreislauf geführte, nicht in Benzin umgewandelte Mittelöl wurde von Durchgang zu Durchgang wasserstoffärmer und stellte sich schließlich auf einen konstanten Wert ein, entsprechend einem Anilinpunkt von etwa + 10 bis — 10° C. Entsprechend dieser Wasserstoffverarmung des Mittelöls entstanden aromatische Benzine, die — eben infolge dieses Charakters — auch in den oberen Siedebereichen sehr gutes Klopfverhalten aufwiesen. Da bei dieser Fahrweise — im Gegensatz zu der vorhin betrachteten hydrierenden Spaltung — eine gewisse Erhöhung des Endpunktes des Mittelöls eintritt (Aromaten sieden höher als die entsprechenden gesättigten Produkte), ist es vorteilhaft, den Endpunkt des Frischöls etwas tiefer als bei der hydrierenden Spaltung zu wählen, d. h. z. B. leichtes Gasöl, bis etwa 300° C siedend, zu verwenden, um zu verhindern, daß nicht mehr völlig verdampfte Ölanteile auf den Kontakt gelangen.

So wird beispielsweise bei der Aromatisierung eines zwischen 200 und 290° C siedenden Erdöl-Mittelöls (d 0,863, A. P. 37° C) ein Benzin erhalten, das bei einem Endpunkt von 205° C die sehr gute Oktanzahl 85 aufweist. Allerdings ist die Ausbeute (etwa 80%) nicht so gut wie bei der hydrierenden Spaltung (fast 90%) und infolge dieser höheren Vergasung ist auch der Wasserstoffverbrauch größer. Indessen ist das Verfahren längere Zeit in technischem Maßstabe in USA. durchgeführt worden und hat damit seine Bewährung erfahren; lediglich Verschiebungen in den Preisrelationen zwischen Rohstoffen und Fertigprodukten haben zur Einstellung der Erzeugung geführt.

Das erwähnte günstige Klopfverhalten der oberen Fraktionen des Aromatisierungsbenzins hatte die Standard zu dem Gedanken geführt, diese Fraktionen so herauszuschneiden, daß einerseits — hinsichtlich der unteren Begrenzung — ein relativ hoher Flammpunkt von etwa 40° C (entsprechend dem üblichen Flammpunkt von Leuchtölen) eingestellt wurde, andererseits — hinsichtlich der oberen Begrenzung — ein Siedeende, bei dem Schmierölverdünnung noch nicht eintrat; diesen Bedingungen entsprachen Siedegrenzen von etwa 155 bis 210° C. Wie erwartet, hatten solche hochsiedenden Aromatisierungsbenzine („Hydro-Safety-Fuels") Oktanzahlen um 90 und zeigten entsprechend ein hervorragendes Verhalten im Flugmotor. Indessen entsprach die Erhöhung der Sicherheit gegen Brand- und Explosions-Gefahren, die mit diesem Safety-Fuel angestrebt worden war, nicht den Hoffnungen, indem der Erniedrigung der Brandgefahr ausfließenden Brennstoffs infolge der ungünstigen Lage

der Explosionsgrenzen eine Erhöhung der Explosionsgefahr in den Treib-
stoffbehältern entgegenstand[1]. Dieser Umstand zusammen mit der
Schwierigkeit der Umstellung der Flugmotoren auf die Eigenart des
Brennstoffs verhinderte seine Einführung.

Infolge des hohen Aromatengehalts hat die Schwerbenzin-Fraktion
aus Aromatisierungsbenzin für Lacke, Harze, Firnisse, Kautschuk u. a. m.
eine hohe Lösefähigkeit und steht darin der üblichen Solventnaphtha aus
Kokereiteer nicht nach; aus wirtschaftlichen Erwägungen ist indessen
dieser Gedanke der Standard für den Einsatz der Schwerbenzin-Fraktion
nicht zum Tragen gekommen.

Während so die aromatisierende Benzinierung von Erdölen über der
Mo/Zn/Mg-Kombination sich technisch befriedigend durchführen läßt,
traten bei den Versuchen in Deutschland — vor allem im Großbetrieb —
bei der Aromatisierung der wesentlich unreineren Braunkohlenöle bei
200—300 at Druck nicht unerhebliche Schwierigkeiten auf. Verstärkt
durch die kontaktschädigende Wirkung des Kreislaufgases, kam zu der
Siedepunktserhöhung des Kreislauf-Mittelöles durch Dehydrierung eine
Neubildung höhersiedender Produkte durch Polymerisation und Kondensation hinzu, wobei zweifellos auch die Cyclo-Dehydrierung eine entscheidende Rolle spielte. Es bildeten sich u. a. Mehrkernaromaten bis
herauf zum Pyren, ja Coronen und Dekacyclen, die einer hydrierenden
Spaltung nicht mehr zugänglich waren und sich daher auf dem Kontakt,
ja sogar in den Leitungen festsetzten. Hand in Hand ging damit eine
Kohlenstoffabscheidung auf dem Kontakt, die starkes Nachlassen seiner
Aktivität zur Folge hatte. — Bei Steinkohleprodukten waren mit diesem
Kontakt von vornherein für technische Zwecke die Leistungen zu niedrig
und die Vergasungen zu hoch.

Für die deutschen Verhältnisse war aber gerade die Aromatisierung der
Steinkohleprodukte besonders interessant, da hier der Rohstoff von vorn-
herein einen aromatischen Charakter hatte und somit gewissermaßen
prädestiniert war zur Erzeugung eines aromatischen Benzins. Bei den
Erdöl- und Braunkohle-Mittelölen spaltet jeweils ein Teil des eingesetzten
Rohstoffs, bevor die Dehydrierung des Mittelöls eingetreten ist, und gibt
so weniger stark aromatische Benzinanteile; bei der Steinkohle liegen
Frischöl und Rückführ-Mittelöl nahezu auf derselben Wasserstoffebene.
Für die Aromatisierung des Steinkohle-Mittelöls mußte also ein neuer
Katalysator entwickelt werden, wobei folgende Richtlinien maßgebend
waren: Der Kontakt mußte eine starke Spalt-Komponente haben, um
die an sich thermisch recht stabilen aromatischen Verbindungen des
Rohstoffs in Benzin umwandeln zu können; die Hydrier-Komponente
mußte ausreichen, um die entstehenden Spaltstücke so weit abzusättigen,

---

[1] Betrachtungen über die „Sicherheit" von „Sicherheitsbrennstoffen"
siehe Holaday: „Oil and Gas Journal" 45, Nr. 51, S. 112 (1947).

daß die unerwünschten Nebenreaktionen (Polymerisation, Kondensation, Cyclo-Dehydrierung) unterbleiben; die Hydrierwirkung durfte aber nicht so stark sein, um die volle Einstellung des Hydriergleichgewichtes zu katalysieren, da dieses bei den in Frage kommenden Temperaturen (um 500° C) und Drucken (300 at) noch stärker auf der Hydrierseite lag als erwünscht. Unter Berücksichtigung der oben (S. 123) wiedergegebenen Erkenntnisse wurde so in sehr umfangreichen Versuchen von der I. G. ein Katalysator entwickelt, bestehend aus 80 Teilen wasserdampfaktivierter A-Kohle, 15 Teilen Cr_2O_3 und 5 Teilen V_2O_5, worin die A-Kohle als Spaltkomponente wirkt, das Vanadin als Hydrierkontakt und das Chrom als Aktivator für das Vanadin. Mit diesem Kontakt ließ sich Steinkohlemittelöl in direkter Behandlung bei 300 at und 500° C mit guter Leistung und befriedigender Vergasung in ein Benzin mit über 50% Aromatengehalt umwandeln. Diese Ergebnisse wurden in der Großtechnik bestätigt, aber der Kontakt zeigte doch ein leichtes Nachlassen seiner Aktivität, so daß nach etwa einem halben Jahr die erzielten Ergebnisse nicht mehr befriedigten, d. h. der Kontakt erreichte nicht die Lebensdauer (11 Monate und darüber), die aus wirtschaftlichen Erwägungen wünschenswert ist.

Offenbar waren also die unerwünschten Nebenreaktionen (Bildung höhersiedender Produkte) nicht so vollständig ausgeschaltet worden, wie es für die langdauernde Aufrechterhaltung der vollen Kontaktaktivität notwendig gewesen wäre. Daraus wurde von der I. G.-Schule in einem anderen deutschen Hydrierwerk die Schlußfolgerung gezogen, das Eintreten der unerwünschten Nebenreaktionen durch Erhöhung des Wasserstoffdruckes zu unterbinden und zugleich durch Verminderung bzw. Abänderung der Hydrierkomponente die Einstellung des bei diesen höheren Wasserstoffdrucken naturgemäß ungünstigeren Hydriergleichgewichts zu verhindern. Der so entwickelte Kontakt (0,6% Mo, 2% Cr, 5% Zn, 5% S auf flußsäuregeätzter Bleicherde) aromatisierte Sumpfphasemittelöle aus Steinkohle oder Kokereiteerpech bei 700 at, 480 bis 500° C und etwa 2500 Nm^3 Kreislaufgas/t-Einspritzung mit guter Leistung und guter Vergasung zu einem Benzin mit über 50 Vol.-% Aromaten und bewahrte eine ausreichende Aktivität über 11 Monate. Gegen Stickstoffverbindungen im Frischöl bzw. Kreislaufgas ist der Kontakt unempfindlich, so daß eine Wasserwäsche des Kreislaufgases zur Entfernung des Ammoniaks nicht notwendig ist; wofern das Kreislaufgas der der Gasphase vorgeschalteten Sumpfphase nicht zuviel Kohlenoxyde enthält, können die unter gleichem Druck fahrenden Kammern der Sumpf- und Gasphase kreislaufseitig zusammengeschlossen werden. Eine Aufschweflung des Einspritzproduktes für die Gasphase ist nicht vonnöten.

Mit dieser Entwicklung, die in jahrelangem Großbetrieb ihre technische Reife erwiesen hat, war das erstrebte Ziel erreicht, ausgehend

10*

von den aromatischen Steinkohle-Mittelölen in einer Stufe zu aromatischen Benzinen zu kommen. Bei der Aromatisierung von Sumpfphase-Produkten, die etwas größere Mengen Benzin enthalten, empfiehlt es sich, dieses nicht über die Aromatisierung zu geben, da es zur Erhöhung der Gasbildung Veranlassung gibt; so ist es beispielsweise bei Steinkohleprodukten zweckmäßig, aus dem Kohleofen-Abstreifer das Sumpfbenzin bei etwa 155° C abzuschneiden und über eine chemische Raffination — die unschwer durchzuführen ist — dem Benzin der Aromatisierung zuzugeben; da diese leichten Anteile des Sumpfphasebenzins selbst gutes motorisches Verhalten besitzen, beeinträchtigen sie den Wert des Aromatisierungsbenzins nicht nennenswert.

Einen Begriff der technischen Durchführung der einstufigen Aromatisierung von Steinkohlenmittelöl bei 700 at vermittelt Schema 12 (S. 143). Man ersieht daraus, daß aus 100 Teilen Sumpf-Benzin + -Mittelöl 82 Teile Aromaten-Flugbenzin erhalten werden, was als sehr befriedigende Ausbeute angesprochen werden kann. Analog, aber natürlich mit besserer Ausbeute, verläuft die Herstellung von Aromaten-Autobenzin, wobei der Vorteil des guten Klopfwertes der höheren Fraktionen mitgenommen wird; dieser Umstand ermöglicht es, das Aromatenbenzin für Autozwecke bei etwa 200° C abzuschneiden, was sich sehr vorteilhaft für die Ausbeute auswirkt.

Vergleicht man die Herstellung von Aromaten-Flugbenzin mit der Gewinnung von normalem Flugbenzin durch hydrierende Spaltung (Tab. 32), so ergibt sich das in Tabelle 34 wiedergegebene Bild:

Tabelle 34. *Vergleich der Herstellung von Flugbenzin aus Steinkohlenmittelöl durch dehydrierende und hydrierende Spaltung.*
(Eingang: 100,0 stuto Steinkohle-Benzin + -Mittelöl.)

Verfahren		Aromatisierung	hydrierende Spaltung
Druck at		700	300
Stufenzahl		1	2
Reaktionsvolumen m³		218,3	308,0
H_2-Verbrauch (100%ig) chem. geb. Nm³/h		32 550	59 150
H_2-Verbrauch (97%ig) ges. Nm³/h ca.		40 900	67 500
Benzin stuto		82,45	81,05
Vom Benzin:	% — 100° C	48	57
	E. P. ° C	165	155
	Vol.-% Aromaten	48	5
	OZ	79	74,5
	OZ + 0,09 Vol.-% TEL	88	89,5
Gasbildung:	Methan stuto	4,645	1,043
	Äthan ,,	3,707	1,291
	Propan ,,	4,725	4,603
	Butan ,,	3,118	13,020
	Sa.	16,195	19,957

Schema 12.

Vereinfachtes Fließschema der aromatisierenden Druckhydrierung von Steinkohle-Benzin + -Mittelöl (aus der Mittelölfahrweise) über fest angeordnetem Kontakt bei 700 at Druck zu aromatischem Flugbenzin.

(Alle Angaben in stuto, wo nicht anders vermerkt; Eingang 58,55 stuto Benzin + Mittelöl im Anschluß an Schema 4.)

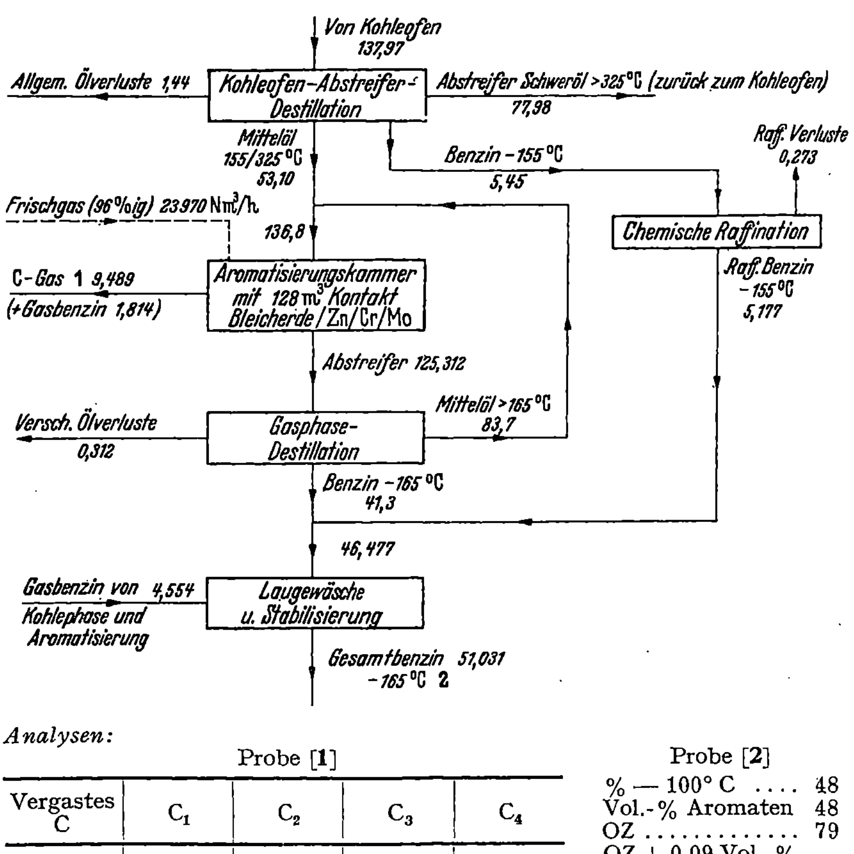

Analysen:

<table>
<tr><td colspan="5" align="center">Probe [1]</td></tr>
<tr><td>Vergastes C</td><td>C₁</td><td>C₂</td><td>C₃</td><td>C₄</td></tr>
<tr><td>%</td><td>27</td><td>23</td><td>30</td><td>20</td></tr>
</table>

Probe [2]

% — 100° C	48
Vol.-% Aromaten	48
OZ	79
OZ + 0,09 Vol.-% TEL	88

Der Hauptnachteil der Aromatisierung, nämlich die Verwendung von 700 at Druck (der Kontakt fordert einen H_2-Partialdruck von über 500 at), wird ausgeglichen oder sogar überkompensiert durch den geringeren Bedarf an Reaktionsraum und Wasserstoff bei mindestens gleicher Benzinausbeute. Ist man daher in der Wahl des Druckes frei, so wird man bei der Umwandlung von Steinkohlemittelöl zu Flugbenzin der Aromatisierung den Vorzug geben gegenüber der hydrierenden Spaltung, vor allem auch, da das Aromatenbenzin nicht nur einen höheren Literheizwert hat, sondern auch in seinem motorischen Verhalten dem Hydrierflugbenzin mehr überlegen ist, als die Klopfwerte erkennen lassen; denn bei dem Vergleich zweier so verschiedenartiger Benzine geben nur die Überladekurven eine eindeutige Beurteilungsmöglichkeit. Aus diesen aber ergibt sich, daß das Aromatenbenzin in dem für den Start und den Kampf maßgebenden Gebiet des reichen Kraftstoffgemischs dem Hydrierflugbenzin überlegen ist. Als sehr zweckmäßige Mischung für einen Hochleistungskraftstoff hat sich eine solche aus 80 Teilen Aromatenbenzin und 20 Teilen Isooctan-Kraftstoff erwiesen unter Zusatz von 0,12 Vol.-% TEL.

Ganz generell jedoch muß man sich darüber klar sein, daß Aromatenkraftstoffen grundsätzlich der Nachteil der Temperaturempfindlichkeit anhaftet, d. h. des relativ starken Klopfwertabfalls bei den in Hochleistungsflugmotoren auftretenden relativ hohen Zylinderwand-Temperaturen. Diese Temperaturempfindlichkeit ist bei den Hydrierflugbenzinen weit geringer; hat man daher — was in Deutschland nicht der Fall war — für die Aufbesserung der Hydrierflugbenzine ausreichende Mengen Isooctantreibstoffe zur Verfügung — die praktisch keinen Temperaturabfall zeigen —, so kann sich die Bewertung der beiden Verfahren gegeneinander zugunsten des Hydrierflugbenzins verschieben, vor allem wenn man die Möglichkeiten der Isooctanherstellung mit berücksichtigt, die in dem wesentlich größeren Butananfall bei der hydrierenden Spaltung liegen.

Eine Verallgemeinerung dieser auf Steinkohlemittelöl abgestellten Betrachtungen auf andere Rohstoffe ist nicht ohne weiteres zulässig, die Lage muß vielmehr für jeden Rohstoff gesondert geprüft werden; grundsätzlich aber kann man sagen, daß mit zunehmendem Wasserstoffgehalt des Rohstoffs die Bewertung sich immer mehr nach der Seite des Hydrierflugbenzins verschiebt. Weiter ist in diesem Zusammenhange festzuhalten, daß es bei der Aromatisierung — abweichend von der spaltenden Hydrierung unter hydrierenden Bedingungen (S. 120) — nicht vorteilhaft ist, wasserstoffarme und wasserstoffreiche Mittelöle im Gemisch zu verarbeiten, da die optimalen Hydrierbedingungen für beide Stoffklassen zu weit auseinander liegen.

Mit diesen Darlegungen ist lediglich der gegenwärtige Stand der Entwicklung wiedergegeben; es soll damit keineswegs gesagt werden, daß es nicht möglich ist, einen Aromatisierungskontakt zu entwickeln, der auch bei 300 at bei guter Wirksamkeit eine ausreichende Lebensdauer besitzt. Wenn man sich den außerordentlichen Fortschritt vor Augen hält von der Mo/Zn/Mg-Kombination — die für Steinkohlenöle gar nicht zu gebrauchen ist — zu dem A-Kohle/Cr/V-Kontakt, so möchte man im Gegenteil meinen, daß das Ziel eines guten 300 at-Aromatisierungskontaktes nicht sehr fern liegen kann. Auf der anderen

Seite ist in qualitativer Hinsicht die Entwicklung der Kontakte für die spaltende Hydrierung unter hydrierenden Bedingungen mit dem Terrana/WS$_2$-Kontakt wohl auch noch nicht endgültig abgeschlossen; man kann sich durchaus vorstellen, daß es Katalysatoren gibt, die bei gleicher quantitativer Wirkung — beispielsweise durch stärkere Isomerisierung — Benzine mit noch besserem motorischen Verhalten liefern.

Das DHD-Verfahren[1]. Wie geschildert, kamen unter den obwaltenden Umständen für die Erzeugung von Hochleistungskraftstoffen nur aromatische Grundbenzine in Frage. Da nach dem technischen Stande ihre Herstellung die Anwendung von 700 at Druck erfordert, hierfür aber nicht genügend Kapazität zur Verfügung stand, ergab sich die Bestrebung, das durch Spaltung unter hydrierenden Bedingungen gewonnene Benzin nachträglich in aromatisches Benzin umzuwandeln. Der Umstand (Tab. 32), daß das Steinkohle-Hydrierbenzin rund zur Hälfte aus Naphthenen besteht — von denen auf Grund ihrer Herkunft angenommen werden konnte, daß sie vorwiegend 6-Ring-Systeme bzw. in Hydroaromaten isomerisierbare Cyclopentanderivate darstellen —, eröffnete die Möglichkeit, durch Dehydrierung dieser Naphthene das Benzin zu aromatisieren. Mit Rücksicht auf die Gleichgewichtslage mußte für diese Dehydrierung der Wasserstoffdruck gegenüber dem bei der Hydrierung üblichen wesentlich herabgesetzt werden; auf der anderen Seite war eine zu starke Erniedrigung des Wasserstoffteildruckes zu vermeiden, da sonst die sicher zu erwartenden kontaktschädigenden Polymerisationen und Kondensationen das tragbare Maß überschreiten würden. So oder so war — auch unter Berücksichtigung der Erfahrungen bei der Aromatisierung — nicht zu erwarten, daß die für Hydrierung üblichen Lebensdauern der Kontaktaktivität auch nur annähernd erreicht werden könnten. So mußte man sich mit dem Gedanken vertraut machen, analog dem katalytischen Kracken mit abklingenden Kontakten zu arbeiten und diese in bestimmten Perioden immer wieder in situ durch Oxydation zu regenerieren.

Diese Arbeitsweise erforderte

1. einen Kontakt, der — ausgehend von der oxydischen Stufe — die gewünschte Dehydrierung bei möglichst geringer Spaltung und Bildung von Gasen und Polymerisationsprodukten (Koks) zu katalysieren vermag und beliebig oft durch Oxydation (Ausbrennen) zu seiner Anfangsaktivität wiederbelebt werden kann; sowie

2. auch von der apparativen Seite her die Einhaltung eines Druckes, bei welchem der häufige Wechsel von Unter-Druck-Stellen und Entspannen nicht zum Undichtwerden führt.

---

[1] „Druck-H$_2$-Dehydrierung".

Auch für diesen Dehydrierungsprozeß erwies sich wiederum Molybdän als ein sehr geeigneter Katalysator, wie ja auch die üblichen schwefelempfindlichen Hydrierkatalysatoren (Platin, Nickel) zugleich bei höherer Temperatur ausgezeichnete Dehydrierkatalysatoren sind. Als Träger bewährte sich auch hier — wie in dem schwach spaltenden Vorhydrierkontakt — aktive Tonerde; als ein geeignetes Mischungsverhältnis ergab sich 90% aktive Tonerde + 10% Molybdänsäure.

Für die DHD-Behandlung von Steinkohlehydrierbenzinen erwies sich ein Gesamtdruck von etwa 60 bis 70 at als geeignet bei einem Wasserstoffteildruck von etwa 30 bis 40 at. Als zweckmäßige Reaktionstemperatur stellte sich eine solche von etwa 500 bis 530° C heraus. Da hier eine Wasserstoffabspaltung vorliegt, ist — genau umgekehrt wie bei der Wasserstoffanlagerung in der Hydrierung — der Prozeß endotherm, d. h. die Temperatur fällt im Reaktionsraum ab. Damit aber kommt man aus dem erwünschten Dehydriergebiet heraus. Um dem zu begegnen, muß man also den Reaktionsraum unterteilen und zwischen den einzelnen Öfen wieder aufheizen, was in gesonderten Teilen des — wie üblich — zwischen den Wärmeaustauschern und dem Reaktionsraum angeordneten Spitzenvorheizers geschieht. Ein typisches Temperaturbild von vier hintereinander geschalteten Kontaktöfen hat beispielsweise folgendes Aussehen:

Ofen Nr. ..	I	II	III	IV
Temp. ° C .	500 → 450	510 → 490	520 → 510	530 → 530

Man sieht daraus, daß — wie bei der Hydrierung in Sumpf- und Gasphase — die Wärmetönung — hier negativ — im ersten Ofen am größten ist und mit fortschreitender Reaktion nachläßt; zugleich gibt das Schema die erprobte Fahrweise wieder, mit fortschreitender Reaktion das Temperaturniveau zu heben. — Bei der Dehydrierung entstehen gewisse ungesättigte Bestandteile, die die Stabilität des DHD-Benzins ungünstig beeinflussen. Um ihre (unschöne) Entfernung durch chemische Raffination zu vermeiden, erfolgt ihre Absättigung (d. h. Überführung in stabile Produkte) im Abkühlungswege, indem man zwischen dem ersten und zweiten Wärmeaustauscher einen mit dem nämlichen Kontakt gefüllten „Raffinationsofen" anordnet. Bei der hier herrschenden Temperatur von etwa 300 bis 350° C hydriert der Katalysator die instabilen Olefine bzw. Diolefine (von Jodzahl etwa 8 auf 2), ohne die Aromaten anzugreifen. Nach weiterer Abkühlung in Wärmeaustauschern (II und III) sowie einem Wasserkühler erfolgt die Trennung von Produkt und Kreislaufgas in einem Abstreifer. Aus dem Kreislaufgas, das man mit etwa 1000—1500 m³/t-Einspritzung bemißt, wird eine dem durch Dehydrierung des eingesetzten Benzins entstandenen Wasserstoff entsprechende Gasmenge laufend abgezogen. Da dieses zu entspannende Gas außer

Wasserstoff und permanenten Kohlenwasserstoffen auch geringe Mengen höherer Kohlenwasserstoffe enthält, wird es vor der Entspannung mit dem zu dehydrierenden Schwerbenzin gewaschen. Dieses beladene Waschöl kehrt zur Vordestillation zurück, von wo die aufgenommenen leichten Anteile mit dem dort abgetriebenen Leichtbenzin in die Stabilisation gelangen. In Ergänzung dazu werden bei der Reaktion die entstandenen gasförmigen Kohlenwasserstoffe durch Lösung im Abstreiferprodukt entfernt, so daß sich ein Wasserstoffgehalt des Kreislaufgases von etwa 65 → 55%, abnehmend mit nachlassender Kontaktaktivität, einstellt.

Da sich bei dieser Dehydrierung durch Polymerisationsreaktionen etwa 0,2% Koks — bezogen auf Einspritzprodukt — auf dem Kontakt abscheiden, fällt im Laufe der Betriebszeit die Kontaktaktivität ab, so daß der Dehydrierungseffekt unzureichend wird, was bei Steinkohlebenzin nach etwa 125—200 h der Fall ist. Deshalb wird dann auf Regenerierung übergegangen, die bei 40 at und etwa 530° C mit im Kreislauf umgepumptem sauerstoffhaltigen Stickstoff (etwa 2—4% O_2) während etwa 12 h erfolgt; die Regenerierungsperiode wird gegen die Fahrperiode durch drucklose Stickstoffspülungen abgegrenzt, wozu etwa 12 h benötigt werden. Unter Einsetzung der generell den Hydrierverfahren zugrunde gelegten Jahresbetriebszeit von 8000 h rechnet man beim DHD-Verfahren mit 6000 Jahresbetriebsstunden reiner Fahrzeit.

Es hat sich nicht als zweckmäßig erwiesen, das gesamte Hydrierautobenzin in das DHD-Verfahren einzubringen, da die leichten Anteile darin doch nur zu einer Erhöhung der Vergasung führen, ohne nennenswert zur Vermehrung der Aromaten beitragen zu können, denn die Anteile an dehydrierbaren Naphthenen im Leichtbenzin sind doch nur sehr gering. Deshalb wird das Leichtbenzin (bis etwa 85° C) aus dem Hydrierautobenzin in einer — zweckmäßigerweise bei etwas erhöhtem Druck (beispielsweise 3 at) betriebenen — „Vordestillation" herausgeschnitten und später dem dehydrierten Benzin wieder zugemischt. Man kann natürlich auch diese Vordestillation einsparen, indem man in der bzw. den Gasphasedestillationen unmittelbar die erforderlichen Schnitte vornimmt. In diesem Falle muß naturgemäß das Leichtbenzin vor seiner Vereinigung mit dem DHD-Produkt vom Schwefelwasserstoff befreit werden. — Will man nur einen Teil des Hydrierbenzins dem DHD-Prozeß unterwerfen, so empfiehlt es sich, hierfür das Vorhydrierbenzin einzusetzen, da es an sich im Klopfwert ungünstiger liegt als das Benzin aus der Benzinierungsstufe, sich aber bei der Dehydrierung eher günstiger verhält als das Benzinierungsbenzin.

In das DHD-Verfahren geht also die Benzin-Fraktion 85—185° C ein. Bei der Dehydrierung entstehen — teils durch die Dehydrierung selbst, teils durch Polymerisationsreaktionen — kleinere Mengen höhersiedender Produkte, die durch eine „Redestillation" als „DHD-Rückstand" aus dem DHD-Abstreiferprodukt entfernt werden und über die Hydrierung zurückkehren, wofern man sie nicht für Sonderzwecke — beispielsweise als Lösungsmittel — herausziehen will. Das Leichtbenzin und das redestillierte DHD-Produkt werden gemeinsam stabilisiert.

Einen Begriff von der technischen Durchführung der DHD-Umwandlung von Steinkohle-Hydrierautobenzin (—185° C) in Aromatenflugtreibstoff (—165° C) vermittelt Schema 13. Es ergibt sich daraus, daß aus 100 Teilen Steinkohleautobenzin (ohne Gasbenzin) 81,5 Teile Aromatenflugbenzin · (einschl. DHD-Gasbenzin) mit etwa 50 Vol.-% Aromaten erhalten werden unter Gewinnung von 2,1 Teilen Wasserstoff,

Schema 13.

Vereinfachtes Fließschema der DHD-Umwandlung von Steinkohle-Autobenzin in Aromaten-Flugbenzin.

(Alle Angaben in stuto, wo nicht anders vermerkt; Anschluß an Schema 4 mit Variation von Schema 11.)

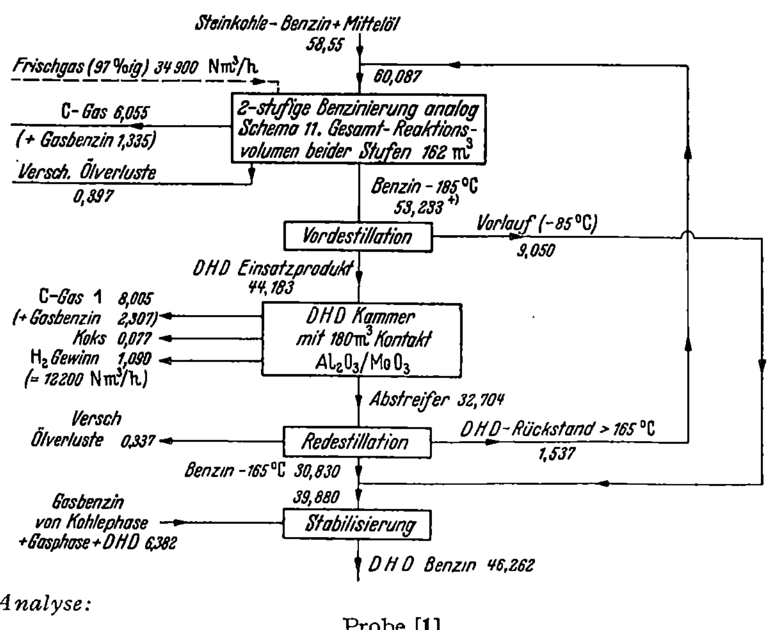

Analyse:

Probe [1]

Gasart	CH_4	C_2H_6	C_3H_8	C_4H_{10}
stuto	1,716	2,083	2,507	1,705

+) entsprechend 51,79 (Schema 11) ohne Rückführung des DHD-Rückstandes.

der also in der Gasphasehydrierung sozusagen zuviel an das Benzin angelagert worden war, hier jetzt allerdings in Verdünnung mit Kohlenwasserstoffen zurückerhalten wird.

Während man also bei der Aromatisierung bei 700 at von einem aromatischen Mittelöl in direktem Gang zum aromatischen Benzin kommt, gelangt man hier bei 300 bzw. 70 at zu einem Benzin von sehr ähnlicher Qualität auf dem Wege über ein wasserstoffreiches Zwischenprodukt; allerdings ist zu berücksichtigen — was beim Verhalten im Motor zum Ausdruck kommt —, daß das DHD-Benzin (vor allem in den unteren, nicht DHD-behandelten Fraktionen) mehr Isoparaffine enthält als das Aromatisierungsbenzin. Wie sich so unter Berücksichtigung der verschiedenartigen Druckverhältnisse die beiden Wege miteinander vergleichen, zeigt Tab. 35, die abgestellt ist auf die Erzeugung von 100 stuto Aromatenbenzin, wobei der Gang von der Steinkohle an verfolgt wird, da wegen der Verschiedenartigkeit der Prozesse nur so eine klare Gegenüberstellung möglich ist.

Der Rohstoffverbrauch ist also bei dem Weg über Benzinierung+DHD

Tabelle 35. *Gegenüberstellung von Aromatisierung und Benzinierung + DHD für die Erzeugung von 100,0 stuto Aromaten-Flugbenzin aus Steinkohle.*

Bedarf bzw. Anfall		Einheit	Aromatisierung	Benzinierung + DHD
Reinkohle		stuto	195,8	216,1
H_2 (100%ig) chem. geb.: 700 at		Nm^3/h	230 150	212 600
300 at			—	69 390
Gutschrift f. H_2-Erzeugung DHD[1]			—	26 400
	Sa.		230 150	255 590
Gesamt (rd.)	700 at		287 400	266 500
	300 at		—	75 400
	Sa.		287 400	341 900
Reaktionsvol.:	700 at	m^3	779,7	592,0
	300 at		—	350,3
Hochdruck gesamt			779,7	942,3
	70 at		—	389,2
Hochdruck + Mitteldruck gesamt			779,7	1331,5
Zu destill. Mengen	Kohlephase	stuto	270,2	298,1
	Gasphase + DHD		245,8	447,5
	Gesamt		516,0	745,6
Gasförmige Nebenprodukte: CH_4			17,08	17,36
C_2H_6			14,44	16,47
C_3H_8			18,73	23,23
C_4H_{10}			11,08	20,48
	Sa.		61,33	77,54

[1] Nur beim chem. H_2-Verbrauch eingesetzt, da H_2 in DHD in verdünnter Form anfällt.

größer als bei der direkten Aromatisierung, wobei allerdings berücksichtigt werden muß, daß bei dem indirekten Weg mehr Propan und Butan anfallen, die entweder direkt als Treibstoff eingesetzt werden können oder nach Umwandlung in flüssige Treibstoffe durch Polyformen bzw. Alkylieren. Bei dem Weg über Benzinierung + DHD spart man etwas an 700 at-Wasserstoff und 700 at-Reaktionsvolumen; in den anderen Punkten aber liegt man hiermit ungünstiger als bei der Aromatisierung. Für die Herstellung von Aromatenbenzin aus Steinkohle ist daher der Umweg nur zu rechtfertigen, wenn man hinsichtlich des zur Verfügung stehenden 700 at-Reaktionsvolumens beschränkt ist; dies war unter den deutschen Verhältnissen der Fall.

Geht man aber in der Beurteilung über den speziellen Bereich des Vergleichs hinsichtlich der Herstellung von Aromatenbenzin hinaus, d. h. zieht man für die Gesamtbeurteilung auch alle anderen Möglichkeiten heran, die die Hydrierung bietet — vor allem unter Berücksichtigung der Kombinationen zwischen Hydrieren und Kracken (S. 124) und der später (S. 154) zu behandelnden hydrierenden Raffination — und berücksichtigt man weiter, daß vielleicht auch auf anderem Wege als über DHD — beispielsweise durch selektive Entmethylierung[1] — das Hydrierbenzin verbessert werden könnte, so erkennt man, daß der Besitz einer für 300 at-Gasphasehydrierung unter hydrierenden Bedingungen geeigneten Apparatur doch so viel Vorteile bietet, daß man für den speziellen Zweck der Aromatenbenzinherstellung über DHD gewisse Nachteile gegenüber dem direkten Weg in Kauf nehmen kann. Die Entscheidung für direkten oder indirekten Weg hängt also auch ab von der Frage, ob man die Möglichkeiten mitnehmen will, die in der Verwendung der 300 at-Apparatur für Kombinationen mit Kracken, für hydrierende Raffination, für selektive Entmethylierung des Hydrierbenzins usw. liegen.

Man hätte vermuten können, daß das DHD-Verfahren — welches ja in erster Linie einen Dehydrierungsprozeß darstellt — beschränkt ist auf Benzine, die aus aromatischen Grundstoffen entstanden sind und demnach zufolge des im wesentlichen erhaltenen Grundcharakters der Dehydrierung zu Aromaten zugänglich sind. Es hat sich aber gezeigt, daß im DHD-Verfahren auch Paraffine in Aromaten umgewandelt werden, wie aus Tab. 36 hervorgeht:

Tabelle 36. *Zusammensetzung von Einspritzprodukt und Benzin aus DHD-Ofen.*

Inhaltsstoffe Gew.-%	Schwerbenzin 85/185° C Einspritzprodukt f. DHD	Benzin aus Produkt des DHD-Ofens
Aromaten	10	66
Naphthene	51	8
Paraffine	38	25,5
Olefine	1	0,5

[1] Haensel: C 1947, II, 404.

Damit hatte sich die Möglichkeit eröffnet, auch wasserstoffreichere Produkte, z. B. Benzine aus Braunkohle oder Erdöl, dem DHD-Prozeß zuzuführen. Allerdings muß man hier — um stärker zu dehydrieren — mit dem Druck zurückgehen auf etwa 25—35 at. Dadurch nimmt die Koksbildung etwas zu, auf etwa 0,5—1,0% (bezogen auf Einspritzprodukt), was sich praktisch in einer Verkürzung der Fahrzeiten auf etwa 60 Std. auswirkt. Außerdem steigt die Vergasung auf rund 140% des Wertes für die DHD-Behandlung von Steinkohlebenzin. Im endgültigen DHD-Benzin aus Braunkohle oder Erdöl liegen die Aromaten zum Teil etwas niedriger als bei Steinkohle, doch fast stets über 40%; das motorische Verhalten des DHD-Benzins aus Braunkohle oder Erdöl ist fast so gut wie das des Steinkohle-DHD-Benzins.

Indem so auch Erdöl in den DHD-Kreis einbezogen werden konnte, ergab sich die Möglichkeit, mit Hilfe des DHD-Verfahrens auch Erdöl-straight-run-Benzine zu aromatisieren und damit die Anwendungsmöglichkeiten des Verfahrens beträchtlich zu erweitern. Das DHD-Verfahren ist damit nicht mehr ein Teilprozeß in der Umwandlung hochmolekularer Rohstoffe durch Hydrierung in Aromatenbenzin, sondern ist zu einem selbständigen Verfahren der Verbesserung von von der Natur gegebenen Benzinen geworden. Wie daher auch die Bewertung des DHD-Verfahrens gegenüber der aromatisierenden Hydrierung sich darstellen möge, der Wert des DHD-Verfahrens für die Verbesserung naturgegebener Benzine wird dadurch nicht berührt.

Eine bemerkenswerte Variante des DHD-Verfahrens hat die Universal Oil Products Co.[1] angegeben, die darin besteht, ein Gemisch von straight-run-Benzin und olefinischem Spaltbenzin dem DHD-Verfahren zu unterwerfen, wobei der durch die Dehydrierung des straight-run-Benzins frei werdende Wasserstoff die Olefine des Spaltbenzins hydriert, so daß im Endeffekt keine wesentlichen Mengen Wasserstoff frei abgegeben werden. Es handelt sich hier also um eine Kombination von Dehydrierung von straight-run-Benzin und hydrierender Raffination (S. 162) von olefinischem Spaltbenzin, wobei das straight-run-Benzin als Wasserstoff-Donator, das Spaltbenzin als Wasserstoff-Acceptor fungieren. — Die Standard Oil Devel. Co[2] will den DHD-Prozeß im Fließkontakt-Verfahren durchführen.

Alle erwähnten Ausführungsformen des DHD-Verfahrens, d. h. die Dehydrierung von Hydrierbenzinen aus Steinkohle oder Braunkohle wie auch die Verbesserung von Erdöl-straight-run-Benzinen, sind in Deutschland im Dauerbetrieb großtechnisch durchgeführt worden, wobei häufig Gemische von Hydrier- und Straight-run-Benzinen als Rohstoffe ein-

---

[1] F. P. 922 711 vom 23. 2. 1946; A. Pr. vom 24. 2. und 31. 3. 1945; C 1947, II, 954.
[2] USP 2447 043; Petr. Proc. 3, Nr. 12, S. 1218 (1948).

gesetzt worden sind. In allen Fällen hat sich das Verfahren vollauf bewährt, womit nicht nur die großtechnische Durchführbarkeit des Prozesses in chemischer Hinsicht sichergestellt worden ist, sondern auch der Beweis erbracht worden ist, daß auch unter den hier in Frage kommenden Arbeitsdrucken das Wechselverfahren von Betriebs- und Regenerierperiode sich technisch einwandfrei bewerkstelligen läßt.

Das Hydroforming-Verfahren (HF-Verfahren). Der Ausbildung des DHD-Verfahrens war bei der I. G. die Entwicklung des HF-Verfahrens zeitlich vorangegangen. Grundsätzlich ist die Arbeitsweise beider Verfahren — auch hinsichtlich der Art des verwendeten Kontaktes — sehr ähnlich.

Die I. G.-Kontakt-Erfahrungen bei der Aromatisierung und dem HF-Verfahren kombinierend, hat die Standard[1] für das Hydroformen einen Kontakt aus 90% $ZnAl_2O_4$ + 10% MoO_3 vorgeschlagen, der bei niedrigerer Temperatur arbeitet und dementsprechend weniger Koks und weniger gasförmige Kohlenwasserstoffe gibt. Die Union Oil Co.[2] will innerhalb des Rahmens der I. G.-Patente die mechanische Festigkeit und die Lebensdauer des Kontaktes erhöhen durch Einverleibung geringer Mengen Kieselsäure in das als Träger dienende Aluminiumoxyd sowie durch Zugabe kleinerer Anteile Kobaltoxyd zur Molybdänsäure.

Der wesentlichste Unterschied zwischen DHD- und HF-Verfahren liegt darin, daß das HF-Verfahren bei einem Druck von 15 at durchgeführt wird und sich damit noch weiter den in der Kracktechnik üblichen Bedingungen nähert. Infolge des niedrigeren Druckes liegen — gemäß der dadurch stärkeren Kohlenstoffabscheidung — die Fahrzeiten beim HF-Verfahren etwas niedriger als beim DHD-Verfahren; sie betragen beim HF-Verfahren für Hydrierbenzine etwa 80—100 h, für Erdöl-straight-run-Benzine etwa 10—30 h; doch ermöglichte die mit der Erniedrigung des Druckes verbundene Verkürzung der Spülzeiten auch eine Abkürzung der Gesamt-Regenerierzeiten auf etwa 20 bzw. 6 h, so daß im allgemeinen das recht günstige Verhältnis von Fahrzeit : Regenerierzeit = 4—5:1 eingehalten werden kann. Da das häufigere Regenerieren eine stärkere Beanspruchung des Katalysators mit sich bringt, ist die durchschnittliche Lebensdauer des Kontaktes mit etwa 6 Monaten rund die Hälfte von der des Kontaktes im DHD-Verfahren.

Gemäß der Ähnlichkeit beider Verfahren in technischer Hinsicht sind auch in chemischer Beziehung, d. h. bezüglich Ausbeuten und Produktqualitäten die beiden Verfahren sehr ähnlich, so daß sich eine Darstellung der Ergebnisse des HF-Verfahrens im einzelnen erübrigt. Als Beispiel sei jedoch in Tab. 37 die Verbesserung eines gemischtbasischen

---

[1] F. P. 920 397 vom 30. 1. 1946; C **1947**, II, 765.
[2] USP 2 437 533; Petrol. Process. **3**, 449 (1948).

Straight-run-Benzins (etwa oberhalb 85° C siedend) durch das HF-Verfahren dargestellt:

Tabelle 37. *Verbesserung von gemischt-basischem Straight-run-Benzin durch HF-Behandlung.*

Produkt	Einspritz-produkt	End-produkt
d_{20}	0,750	0,776
— 100° C	18	36
— 160° C	95	94
Paraffine %	41,5	36,5
Naphthene %	44	8
Aromaten %	14	54
Ungesättigte %	0,5	1,5
OZM	58,5	80
OZM + 0,12 Vol.-% TEL	79	91

Das Ziel der Herstellung eines Benzins mit über 50% Aromaten und ausgezeichneten motorischen Eigenschaften kann demnach auch mit Hilfe des HF-Verfahrens in technisch voll befriedigender Weise erreicht werden. Damit ist der Erdölindustrie ein Verfahren zur Verfügung gestellt worden, das in Gegenwart von Wasserstoff unter Druck arbeitet, d. h. die generellen Vorteile des Hydrierverfahrens beinhaltet, ohne einer Wasserstoffquelle zu bedürfen, ja das sogar Wasserstoff liefert (im obigen Beispiel etwa 1,4 Gew.-%, bezogen auf das Einspritzprodukt). Das von der I. G. entwickelte Verfahren, das in Österreich in einer Groß-anlage durchgeführt worden ist, hat daher auch Eingang in die Erdöl-verarbeitung in USA. gefunden, vornehmlich für die motorische Ver-besserung schwefelreicher Straight-run-Benzine (über 90% des Schwefels werden entfernt), aber auch zur Gewinnung von Aromaten für chemische Zwecke durch die HF-Behandlung von Straight-run-Benzinen; ja es läßt sich sogar erwarten[1], daß in USA. in der Raffinerie der Zukunft das gesamte Straight-run-Benzin HF-behandelt wird, damit den ständig steigenden Anforderungen an die Qualität der Benzine — insbesondere der Flugbenzine — entsprochen werden kann. So würde dann die Hy-drierung — wenigstens zunächst in ihrer Modifikation der Mitteldruck-hydrierung — in der Erdölindustrie der USA. in großem Ausmaße wiedererweckt werden, woraus sich der Wunsch ergeben könnte, auch der Vorteile der anderen Arten der Hydrierung (bei Hochdruck) teil-haftig zu werden.

Es ist nicht ohne weiteres möglich, eine allgemeingültige Bewertung der beiden ähnlichen Verfahren (DHD und HF) zu geben. Beim HF-Verfahren stehen — im Vergleich zum DHD-Verfahren — dem Vorteil

---

[1] Holaday: Petrol. Process. **3**, Nr. 2, S. 107 (1948).

des niedrigeren Druckes und damit der einfacheren Apparatur die Nachteile der häufigeren Regenerierung und der kürzeren Kontaktlebensdauer entgegen. Es kann nur von Fall zu Fall und nach den örtlichen Verhältnissen individuell entschieden werden, welchem Verfahren der Vorzug zu geben ist.

Zusammenfassend haben die Darlegungen über die spaltende Hydrierung unter dehydrierenden Bedingungen gezeigt, daß sowohl in der direkten aromatisierenden Spaltung von Mittelölen als auch in der dehydrierenden Umwandlung fertiger Benzine technisch einwandfrei arbeitende Verfahren zur Herstellung von Aromatenbenzinen mit hervorragenden motorischen Eigenschaften gegeben sind.

c) Die raffinierende Hydrierung.

Wie in der Sumpfphase (S. 92), so ist es auch in der Gasphase möglich, die eingesetzten Rohstoffe nicht spaltend, sondern im wesentlichen nur raffinierend zu hydrieren. Dabei kann die Raffination in verschiedenen Stärken bewirkt werden:

1. Es werden lediglich durch Reduktion die Fremdbestandteile (O, N, S) entfernt;

2. es werden die olefinischen oder olefinartigen Doppelbindungen mit Wasserstoff abgesättigt;

3. es werden die aromatischen Doppelbindungen ganz oder teilweise hydriert;

4. es wird generell so weit aufhydriert, wie dies mit gut wirkenden Katalysatoren ohne allzu weitgehende Spaltung möglich ist.

All diesen Verfahren ist gemeinsam, daß sie praktisch ohne bzw. mit sehr geringer Gasbildung arbeiten, daß also die Verluste im wesentlichen in der Entfernung der Fremdbestandteile liegen, wobei diese Verluste häufig nahezu vollständig durch die erfolgende Wasserstoffanlagerung kompensiert werden. Ebenso ist ihnen gemeinsam, daß sie mit guten Rohstoff-Durchsätzen von etwa 0,7—2,0 t/m³ Reaktionsraum · h arbeiten, wobei die Durchsätze je nach der Art des Rohstoffes und des gewünschten Fertigproduktes sowie nach den gewählten anderen Hydrierbedingungen (Kontakt, Druck, Temperatur) innerhalb dieser Grenzen abzustimmen sind. Die Kreislaufgasmenge wird man im allgemeinen im Bereich von 1000—2500 m³/t Einspritzprodukt wählen.

Alle diese Arten der Reduktion bzw. Hydrierung lassen sich im Rahmen der katalytischen Druckhydrierung bewerkstelligen und sind auch technisch oder im Versuchsbetrieb durchgeführt worden, wobei naturgemäß häufig eine Überschneidung der einzelnen Hydrierstufen eintritt. In praktisch allen Fällen ist ein Druck von 300 at ausreichend, teilweise ist es vorteilhaft, ja sogar notwendig, bei niedrigeren Drucken

— gegebenenfalls herunter bis zu 10 at — zu arbeiten. Im folgenden sollen an charakteristischen Beispielen die technische Durchführung und die Anwendbarkeit der verschiedenen Prozesse beschrieben werden, wobei zur Erleichterung der Übersichtlichkeit nach der Art der eingesetzten Produkte unterteilt wird in Rohstoffe des Mittelölbereichs und solche des Benzinbereichs.

α) Die Raffination von Mittelölen.

Im Vordergrunde des Interesses stehen hier die Umwandlung geringwertiger Mittelöle in hochwertige Dieselkraftstoffe, die Erzeugung von Düsentreibstoffen und die Gewinnung von Leuchtölen. Als eine bereits in das chemische Gebiet hinüberreichende Anwendung der hydrierenden Raffination von Mittelölen sind hier als Beispiele die Hydrierung des Naphthalins und des Kogasins mit aufgenommen worden.

Hydrierung geringwertiger Mittelöle zu Dieselkraftstoffen. Hier haben wir bereits anläßlich der Besprechung der Spaltung unter hydrierenden Bedingungen in der Vorhydrierung (S. 125) einen sehr wesentlichen Raffinationsprozeß kennengelernt. Bei Anwendung des WS_2-Kontaktes werden bei 300 at alle wasserstoffarmen oder wasserstoffärmeren Mittelöle zu Produkten von der Art gemischtbasischer Erdöle übergeführt. Die Raffination geht in manchen Fällen darüber hinaus, indem die im Rohstoff enthaltenen Aromaten gegebenenfalls nahezu vollständig in Naphthene bzw. Paraffine übergeführt werden. Als Raffinationsprozeß ist dieses Verfahren von besonderer Bedeutung zur Herstellung hochwertiger Dieselkraftstoffe von ausgezeichneter Farbe aus rohen, für den Dieselbetrieb nicht oder wenig geeigneten Mittelölen, beispielsweise aus asphaltbasischen Erdölen und Schieferölen, aus Braunkohlenteeren bzw. Sumpfphaseprodukten aus Braunkohle usw.; insbesondere gilt dies für phenolhaltige, wasserstoffärmere Rohstoffe, die mit den üblichen Verfahren — beispielsweise Extraktion — nicht oder nur mit ganz unzureichenden Ausbeuten in hochwertige Dieselkraftstoffe übergeführt werden können. Mit der Wahl der Hydrierbedingungen — insbesondere des Katalysators und des Durchsatzes — hat man es in der Hand, ob man auf eine Stufe hydrieren will, bei der das Produkt — nach Abtrennung der nebenbei entstandenen Benzinmengen — unmittelbar als Kraftstoff für schnellaufende Dieselmaschinen eingesetzt werden kann, oder ob man noch weitergehen will auf die Erzeugung eines so wasserstoffreichen Produktes, daß dieses noch zum Aufbessern geringerwertiger Gasöle benutzt werden kann. — Als ein Beispiel seien in Tab. 38 die Ergebnisse der raffinierenden Hydrierung eines asphaltbasischen Schiefermittelöls bei 300 at Druck aufgeführt, wobei die Resultate mit dem schwächer hydrierenden Mo/Zn/Mg-Kontakt und die mit dem stark hydrierenden WS_2-Katalysator wiedergegeben sind; jeweils sind die

11 Krönig, Katalyt. Druckhydrierung.

Produkte nach Abtrennung von etwa 15—20% Benzin untersucht worden, wobei sich selbst die Laugewäsche erübrigt, da der gebildete Schwefelwasserstoff mit dem Benzin übergeht.

Tabelle 38. *Ergebnisse der raffinierenden Hydrierung von asphaltbasischem Schiefermittelöl zu Dieselkraftstoff.*

Produkt	Rohstoff*	Hydriermittelöl	
		Mo/Zn/Mg	WS$_2$
D	0,923	0,856	0,810
Anilinpunkt ° C .	+ 14 (ent-phenoliert)	53	69
Phenole %	16	0,1	0,03
Siedebeginn ° C .	196	201	200
— 250° C %	28	45	49
— 300° C %	61	84	91
E. P. ° C ...	358	348	330
CZ	—	55	70
Stockpunkt ° C .	—	— 32	— 38

* Mischung von Destillations- und Sumpfphase-Mittelöl aus estnischem Schieferöl.

Man erkennt aus den Zahlen, daß nicht nur eine praktisch vollständige Entfernung der Phenole stattgefunden hat, sondern auch eine so durchgreifende Wasserstoffanreicherung, daß hervorragende Dieselkraftstoffe resultieren.

Im allgemeinen wird man, wie in diesem Beispiel — wofern nicht Gesichtspunkte des Stockpunktes entgegenstehen —, von·relativ hoch abgeschnittenem Mittelöl ausgehen und die Hydrierbedingungen so abstimmen, daß der Siede-Endpunkt des erzielten Dieselkraftstoffs oberhalb 325° C liegt, damit die generell besonders zündwilligen Anteile von 300—325° C möglichst voll erhalten sind und sich auswirken·können.

Auch nach den Versuchen des Bureau of Mines[1] ist die Hydrierung des Schiefer-Mittelöls — hier ausgeführt bei etwa 15 at Druck und 370° C — das bisher einzige, befriedigende Raffinationsverfahren zur Erzeugung von Dieselkraftstoff und Benzin aus den leichteren Schieferöl-Anteilen.

In analoger Weise verläuft diese raffinierende Hydrierung zu Diesel-Kraftstoffen bei anderen Rohstoffen, wie beispielsweise asphaltbasischen Erdölen oder Braunkohle-Produkten. Bei letzteren ist sie in Deutschland in größtem Maßstabe durchgeführt worden, wobei sich für die Erzeugung von tiefstockendem Dieselöl vor allem bitumenarme Braunkohlen bewährt haben; bei besonders hohen Stockpunktanforderungen (z. B. für Flugdieselkraftstoffe ep < — 60° C) wird man gegebenenfalls auf Steinkohlenöle zurückgreifen; die Hydrierfraktion 160 — 280° C daraus hat

---

[1] Petrol. Process. **3**, Nr. 3, S. 207 (1948).

CZ 43, die durch Zugabe von beispielsweise Butanperoxyd[1] auf 55 erhöht werden kann. — Die Bedeutung der raffinierenden Hydrierung von Erdölmittelölen zu hochwertigen Dieselkraftstoffen liegt darin, daß, beispielsweise in USA., der Verbrauch an hochwertigen Dieselkraftstoffen stetig ansteigt[2], in besonderem Maße bei der Eisenbahn, bedingt durch den immer weiter gehenden Übergang von der Dampf- zur dieselelektrischen Maschine[3]. Da nun in USA.[4] nur 25% der anfallenden Gasöle eine Cetanzahl $>$ 42 haben, hat sich bereits die Notwendigkeit ergeben, auch für schnellaufende Dieselmaschinen mit der Cetanzahl bis auf 36 zurückzugehen, was naturgemäß für den Motor recht ungünstig ist, vor allem weil hinzukommt, daß man damit zugleich immer schwefelreichere Öle heranziehen muß, denn technisch brauchbare Verfahren zur Entfernung des Schwefels aus Gasölen stehen in USA. nicht zur Verfügung; gerade schwefelreiche Gasöle verursachen aber im Motor Ablagerungen und starke Abnutzung. — Hier könnte also die Hydrierung einen immer stärker fühlbar werdenden Mangel beheben, indem die hydrierende Raffination hervorragend zündwillige, völlig schwefelfreie und einwandfrei stabile Dieselkraftstoffe zur Verfügung stellt: Die völlige Schwefelfreiheit der Hydrier-Dieselkraftstoffe macht sie auch besonders geeignet für den Untertage-Betrieb.

In günstig gelagerten Fällen, wo das einzusetzende Gasöl an sich in der Zündwilligkeit ausreicht, aber einen unerwünscht hohen Schwefelgehalt hat, kann man sich damit begnügen, im wesentlichen nur die entschwefelnde Wirkung des Verfahrens hervortreten zu lassen, wobei man auch schon bei 50 at Druck und darunter arbeiten kann.

Besonders zu berücksichtigen ist ferner, daß es auch gerade die wasserstoffreichen und schwefelarmen Gasöle sind, die das katalytische Kracken als Rohstoff verlangt, womit das Kracken in der Beschaffung seines Einsatzproduktes in Konkurrenz zum Gasöl für Dieselmotoren tritt. Die Hydrierung würde beiden Zweigen nützlich sein, wobei außerdem — wie schon erwähnt worden ist (S. 124) — eine Kombination von Hydrieren und katalytischem Kracken hinsichtlich der Ausnutzung des Rohstoffs für die Erzeugung hochwertigen Benzins sehr vorteilhaft ist.

Erzeugung von Düsentreibstoffen. An Treibstoffe für Düsen-Propeller-Maschinen werden im wesentlichen folgende Anforderungen gestellt[5]:

---

[1] Nach Shell Devel. Co. [Ind. Eng. Chem. **41**, 1679 (1949)] sind di-tert-Butylperoxyd bzw. 2,2- bis (tert-butylperoxy) butan vorteilhafter.
[2] Miller: Oil and Gas Journal **46**, Nr. 7, S. 82 (1947).
[3] Boice: Oil and Gas Journal **46**, Nr. 7, S. 66 (1947).
[4] Holaday: Oil and Gas Journal **45**, Nr. 51, S. 112 (1947).
[5] S. u. a. Williams: Shell Aviation News Nr. 106, S. 14 (1947). Nerad: Oil and Gas Journal **46**, Nr. 6, S. 116 (1947). Murray: Oil and Gas Journal **46**, Nr. 36, S. 53 (1948). Nelson: Oil and Gas Journal **47**, Nr. 5, S. 88 (1948).

Die Siedekurve soll ungefähr der des Leuchtöls entsprechen, d. h. zwischen etwa 180—250° C liegen; eine Erweiterung der Siedekurve nach unten ist für den kalten Start vorteilhaft, vermindert aber die Sicherheit gegen Brandgefahr und erhöht die Neigung zur Dampfblasenbildung vor den Pumpen. Eine Erweiterung nach oben verschlechtert die rasche und vollständige Verbrennung. — Der Aromatengehalt soll möglichst niedrig liegen, da Aromaten zu Verkrustungen im Flammrohr Veranlassung geben; auch der Gehalt an Ungesättigten soll niedrig sein; am erwünschtesten sind Naphthene und Paraffine. Der Stockpunkt soll möglichst $< -60°$ C liegen, und der Treibstoff soll bei $-40°$ C noch sehr dünnflüssig sein. Der Schwefelgehalt soll $< 0,2\%$ liegen.

Aus dieser Aufzählung erkennt man, daß gerade die Hydrierung prädestiniert ist, einen Treibstoff zu liefern, der diesen Anforderungen gerecht wird; denn beim Arbeiten unter stark hydrierenden Bedingungen erhält man Produkte, die frei sind von Schwefel und Ungesättigten, arm an Aromaten und dementsprechend fast ausschließlich aus Naphthenen und Paraffinen bestehen. Die Einstellung der Siedekurve hinsichtlich der oberen Begrenzung hat man völlig in der Hand, sei es durch Wahl des Endpunktes des Rohstoffs, durch Abstimmung der Stärke der hydrierenden Spaltung bei der Vorhydrierung oder durch destillatives Herausschneiden der gewünschten Fraktion aus dem Gesamthydrierprodukt. Naturgemäß kann man auch in normaler Weise vorhydrieren und das im einmaligen Durchgang über den Spaltkontakt (Terrana/WS$_2$) nicht in Benzin umgewandelte, aber in seinem Siedepunkt stark erniedrigte Mittelöl für diese Zwecke herausziehen. Will man die Leuchtöl-Siedekurve einhalten, so eignen sich — mit Rücksicht auf die Stockpunktsforderungen — vor allem asphaltbasische Erdöle und Schieferöl-Mittelöle als Rohstoff, ganz besonders aber auch die Steinkohle-Hydrierprodukte, da ja auch in diesen zum Auskristallisieren neigende Paraffine praktisch völlig fehlen. Das Mittelöl, vor allem aus der Benzinierungsstufe von Steinkohle-Mittelöl, zeichnet sich, abgesehen von seinem Stockpunkt, der bei etwa $-60°$ C liegt, auch durch seinen für den vorliegenden Zweck besonders wertvollen niedrigen Aromatengehalt aus. Will man von der Möglichkeit der Erweiterung der Siedekurve nach unten Gebrauch machen und sich damit Erleichterungen in der Einhaltung der Forderungen des Kälteverhaltens des Treibstoffes verschaffen, so kann man auch — wie es in Deutschland großtechnisch geschehen ist — Braunkohleprodukte als Rohstoffe heranziehen.

Da nur etwa 5—6% des Rohöls innerhalb der geforderten Siedegrenzen liegen und überdies — hinsichtlich Zusammensetzung und Schwefelgehalt — nur bestimmte Klassen für die Herstellung von Düsentreibstoffen in Frage kommen, mußte — beispielsweise in USA. — zur Deckung des Bedarfs eine von der Maschinenseite aus unerwünschte

Ausweitung der Siedekurve vorgenommen werden; die Einschaltung der Hydrierung würde hier die Freiheiten außerordentlich vergrößern.

Gewinnung von Leuchtölen. Mit dem vorigen Kapitel sind wir schon weit in das Gebiet der Gewinnung von Leuchtölen aus Mittelölen vorgestoßen. Ja, es gelten grundsätzlich die Gesichtspunkte, die oben entwickelt worden sind. Allgemein wird man hier — im Interesse der Wasserstoffersparnis — von nicht zu wasserstoffarmen Rohstoffen ausgehen und für möglichst durchgreifende Hydrierung Sorge tragen; die Beschränkungen in der Rohstoffwahl durch den Stockpunkt des gewünschten Produktes sind hier von weit geringerer Bedeutung als bei der Erzeugung von Düsentreibstoffen. Zweckmäßigerweise wählt man einen Rohstoff, der etwas viskoser ist — d. h. höheren Siedeendpunkt hat — als das gewünschte Endprodukt. So wird man häufig Fälle antreffen, bei denen die Ausbeute an erstklassigem Hydrierleuchtöl größer ist als der Anteil an schlechtem Material innerhalb des Siede- und Viskositätsbereichs im Rohstoff. Im Vergleich zu den sonst üblichen Methoden der Leuchtöl-Raffination (Extraktion, Säuerung) treten hier keine minderwertigeren Nebenprodukte auf, sondern die Inhaltsstoffe des Hydrierprodukts (hochwertiges Leuchtöl und Benzin und gegebenenfalls hochwertiger Dieselkraftstoff) sind durchweg wertvoller als der eingesetzte Rohstoff.

Ein typisches Beispiel für die Herstellung eines wasserhellen, erstklassigen Leuchtöls (water-white high-grade burning oil) aus einem gemischt-basischen Gasöl sei in Tab. 39 wiedergegeben; hier wurden aus 100 Gewichtsteilen des Rohstoffs 96,0 Teile Hydrierprodukt erhalten, das durch Destillation zerlegt wurde in 22,4 Teile Benzin, 70,7 Teile Leuchtöl und 2,9 Teile Gasöl:

Tabelle 39. *Eigenschaften eines durch hydrierende Raffination von Gasöl erhaltenen Leuchtöls.*

Produkt	Rohstoff	Hydrier-Leuchtöl
D	0,848	0,807
Saybolt Thermovisk./60° F .	780	405
Farbe Saybolt	gelb	+ 23
S %	0,705	0,005
Flp. ° C	45 (P. M.)	39 (Abel)
Siedebeginn ° C	160	138
E. P. ° C	339	290

Die durch Hydrierung erhaltenen Leuchtöle haben durchweg ausgezeichnete Brenneigenschaften und sind darin denen überlegen, denen sie nach ihrer Viskositäts-Dichte-Beziehung zugehören würden; so ist beispielsweise ein 400er Hydrierleuchtöl von D 0,816 im Brenntest gleichwertig einem 400er Öl aus Midcontinent-Crude, ein 400er Hydrierleuchtöl von D 0,797 bis 0,802 gleichwertig einer Pennsylvania-Fraktion der gleichen Viskosität.

In entsprechender Weise wurde in Deutschland durch Hydrierung großtechnisch erstklassiges Leuchtöl aus Braunkohle hergestellt; grundsätzlich kann man auch aus Steinkohle durch Hydrierung ausgezeichnetes Leuchtöl gewinnen, doch wird man wegen des erhöhten Wasserstoffbedarfs diesen Weg nur beschreiten, wenn kein anderer geeigneter Rohstoff zur Verfügung steht.

Besondere Anwendungen der raffinierenden Hydrierung von Mittelölen. An sich gehören diese Anwendungsweisen der Hydrierung bereits in das Gebiet der Verwendung von Hydrierverfahren im Rahmen der chemischen Industrie, welches Gebiet hier nicht behandelt werden soll, obgleich es — befruchtet von den Erfolgen der katalytischen Druckhydrierung von Kohlen, Teeren und Mineralölen — im Laufe der Zeit einen erheblichen Umfang angenommen hat. Doch seien zwei Beispiele, die sich noch relativ eng an das hier betrachtete Gebiet anlehnen, im folgenden erwähnt:

Das eine Beispiel betrifft die Hydrierung des rohen, schwefelhaltigen Naphthalins aus dem Kokereiteer, das andere Beispiel die Hydrierung des bei der Fischer-Synthese anfallenden Kogasins II.

Normalerweise wird Naphthalin vor seiner Hydrierung in Autoklaven bei 40 at mit fein verteilten Nickelkontakten von seinem Schwefelgehalt (vorwiegend Thionaphthen) — zumeist durch Erhitzen mit metallischem Natrium — vollständig befreit. Diese recht umständliche Arbeitsweise kann vermieden werden, wenn man die Hydrierung in Gasphase mit schwefelfesten, im Reaktionsraum fest angeordneten Katalysatoren vornimmt.

Um zur Stufe des Tetrahydronaphthalins (Tetralins) zu gelangen, hat sich das Arbeiten bei 40 at Druck und etwa 420° C in Gegenwart der Mo/Zn/Mg-Kontaktkombination vollauf bewährt. Im einmaligen Durchgang läßt sich das gesamte eingebrachte Naphthalin in Tetralin überführen, welches — nach Wäsche mit Natronlauge — praktisch den gleichen Reinheitsgrad aufweist wie das nach der alten Methode hergestellte Produkt.

Bei der Perhydrierung zum Dekahydronaphthalin (Dekalin) ist ein Druck von 300 at angezeigt. An sich hat der konzentrierte WS_2-Kontakt eine vollauf ausreichende Hydrierwirkung, um diese Vollsättigung herbeizuführen; aber es findet dann zugleich in kleinem Ausmaße eine Aufspaltung des einen Naphthalinrings statt, so daß kein einheitliches Reaktionsprodukt entsteht. Um dies zu vermeiden, muß ein Katalysator verwendet werden, der die gleiche Hydrierwirkung wie WS_2 hat, aber wesentlich weniger spaltet. Diese Forderung erfüllt eine aus 85 Teilen WS_2 und 15 Teilen NiS bestehende Kontakt-Kombination; es ist überraschend, in welchem Ausmaße das NiS die Spaltwirkung des WS_2 vermindert, praktisch ohne jegliche Änderung der Hydrierwirkung. So hat dieser Katalysator in zahlreichen Hydrierprozessen Eingang gefunden, wo es auf stärkste Hydrierung bei geringstmöglicher Spaltung ankommt, so beispielsweise bei der Schmieröl-Verbesserung (S. 101). — Im vorliegenden Falle der Naphthalinhydrierung arbeitet man bei etwa 385° C und erhält dann in einmaligem Durchgang ein Produkt, das allen Anforderungen an Dekalin gerecht wird.

Da diese kontinuierlichen Verfahren mit schwefelfesten Kontakten zweifellos wesentlich einfacher sind als die alten diskontinuierlichen Methoden mit schwefelempfindlichen Kontakten, bei denen der Rohstoff gründlichst vorgereinigt werden muß, ist zu erwarten, daß für Neuanlagen zur Naphthalinhydrierung nur noch die moderne Arbeitsweise herangezogen werden wird.

Die bei der Fischer-Synthese mit Kobalt-Kontakten anfallende Kogasin-Fraktion 220—320° C enthält etwa 10% Olefine, welche bei der Weiterverarbeitung dieses Rohstoffs auf Waschmittel stören. Die Absättigung der Olefine mit Wasserstoff muß praktisch ohne Spaltung erfolgen, da gerade diese Molekülgröße für den vorgesehenen Zweck besonders geeignet ist. Deshalb wird als Katalysator der stark hydrierende, aber nicht spaltende WS_2/NiS-Kontakt benutzt. Man arbeitet bei 200—300 at, Temperaturen von etwa 320—350° C und Durchsätzen von etwa 1,5—2,0 kg/l Kontakt x h; ohne Spaltung werden hierbei die Olefine vollständig hydriert.

Das so erhaltene Mepasin wird dann in bekannter Weise weiterverarbeitet, z. B. durch Sulfochlorierung (mit SO_2 und Chlor im UV-Licht) zu Mersol D, Mersol 30 bezw. Mersol H, die dann zu den Mersolaten (Mesapon, Mersolat H) verseift werden, oder durch Chlorierung (Chlormepasine) mit anschließender Arylierung (Phenylmepasine) und nachfolgender Sulfurierung zu Alkyl-Aryl-Sulfonaten (Igepal NA).

Bei dieser raffinierenden Hydrierung eines völlig schwefelfreien Rohstoffs, die in großem Maßstab durchgeführt worden ist, haben sich die sulfidischen Kontakte ebenso gut bewährt wie bei der Hydrierung schwefelhaltiger Rohstoffe. Bei den niedrigeren Temperaturen der raffinierenden Hydrierung kann auf den Zusatz von Schwefel zu den Rohstoffen verzichtet werden, da hier offenbar die Unterschreitung der optimalen Sulfidstufe des Kontaktes nicht erfolgt.

Die Hydrierung mit sulfidischen Kontakten ist des weiteren bei Prozessen im reinen Chemiesektor angewandt worden, doch soll hier nicht darauf eingegangen werden, da dies zu weit abführen würde.

β) Die Raffination von Kohlenwasserstoffen im Benzinbereich.

Es sind vornehmlich zwei Gebiete, die hier technisches Interesse beanspruchen können, nämlich die hydrierende Raffination von Rohbenzinen und die von Rohbenzolen. Beide sollen hier neben anderen Spezialprozessen an Hand von Beispielen erläutert werden.

Raffinierende Hydrierung von Rohbenzinen: Hydrofining. In erster Linie sind es Krackbenzine — und insbesondere solche aus den thermischen Spaltverfahren —, die einer tiefergehenden Raffination unterzogen werden müssen, um die notwendige Stabilität zu erhalten. Vornehmlich müssen die die Harzbildung verursachenden Diolefine entfernt werden und — besonders in den höheren Benzinfraktionen — die S-, N- und O-Verbindungen, da diese die Ursache der schlechten Farbe und der Farbinstabilität sind. Für diese Raffination sind in der Erdöltechnik chemische Verfahren entwickelt worden[1], zur Entfernung der Diolefine z. B. die Behandlung mit Schwefelsäure (mit anschließender Redestillation) und das Grayverfahren (Überleiten der Krackbenzindämpfe bei etwa 10 at und 200° C über Bleicherden, die von Zeit zu Zeit ausgewechselt werden), zur Entfernung korrodierenden Schwefels die Sweetening-Prozesse, z. B. das Doktor-Verfahren (Behandlung mit wäßriger Plumbitlösung), das Shell-Phosphat-Verfahren (Behandlung mit Trikaliumphosphat) und das Solutizer-Verfahren (Behandlung mit Kalium-isobutyrat). Wenn auch diese chemischen Verfahren den Anforderungen gerecht werden, so sind sie doch mit einem nicht unerheblichen Aufwand an Chemikalien und Arbeit verbunden, so daß grundsätzlich eine bessere Methode erwünscht ist. —

Zur Entschweflung werden auch katalytische Verfahren angewandt, z. B. das Percoverfahren[2], bei dem die schwefelhaltigen Benzine bei Drucken von 2—14 at und Temperaturen von etwa 350° C dampfförmig über Bauxit geleitet werden; auf dem Kontakt findet hierbei C-Abscheidung statt, so daß er nach einer gewissen Zeit ausgewechselt oder regeneriert werden muß.

Die katalytische Druckhydrierung mit schwefelfesten Kontakten bietet ein kontinuierliches Verfahren, das in relativ einfacher Weise die zu bewirkenden Effekte (Entfernung der Harzbildner und der Fremdbestandteile, vor allem des Schwefels) in einem Arbeitsgang mit geringsten Verlusten und konstant bleibender Kontaktaktivität durchführt. Man kann das rohe Krackbenzin bis 200° C (Krackdestillat) als Ganzes als Rohstoff in die Hydrierung einsetzen oder auch nur die schwereren Anteile (> 130° C), da das Leichtbenzin zumeist auch ohne

---

[1] S. z. B. Rumpf: Erdöl und Kohle 1, 79 u. 109 (1948).
[2] S. z. B. Helmers: Petrol. Process. 3, Nr. 2, S. 133 (1948).

Säureraffination nach Zusatz von Inhibitoren ausreichend stabil erhalten werden kann. Bei der hydrierenden Raffination der Krackdestillate hat sich wiederum die milde hydrierende Mo/Zn/Mg-Kombination bewährt; aber auch die Kontakte mit geringen Mengen Hydrierkomponente auf Träger von der Art des DHD-Kontaktes (S. 146) können hier wertvolle Dienste leisten. Den Druck wählt man so niedrig wie möglich (für die genannten Kontakte beispielsweise 10—50 at), um lediglich die Hydrierung der zur Instabilität Veranlassung gebenden Inhaltsstoffe zu bewirken, d. h. um die für das Klopfverhalten günstigen Verbindungen möglichst wenig zu verändern. Aus dem gleichen Grunde arbeitet man auch bei niedrigen Temperaturen, beispielsweise 280—330° C; doch muß man bei stärker schwefelhaltigen Produkten u. U. bis auf etwa 400° C heraufgehen — und gegebenenfalls auch den Druck erhöhen —, um eine vollauf befriedigende Entschweflung zu erreichen; in diesem Falle gleicht indessen die bereits in gewissem Umfange eintretende Neubildung klopffester leichterer Benzinanteile den Klopfwertverlust weitgehend aus.

Ein Beispiel für die Entharzung und Entschweflung eines schweren Krackdestillats durch raffinierende Hydrierung bringt Tab. 40:

Tabelle 40. *Entharzung und Entschweflung eines schweren Krackdestillates durch raffinierende Hydrierung.*

Produkt	Rohstoff	Hydrier-produkt
D	0,792	0,770
% S	0,76	0,024
Farbe	17 Robinson	+ 30 Saybolt
OZ	67,5	65,0
Gum mg/100 ccm	76,1	2,3
Cu-Schale mg/100 ccm ..	39,0	2,1
bis 100° C	1,5	20,0
bis 140° C	37,0	63,5
bis 180° C	73,0	88,5
EP° C	251	223

Man sieht also, daß Harz und Schwefel weitestgehend entfernt worden sind ohne wesentliche Beeinträchtigung des Klopfverhaltens.

Besonders für die Herstellung von Flugbenzinen, in denen ungesättigte Bestandteile weniger erwünscht sind, ist die hydrierende Raffination des Krackbenzins angezeigt, wobei man durch Wahl der Bedingungen dafür Sorge trägt, daß nur die Ungesättigten, nicht aber die Aromaten hydriert werden. Die Standard[1] hat besonders darauf hingewiesen, daß in den katalytischen Krackbenzinen verzweigtkettige Olefine vorliegen, die bei der Hydrierung in klopffeste Isoparaffine übergehen.

[1] Voorhies: C **1947**, II, 763.

Dieses von der I. G. entwickelte Verfahren hat in USA. unter der Bezeichnung „Hydrofining" im Zusammenhang mit der jahrelang in Betrieb gewesenen Hydrieranlage Eingang in die Erdöltechnik gefunden und hat sich voll bewährt. Mit der Einstellung der Hydrierung in USA. kam auch das Hydrofining zum Erliegen, doch ist wohl auch dies nicht als endgültig anzusehen. Es ist durchaus vorstellbar, daß beispielsweise der bei der DHD-Behandlung oder Hydroforming von Straight-run-Benzinen entstehende Wasserstoff zum Hydrofining thermischen Krackbenzins ausgenutzt werden könnte, wenn nicht — darüber hinausgehend — die Verwirklichung der Kombination Hydrieren/katalytisches Kracken in größerem Umfange die Möglichkeit der Anwendung des Hydrofining-Verfahrens bietet.

Während an sich Erdölkrackbenzine mit chemischen Verfahren technisch-wirtschaftlich zu stabilen Benzinen raffiniert werden können, ist dies bei den sauerstoff- und schwefelreichen und zumeist stark ungesättigten Schwelbenzinen aus Kohle und — in der Regel — auch Ölschiefern nicht mehr der Fall. Hier ist praktisch die Hydrierung der einzige technisch-wirtschaftlich gangbare Weg. In den meisten Fällen wird man sich hier jedoch nicht darauf beschränken, nur das Schwelbenzin zu hydrieren, sondern man wird die gesamten — sonst nur schwer verwendbaren — Schwelprodukte der Hydrierung unterwerfen, womit sich dann die hydrierende Schwelbenzin-Raffination automatisch in den Gesamt-Hydrierprozeß einfügt, wie er in den voraufgegangenen Kapiteln beschrieben worden ist. Eine gesonderte Behandlung der hydrierenden Schwelbenzin-Raffination an dieser Stelle erübrigt sich daher.

Hydrierung von Diisobutylen. Ein besonderes Anwendungsgebiet der hydrierenden Raffination von Kohlenwasserstoffen im Benzinbereich ist die Hydrierung von Diisobutylen. Hier kommt es darauf an, die olefinische Bindung vollständig abzusättigen, damit ein von ungesättigten Bestandteilen freies Isooctan entsteht. Dies bedeutet, daß stark hydrierende Katalysatoren angewandt werden müssen. Aber die Katalysatoren dürfen praktisch keine Spaltwirkung haben, da das Diisobutylen relativ leicht depolymerisiert zu dem Bestandteil (Isobutylen), aus dem es durch Dimerisierung entstanden ist. Diese Forderung erfüllt der bereits bei der Naphthalin-Hydrierung (S. 161) erwähnte NiS/WS_2-Kontakt so vollständig, daß bei der Hydrierung von Diisobutylen über diesem Kontakt bei etwa 350° C und 200—300 at mit einer Leistung von etwa 1,5 kg/l-Kontakt x h ein völlig gesättigtes Isooctan erhalten wird bei einer Depolymerisation zu Isobutan $< 3\%$. Entsprechend diesen sehr befriedigenden Ergebnissen hat dann auch dieses Verfahren sowohl in Deutschland wie im Ausland großtechnische Anwendung gefunden.

Insbesondere wenn das in die Hydrierung eingesetzte Polymerisat größere Mengen Triisobutylen enthält, kann man auch in der Sumpfphase mit fest angeordnetem Kontakt bei 200—300 at Druck arbeiten, was durch Erniedrigung der Temperatur auf etwa 250° C erreicht wird. Infolge der durch die Flüssigkeitsphase erzielten längeren Verweilzeit des zu behandelnden Rohstoffs können auch hier trotz der niedrigen Temperatur sehr gute Durchsätze (2,0 bis 2,5 t/m³ x h) erzielt werden, ohne daß das mit nahezu 100% Ausbeute erhaltene Hydrierprodukt — in diesem Falle ein Gemisch von Isooctan und Isododecan — ungesättigte Verbindungen enthielte.

Auch mit dem reinen WS_2-Kontakt kann die Hydrierung durchgeführt werden, wenn man durch Erniedrigung des Druckes auf etwa 50 at die Spaltwirkung des Kontaktes vermindert. Allerdings muß man hierbei eine Erniedrigung des Durchsatzes auf etwa 0,7 in Kauf nehmen.

Reduktion höherer Alkohole. In ähnlicher Richtung wie die Hydrierung von Diisobutylen bewegt sich die Reduktion von Alkoholen $> C_4$, wie sie in der modifizierten Methanolsynthese der I. G. erhalten werden. Die Reduktion erfolgt praktisch unter den gleichen Bedingungen wie die Gasphase-Hydrierung des Diisobutylens, und zufolge der starken Verzweigung der als Rohstoff dienenden höheren aliphatischen Alkohole resultiert — vor allem bei niedrigem Abschneiden des Produktes — ein rein aliphatisches Benzin von sehr gutem Klopfverhalten und hoher Bleiempfindlichkeit; beispielsweise hat das bei 110° C abgeschnittene Benzin OZM 78—79, OZM + 0,12 Vol.-% TEL 99—100, so daß es als wertvolle Komponente für Flugbenzine dienen kann. — Auch dieses Verfahren ist großtechnisch in Deutschland durchgeführt worden.

Raffinierende Hydrierung von Rohbenzolen. Auch bei den Rohbenzolen hat sich die Raffination mit Schwefelsäure als die übliche Form herausgebildet, um diesen Rohstoff in ein für den Motor geeignetes Produkt („Motorenbenzol") überzuführen. Indessen beschränkt sich die Anwendbarkeit dieser Methode auf die bis etwa 150—160° C siedenden Anteile des Rohbenzols. Bei den höher siedenden Anteilen werden infolge der starken Zunahme der Ungesättigten mit steigendem Siedepunkt die Raffinationsverluste untragbar, besteht doch beispielsweise das Schwerbenzol fast zur Hälfte aus Indenen und Cumaronen, die bei der Behandlung mit Schwefelsäure momentan verharzen. Gerade die höheren Aromaten zeichnen sich aber durch besonders gutes motorisches Verhalten aus, so daß es grundsätzlich erwünscht ist, auch diese der motorischen Verwendung zuzuführen; mit chemischer Raffination ist dies aber nicht zu erreichen. Hier ist also tatsächlich die Hydrierung das einzige Verfahren, um die höheren Rohbenzolanteile in stabile Motortreibstoffe umzuwandeln.

Als Katalysator hat sich auch hier wieder die milde hydrierende Mo/Zn/Mg-Kombination bewährt. Der anzuwendende Druck richtet sich nach dem Siedebereich des zum Einsatz kommenden Rohbenzols: für das normale Rohbenzol (bis etwa 150—160° C) ist ein Druck von etwa 40 at ausreichend, für Mittelbenzol geht man zweckmäßigerweise auf etwa 100 at herauf und für Schwerbenzol auf etwa 200 at; die anzuwendenden Temperaturen liegen bei etwa 350—400° C.

Da hier nicht mit besonders hohen Wasserstoff-Drucken gearbeitet zu werden braucht, ist die Anwendung von Kokereigas als Wasserstoffquelle möglich, was vor allem deshalb von Bedeutung ist, da dieses Gas an den Orten des Anfalls der Rohbenzole für gewöhnlich zur Verfügung steht. Es hat sich dabei gezeigt, daß unter den hier vorliegenden milden Hydrierbedingungen praktisch keine Methanisierung des im Kokereigas enthaltenen Kohlenoxyds eintritt.

Vornehmlich bei den höheren Fraktionen des Rohbenzols und insbesondere beim Schwerbenzol beobachtet man, daß sich in der Aufheizung im Bereich von etwa 300—350° C — d. h. vor allem im Wärmeaustauscher — koksartige Polymerisations- und Kondensations-Produkte ansetzen, die nach einer gewissen Betriebszeit zur Verstopfung führen. Um dies zu vermeiden, ist es notwendig, in den Aufheizweg — und zwar bei etwa 240° C — einen mit WS_2-Kontakt gefüllten Vorraffinationsofen einzuschalten, der die Aufgabe hat, die besonders instabilen Inhaltsstoffe so weit abzusättigen, daß sie ohne Koksbildung aufgeheizt werden können; bis 240° C treten keine Aufheizschwierigkeiten ein, und bei dieser Temperatur hat der WS_2-Kontakt schon eine ausreichende Hydrieraktivität, um die gestellte Aufgabe vollauf befriedigend zu lösen. Es ist indessen darauf zu achten, daß der Rohstoff nicht unterhalb 220° C auf den Kontakt kommt; da der Katalysator bei tieferliegenden Temperaturen die Indene und Cumarone zu viskosen Ölen polymerisiert, da hier die Hydriergeschwindigkeit gegenüber der Polymerisationsgeschwindigkeit zu klein ist[1]. Da im Vorraffinationsofen Sumpfphase vorliegt, ist hier Aufwärtsströmung zu wählen, während bei dem in der Gasphase arbeitenden Haupthydrierofen die normalerweise angewandte Abwärtsströmung am Platze ist. Bei Mittelbenzolen ist das Verhältnis der Kontaktvolumina in Vor- und Hauptofen etwa 30:70, bei Schwerbenzolen etwa 1:1.

Diese Aufheizschwierigkeiten finden sich übrigens nicht nur bei den Rohbenzolen, sondern — wenn auch in schwächerem Maße — bei anderen thermisch hochgekrackten Produkten, z.B. bei dem aromatischen

---

[1] Bei den tieferen Temperaturen — um etwa 150 bis 200° C — wirkt der WS_2-Kontakt zufolge seiner großen inneren Oberfläche wie beispielsweise A-Kohle oder Kieselsäureregel, die ebenfalls bei diesen Temperaturen die diolefinischen Anteile des Schwerbenzols zu viskosen Ölen polymerisieren bzw. kondensieren.

Krackbenzin, das nach dem — heute nicht mehr angewandten — unter besonders scharfen Bedingungen arbeitenden Gyro-Verfahren gewonnen worden ist.

In Tabelle 41 sind als Beispiele die Ergebnisse der hydrierenden Raffination von Mittelbenzol und Schwerbenzol wiedergegeben:

Tabelle 41. *Ergebnisse der hydrierenden Raffination von Mittelbenzol und Schwerbenzol.*

Produkt	Mittelbenzol		Produkt	Schwerbenzol	
	Rohstoff	Hydrier-produkt		Rohstoff	Hydrier-produkt
D	0,883	0,865	D	0,931	0,888
Siedebeg. ° C	136	134	Siedebeg. ° C	140	132
50 % bis ° C	155	154	bis 170° C %	41	60
95% bis ° C	178	179	bis 200° C %	88	91
Farbe......	strohgelb	wasserhell	bis 220° C %	96	95
Jodzahl ...	61	4,5	Cu-Sch.mg/ 100 ccm	> 1000	2,8
% S	0,18	0,006	% C	89,6	89,9
OZM	rd. 100	ca. 100	% H	8,4	10,0
			% O + N	1,8	0,1
			% S	0,2	0,03
			OZ	—	105

Wie vor allem die Veränderung von Jodzahl, Kupferschalen-Test und Farbe zeigen, werden selbst diese äußerst instabilen und für motorische Verwendung völlig ungeeigneten Rohstoffe durch die hydrierende Raffination in testgerechte Motortreibstoffe übergeführt. Obgleich durch die Absättigung der diolefinischen Verbindungen und die Entfernung der Fremdbestandteile die Wasserstoffaufnahme nicht unerheblich ist, bleiben doch — wie die Octanzahl und das spezifische Gewicht zeigen — die Aromaten praktisch vollständig erhalten, so daß bei dieser hydrierenden Raffination Treibstoffe mit hervorragendem motorischen Verhalten gewonnen werden. Dieses Verfahren bietet also die Möglichkeit, Anteile des Rohbenzols der motorischen Verwendung zuzuführen, die nach anderen Methoden dazu nicht raffiniert werden können.

Verständlicherweise ist auch erwogen worden, das hydrierte Schwerbenzol als Sicherheitstreibstoff einzusetzen. Versuche in dieser Richtung sind in größerem Umfange durchgeführt worden mit einem Produkt, das in einem mitteltechnischen erfolgreichen Dauerversuch durch Hydrierung von Schwerbenzol erhalten worden war. Hierbei haben sich die Erwartungen hinsichtlich des motorischen Verhaltens des Treibstoffs — insbesondere auch in bezug auf seinen einwandfreien Raffinationsgrad — vollauf erfüllt. Der Gedanke des Sicherheitstreibstoffs aus Schwerbenzol als solcher war indessen einer Verwirklichung nicht zugänglich, einmal wegen der Knappheit des Rohstoffs und zweitens wegen der — bereits oben (S. 139) erwähnten — grundsätzlichen Fragwürdigkeit des Sicherheitstreibstoffs.

In chemisch-technischer Hinsicht betrachtet, haben die hydrierraffinierten oberen Rohbenzolfraktionen naturgemäß ein ausgezeichnetes Lösevermögen für Lacke, Harze usw.; soweit hier die verharzenden Eigenschaften der rohen Fraktionen unerwünscht sind, bietet die hydrierende Raffination den Weg zu stabilen, praktisch rein aromatischen Lösungsmitteln.

Analog der Hydrierung von Naphthalin zu Dekalin (S. 160) kann man auch thiophenhaltiges Benzol mit WS_2/NiS-Kontakt zu schwefelfreiem Cyclohexan hydrieren, doch geht auch dies bereits zu weit in den Chemiesektor hinein, so daß es hier nur am Rande erwähnt werden soll.

Mit diesen Betrachtungen haben wir den Überblick über Durchführung und Ergebnisse der Druckhydrierung von Kohlen, Teeren und Mineralölen abgeschlossen. Wir haben gesehen, wie Kohlen und Rückstände von Teeren und Mineralölen in der Sumpfphase mit Hilfe der spaltenden Hydrierung in Öle mittleren Siedebereichs übergeführt werden, die anschließend in Gasphase unter hydrierenden Bedingungen in Leichtkraftstoffe für Auto- und Flugmotoren umgewandelt werden. Wir haben weiter die Varianten der Gasphase-Hydrierung kennengelernt, die zu Aromaten-Treibstoffen führen.

Ferner haben wir die nützlichen Anwendungen der hydrierenden Raffination verfolgt, mit Hilfe deren man in der Sumpfphase, ausgehend von Kohlen, zu bemerkenswerten Bitumina kommt, ausgehend von Teeren und Mineralölen bzw. Produkten der spaltenden Hydrierung von Kohle zu hochwertigen Schmierölen und Paraffin gelangt und in der Gasphase zu hervorragenden Dieselkraftstoffen, Düsentreibstoffen, Leuchtölen und Benzinen.

Die große Mannigfaltigkeit der Möglichkeiten in der Anwendung der katalytischen Druckhydrierung ist durchschritten worden, wobei wir im Auge behalten haben, daß — von Sonderfällen abgesehen — alle Varianten in ein und derselben Apparatur verwirklicht werden können, daß mithin — wenn einmal die Einrichtung gegeben ist — das Hydrierverfahren in vollendeter Elastizität sich jedem Wechsel in den Verhältnissen anzupassen vermag.

Bei der Erörterung aller Einzelverfahren ist klar hervorgetreten, daß die Hydrierung die Methode ist, um gegebene Rohstoffe mit den höchstmöglichen Ausbeuten in hochwertige Endprodukte überzuführen, daß sie mithin der immer stärker werdenden Forderung der sparsamsten Verwendung der von der Natur gegebenen Rohstoffe am besten gerecht zu werden vermag.

Schließlich haben wir darauf hingewiesen, daß der in der Gestaltung der Hydrierverfahren gegenwärtig erreichte technische Stand keinesfalls die letzte Entwicklungsmöglichkeit darstellt; ja, wir haben andeuten können, in welchen Richtungen noch erhebliche. Fortschritte möglich erscheinen, Fortschritte indessen, die nicht am Schreibtisch zu erzielen sind, sondern nur durch praktische Arbeit auf dem Hydriergebiet. Möchten diese Darlegungen dazu beitragen, den Weg dahin zu ebnen!

II. Der Niederdruckteil.

1. Vorbereitung der Roh- und Hilfsstoffe.

Es ist in den voraufgegangenen Abschnitten schon an den jeweiligen Stellen gestreift worden, in welcher Weise die Rohstoffe für die Hydrierung vorbereitet werden. Diese zerstreuten Einzelbemerkungen sollen hier zusammenfassend betrachtet werden. Außerdem soll hier ein Überblick gegeben werden über die verschiedenen Verfahren der Wasserstoffherstellung.

a) Vorbereitung der Kohlen.

Es ist bereits oben (S. 56) betont worden, daß es für die Hydrierung wichtig ist, die Ballaststoffe (Asche) möglichst niedrig zu halten. Bei der Steinkohle läßt sich die Entaschung des Rohstoffs auf mechanischem Wege bewirken, wobei die Kosten bei Unterschreitung von 4%. Asche (in Trockenkohle) im allgemeinen steiler ansteigen als die dadurch im Hydrierprozeß erzielbaren Verbilligungen. Man wird sich daher zumeist mit einer Entaschung auf 4—5% begnügen. Der einfachste Entaschungsprozeß ist das Beklauben, doch ist es praktisch nur bei den relativ kostspieligen Grobsorten anwendbar. Auch bei Einhaltung des festgelegten mittleren Aschegehaltes entgehen doch oft recht erhebliche Berge-Einschlüsse dem Beklauben, die einerseits zu starker Beanspruchung der Mahlaggregate führen, andererseits, indem ihre Mahlung zumeist unvollkommen bleibt — die Mahlstärke ist naturgemäß auf die wesentlich weichere Kohle abgestellt —, relativ große Bergestücke durch die Siebe hindurch in die Breipressen gelangen läßt, wo sie den Ventilverschleiß erheblich verstärken, ebenso den Verschleiß der Abschlammventile; auch neigen diese groben Bergestücke zum Absitzen in den Öfen und nötigen so gegebenenfalls zur Anwendung der Ofenentsandung, die aus rein chemischen Gründen nicht erforderlich wäre. — So kommt das Beklauben als Entaschungsverfahren für die Hydrierung an sich nur in Frage bei relativ mächtigen und reinen Flözen und sollte auch dort nur angewandt werden, wenn die Anwendung von Naßverfahren aus irgendwelchen Gründen nicht in Frage kommt.

Vorteilhafter sind schon die mit mittleren Sortimenten arbeitenden Setzmaschinen, da hier die Kohle schon weiter aufgeschlossen ist und somit die Gefahr der Bergeeinschlüsse wesentlich geringer ist. Auch findet hier schon — was beim Beklauben praktisch nicht der Fall ist — eine gewisse Aussonderung des Fusits statt, also des Gefügebestandteils, der der Hydrierung am wenigsten zugänglich ist. Die Entaschung mit Setzmaschinen ist also dem Beklauben vorzuziehen.

Eine noch schärfere Trennung bringen die Schwereflüssigkeitsverfahren, wie beispielsweise das Trompp-Verfahren (Eisenoxyd) oder das Sophia-Jacoba-Verfahren (Schwerspat). Hier können Sorten bis herunter zu Nuß V — gegebenenfalls herunter bis zu 3 mm — eingesetzt werden, so daß eine weitgehend aufgeschlossene Kohle der Behandlung unterworfen wird; außerdem bewirkt die Anwendung der Schwereflüssigkeit eine starke Abscheidung des Fusits. So sind denn auch die nach diesen Verfahren entaschten Kohlen für die Hydrierung sehr gut geeignet.

Das Waschen der Feinkohle — beispielsweise in Rinnenwäschen — hat zwar den Vorteil, daß eine sehr weitgehend aufgeschlossene Kohle zum Einsatz kommt, aber auf der anderen Seite den Nachteil, daß fast in allen Fällen von allen Sorten die Feinkohle von Natur den höchsten Aschegehalt hat, daß also die hier zu entfernenden Aschemengen relativ am größten sind. Dies hat zur Folge, daß der anteilige Anfall an Mittelgut — d. h. Energiekohle mit etwa 30—35% Asche — hier ebenfalls am größten ist, was zu einer erheblichen Belastung des Kraftwerkes führt. Der Vorteil des starken Aufschlusses der Kohle wird durch den hohen Aschegehalt ausgeglichen, so daß häufig die gewaschene Feinkohle für die Hydrierung etwas ungünstiger ist als die mit Schwereflüssigkeit gewaschenen mittelfeinen Sorten.

Die weitestgehende Reinigung bringen naturgemäß die Flotationsverfahren — vor allem auch hinsichtlich der Abtrennung des Fusits —; doch sind sie zumeist mit relativ zu hohen Kosten verbunden, so daß sie im allgemeinen für die Hydrierung weniger in Frage kommen.

Zusammengefaßt ergibt sich, daß nach dem derzeitigen Stande der Technik bei freier Wahl den Schwereflüssigkeitsverfahren der Vorzug zu geben ist.

Wie bereits oben erwähnt worden ist (S. 54), kommt für die Braunkohle eine mechanische Entaschung im allgemeinen nicht in Frage, da die Asche in die Kohle infiltriert, d. h. im wesentlichen an die Huminsäuren chemisch gebunden ist. Die technisch mögliche chemische Entaschung mit starken Mineralsäuren, z. B. Salzsäure, bringt — zum mindesten bei bitumenreichen Kohlen — für die Hydrierung starke Nachteile, indem nun das Trägergerüst für die Asphalte fehlt. Man muß also die Braunkohle so einsetzen, wie sie fällt, wobei man bei freier Wahl naturgemäß die Gruben heranziehen wird, die einen möglichst niedrigen, aber für die Hydrierung — unter Berücksichtigung der Trägerwirkung des zugesetzten Kontaktes — noch ausreichenden Aschegehalt aufweisen. Definierte Grenzen lassen sich hier nicht ohne weiteres angeben, da sie zu stark von dem Charakter der organischen Substanz und den Hydrierbedingungen abhängen; in grober Annäherung kann man sagen, daß bei Braunkohlen mit einem Bitumengehalt (bestimmt mit Benzol-Alkohol) von $> 10\%$ (bez. auf Reinkohle) der Aschegehalt nicht wesentlich $< 10\%$ (bez. auf Trockenkohle) liegen sollte, Kohlen mit $> 5\%$ Bitumen sollten nicht wesentlich $< 5\%$ Asche aufweisen.

Vorteilhaft ist aber auf jeden Fall, bei gleichem Gesamtaschegehalt die Gruben zu bevorzugen, deren Kohlen den geringeren Sandgehalt haben. Ein technisch-wirtschaftlich tragbares Verfahren zur Entsandung der Rohkohle oder der getrockneten Kohle ist bisher nicht bekannt geworden. Man ist daher darauf angewiesen, erst den Kohlebrei zu entsanden, was sich — wenn auch nur unvollständig — durch Absitzenlassen in Spitzgefäßen bewerkstelligen läßt.

Bei den Übergangsstufen zwischen Stein- und Braunkohle, d. h. also bei den älteren oder tektonisch gealterten Braunkohlen, ist häufig eine gewisse Ascheentfernung auf mechanischem Wege möglich. Hiervon wird man vorteilhaft stets Gebrauch machen, da der verbleibende Aschegehalt praktisch immer für die Forderung der Hydrierung ausreichen wird, zumal diese Kohlen in fast allen Fällen bitumenarm sind. —

Der andere Fremdbestandteil der Kohlen dahingegen, das Wasser, soll soweit wie möglich entfernt werden. Die einfachste Trocknungsart ist die mit Feuergasen im Gegenstrom. Die Verbrennung der zur Befeuerung dienenden Heizgase ist hierbei so einzustellen, daß der Sauerstoffgehalt der Verbrennungsgase möglichst $< 2\%$ liegt. Darüber hinaus ist es empfehlenswert, den Verbrennungsgasen Schutzgas (Kohlensäure) zuzumischen, wodurch nicht nur die Betriebssicherheit erhöht wird (Vermeidung von Verpuffungen), sondern zugleich die Temperatur der Verbrennungsgase gedrückt wird; einen entsprechenden Effekt kann man natürlich auch durch Umwälzung der heißen Brüdengase erzielen. Im allgemeinen sollten die Trocknungsgase mit einer Temperatur $< 350°C$ auf die Kohle auftreffen. — Bei der Wahl zwischen verschiedenen Trocknungsverfahren ist — bei gleicher Betriebssicherheit — dem der Vorzug zu geben, das die geringste Veränderung der Elementaranalyse der Reinkohle während des Trocknungsprozesses hervorruft, wofern nicht entscheidende wirtschaftliche Unterschiede zu einer anderen Wahl zwingen.

Ein besonders schonendes — und demnach an sich für die Hydrierung sehr geeignetes — Trocknungsverfahren ist die Trocknung der Kohle mit indirektem Dampf. Hier wandert die Kohle durch eine rotierende Trommel hindurch, in welcher sich eine große Zahl dampfdurchströmter

Rohre befindet. Im allgemeinen jedoch kommt dieses Verfahren weniger in Frage, da es bei der erstrebten weitgehenden Trocknung — vor allem bei relativ hohem Wassergehalt der Rohkohle — zu kostspielig wird.

Bei Steinkohle wird man im allgemeinen auf 2% Wasser heruntertrocknen,. bei Braunkohle geht man zweckmäßigerweise nur auf etwa 5—10% herunter, da bei schärferer Trocknung die Kohle zu .stark pyrophor wird. Aber auch schon bei diesen Trocknungsgraden neigen beide Kohlearten — vor allem solange sie noch warm sind — zur Selbstentzündung, so daß auf ihrem weiteren Wege Luftzutritt nach Möglichkeit ausgeschaltet werden sollte; deshalb ist es zweckmäßig, die sich an die Trocknung anschließenden Förderaggregate und Mühlen unter Schutzgas zu halten; soweit pneumatische Förderung benutzt wird, empfiehlt es sich, die Kohlensäure mit Stickstoff zu verdünnen, da sich aus der schweren Kohlensäure die Feinkohle zu unvollkommen niederschlägt, was zu einer Überlastung der Cyclone und Filter führt. — Sind die Transportwege von der Trocknung bis zur Anreibung zu lang, um unter Schutzgas gehalten werden zu können, so kann man einen ausreichenden Schutz durch Befeuchten der getrockneten Kohle mit etwa 15% Anreibeöl erzielen.

Das bei der Steinkohle als Kontakt verwendete Eisensulfat gibt man der Kohle vor der Trocknung zu; bei der Erhitzung der Kohle während der Trocknung schmilzt dann das Salz in seinem Kristallwasser, und man erhält so eine gute Verteilung des Salzes auf der Kohle. Noch bessere Resultate erzielt man, wenn man eine bei etwa 35° C gesättigte Eisensulfatlösung auf die in dünner Schicht vorbeigleitende Kohle aufsprüht; insbesondere fördert man hierdurch den erwünschten chemischen Umsatz des Eisensulfats mit den alkalischen Bestandteilen der Kohle. — Die Eisenoxyde (Bayermasse, Luxmasse, Raseneisenerz) werden vorteilhaft ebenfalls vor der Trocknung zugegeben, da sie auf diese Weise mitentwässert werden. — Dagegen darf das wasserfreie Natriumsulfid (Sulfigran) erst unmittelbar vor der Anreibung zugefügt werden, um eine Hydrolyse des Salzes durch Wasserdampf zu vermeiden.

Die Anreibung selbst erfolgt in den mit leichten Mahlkörpern versehenen, dampfgeheizten, rotierenden Konzentramühlen. Zugleich erfolgt hier[1] die Feinstmahlung der Kohle auf einen Durchgang durch das 10000er Sieb > 60%; vor der Trocknung wird die Kohle auf etwa < 3—5 mm vorgebrochen, hinter der Trocknung gemahlen auf etwa 90% < 1 mm. Werden Trocknung und Mahlung in einen Gang zusammengelegt (Mahltrocknung), so kann man sich gegebenenfalls mit Vorbrechen auf etwa < 10 mm begnügen. Der Kohlebrei wird durch

---

[1] Das Bureau of Mines [Ind. Eng. Chem. 41, 870 (1949)] will die Kohle bereits in der Mahltrocknung so fein mahlen, daß die Anreibung in Tanks mit Gegenstrom-Mischern erfolgen kann.

ein 1-mm-Sieb gegeben, die Rückstände darauf in die Konzentramühle zurückgegeben oder verworfen. Der gegebenenfalls noch mit Anreibeöl bzw. Kaltabschlamm verdünnte fertige Kohlebrei wird — nachdem er gegebenenfalls noch in Spitzgefäßen teilweise entsandet worden ist — zwecks Homogenhaltung in dampfbeheizten Leitungen im Kreislauf gepumpt, und dieser Kreislauf speist die Breipressen.

b) Vorbereitung der Teere und Mineralöle.

Die Rohstoffe sollen — soweit dies technisch-wirtschaftlich durchführbar ist — möglichst frei von Fremdbestandteilen (Wasser, Asche und gegebenenfalls „freiem Kohlenstoff") in die Hydrierung eingesetzt werden. Die Entwässerung und Entsalzung der Roherdöle erfolgt zumeist unmittelbar bei der Förderung, so daß dieser Vorgang hier außer Betracht bleiben kann. Die noch im Erdöl verbleibenden — größtenteils als öllösliche organische Salze vorliegenden — anorganischen Bestandteile sind generell mengenmäßig so geringfügig, daß ihre Entfernung für die spaltende Hydrierung in Sumpfphase mit feinverteilten Kontakten nicht notwendig ist. — In den Teeren dagegen liegen häufig größere Mengen Flugstaub vor. Soweit möglich, wird man bei der Gewinnung der Teere durch geeignete Anordnung der fraktionierten Kondensation dafür sorgen, daß die weitaus größte Menge des Flugstaubs als konzentrierte Pech-Flugstaub-Mischung („Kratzteer") anfällt. Die hier nicht niedergeschlagenen, also in den eigentlichen Teer gelangenden Flugstaubanteile — denen sich auch zumeist noch geringe Wassermengen beigesellen — entfernt man vorteilhafterweise durch Ausschleudern in diskontinuierlichen Zentrifugen, wobei man zweckmäßigerweise den Rohteer vor dem Schleudern mit geringen Mengen (1—3%) konzentrierter Schwefelsäure verrührt. Bei Braunkohlenschwelteeren läßt sich zumeist dieses Verfahren erfolgreich durchführen, bei Steinkohlenteeren dahingegen ist der erzielte Effekt meistenteils unzureichend, so daß sich der Aufwand nicht lohnt.

Beim Einsatz der Rohteere in die Hydrierung über festangeordnetem Kontakt muß — wie wir gesehen haben (S. 108) — die Entfernung der anorganischen Bestandteile weitergetrieben werden, wobei sich — wie erwähnt — das Filtrieren, gegebenenfalls unter Zusatz von Filterhilfen und nach Aufspaltung der als öllösliche Salze vorliegenden anorganischen Bestandteile, gut bewährt hat.

Die Destillation der Teere und Mineralöle zum Zwecke des getrennten Einsatzes in Sumpf- und Gasphase geschieht in der üblichen Weise, wobei man — mit Rücksicht auf zu verarbeitende thermisch labile Rohstoffe (und das sind fast alle Teere und manche Schieferöle) — die Anordnung so wählt, daß die Übertemperaturen in der Vorheizung möglichst gering sind. Darüber hinaus ist es — wie schon oben (S. 82) erwähnt wurde — bei Teeren vorteilhaft, die Destillation der Teere gemeinsam mit den Abstreiferprodukten vorzunehmen. — Weiter ist bereits hervorgehoben worden (S. 120), daß die für den Einsatz in Gasphase bestimmten Destillationsprodukte — vor allem bei instabilen Rohstoffen — vor ihrem Einsatz in die Hydrierung nur kurzzeitig lagern sollen, damit sich keine kontaktschädigenden Polymerisations- und Kondensationsprodukte bilden und damit saure Öle möglichst keine Gelegenheit haben, aus den Gefäßwandungen Eisen in gelöster Form aufzunehmen.

c) Wasserstoff-Herstellung.

Die technisch bei weitem größte Bedeutung kommt unter den Verfahren zur Wasserstoffherstellung denen zu, die auf der Umsetzung kohlenstoffhaltiger Materialien beruhen, und hierunter wieder denen, die den Weg über das Wassergas ($CO + H_2$) nehmen. Deshalb sollen hier insbesondere diese Wege beschrieben werden, während die speziellen Verfahren von technisch geringerer Bedeutung anschließend nur kurz gestreift werden sollen.

Bei dem Weg über das Wassergas ist die erste Stufe der Wasserstoffherstellung die Erzeugung von Wassergas, das dann — zumeist nach eingeschalteter Entschweflung — zu $CO_2 + H_2$ konvertiert wird; das Konvertgas wird anschließend von Kohlensäure und restlichem Kohlenoxyd befreit.

Von Spezialfällen abgesehen, werden in den Kreis der Betrachtungen nur solche Verfahren einbezogen, die im Endeffekt zu einem hochprozentigen Wasserstoff führen. Bei den normalen Hydrierprozessen bedeuten größere Anteile an Verunreinigungen (Stickstoff, Methan) einen wesentlichen Nachteil, da dann zur Aufrechterhaltung des notwendigen Wasserstoffteildrucks im Gaskreislauf sehr viel mehr Verunreinigungen herausgewaschen werden müssen, was — abgesehen von der zu leistenden Arbeit — mit beträchtlichen Wasserstoffverlusten verbunden ist. Im allgemeinen sind die kleinen Vorteile im Wasserstoffpreis für ein stickstoff- oder methanreicheres Gas geringfügiger als die Nachteile eines solchen unreineren Wasserstoffs in der Hydrierung.

α) **Erzeugung von Wassergas aus festen Brennstoffen.**

Das generelle Prinzip dieses Verfahrens besteht darin, die festen Brennstoffe mit Wasserdampf in Wassergas überzuführen, wobei die zum Ausgleich des endothermen Charakters dieser Reaktion:

$$C + H_2O = CO + H_2 - 31.000 \text{ cal}$$

benötigte Wärme direkt oder indirekt durch Verbrennung des kohlenstoffhaltigen Materials mit Sauerstoff aufgebracht wird. Diese Erhitzung des Brennstoffs durch Verbrennung kann direkt erfolgen, entweder intermittierend, indem der Brennstoff abwechselnd mit Luft heißgeblasen und dann mit Wasserdampf vergast wird, oder kontinuierlich, indem ein Teil des Brennstoffs während der Vergasung selbst durch Zusatz von reinem Sauerstoff zum Wasserdampf verbrannt wird; die Erhitzung des Brennstoffs kann indirekt erfolgen, indem die durch Verbrennung eines Heizgases — das zumeist aus dem gleichen Brennstoff erzeugt worden ist — gewonnene Wärme durch Vermittlung eines anderen gasförmigen Wärmeträgers unmittelbar[1] auf den zu vergasenden Brennstoff übertragen wird.

Die Brennstoffe können entweder in grobstückiger Form oder als Feinkorn eingesetzt werden. Man kann entweder von den von der Natur gelieferten Kohlen selbst ausgehen oder von deren Entgasungsprodukten. Die technischen Ausführungsformen sind recht verschieden, je nachdem, welche der genannten Möglichkeiten verwirklicht wird.

Unter den von *stückigen Brennstoffen* ausgehenden Verfahren ist die bekannteste und technisch am meisten angewandte Form die Vergasung grobstückigen Steinkohle-Hochtemperaturkokses, wobei der Koks im Abwärtsrutschen durch einen Wassergasgenerator vergast wird unter gleichmäßigem Nachschub von oben des verbrauchten Kokses und Abzug des aschehaltigen Rückstandes am unteren Ende. Der Koks wird abwechselnd mit Luft heißgeblasen und dann mit Wasserdampf vergast, wobei das Gasen abwechselnd in Aufwärts- und Abwärtsströmung erfolgt. Von dem so erzeugten Rohwassergas werden etwa 80% als stickstoffarmes Reinwassergas herausgeschnitten[2].

Diese Wassergasherstellung aus Koks kann man auch kombinieren mit der Spaltung kohlenwasserstoffhaltiger Gase, z. B. Kokereigas, indem man beim Gasen — und zwar zweckmäßigerweise während des ersten, heißesten Teils — dem Dampf Kokereigas zugibt; die fühlbare Wärme des heißgeblasenen Kokses liefert hierbei die Energie für die Umwandlung der Kohlenwasserstoffe in Wassergas.

Statt Hochtemperaturkoks kann man im Koksgenerator auch Steinkohlenschwelkoks einsetzen, wofern seine mechanische Festigkeit ausreicht. Geht man bei der Erzeugung des Schwelkokses von Feinkohle aus — wie es beispielsweise bei den Verfahren von Krupp-Lurgi bzw. „Brennstofftechnik" der Fall ist —, so muß man eine gut backende, nicht oder nur wenig treibende Besatzkohle wählen; geht man bei der Schwelkoksherstellung von Steinkohlenbriketts aus — hergestellt beispielsweise nach dem Verfahren von Humboldt-Weber-Lurgi,

---

[1] Die mittelbare Übertragung der Wärme des Wärmeträgers auf den Brennstoff, d. h. die Übertragung durch die Generatorwandung — wie dies beispielsweise beim Pattenhausen-Generator vorgesehen ist — hat sich bisher technisch nicht durchsetzen können.

[2] Das stickstoffreichere Restgas (Spülgas mit ca. 20—30% N_2) kann man gegebenenfalls für sich reinigen und konvertieren und daraus durch Linde-Zerlegung den Wasserstoff gewinnen.

nach dem Verfahren der I. G. mit Hydrierbitumen (S. 100) oder nach dem Verfahren von Hock (S. 7) —, so kann man Kohlen von geringerem Backvermögen oder sogar Sinterkohlen einsetzen. Aus Schwelkoks erhält man generell ein etwas wasserstoffreicheres Wassergas; daß der Methangehalt hierbei eine Kleinigkeit höher liegt, ist praktisch bedeutungslos. Aber dem Vorteil des höheren Wasserstoffgehalts des Wassergases steht zumeist der Nachteil einer höheren Flugstaubbildung entgegen, die zu einer recht unerwünschten Mehrbelastung der Naßwäsche des Gases führt. Der einzusetzende Schwelkoks sollte daher in der Trommelfestigkeit nicht wesentlich schlechter liegen als normaler Steinkohlen-Hochtemperaturkoks.

Ob stückiger Schwelkoks, wie er bei der Verschwelung nicht backender Steinkohle erhalten wird, in Wassergasgeneratoren vergast werden kann, ist großtechnisch noch nicht erwiesen. Grundsätzlich besteht bei den relativ hohen Gasgeschwindigkeiten in den normalen Koksgeneratoren die Befürchtung, daß dieser spezifisch relativ leichte Brennstoff im Generator zum „Schwimmen" kommt, wodurch untragbare Flugstaubmengen anfallen würden.

Der Generator muß so gefahren bzw. der Koks nach seinem Ascheschmelzpunkt so ausgewählt werden, daß das Zusammenschmelzen des Rückstandes nicht die Leistungsfähigkeit der Austragsvorrichtungen übersteigt. Zumeist fällt der Rückstand mit einem C-Gehalt von etwa 40—55% an. Man kann diesen stückigen Rückstand noch zu weiterer Wassergaserzeugung heranziehen, indem man ihn in Abstichgeneratoren mit Sauerstoff + Wasserdampf bei etwa 1700° C vergast und die dabei verbleibende Asche im Schmelzfluß abzieht; gegebenenfalls setzt man als Fluxmittel Kalkstein oder rückgeführte geschmolzene Asche zu. Naturgemäß kann man in diesen Abstichgeneratoren auch andere Rohstoffe — wie Steinkohlenkoks selbst oder Braunkohlengrude — vergasen.

Geht man bei der Wassergaserzeugung unmittelbar von stückiger Kohle aus, die also noch nicht zuvor entgast worden ist, so wird oberhalb der Vergasungszone eine Schwelzone („Schwelglocke") angeordnet, in welcher der eingesetzte Brennstoff mit Hilfe der aufsteigenden heißen Generatorgase entgast wird und demnach als Schwelkoks in die Vergasungszone gelangt. Für die Vergasung von Braunkohlenbriketts hat sich das Pintsch-Hillebrand-Verfahren bewährt, bei welchem die Entgasung der Briketts in der Schwelzone durch aufsteigendes heißes Wassergas erfolgt, d. h. es findet in der Schwelglocke eine praktisch normale Spülgasschwelung statt. Das Gemisch von Schwel- und Wassergas kehrt nach Gewinnung des Generatorteeres daraus und Aufheizung in einem intermittierend betriebenen Rekuperativofen auf etwa 1300° C nach Zugabe weiteren Wasserdampfs in den Gaserzeuger zurück, läuft also als Transport- bzw. Heizmedium im internen Kreislauf. Der

Rekuperativofen ist senkrecht unterteilt, wobei das Mauerwerk der jeweils nicht vom Wassergas durchströmten Hälfte durch Verbrennen von Heizgas mit Luft erhitzt wird. Auf diese Weise wird der Wärmebedarf der endothermen Vergasung gedeckt, d. h. nicht die Verbrennung des Kokses selbst liefert direkt die Wärme, sondern indirekt die Verbrennung von Heizgas, welches durch oxydierende Vergasung von Kohle gewonnen worden ist. Das verfügbare — also nicht im Kreislauf geführte — unmittelbar aus dem Generator austretende teerfreie Wassergas wird in der üblichen Weise gereinigt. Von diesem Gas wird — nach Zusatz weiterer Wasserdampfmengen — ebenfalls ein Teil als Wärmeträger im Kreislauf geführt. Vom insgesamt erzeugten Wassergas gehen etwa 40% im Kreislauf. Das Endgas ist ausreichend methanfrei, d. h. auch das Schwelgas wird in der Rekuperativzone in genügendem Ausmaß in Wassergas übergeführt.

Der erwähnte Umstand, daß die Kohlenwasserstoffe des rückgeführten Schwelgases im Rekuperativofen durch den beigefügten Wasserdampf in Wassergas übergeführt werden, eröffnet die Möglichkeit, auch einen Teil des im Kreislauf geführten Wassergases als Wärmeträger durch kohlenwasserstoffhaltige Gase — beispielsweise Hydrierabgase — zu ersetzen und diese so in Wassergas überzuführen, d. h. die Rekuperativzone als Spaltofen zu verwenden; auf diese Weise kann die Leistung des Generators an verfügbarem Wassergas um etwa 20% gesteigert werden.

Nach einem ähnlichen Prinzip arbeitet der Koppers-Generator bei der Vergasung von Braunkohlenbriketts, doch liegen hier das Cowpers-Paar und die Verbrennungskammern außerhalb des Generators; auch wird hier nur das Schwelgas zurückgeführt.

Während die Vergasung von Braunkohlenbriketts zu Wassergas ihre großtechnische Reife erwiesen hat, ist die Vergasung stückiger Steinkohle zu Wassergas noch nicht über das Versuchsstadium hinausgekommen. Eingesetzt wird hier etwa Nuß II—IV einer nicht oder nur schwach backenden teerreichen Steinkohle, die auch zunächst in einer aufgesetzten Schwelglocke mit Spülgas abgeschwelt wird. Der entstandene Schwelkoks gelangt in die Vergasungszone, die nach dem Prinzip der Koksgeneratoren arbeitet, d. h. im Wechsel von Heißblasen des Schwelkokses mit Luft und Gasen mit Wasserdampf. Das Blasegas wird durch die Schwelglocke abgezogen und bewirkt hier mit seiner fühlbaren Wärme die Spülgasschwelung der Kohle; aus den die Schwelglocke verlassenden Gasen und Dämpfen wird der Generatorteer in üblicher Weise abgeschieden. Das direkt aus dem Generator abgezogene Wassergas wird in gewohnter Weise gereinigt. Wenn auch großtechnische Erfahrungen mit diesem Verfahren noch ausstehen, so läßt doch die Analogie mit der großtechnisch bewährten Heizgaserzeugung aus stückiger Steinkohle nach dem entsprechenden Prinzip die technische

Realisierbarkeit das Verfahren als recht gesichert erscheinen, wofern die Querschnittsbelastung nicht nennenswert höher gewählt wird als bei der Heizgaserzeugung und die gleiche Sorgfalt in der Kohlenauswahl vorwaltet.

Bei der Erzeugung von Wassergas aus *feinkörnigen Brennstoffen* sind beide Arten der Erhitzung des Brennstoffs durchgeführt worden, d. h. die direkte und die indirekte.

Die direkte Erhitzung, d. h. die Vergasung des Brennstoffs unter Zusatz von reinem Sauerstoff zum Vergasungsmittel (Wasserdampf), hat die ungleich größere technische Bedeutung erlangt. Der hierfür bekannteste Gaserzeuger ist der Winkler-Generator (I. G.-Verfahren), der sich insbesondere für die Vergasung von getrockneter Braunkohle und vornehmlich Braunkohlengrudekoks großtechnisch bewährt hat. Der Brennstoff wird in einer Körnung von etwa < 3 mm in den Generator eingesetzt und in diesem in „tanzendem" Zustand mit Wasserdampf unter Hinzufügung von reinem Sauerstoff bei etwa 900—1000° C vergast. Bei Einsatz von Braunkohle selbst wird auch der ganze darin enthaltene Teer mitvergast; deshalb ist im allgemeinen die Vorschaltung einer Schwelung zwecks Teergewinnung vorteilhaft, auch weil der Methangehalt des Wassergases aus Kohle etwas höher liegt als der des Wassergases aus Grude. — Bei der Vergasung im Winkler-Generator treten etwa 90% der mit dem Brennstoff eingebrachten Asche zusammen mit dem Wassergas am oberen Ende des Generators aus. Da dieser in Multicyclonen abgeschiedene Flugstaub noch etwa 50% C enthält, kann er in den Generator zurückgeführt, unter Kesseln verbrannt oder auch als Aktivkohle (S. 79) verwendet werden.

Der große Vorteil der Vergasung feinkörnigen Brennstoffs nach diesem Verfahren gegenüber der Vergasung stückiger Brennstoffe liegt in der weit höheren Querschnittsbelastung, die bei der Vergasung feinkörniger Brennstoffe möglich ist, vor allem da infolge der ungleich stärkeren Aufteilung der feinkörnigen Brennstoffe die Reaktionsgeschwindigkeit um Größenordnungen höher liegt. Dies drückt sich praktisch in den Leistungen der Einheiten aus: während ein Wassergasgenerator für stückige Brennstoffe bei Vergasung mit Wasserdampf bzw. Wasserdampf und Luft intermittierend normalerweise etwa 5000 bis 5500 Nm³/h Wassergas liefert, ein Abstichgenerator bei Kokseinsatz und Vergasung mit Wasserdampf und Sauerstoff etwa 15000 Nm³/h, erzeugt der Winkler-Generator 60000 Nm³/h Wassergas je Einheit. Diesem großen Vorteil der Staubvergasung steht im Vergleich mit dem normalen Wassergasgenerator die Notwendigkeit der Verwendung von Sauerstoff als Nachteil gegenüber; doch hat sich dieser Nachteil stets als kleiner erwiesen als der Vorteil der hohen Leistung des Generators und der niedrigen Kosten des eingesetzten Brennstoffs.

Es unterliegt wohl keinem Zweifel, daß — ausgehend von festen Brennstoffen — der Staubvergasung mit Wasserdampf und Sauerstoff die Zukunft gehört in völliger Analogie zu dem immer weiter ausgreifenden Übergang von den intermittierend betriebenen katalytischen Verfahren — insbesondere Krackverfahren — mit festangeordnetem Kontakt zu den kontinuierlich betriebenen katalytischen Prozessen mit Fließkontakten. Während für die Vergasung von Braunkohle und Braunkohlengrude der Winkler-Generator sich schon sehr weitgehend der technischen Vollkommenheit angenähert hat, sind für die Vergasung staubförmiger Steinkohlen — wofür der Winkler-Generator nicht so gut geeignet ist — durchaus noch entscheidende Verbesserungen möglich, deren Erzielung durch Versuche in USA. und Deutschland[1] eingeleitet ist. Es ist daher auch durchaus folgerichtig, wenn in USA.[2] auf Kohle basierende Treibstoffsynthese-Anlagen die Gaserzeugung durch Vergasung von Staubkohle vorgesehen haben. Es ist mit Sicherheit zu erwarten, daß die zunehmende Vervollkommnung der Staubvergasung — insbesondere von Steinkohle (bzw. der Vergasung direkt von Förderkohle oder feineren Sorten daraus, falls der natürliche Anfall an Feinkohle geeigneter Körnung nicht ausreicht und die Mahlkosten eingespart werden sollen) — zusammen mit Verbilligung des Sauerstoffs durch Verbesserung[3] des Linde-Fränkl-Verfahrens zu einer einschneidenden Herabsetzung des Wasserstoffpreises führen wird, wodurch die Konkurrenzfähigkeit der Hydrierung für die Treibstoffsynthese gegenüber den Krackverfahren entscheidend begünstigt werden wird.

Den einzigen — jedoch, wie wir gesehen haben, keineswegs schwerwiegenden — Nachteil des Winkler-Verfahrens hat Schmalfeldt zu umgehen versucht, indem er bei der Vergasung von Braunkohle die benötigte Wärme indirekt zuführte mit Wassergas + Wasserdampf als Wärmeträger. Beim Schmalfeldt-Verfahren werden rückgeführtes Wassergas und Dampf in intermittierend betriebenen Rekuperatoren, die mit Schwachgas wechselseitig beheizt werden, auf 1300° C vorgeheizt. Diesem heißen Gasstrom wird getrocknete stückige Braunkohle zugegeben, welche durch das plötzliche Erhitzen zu Staub zerplatzt. Die Mischung gelangt dann in die Wassergasgeneratoren, wo die Braunkohle vergast wird. Die fühlbare Wärme der Endgase wird zum Trocknen und Zerkleinern von Rohbraunkohle benutzt. Der aus den Endgasen ab-

[1] Z. B. Koppers-Totzek-Verfahren: C 1947, II, 951; eine zusammenfassende Darstellung des derzeitigen Standes der Vergasung feinkörniger Steinkohle bringt Demann: Brennst. Chem. 30, 187 (1949).

[2] Russel: Oil and Gas Journal 45, Nr. 48, S. 46 (1947). S. a. Vortragssitzung auf der 112. Hauptversammlung der Amerikanischen Chemischen Gesellschaft in New York über „Gewinnung von Synthesegas", referiert: Angew. Chem. B 20, 237 (1948).

[3] Walker: Oil and Gas Journal 46, Nr. 8, S. 126 (1947).

geschiedene Staub dient z. T. zur Herstellung des Schwachgases, z. T. wird er in die Wassergasgeneratoren zurückgeführt. Das nicht als Wärmeträger zurückgeführte Wassergas wird als verfügbares Wassergas herausgezogen. — Technisch hat sich dieses Verfahren nicht bewährt, auch ist es infolge seiner Umständlichkeit wesentlich teurer als das Winkler-Verfahren und gibt unreineres Gas. Da nicht zu erwarten ist, daß einschneidende Verbesserungen dieses Verfahrens möglich sind, ist — wie oben dargelegt — die Arbeit der Fortentwicklung auf die Vergasung feinkörniger Brennstoffe mit Wasserdampf und Sauerstoff abzustellen.

β) Erzeugung von Wassergas aus gasförmigen Brennstoffen.

Im Rahmen der Hydrierung sind die wichtigsten gasförmigen Brennstoffe die Abgase der Hydrierung bzw. Fraktionen daraus. Als Fremdquellen kommen Erdöl-Raffinerie-Gase, Kokereigase oder Erdgase in Betracht. Von den möglichen Umsetzungen zu Wassergas haben nur die Verfahren mit Wasserdampf oder Sauerstoff für die Hydrierung technische Bedeutung erlangt bzw. sind für großtechnische Anwendungen geeignet.

Wie wir bereits (S. 175 bzw. S. 177) in den Kombinationen mit der Vergasung fester Brennstoffe gesehen haben, können gasförmige Kohlenwasserstoffe mit Wasserdampf zu Wassergas rein thermisch umgesetzt (gespalten) werden. Da bei den hierfür anzuwendenden hohen Temperaturen (etwa 1300° C) eine Außenbeheizung nicht mehr in Frage kommt, muß intermittierend nach dem Rekuperativsystem gearbeitet werden, indem das Gitterwerk der Generatoren abwechselnd durch Verbrennen von Heizgas erhitzt und dann durch den Wärmeverbrauch des endothermen Umsatzes der Kohlenwasserstoffe mit Wasserdampf wieder bis zur unteren Temperaturgrenze noch ausreichenden Umsatzes abgekühlt wird. — Dieses Koppers-Verfahren ist zwar — ausgehend von Kokereigas — technisch angewandt worden, befriedigt aber wenig; auch ist der Umsatz recht unvollständig, so daß das Endgas nicht unerhebliche Mengen Kohlenwasserstoffe enthält; diesem Verfahren kommt daher wohl nur lokale Bedeutung zu.

Wesentlich günstiger liegen die Verhältnisse, wenn die Spaltung der Kohlenwasserstoffe mit Wasserdampf in Gegenwart von Katalysatoren vorgenommen wird. Unter Verwendung eines Ni/MgO/Zementkontaktes entwickelte die I. G.[1] ein Verfahren, in welchem gasförmige Kohlenwasserstoffe bei etwa 700—850° C mit Wasserdampf in Wassergas übergeführt werden, wobei man — um ein möglichst kohlenwasserstoffarmes Gas zu erhalten — etwa 100—150% des Umsatzdampfes als Gleichgewichtsdampf hinzufügt; so kommt man auf einen Methangehalt im

---

[1] Schiller: Chem. Fabr. **11**, 505 (1938).

Endgas von etwa 0,5—2%. Man kann dem Dampf auch Kohlensäure zusetzen und auch damit die Umsetzung zu Kohlenoxyd und Wasserstoff bewirken. Da es sich auch hier um eine stark endotherme Reaktion handelt:

$$CH_4 + H_2O \rightleftharpoons CO + 3\,H_2 - 49\,500\ \text{cal},$$

muß Wärme zugeführt werden, was durch Beheizung von außen mit Heizgas erfolgt. Zu diesem Zweck ist der Reaktionsraum aufgeteilt in zahlreiche, mit dem Kontakt befüllte und abwärts von den Gasen durchströmte Rohre aus Spezialstahl, die in gemauerten, von den Heizgasen durchströmten Öfen hängen.

Da der Kontakt schwefelempfindlich ist, müssen aus den zu verarbeitenden Gasen vor der Wasserdampfzugabe die Schwefelverbindungen entfernt werden. Die zunächst vom Schwefelwasserstoff befreiten Gase werden zwecks Entfernung des organisch gebundenen Schwefels bei etwa 400° C über Eisenoxyd geleitet, wo der org. S zu H_2S umgesetzt wird, welcher dann in einem mit ZnO gefüllten Ofen gebunden wird; in einem anschließenden dritten Ofen, der mit gebrauchtem Ni-Kontakt gefüllt ist, erfolgt dann die Feinreinigung auf < 5 mg S/m^3 Gas.

Dieses Verfahren hat sich großtechnisch hervorragend bewährt, und zwar sowohl in Deutschland — wo vornehmlich Hydrierabgase eingesetzt wurden — als auch im Auslande, wo trocknes Erdgas (Methan) und Raffinerieabgase gespalten wurden. Vor allem ist dieses Verfahren für die Spaltung von methan- und äthanhaltigem Gas geeignet; höhere Kohlenwasserstoffe zeigen zwar eine gewisse Tendenz zur Verrußung, können aber ebenfalls zu Wassergas gespalten werden; verwendet man die höheren Gase (C_3 und C_4) in reiner Form für sich allein, so erhält man ein praktisch stickstofffreies Wassergas[1]. Die zu verwendenden Raffineriegase sollen indessen nicht zuviel Ungesättigte enthalten. Da man jedoch im allgemeinen für die ungesättigten Kohlenwasserstoffe andere Verwendungen hat, ist dies praktisch keine Einschränkung der Einsatzfähigkeit des Verfahrens.

Um die für die Außenbeheizung notwendige starke Aufteilung des Reaktionsraums zu vermeiden, kann man das Verfahren kombinieren mit der partiellen Verbrennung der Kohlenwasserstoffe. In diesem — ebenfalls von der I. G.[2] entwickelten — Verfahren werden die in Wärmeaustauschern vorgeheizten Kohlenwasserstoffe oder insbesondere ihre Gemische mit Wasserstoff (beispielsweise Hydrierabgase oder Kokereigas) nach Zugabe von Wasserdampf bei etwa 1200—1500° C mit Sauerstoff partiell verbrannt zu Kohlenoxyd und Wasserstoff, wobei die

---

[1] S. z. B. Reed: Petrol. Engineer **20**, Nr. 1, S. 278 (1948).
[2] Sachsse: Chem. Ing. Techn. **21**, 1 u. 129 (1949).

Verbrennungskammer von der Mischkammer durch so enge Rohre getrennt ist, daß infolge der hier herrschenden hohen Strömungsgeschwindigkeit ein Zurückschlagen der Flamme in das explosible Gemisch verhindert wird. Das nicht umgesetzte Methan wird dann unter Ausnutzung der fühlbaren Wärme der Gase bei etwa 900° C über Ni/MgO-Kontakt mit Wasserdampf zu Wassergas gespalten, wobei der Verlust an Ni durch Nickelcarbonylbildung durch Zugabe von Nickelsalzen in die Verbrennungskammer ausgeglichen wird. Diese Nickelzugabe hat zugleich den Vorteil, daß Rußbildung bei der partiellen Verbrennung weitestgehend vermieden wird. Die Spuren Ruß, die noch verbleiben, gehen glatt durch den Kontakt hindurch und werden nach der Kühlung der Gase durch Koksfilter entfernt. Da hier — wo die Außenheizung entfällt — die Reaktionstemperatur im Kontakt höher gelegt werden kann als beim Röhrenspaltverfahren, kommt man über die Temperatur der Schwefelempfindlichkeit des Nickelkontaktes hinaus und kann daher mit schwefelhaltigen Gasen arbeiten. — Die Kontaktlebensdauer beträgt mehrere Jahre. — Wenn die zu spaltenden Gase mehr als 50% Kohlenwasserstoffe enthalten, so müssen sie durch Rückführung von Spaltgas auf einen Gehalt von etwa 50% Kohlenwasserstoffe verdünnt werden. Den Vorteilen dieses Verfahrens, nämlich mit schwefelhaltigen Rohstoffen und mit großräumigen Kontaktöfen ohne Außenbeheizung arbeiten zu können, stehen die Nachteile des Sauerstoffverbrauchs und einer etwas geringeren Gasausbeute gegenüber; jedoch erscheinen die Vorteile gewichtiger als die Nachteile. — Auch dieses Verfahren ist in großen Ausmaße technisch angewandt worden.

Es ist anzunehmen[1], daß die Wassergaserzeugung aus gasförmigen Kohlenwasserstoffen durch partielle Verbrennung mit Sauerstoff sich im Laufe der Zeit stärker in den Vordergrund schieben wird, wobei wahrscheinlich das erwähnte Verfahren noch einige Modifikationen erfahren wird.

Die Umwandlung von flüssigen Brennstoffen — beispielsweise schweren Rückstandsheizölen — in Wassergas befindet sich noch im Versuchsstadium[2]. Dieses Verfahren könnte für die Erdölhydrierung Bedeutung gewinnen in den Fällen, wo andere Brennstoffe für die Wasserstofferzeugung nicht zur Verfügung stehen bzw. die Hydrierabgase zur Deckung des Wasserstoffbedarfs nicht ausreichen, oder als Wasserstoffquelle für das Anfahren der Anlage.

---

[1] Hierfür spricht auch der Umstand, daß für die großtechnische Anwendung der modifizierten Fischer-Synthese in USA. für die Synthesegaserzeugung auch die partielle Verbrennung mit Sauerstoff vorgesehen ist: siehe z. B. Lee: Chemical Engineering **54**, Nr. 10, S. 105 (1947); Walker: Oil and Gas Journal **46**, Nr. 8, S. 126 (1947).

[2] Bland: Petrol. Process. **3**, Nr. 3, S. 203 (1948).

γ) Umwandlung des Wassergases in Wasserstoff.

Das aus den festen Brennstoffen erzeugte Wassergas wird in Cyclonen und verschiedenen Stufen Wasserwäschen von dem mitgerissenen Flugstaub befreit. Bei der Sauerstoff-Dampf-Spaltung von Kohlenwasserstoffen wird das Wassergas von Spuren Ruß und Teer in Koksfiltern befreit.

Das aus den schwefelfreien gasförmigen Brennstoffen gewonnene Wassergas kann unmittelbar weiter umgesetzt werden, während das aus den schwefelhaltigen festen Brennstoffen erzeugte Gas zuvor von Schwefelwasserstoff befreit werden muß. Hier sind es vor allem zwei Verfahren, die in größtem Maßstabe angewandt worden sind: das Alcacid-Verfahren und das A-Kohle-Verfahren, wovon das erstere vor allem für schwefelreiche Gase angezeigt ist, während für das A-Kohle-Verfahren Gase mit mehr als etwa 10 g S/m^3 weniger geeignet sind.

Im Alcacid-Verfahren[1] wird das zu behandelnde Gas — gegebenenfalls in mehreren Stufen hintereinander — bei gewöhnlicher Temperatur mit „Dik-Lauge" (Glykokol-Natrium bzw. N-substituierte Derivate davon, wie beispielsweise N-dimethylamino-Kaliumacetat) gewaschen, die stark selektiv den Schwefelwasserstoff und nur relativ wenig Kohlensäure aufnimmt und beim Erhitzen die gelösten Gase wieder abgibt, so daß die Lauge, regeneriert, in den Kreislauf zurückkehrt. Das aus der Dik-Lauge ausgetriebene Gas enthält etwa 50% Schwefelwasserstoff und kann entweder direkt weiterverarbeitet werden (z. B. auf Schwefel oder Schwefelsäure) oder nach nochmaliger Waschung mit Dik-Lauge aufkonzentriert werden auf etwa 90% H_2S, in welchem Zustand es dann sehr geeignet ist beispielsweise für die Schwefelwasserstoff-Sättigung des zu hydrierenden Mittelöls (S. 126).

Beim A-Kohle-Verfahren wird das zu behandelnde Gas nach Zusatz kleiner Mengen Sauerstoff (bzw. Luft) und Ammoniak (als Kontakt) bei gewöhnlicher Temperatur durch A-Kohle (wasserdampfaktivierter Braunkohlenkoks) geleitet, wobei der Schwefelwasserstoff zu Schwefel oxydiert wird, der von der A-Kohle aufgenommen wird und nach Erreichung einer bestimmten Sättigung daraus bei 40° C mit Ammonsulfidlösung extrahiert wird; die anfallende Polysulfidlösung wird durch Erhitzen mit Wasserdampf in überdestillierende Ammonsulfidlösung und zurückbleibenden geschmolzenen Schwefel gespalten.

Nach beiden Verfahren erreicht man eine für die weitere Behandlung des Gases ausreichende Entfernung des Schwefelwasserstoffs; der organisch gebundene Schwefel kann ohne Schädigung der nachfolgenden Konvertierung — wo er zu Schwefelwasserstoff aufgespalten wird — im Gase verbleiben.

---

[1] Bähr: Chem. Fabrik **11**, 283 (1938).

Das erhaltene Wassergas schwankt in seiner Zusammensetzung etwas nach der Art des verwendeten Rohstoffs und nach dem benutzten Verfahren, doch sind immer Wasserstoff und Kohlenoxyd die Hauptbestandteile; durchschnittliche Werte der Zusammensetzung vermittelt Tab. 42:

Tabelle 42. *Durchschnittliche Zusammensetzung von Wassergas bei verschiedenem Rohstoffeinsatz und angewandtem Verfahren.*

Rohstoff	Verfahren	im Wassergas %				
		CO_2	CO	H_2	CH_4	N_2
Steinkohlenkoks	normaler Wassergas-Generator	6	42	50	0,2	1,8
Braunkohlen-briketts	Pintsch-Hillebrand-Generator	14	28	56	1	1
Braunkohlengrude	Winkler-Generator	20	38	40	1,5	0,5
Hydrierabgase ..	IG-Methan-Spaltverfahren (mit Wasserdampf)	7	15	75	1	2

Wenn man von Spezialverfahren (S. 53) absieht, bei denen gegebenenfalls das Wassergas direkt für die Hydrierung verwendet werden kann, muß das Kohlenoxyd des Wassergases zu Wasserstoff und Kohlensäure umgesetzt werden. Diese Konvertierung erfolgt durch Behandlung des Wassergases bei gewöhnlichem Druck mit Wasserdampf bei etwa 450° C über einem Eisenoxyd-Chromoxyd-Kontakt zu einem Endgas mit etwa 3—5% CO. Da die Reaktion ziemlich stark exotherm ist:

$$CO + H_2O \rightleftharpoons CO_2 + H_2 + 10.000 \ cal,$$

läuft das System autotherm.

Auf den Zusatz von frischem Wasserdampf für die Konvertierung kann man ganz oder weitgehend verzichten, wenn — wie dies beispielsweise bei der Spaltung von gasförmigen Kohlenwasserstoffen nach den I. G.-Verfahren zumeist der Fall ist — von der Wassergaserzeugung her noch ein ausreichender Wasserdampfüberschuß vorhanden ist, d. h. man kann die Konvertierung der Wassergaserzeugung unmittelbar nachschalten[1].

Der Umstand, daß bei diesem Umsatz eine Vergrößerung des Gasvolumens eintritt und mithin für die anschließende Kohlensäurewäsche hinter der Konvertierung mehr Gas zu komprimieren ist, als vor der Konvertierung vorliegt, hatte der I. G. Veranlassung gegeben, die Konvertierung unter einem solchen Druck (10—30 at) vorzunehmen, wie er für die nachfolgende Kohlensäurewäsche geeignet ist. Die Druckerhöhung in der Konvertierung wirkt sich auch in einer Durchsatzsteigerung aus, wodurch die Apparatur wesentlich kleiner gehalten werden kann. Es sind mehrere großtechnische Anlagen nach diesem Prinzip gebaut worden, doch ist das Urteil über die großtechnische Be-

---

[1] Sachsse: Angew. Chem. A **60**, 247 (1948).

währung der Druckkonvertierung sehr geteilt, vor allem da sich in einigen Fällen starkes — bisher ungeklärtes — Kontaktabklingen bemerkbar gemacht hat. Der sicherere Weg ist daher bislang noch die seit Jahrzehnten in größtem Ausmaße betriebene drucklose Konvertierung.

Für die Kohlensäureentfernung aus dem Konvertgas ist das Auswaschen mit Wasser die einfachste, zweckmäßigste und großtechnisch am häufigsten angewandte Form. Der Kohlensäuregehalt des gewaschenen Gases beträgt etwa 1—2%; außerdem wird praktisch der gesamte Schwefelwasserstoff entfernt. Die bei der Entspannung des Wassers frei werdende Kohlensäure enthält etwa 5—6% Wasserstoff, d. h. der Wasserstoffverlust ist durchaus tragbar; die Entspannung erfolgt in Pelton-Rädern, wobei etwa 50% der Energie für die Wassereinspritzung zurückgewonnen werden. Etwa die Hälfte des entspannten Wassers wird nach Belüftung zurückgeführt; auf diese Weise wird in das Gas etwas Sauerstoff eingebracht, der dazu dient, in der Kupferlösung der CO-Wäsche die zur Vermeidung von Kupferausscheidungen erforderliche Konzentration an zweiwertigem Kupfer aufrecht zu erhalten. — Infolge dieses günstigen Arbeitens der Druckwasserwäsche haben sich die Verfahren des Auswaschens der Kohlensäure mit selektiven Lösungsmitteln in Deutschland in größerem Umfange nicht durchzusetzen vermocht. In USA. hat das Girbitol-Verfahren[1] (druckloses Auswaschen der Kohlensäure mit Monoäthanolamin-Lösung, die durch Erhitzen regeneriert wird) eine gewisse Bedeutung erlangt.

Führt man die Konvertierung mehrmals durch unter Zwischenschaltung der CO_2-Entfernung (in diesem Falle zweckmäßigerweise mit dem schärfer wirkenden Monoäthanolamin), so kommt man infolge der stetigen Verschiebung der Gleichgewichtslage mit dem CO-Gehalt des gewaschenen Gases so weit herunter, daß man auf die Druckwäsche des CO verzichten kann. Es erscheint nicht ausgeschlossen, daß dieser Weg sich in der Zukunft als der günstigere erweisen wird.

Bei der normalen Fahrweise erfolgt nach Kompression des gewaschenen Gases auf 300 at die Entfernung des Kohlenoxyds bis auf etwa 0,4% durch Waschen mit ammoniakalischer Kupfersalzlösung (Cuprotetramin-carbonat), die durch Entspannen und Entgasen wieder regeneriert wird, wobei die hierbei frei gewordenen Gase vor die Konvertierung zurückkehren; in der Entspannungsmaschine wird fast die ganze Energie für das Einpumpen der Lösung zurückgewonnen. Bei dieser Kupferwäsche wird auch ein weiterer Teil der Kohlensäure entfernt.

Auf diese Weise erhält man ein hochprozentiges Frischgas für die Hydrierung, was deshalb wichtig ist, damit man möglichst wenig, mit dem Frischwasserstoff eingebrachte Verunreinigungen aus dem Wasserstoffkreislauf entfernen muß. Als ein Beispiel für die Zusammensetzung

---

[1] S. z. B. Reed: Petroleum Engineer **20**, No. 1, S. 278 (1948).

von Frischwasserstoff, der durch Vergasung von Koks und Spaltung von Hydrierabgas erhalten worden ist, seien folgende Zahlen genannt:

H_2	CO_2	CO	CH_4	N_2	
97,0	0,3	0,4	0,6	1,7	Vol.-%

Die Ausbeute an 100%igem H_2 beträgt etwa 98% des in die Konvertierung eingehenden CO + H_2.

δ) Spezielle Verfahren zur Wasserstoff-Gewinnung.

Die oben (S. 181) beschriebene partielle Oxydation des Methans mit Sauerstoff zu Wassergas kann nach einem Verfahren der I. G.[1] so modifiziert werden, daß das entstandene Wassergas etwa 8—9% Acetylen (entsprechend einer Ausbeute von etwa 25 Gew.-% auf das umgesetzte Methan) enthält, indem die bei 1500° C erfolgende Verbrennung der reinen Kohlenwasserstoffe mit Sauerstoff auf etwa 3/100″ begrenzt wird mit sofort anschließender Abkühlung durch Wassereinspritzung auf etwa 90° C. Nach Gewinnung des Acetylens aus dem Reaktionsgas (durch Waschen unter Druck mit Wasser) oder katalytische Umwandlung des Acetylens in Aceton können gegebenenfalls die nicht umgesetzten Kohlenwasserstoffe im Reaktionsgas in einer zweiten gleichen Behandlung vollständig umgewandelt werden.

Unmittelbar bzw. nach Einschaltung einer Linde-Zerlegung kommt man zu Wasserstoff neben Acetylen durch die seit vielen Jahren — auch in Verbindung mit der Hydrierung — in Deutschland großtechnisch durchgeführte Spaltung gasförmiger Kohlenwasserstoffe im Lichtbogen nach dem I. G.-Verfahren[2]. Die amerikanische Variante[3] dieses Verfahrens arbeitet mit Glimm-Entladung zwischen rotierenden Elektroden.

Ein rein thermisches Verfahren der Spaltung von Methan in Acetylen, Ruß und Wasserstoff hat die Ruhrchemie[4] ausgearbeitet. Die Spaltung des Methans erfolgt bei 1400—1600° C und 0,1 ata in Rekuperativöfen mit einminütigem Wechsel von Spalten und Aufheizen des Ofens durch Verbrennen von Methan und dem gebildeten Ruß bei 1 ata Druck. Etwa 36% des Methans werden zu Acetylen und Wasserstoff gespalten, ebensoviel zu Ruß und Wasserstoff, etwa 28% bleiben unverändert. Das Reaktionsgas enthält etwa 10% Acetylen und etwa 70% Wasserstoff. Die durch die Notwendigkeit des Arbeitens mit starkem Unterdruck bedingten hohen Kosten lassen das Verfahren gegenüber den I. G.-Verfahren nicht konkurrenzfähig erscheinen.

---

[1] Sachsse: Chem. Ing. Techn. **21**, 124 (1949).
[2] Baumann: Angew. Chem. B **20**, 257 (1948); Zobel: Angew. Chem. B **20**, 260 (1948).
[3] S. z. B. Chem. Eng. **54**, Nr. 12, S. 194 (1947); Petrol. Process. **3**, Nr. 2, S. 104 (1948).
[4] Petrol. Process. **3**, Nr. 3, S. 215 (1948).

Technische Bedeutung für die Wasserstoffgewinnung kommt unter günstig gelagerten örtlichen Bedingungen der Zerlegung des Kokereigases durch Tiefkühlung[1] zu oder generell der Zerlegung vorhandener wasserstoffhaltiger Gase, wie beispielsweise Restwassergas, Lichtbogenspaltgas usw. Wichtig ist die Linde-Zerlegung auch für die unmittelbare Wiedergewinnung des Wasserstoffs aus den Hydrierabgasen.

In Sonderfällen — wie beispielsweise bei der Herstellung von Primärbitumen (S. 101) oder der raffinierenden Hydrierung von Rohbenzolen (S. 166) — kann Kokereigas direkt als Hydriergas verwendet werden, wobei man sich im allgemeinen darauf beschränken wird, das Gas im einmaligen Durchgang durch den Hochdruckofen zu fahren. Beim Arbeiten — insbesondere in Gasphase — hat sich gezeigt, daß beim Aufheizen von Kokereigas unter Druck etwa im Bereich von 300° C koksartige Ablagerungen auftreten. Diese sind verursacht durch die Einwirkung des im Kokereigas enthaltenen Sauerstoffs auf die verharzenden Bestandteile des Kokereigases. Die beschriebene Schwierigkeit wird überwunden, wenn man das Kokereigas unter Druck zunächst bei etwa 220° C über einen Kontakt leitet, der die Vereinigung des Sauerstoffs mit dem Wasserstoff des Kokereigases bewirkt; als geeigneter Katalysator hat sich Silberchromat auf Trägern — beispielsweise Bimsstein — erwiesen. Das so vorbehandelte Kokereigas, dessen Sauerstoffgehalt dabei auf etwa 0,01% erniedrigt wird, kann dann störungslos weiter aufgeheizt werden.

Elektrolyt-Wasserstoff kommt aus wirtschaftlichen Gründen wohl nur in ganz besonderen Fällen als Hydriergas in Frage. Rohere Einsatzstoffe, insbesondere solche, die Olefine enthalten, geben bei der Aufheizung mit Elektrolyt-Wasserstoff — vor allem dem durch Druckelektrolyse gewonnenen — ähnliche Verkokungserscheinungen, wie sie das rohe Kokereigas schon beim Aufheizen für sich allein gibt. Auch beim Elektrolyt-Wasserstoff ist der Sauerstoffgehalt für die Störungen verantwortlich. Die Entfernung des Sauerstoffs bewirkt man vorteilhaft durch Überleitung des Gases für sich unter Druck bei etwa 220° C über einen Kontakt, wobei man hier — wo es sich um ein schwefelfreies Gas handelt — statt des Silberkontaktes den aktiveren Kupferkontakt nehmen kann, beispielsweise in Form von geschmolzenem Kupferoxyd.

Mit dieser Übersicht sind die wichtigsten Verfahren zur Gewinnung von Wasserstoff erläutert bzw. gestreift worden. Da der Preis des Wasserstoffs für die Wirtschaftlichkeit des Hydrierverfahrens von recht entscheidender Bedeutung ist, sind alle Bestrebungen zur Verbilligung dieses Hilfsstoffes von großer Wichtigkeit. Es ist mit großer Wahrscheinlichkeit anzunehmen, daß insbesondere durch die Sauerstoffvergasung gasförmiger Kohlenwasserstoffe bzw. durch die Sauerstoff-Wasserdampf-Vergasung fester staubförmiger Brennstoffe in absehbarer Zeit bedeu-

---

[1] S. z. B. Guillaumeron: Chem. Eng. Juli 1949, S. 105.

tende Fortschritte erzielt werden, die die Wirtschaftlichkeit des Hydrierverfahrens sehr günstig beeinflussen werden.

2. Aufarbeitung der Hydrierprodukte.

Die bereits im Zuge der Betrachtung der Hydrierverfahren gestreiften Methoden der Aufarbeitung der Hydrierprodukte sollen hier noch einmal kurz zusammenfassend überblickt werden.

a) Rückstandsaufarbeitung der Kohle-, Teer- und Erdölhydrierung in Sumpfphase.

Die Aufarbeitung des feststoffhaltigen Abschlamms der spaltenden Hydrierung von Kohle in Sumpfphase auf Benzin und Mittelöl erfolgt — wie wir gesehen haben (S. 44) — am zweckmäßigsten durch Schleudern des Abschlamms nach Verdünnung mit Abstreiferschweröl auf etwa 15—20% Feststoffgehalt in kontinuierlichen Alfa-Laval-Zentrifugen bei etwa 140—160° C, wobei eine Trennung in Schleuderöl mit 2—12% Festem und Schleuderrückstand mit 38—40% Festem eintritt. Beim Hydrieren der Kohle auf Benzin, Mittelöl und Abstreiferschweröl wird (S. 71) der Abschlamm vor dem Schleudern mit einem stark mittelölhaltigen Verdünnungsöl versetzt. Gegebenenfalls kann das Schleudern zweistufig erfolgen (S. 67), indem mit dem Verdünnungsöl im Gegenstrom gewaschen wird, wodurch eine Entlastung der anschließenden Verschwelung des Schleuderrückstandes bewirkt wird.

Bei der raffinierenden Hydrierung der Kohle wird ein Abschlamm erhalten, der sich bei etwa 150—170° C und 5—8 at Druck mit technisch befriedigenden Leistungen filtrieren läßt (S. 92 bzw. S. 97). Auch hier ist gegebenenfalls eine zweistufige (Gegenstrom-) Filtration angezeigt (S. 98). Im allgemeinen werden die Filterleistungen verbessert, wenn der Abschlamm aus dem Hochdruckteil durch Entspannungsmaschinen statt durch Ventile entspannt wird (S. 97). Wofern eine in technisch-wirtschaftlicher Hinsicht besonders günstige Lösung der Druckfiltration sich entwickeln läßt, käme es — mit Rücksicht auf die starke, damit verbundene Entlastung der Rückstandsschwelerei — durchaus in Frage, die Kohlehydrierung über die Zwischenstufe der Primärbitumen-Erzeugung zu leiten, d. h. die eigentliche spaltende Hydrierung unter den Bedingungen des Sumpfphase-Hydrierung von Teer- und Mineralöl-Rückständen vorzunehmen.

Bei der Sumpfphase-Hydrierung von Teer- und Mineralöl-Rückständen kann man zumeist auf das Schleudern des Abschlamms verzichten (S. 83), da die hierdurch bewirkte Verminderung der zu schwelenden Abschlammmengen mengenmäßig nicht sehr ins Gewicht fällt, und da — wegen des niedrigen Asphaltgehalts des Abschlamms — die Schwelung an sich sehr einfach durchzuführen ist. Einen Vorteil bringt das Schleudern dann, wenn man für das dabei anfallende Schleuderöl als Heizöl lohnende Verwendung hat.

Für die Schwelung des Schleuderrückstands ist nach dem gegenwärtigen[1] Stande der Kugelofen (S. 44) die geeignetste Vorrichtung. Bei höheren Asphaltgehalten läßt sich indessen auch bei diesem sehr robusten Apparat ein Koksansatz nicht ganz vermeiden, so daß unter diesen Bedingungen der Kugelofen von Zeit zu Zeit mechanisch vom Koks befreit werden muß. Für die Betriebsdauer ist in erster Linie (S. 46) das Verhältnis Feststoff:Asphalt im eingehenden Schleuderrückstand maßgebend; bei einem Verhältnis 4,5:1 kann man mit Betriebsperioden von etwa 10 Wochen rechnen, beim Verhältnis 3,5:1 von etwa 4 Wochen. Diese Feststellung unterstreicht das Bestreben zur Anwendung des zweistufigen Gegenstromschleuderns, da hierdurch das Feststoff-Asphalt-Verhältnis im Eingang zum Kugelofen sehr wesentlich erhöht wird.

Bei der Mittelölfahrweise wird der Schleuderrückstand für das Einbringen in den Kugelofen drucklos — zumeist unter Verwendung von Wärmeaustauschern — auf 450° C aufgeheizt; bei der Schweröl-fahrweise muß der mittelölhaltige Schleuderrückstand unter Druck aufgeheizt werden, wobei die bei der Entspannung vor dem Kugelofen verdampfenden Öle vor dem Kugelofen abgezogen werden, was zu einer entsprechenden Entlastung des Kugelofens führt.

Die den Kugelofen verlassenden Schweldämpfe passieren zunächst einen Staubabscheider; der hier abgefangene Staub, der etwa 1—2% vom eingebrachten Schleuderrückstand ausmacht, geht zum Schleuder-rückstand zurück. In einfacher Weise läßt sich die Entstaubung bewirken, indem man Schwelöl (Vorkühleröl) des Kugelofens heiß solange im Kreislauf durch den Staubabscheider umpumpt, bis es sich ausreichend mit Staub angereichert hat. Nach Durchgang durch den Wärmeaustauscher und den Vorkühler wird das etwa 80—90% des Gesamtschwelöls ausmachende Vorkühleröl abgeschieden, welches im allgemeinen etwa 0,3—0,5% mitgerissenen Koksstaub enthält; es wird zum Anreibeöl gegeben. Das Nachkühleröl geht zur Destillation. — Der Austrag des Schwelrückstandes erfolgt über eine Wassertauchung, von wo er über Transportbänder auf Loren gelangt. Diese Lösung des gasdichten Austrags ist — vor allem bei Frostwetter — betrieblich wenig schön, so daß hier der Übergang auf gasdichten Trockenaustrag sehr zweckmäßig wäre.

b) Aufarbeitung der Destillate und Raffinate der Sumpfphase.

Die Methoden sind hier im wesentlichen die gleichen, wie sie in der Mineralölindustrie üblich sind. Soweit für die Hydrierung Rohteere als Rohstoff vorgesehen sind, ist die Aufheizung für die Destillation größer zu dimensionieren, als es für Roherdöle üblich ist, da die meisten Roh-

---

[1] Für die Zukunft erscheint es sehr aussichtsreich, den Abschlamm bzw. Schleuderrückstand — zweckmäßigerweise nach Vortoppen (S. 63 bzw. S. 71) — nach dem continuous contact coking der Lumnus Co. (s. z. B. World Petroleum **20**, No. 8, S. 68 [1949]) zu verschwelen.

13*

teere — insbesondere die Schwelteere —, selbst wenn sie zusammen mit den stabilen Hydrierabstreiferprodukten destilliert werden, gegen Überhitzung in der Vorheizung recht empfindlich sind, d. h. bei stärkerer Übertemperatur der Vorheizerwandungen zu Koksablagerungen neigen.

Sumpfphase-Abstreiferprodukte aus aromatischen Rohstoffen (Steinkohle, Steinkohlenteere, Erdölextrakte usw.) lassen sich teilweise nur schwierig ausreichend entwässern. In diesen Fällen hat es sich als zweckmäßig erwiesen, in den Aufheizweg für die Destillation bei etwa 200 bis 250° C und dem entsprechenden Druck ein Beruhigungsgefäß anzuordnen, in welchem sich — bei den hier günstigeren Dichtedifferenzen — das Wasser abscheiden kann. In besonders ungünstig gelagerten Fällen kann man die Entwässerung im Abstreifertank durch Rückführung von Sumpfphase-Benzin zum Sumpfphase-Abstreifer verbessern.

Die Aufarbeitung der Sumpfphase-Raffinate — insbesondere zum Zwecke der Schmieröl- und Paraffingewinnung — unterscheidet sich nicht nennenswert von der entsprechenden Technik der Erdölindustrie; bei der Entparaffinierung erweisen sich die Hydrierprodukte generell als gutartig. Die durch Hydrierung erzeugten Schmieröle bedürfen keiner Raffination, d. h. Säuerung und Erdung fallen hier weg.

c) Aufarbeitung der flüssigen Gasphase-Produkte.

Auch hier wird die gleiche Technik angewandt, wie sie in der Erdölindustrie üblich ist. Der Gasphaseabstreifer wird — zumeist in dampfbeheizten — Destillationen in Benzin und Mittelöl zerlegt. Soll das Mittelöl — beispielsweise als Dieselkraftstoff, als Leuchtöl usw. — herausgezogen werden, so bedarf es keiner weiteren Behandlung, da der im Abstreifer gelöst gewesene Schwefelwasserstoff bei der Destillation über Kopf gegangen ist. Das Benzin wird lediglich mit Lauge und anschließend mit Wasser gewaschen zur Entfernung des Schwefelwasserstoffs und der Kohlensäure. (Natürlich darf der ungewaschene Abstreifer nicht zuvor mit Luft in Berührung kommen, da sich sonst aktiver Schwefel bildet.)

Sind die in die Gasphase eingesetzten Produkte schwefelreich, so ist der Laugeverbrauch in der Waschung nicht unerheblich. Um hier eine Einsparung zu erzielen, kann man — nach einem Verfahren der I. G.[1] — das Benzin vor der Waschung mit Stickstoff begasen, der den Schwefelwasserstoff aufnimmt. Der beladene Stickstoff wird dann im Alcacidverfahren vom Schwefelwasserstoff befreit und kehrt zur Benzinbegasung zurück. Auf diese Weise werden Benzinverluste durch die Begasung vermieden; in der Laugewäsche brauchen dann nur noch Spuren verbliebenen Schwefelwasserstoffs entfernt zu werden. Außerdem erhält

---

[1] Bähr: Chem. Fabr. **11**, 283 (1938).

man hierbei aus dem Abtreiber der Alcacidanlage einen hochprozentigen Schwefelwasserstoff, den man vorteilhaft wieder für die Beschweflung der Gasphase-Einspritzprodukte einsetzt und so gewissermaßen im Kreislauf führt.

Anschließend wird das Benzin in üblicher Weise stabilisiert unter Hinzufügung des Gasbenzins — und gegebenenfalls anteiligen Butans — aus den entschwefelten Hydrierabgasen.

Es ist auch technisch der Weg beschritten worden, den Gasphaseabstreifer vor der Destillation zu stabilisieren; jedoch ist wohl noch nicht eindeutig bewiesen, daß dieser Weg die technisch-wirtschaftlich günstigere Lösung ist. — Die weitere Behandlung des Benzins (Färben, Verbleien usw.) bringt keine Besonderheiten.

d) Aufarbeitung der Nebenprodukte.

Hier handelt es sich insbesondere um die Reinigung des Abwassers, um die Verarbeitung der Hydrierabgase und um die Gewinnung besonderer Nebenprodukte der Hydrierung. Da die hier anzuwendenden Methoden teilweise besonders abgestimmt worden sind auf die Eigenart des Hydrierverfahrens und damit von den üblichen Verfahren der Mineralöl-Industrie in mancher Hinsicht abweichen, soll hier auf die Aufarbeitung der Nebenprodukte der Hydrierung etwas näher eingegangen werden.

α) Aufarbeitung des Abwassers.

Wir haben gesehen, daß mit der Hydrierung eine Reduktion Hand in Hand geht, durch welche die Fremdbestandteile der Rohstoffe (O, N, S) in ihre Wasserstoffverbindungen übergeführt werden; der Sauerstoff wird z. T. als Kohlenoxyde abgespalten. Demnach bildet sich im Zuge der Hydrierung Reduktionswasser, wozu noch das Wasser hinzu kommt, das in den Abgangsweg der Hydrierung flüssig eingespritzt werden muß, um eine Verstopfung der Regeneratoren und Kühler durch auskristallisierende Ammonsalze (Ammon-Carbonate, Ammon-Sulfide) zu verhindern. Dieses Abwasser kondensiert im Abstreifer und wird nach Entspannung des Abstreifers in den Absetztanks vom Öl getrennt. — Wir haben weiter gesehen, daß bei der Sumpfphase-Hydrierung mit geringen Kontaktmengen der Sauerstoff der Rohstoffe (Kohle, Teere, asphaltbasische Schieferöle) zu einem nicht unwesentlichen Teil in Form von Phenolen im Abstreifer erscheint. Da die Phenole — insbesondere die niederen Glieder, aber auch die Dioxybenzole, die sich bei der Hydrierung bestimmter Rohstoffe bilden — nicht unerheblich im Wasser löslich sind, erhält man hier ein phenolhaltiges Abwasser. Sowohl wegen dieses Phenolgehalts als auch wegen des darin enthaltenen Schwefelwasserstoffs kann das Abwasser nicht direkt in die Flüsse abgeleitet werden, da die

Lebewesen in den Flüssen dadurch vernichtet werden würden. Schwefelwasserstoff und Phenole müssen daher aus dem Abwasser vor seinem Ableiten entfernt werden.

Naturgemäß wird man bestrebt sein, die Menge des zu reinigenden Abwassers so niedrig wie möglich zu halten. Man wird deshalb als Einspritzprodukt für die Regeneratoren und Kühler das Abstreiferwasser selbst verwenden, solange es noch ausreichend aufnahmefähig für Ammonsalze ist. Da die Phenolsättigung des Abstreiferwassers zumeist schon im ersten Anfall nahezu erreicht ist, vermindert man durch diese Rückführung auch die Menge der aus dem Abstreiferprodukt herausgelösten Phenole. In günstigen Fällen kann man so erreichen, daß man lediglich das Reduktionswasser zusammen mit dem gegebenenfalls im Rohstoff eingebrachten Wasser zu verarbeiten hat. Hinzu kommen noch die Abwässer der Abstreiferdestillation, die unter Zugabe von Wasserdampf durchgeführt wird.

Da in den Absetztanks die Öl-Wasser-Trennung nicht immer absolut vollständig ist, muß außerdem in der Abwasser-Aufarbeitung auch eine mechanische Klärung vorgenommen werden; ferner kommen häufig aus anderen Quellen feststoffhaltige Schmutzwässer hinzu. Die Abscheidung der größten Verunreinigungen erfolgt durch Absetzen in Spitzbehältern, in denen sich oben Öl ansammelt, in der Mitte das Wasser und unten ein wasser- und feststoffhaltiger Ölschlamm. Die Aussonderung der hier nicht erfaßten Ölteilchen aus dem Wasser erfolgt dann in mit Trennflächen versehenen Beruhigungsgefäßen und schließlich die Feinreinigung in wechselseitig betriebenen Kiesfiltern. Für die Reinheit der in der späteren Entphenolung gewonnenen Phenole ist es von großer Bedeutung, daß die mechanische Vorreinigung möglichst einwandfrei arbeitet. Es sollte erreicht werden, daß das mechanisch vorgereinigte Wasser optisch klar ist. Das an den verschiedenen Stellen ausgeschiedene Schmutzöl wird in einer Zentrifuge geklärt, das klare Schleuderöl geht in die Sumpfphase zurück.

Die Entfernung des Schwefelwasserstoffs aus dem Abwasser geschieht durch Bestauen des Abwassers im Gegenstrom mit Kohlensäure, die unter Bildung von Ammonbicarbonat praktisch den gesamten Schwefelwasserstoff aus dem Abwasser austreibt.

Zugleich wird hier auch natürlich das gegebenenfalls vorhandene freie Ammoniak in Bicarbonat übergeführt, was für die nachfolgende Entphenolung von Bedeutung ist, da freies Ammoniak das verwendete Lösungsmittel (Ester) verseifen würde. Das Abgas kann entweder direkt oder nach Schwefelwasserstoff-Anreicherung im Alcacidverfahren auf Schwefel bzw. Schwefelsäure verarbeitet werden.

Stammt das Abwasser von der Hydrierung sauerstofffreier Rohstoffe — beispielsweise Erdölen —, so ist es nach dieser Behandlung ausreichend gereinigt und kann abgestoßen werden. An sich wirkt das in diesem Abwasser enthaltene Ammonbicarbonat wachstumsfördernd auf die Wasserpflanzen, doch hält sich bei genügend großer Vorflut diese Verkrautungsgefahr in tragbaren Grenzen.

Sind — bei Verwendung sauerstoffhaltiger Rohstoffe — Phenole im Abwasser zugegen, so muß eine Entphenolung dieses mechanisch vorgereinigten und von Schwefelwasserstoff befreiten Abwassers angeschlossen werden.

Von den zahlreichen, hierfür zur Verfügung stehenden Verfahren hat sich für die Zwecke der Hydrierung das von der I. G. und der Lurgi gemeinsam entwickelte „Phenosolvanverfahren" weitaus am besten bewährt. Hierbei wird das Abwasser mit etwa 10% technischem Butylacetat („Phenosolvan") — enthaltend je etwa 5% Propyl- und Amylacetat — im Gegenstrom extrahiert, wobei die Phenole bis < 200 mg/l Abwasser aus dem Abwasser herausgeholt werden. Aus dem mit Phenolen angereicherten Phenosolvan wird das Lösungsmittel durch Destillation wiedergewonnen und kehrt in den Kreislauf zurück. Die Phenole verbleiben als Destillationsrückstand und werden in üblicher Weise destillativ auf Phenolhandelsprodukte verarbeitet. Wenn die mechanische Vorreinigung des Abwassers hinsichtlich der Entfernung der letzten suspendierten Ölspuren einwandfrei arbeitet, kommt man hier zu klar in Lauge löslichen Phenolen ($< 1\%$ Neutralöl in den Phenolen); wird dieses Ziel nicht erreicht, so müssen die Phenole gegebenenfalls in Lauge umgelöst werden.

Bei der Steinkohlehydrierung beispielsweise enthält das Sumpfphase-Abstreiferwasser etwa 7—8 g Phenole/l. Man führt aber zweckmäßigerweise auch dünnere Abwässer — wie beispielsweise solche aus der Gasphase, die um 0,5 g Phenole/l enthalten — über die Entphenolung, da sie zumeist für die unmittelbare Weiterbehandlung doch noch etwas zu stark phenolhaltig sind. Unter Berücksichtigung dieser Mengen sowie Einrechnung der etwa 10—12 g Phenole/l enthaltenden Sumpfphase-Destillationswässer tritt man mit etwa 5 g Phenole/l in die Entphenolung ein. Da es nun aus wirtschaftlichen Gründen darauf ankommt, möglichst große Mengen Phenole pro l behandelten Abwassers in der Phenosolvan-Anlage zu gewinnen, ist es vorteilhaft, den Phenolgehalt der zu behandelnden Abwässer künstlich zu erhöhen. Diese „Aufstärkung" geschieht nach einem Vorschlage der Lurgi dadurch, daß man das Abwasser vor der Phenosolvan-Anlage im Gegenstrom bei etwa 80° C behandelt mit einer Fraktion etwa 160—210° C aus dem Sumpfphase-Abstreifer, die man zweckmäßigerweise gleich bei der destillativen Zerlegung des Abstreifers herausnimmt. Auf diese Weise erzielt man eine Anreicherung der Phenole im Abwasser auf etwa 17 g/l. Natürlich kann man auch — wenn man freie Kapazitäten hat — bereits entphenoltes Wasser über die Aufstärkung zurückführen und so die Phenolerzeugung steigern. Ein besonderer Vorteil dieser Aufstärkung liegt darin, daß ein Phenolaustausch stattfindet: die verwendete Schwerbenzin-Fraktion enthält — in einer Konzentration von etwa 25—30% — insbesondere die wertvollen niederen Phenole; da diese relativ gut wasserlöslich sind, treten sie in die wäßrige Phase über, und die im ursprünglichen Abwasser vorhandenen weniger wertvollen höheren Phenole gehen in die Ölphase über und werden dann mit dieser der Gasphasehydrierung zur Umwandlung in Benzin zugeführt. Natürlich muß man dafür Sorge tragen, daß die Abscheidung der Kohlenwasserstoffe hinter der Aufstärkung einwandfrei arbeitet, da man ja sonst in der Extraktion kohlenwasserstoffhaltige Phenole erhält.

Wenn neben Hydrierwässern auch Schwelwässer zu verarbeiten sind, so empfiehlt sich im allgemeinen eine getrennte Verarbeitung, da häufig die Schwelphenole einen recht unangenehmen Geruch nach Schwefelverbindungen aufweisen und deshalb besonders gereinigt werden müssen, während die Hydrierphenole diesen unangenehmen Geruch nicht haben und daher auch keiner besonderen Nachreinigung bedürfen.

Mit der in der Phenosolvan-Anlage erzielten Entphenolung auf 200 mg/l können die Abwässer noch nicht unmittelbar abgeleitet werden. Die zweckmäßigste Weiterreinigung ist eine biologische Behandlung nach dem „P-Verfahren", das darin besteht, die Abwässer in Belüftungsbecken bei etwa 25—30° C mit phenolabbauenden Bakterien vom Diplococcus-Typus in Gegenwart von Phosphaten (Na-, NH_4-) bzw. Phosphorsäure zu behandeln: Diese Bakterien erhält man am besten durch Zusatz von Fäkalschlamm zum entphenolten Abwasser; nach einigen Tagen Reifezeit[1] hat sich dann in den Umlaufbecken ein aktiver Schlamm gebildet, der praktisch keiner Ergänzung mehr bedarf. — Vor dem Eintritt in die biologische Reinigung müssen die Abwässer der Phenosolvan-Anlage auf etwa 20 mg Phenole/l verdünnt werden, da die Bakterien eine höhere Phenol-Konzentration nicht vertragen; die Verdünnung geschieht zweckmäßigerweise mit gebrauchtem warmem Kühlwasser, damit auf diese Weise zugleich die Einstellung der erwünschten Arbeitstemperatur erfolgt. Unter diesen Bedingungen wird eine Entphenolung auf etwa 3 mg/l erzielt. — Die Bakterien arbeiten gut im Bereich von p_H 7—8,5. Bei stark ammoniakhaltigen Abwässern kann indessen die obere Grenze überschritten werden, da bei der Belüftung in den Umlaufbecken Kohlensäure aus dem im Abwasser vorliegenden Ammonbicarbonat ausgetrieben wird. Die Versuche, dieser gelegentlich auftretenden Störung in einfacher Weise zu begegnen, sind nicht mehr ganz zum Abschluß gekommen. Vielleicht sind die von russischer Seite[2]

---

[1] S. hierzu: Ettinger: Ind. Eng. Chem. **41**, 1422 (1949).
[2] C **1947**, I, 729.

entwickelten phenolabbauenden Mikroorganismen, die anscheinend weniger empfindlich gegen sonstige Verunreinigungen des Abwassers sind als die in Deutschland verwendeten Bakterien, geeignet, den beobachteten Nachteil zu beheben.

Im allgemeinen wird man sich mit dem in der biologischen Reinigung erzielten Entphenolungsgrad begnügen können, da Flüsse in Industriegegenden zumeist 2—4 mg Phenole/l führen. Will man die Reinigung weitertreiben, so kann man das Abwasser der biologischen Reinigung zur Kesselaschespülung benutzen und von der Aschenhalde in die Vorflut ablaufen lassen; man kommt dann auf etwa 0,5 mg Phenole/l herunter, was allen Ansprüchen genügt.

β) Aufarbeitung der Hydrier-Abgase.

Wir haben gesehen, daß sich bei der Hydrierung neben den erwünschten flüssigen Reaktionsprodukten in wechselnden Mengen auch gasförmige Kohlenwasserstoffe bilden, gegebenenfalls zusätzlich geringe Mengen Kohlenoxyde. Wir haben weiter gesehen, daß die entstandenen gasförmigen Kohlenwasserstoffe aus den vier ersten Gliedern der Methanreihe bestehen, wobei das Verteilungsverhältnis bei den einzelnen Verfahrensarten recht verschieden ist. Als Näherungszahlen können etwa folgende angesehen werden:

Verfahrensart	Vom vergasten C % C als			
	C_1	C_2	C_3	C_4
Spaltende Hydrierung von Kohlen bzw. Rückständen von Teeren oder Mineralölen in Sumpfphase	25	22	32	21
Vorhydrierung	15	12	33	40
Benzinierung	2	1	22	75
Aromatisierung	27	23	30	20
DHD, HF	20	26	32	22

Außerdem enthalten — wie wir gesehen haben — die Hydrierabgase gewisse Mengen Gasbenzin, d. h. Pentan und höhere Kohlenwasserstoffe, die als wichtige Bestandteile des erzeugten Benzins aus den Gasen gewonnen werden müssen.

Die gebildeten gasförmigen Kohlenwasserstoffe treten gemäß ihrer Entstehung zunächst als Bestandteile des Kreislaufgases auf. Würden sie daraus nicht entfernt werden, so würden sie sich — zusammen mit den mit dem Frischgas eingebrachten Verunreinigungen — darin ständig weiter anreichern und schließlich wegen des dadurch fallenden Wasserstoffteildrucks die Hydrierung zum Erliegen bringen. Nun lösen sich aber die gebildeten gasförmigen Kohlenwasserstoffe in den entstandenen flüssigen Reaktionsprodukten und werden auf diese Weise aus dem Kreislauf entfernt. In der Gasphase reicht im allgemeinen die Lösefähigkeit der flüssigen Reaktionsprodukte für die gasförmigen Kohlenwasserstoffe aus, um die Aufrechterhaltung eines zureichenden Wasserstoffpartialdrucks am Eingang des Hydrierofens zu gewährleisten. In der Sumpfphase — vor allem bei der Kohlehydrierung — muß man den Wascheffekt verstärken, was am zweckmäßigsten durch Einschaltung einer Ölwäsche in den Gaskreislauf erfolgt. Die Stärke der Waschung wird man im allgemeinen so einrichten, daß das in die Hydrierkammer eintretende Kreislaufgas nach Zugabe des Frischgases einen Wasserstoffgehalt von etwa 80% hat. Beispielsweise wird man bei der Steinkohlehydrierung bei 700 at nach der Mittelölfahrweise etwa 3,0 bis 3,5 t Waschöl/t eingehende Reinkohle anwenden. Diese Darlegungen unterstreichen die oben (S. 174) gegebenen Ausführungen über die Wichtigkeit der Verwendung eines hochprozentigen Wasserstoffs als Frischgas für die Hydrierung.

Die Löslichkeit der gasförmigen Produkte in den Ölen ist nun bei den einzelnen Kohlenwasserstoffen recht verschieden und ist auch abhängig von der Art der absorbierenden Flüssigkeit. Eine rein rechnerische Erfassung der Löslichkeiten nach denen der Einzelbestandteile ist nicht möglich, da eine zu starke gegenseitige Beeinflussung stattfindet, indem ein Öl, in welchem ein gasförmiger Kohlenwasserstoff — insbesondere ein höherer — unter Druck gelöst ist, ein anderes — nämlich höheres — Lösevermögen für die anderen Bestandteile des Gases hat, als wenn kein höherer gasförmiger Kohlenwasserstoff gelöst ist. Man ist daher auf experimentelle Daten angewiesen, wie sie sich aus der analytischen Verfolgung[1] in der Großtechnik und in der Kleinapparatur ergeben. Die nachstehend für die Steinkohlehydrierung nach der Mittelölfahrweise (Sumpfphase 700 at, Gasphase 300 at) wiedergegebenen Mittelwerte aus Betrieb und Versuch haben daher keine absolute Gültigkeit als Löslichkeitswerte schlechthin, sondern gelten als Anhaltswerte streng genommen nur für den betreffenden Fall. Für wasserstoffreichere Rohstoffe (Braunkohle, Braunkohlenteere, Erdöle) liegen die Löslichkeiten etwas höher, da generell wasserstoffreichere Öle besser lösen als wasserstoffarme. Die Gaslöslichkeiten sind jeweils bezogen auf den Partialdruck (in at), mit welchem der betrachtete Gasbestandteil an der Stelle vorliegt, an der das Herauslösen des Gasbestandteils aus dem strömenden Kreislaufgas — d. h. „dynamisch" — erfolgt. Da die analytische Bestimmung der z. T. in recht niedrigen Konzentrationen im Kreislaufgas vorliegenden Verunreinigungen (Kohlenwasserstoffe usw.) mit gewissen Fehlern behaftet ist, ist auch die Bezugsgröße (der jeweilige Partialdruck) nur mit angenäherter Genauigkeit festzulegen. Mit diesen Einschränkungen seien die Daten in Tab. 43 wiedergegeben:

---

[1] Über die in der Hydrierung angewandten Methoden der Gasanalyse s. Grosse-Oetringhaus: Erdöl und Kohle 2, 286 (1949).

Tabelle 43. *Dynamische Löslichkeit der Bestandteile des Kreislaufgases in den Hydrierölen bei der Hydrierung von Steinkohle zu Autobenzin.*
(Angaben in Nm^3/t absorbierende Flüssigkeit $\times$ at Partialdruck des jeweiligen Gases an der Stelle der Lösung.)

Phase	Absorbierende Flüssigkeit	H_2	N_2	CO	CO_2	H_2S	CH_4	C_2H_6	C_3H_8	C_4H_{10}
Sumpf-phase	Abschlammöl	0,085	0,075	0,075	0,525	0,525	0,155	0,29	0,31	0,28
	Abstreifer	0,04	0,05	0,05	0,7	0,7	0,18	0,6	1,4	4,0
	Waschöl	0,07	0,09	0,09	1,4	1,4	0,33	0,85	1,5	4,0
Gas-phase	Vorhydriergs.-abstreifer	0,1	0,155	0,155	2,5	2,5	0,55	1,8	4,2	11,5
	Benzinierungs-abstreifer	0,13	0,22	0,22	4,5	4,5 ·	0,75	3,4	9,0	30,0

Man erkennt aus diesen Zahlen, daß — wie zu erwarten — die Löslichkeit der Gase ungefähr mit ihrem Siedepunkt ansteigt. Weiter weist die Tabelle aus, daß bei den bei etwa normaler Temperatur lösenden Flüssigkeiten die Lösefähigkeit mit abnehmendem mittlerem Siedepunkt bzw. zunehmendem Wasserstoffgehalt ansteigt. Bei der bei hoher Temperatur erfolgenden Lösung im Abschlammöl sind die Löslichkeiten für die leichtesten Gase (H_2, N_2, CO) — insbesondere für den Wasserstoff — höher als bei Raumtemperatur entsprechend den oben (S. 25) angestellten Betrachtungen; für die schwereren Gasbestandteile indessen gelten diese Betrachtungen nicht.

Reinigung und Zerlegung der Abgase. Aus den Löslichkeiten der Bestandteile des Kreislaufgases bei normaler Temperatur in den Ölen ergibt sich die Schlußfolgerung, daß man durch stufenweise Entspannung der mit dem Kreislaufgas in Berührung gewesenen Öle eine Zerlegung des gelösten Gases in Entspannungsgase verschiedener Zusammensetzung bekommen muß, und zwar derart, daß das bei der ersten Druckerniedrigung frei werdende Gas vornehmlich die leichten Gasbestandteile enthält, während das bei der Schlußentspannung („Null-Entspannung") frei werdende Gas vornehmlich die schwereren Gasbestandteile enthält. Hält man sich vor Augen, daß einerseits im Kreislaufgas der Wasserstoff mit dem weitaus höchsten Teildruck vorliegt und sich somit in anteilig recht großen Mengen in den Ölen löst, andererseits bei der Stufenentspannung seine, im Vergleich zu den anderen Gasbestandteilen relativ kleine Löslichkeit zur Auswirkung kommt, so erkennt man, daß man bei relativ hohem „Zwischenentspannungsdruck" ein sehr wasserstoffreiches Entspannungsgas erhalten wird. Hiervon ist gelegentlich in der Technik Gebrauch gemacht worden, indem beispielsweise in der Gasphase die erste Entspannungsstufe bei etwa 100 at gelegt und das hier frei werdende Gas unmittelbar als Frischgas rückkomprimiert wurde. Im allgemeinen jedoch legt man den Zwischenentspannungsdruck tiefer, und zwar in den Bereich von 25—50 at. Man erhält dann aus der ersten

Entspannungsstufe (700 bzw. 300 → 25/50 at) ein hauptsächlich die leichten Bestandteile enthaltendes Entspannungsgas („Armgas") und in der zweiten Entspannungsstufe (25/50 at → 1 ata) ein vornehmlich die schwereren Bestandteile enthaltendes Entspannungsgas („Reichgas"). Der technisch wichtigste Vorteil dieser Stufenentspannung liegt darin, daß man die Gasbestandteile, auf deren Gewinnung man in erster Linie Wert legt, nämlich die Flüssiggase Propan und Butan, nahezu vollständig und in relativ hoher Konzentration in den Reichgasen erhält, wodurch die Abscheidung viel einfacher wird, als wenn man aus den gesamten Hydrierabgasen die Flüssiggase herausholen müßte. Da — wie wir oben (S. 197) gesehen haben — die Löslichkeit der höheren Kohlenwasserstoffe in heißem Abschlammöl recht gering ist im Vergleich zur Löslichkeit in den kalten Produkten, bringt die Zwischenentspannung des Abschlamms keine Vorteile im Sinne obiger Betrachtungen, weshalb im allgemeinen darauf verzichtet wird, d. h. der Abschlamm wird einstufig entspannt. Vom mechanischen Standpunkt aus gesehen, hat aber — nach Versuchen — die Stufenentspannung des Abschlamms den Vorteil, die Lebensdauer der Widia-Einsätze („Patronen") der Abschlammventile sehr wesentlich zu erhöhen, so daß sich — namentlich bei 700 at und bei stärker verschleißenden Aschebestandteilen — die Zwischenentspannung auch des Abschlamms rechtfertigt.

Die erwünschte Trennung der Gasbestandteile durch die Stufenentspannung wird noch dadurch verbessert, daß sich beim „statischen" Entgasen der Öle bei dem gewählten Zwischendruck etwas andere Löslichkeitsverhältnisse einstellen als bei der „dynamischen" Berührung der Öle mit dem Kreislaufgas; und zwar liegen die Abweichungen in der Richtung, daß gerade die schwereren Gasbestandteile bei der statischen Entgasung stärker im Öl zurückgehalten werden, als sich aus den dynamischen Löslichkeiten ergeben würde. Die vorliegenden Verhältnisse erläutert Tab. 44, welche die statischen Löslichkeiten wiedergibt. Für die Genauigkeit der Zahlen gilt grundsätzlich dasselbe wie für die in Tab. 43 wiedergegebenen dynamischen Löslichkeiten:

Tabelle 44. *Statische Löslichkeit der Gase der Zwischenentspannung in den Hydrierölen bei der Hydrierung von Steinkohle zu Autobenzin.*
(Angaben in Nm^3/t absorbierende Flüssigkeit × at Partialdruck des jeweiligen Gases an der Stelle der Entgasung.)

Phase	Absorbierende Flüssigkeit	H_2	N_2	CO	CO_2	H_2S	CH_4	C_2H_6	C_3H_8	C_4H_{10}
Sumpf-phase	Abstreifer	0,07	0,1	0,1	3	3	0,4	2,3	5,7	25
	Waschöl	0,1	0,16	0,16	4	4	0,5	3,2	10	40
Gas-phase	Vorhydriergs.-abstreifer	0,11	0,2	0,2	6	6	0,7	3,8	15	75
	Benzinierungs-abstreifer	0,13	0,27	0,27	8	8	0,9	4,6	20	100

Auf Grund der beim Betriebsdruck und in den Entspannungsstufen ablaufenden Gas-Lösungs-Vorgänge bekommt man also Arm- und Reichgase, die sich in ihrer Zusammensetzung scharf unterscheiden. Für das Beispiel der Steinkohlehydrierung — und bei den anderen Rohstoffen liegen die Verhältnisse sehr ähnlich — seien in Tab. 45 charakteristische Zusammensetzungen von Arm- und Reichgasen angegeben, so wie sie für die Weiterverarbeitung zusammengezogen werden, d. h. Abschlammgas für sich und getrennt voneinander Armgase sowie Reichgase, jeweils aus Sumpf- und Gasphase vereinigt. Zu den Reichgasen hinzugenommen sind die geringen Gasmengen, welche durch Verminderung der lösenden Ölmengen bei den Abstreifer-Destillationen frei werden:

Tabelle 45. *Zusammensetzung von Abgasen aus der Hydrierung von Steinkohle zu Autobenzin.*
(Angaben in Vol.%.)

Gasart	Herkunft	Entspannungsstufe ata	NH_3	H_2	N_2	CO	CO_2	H_2S	CH_4	C_2H_6	C_3H_8	C_4H_{10}	$C_5H_{12}+h$
Armgas	Sumpfphase: Abschlamm	700→1	—	63,1	4,9	4,9	1,6	1,6	13,5	4,9	4,6	2,5	—
,,	Sumpfphase: Abstreifer + Waschöl	700→25	0,3	61,4	7,8	3,0	0,2	0,3	18,8	5,4	2,2	0,4	0,2
,,	Gasphase: Beide Abstreifer	300→25											
Reichgas	Sumpfphase: Abstreifer u. Abstreiferdestillation + Waschöl	25→1	0,7	7,9	1,9	0,6	0,5	1,7	8,7	14,5	25,7	26,4	11,4
,,	Gasphase: Beide Abstreifer und beide Abstreiferdest.												

Man erkennt daraus, daß durch die Stufenentspannung die erstrebten Zwecke erreicht werden, nämlich einerseits ein Reichgas zu erhalten, in welchem die besonders wertvollen höheren gasförmigen Kohlenwasserstoffe (C_3 und C_4) sowie das Gasbenzin (C_5 + h) so angereichert sind, daß die Gewinnung dieser Kohlenwasserstoffe sich in einfacher Weise durchführen läßt, andererseits Armgase, die nur wenig von dem wertvolleren höheren Kohlenwasserstoffen enthalten. Die Volumenkonzentration an höheren gasförmigen Kohlenwasserstoffen (C_3 + h) beträgt im Reichgas 65,5%, im Armgas (aus den Abstreifern und dem Waschöl) 2,8%.

In mengenmäßiger Betrachtung ergibt sich, daß von den insgesamt
(Abschlammgas, Armgase und Reichgase) anfallenden wertvollen hö-
heren Kohlenwasserstoffen bei Anwendung der Stufenentspannung im
Reichgas — also leicht gewinnbar — sich befinden vom

Propan .... rd. 78%,
Butan .... ,, 93%,
Gasbenzin .... ,, 96%.

Und um diese Gase zu gewinnen, braucht man als Reichgase nur etwa
ein Viertel der insgesamt anfallenden Hydrierabgase zu verarbeiten.

Die Reichgase der beiden Phasen können entweder getrennt oder
gemeinsam verarbeitet werden; die Vor- und Nachteile dieser beiden
Wege halten sich ungefähr die Waage. Es sei deshalb hier der einfachere
Weg der gemeinsamen Verarbeitung aller Reichgase betrachtet. Es
empfiehlt sich, vom Reichgasbehälter aus die Reichgasleitungen warm-
zuhalten, d. h. möglichst oberhalb $+ 10°$ C, einerseits um den Anfall an
Kondensat, das an zu zahlreichen Stellen abgezogen werden müßte, zu
vermeiden, andererseits um die Bildung von in den Leitungen aus-
kristallisierenden Gashydraten — das Gas wird im Reichgasbehälter
und den Naßwäschen befeuchtet — auszuschließen.

Vor ihrer Zerlegung müssen die Reichgase von den Verunreinigungen
(NH_3, CO_2, H_2S) befreit werden. Die Entfernung des Ammoniaks, die
unbedingt notwendig ist, um Verstopfungen der Gasleitungen durch
Ammonsalze zu vermeiden, geschieht durch Waschen des Gases mit
Wasser. Im allgemeinen kann man sich mit einer Auswaschung des
Ammoniaks auf 30—50 mg/m³ begnügen.

Anschließend erfolgt die Befreiung des Reichgases von Kohlensäure
und Schwefelwasserstoff. Man kann diese Reinigung entweder bei gewöhnlichem Druck vornehmen oder nachdem man durch schwache
Kompression des Gases (beispielsweise auf etwa 5 at) die Hauptmenge
des Gasbenzins abgeschieden hat; im ersteren Fall erhält man ein ge-
reinigtes Gasbenzin, das man unmittelbar in die Benzinstabilisierung
geben kann; im zweiten Falle muß man das ausgeschiedene Gasbenzin
zum Rohbenzin vor dessen Wäsche geben. Im allgemeinen kann die
drucklose Arbeitsweise die größeren Vorteile für sich buchen. Die Entfernung der Hauptmenge der Kohlensäure und des Schwefelwasserstoffs
erfolgt durch Waschen des Gases mit Alcacid-Lauge. Abweichend von
der Entschweflung des Wassergases (S. 183) wird hier mit einer Lauge
(,,M''-Lauge: Alanin-Natrium bzw. N-substituierte Derivate davon, wie
beispielsweise N-Methyl-α-amino-Kalium-Propionat) gewaschen, die
Schwefelwasserstoff und Kohlensäure absorbiert. Da für die Weiterverwendung der Gase (als Treibgas bzw. Benzinkomponente) voll-
kommene Schwefelwasserstofffreiheit verlangt wird, werden die Gase
anschließend zur Feinreinigung noch mit Natronlauge gewaschen. Der

Gehalt an organischem Schwefel liegt im allgemeinen weit unter der für Treibgas zulässigen Grenze (250 mg/m³), so daß auf seine Entfernung verzichtet werden kann; lediglich bei besonders schwefelreichen Rohstoffen ist u. U. eine Entfernung des organischen Schwefels notwendig.

Die Zerlegung des so gereinigten Reichgases erfolgt nach den auch in der Erdölindustrie üblichen Methoden. Im allgemeinen wird man so vorgehen, daß man das gereinigte Reichgas durch Kompression (beispielsweise auf etwa 25 at) verflüssigt und dann bei diesem Druck destillativ in seine Bestandteile zerlegt, d. h. in Gasbenzin, Butan und Propan sowie Restgas, das zu dem unter dem gleichen Druck stehenden Armgas gegeben wird; gegebenenfalls kann man in der Reichgasanlage auch einen Teil des Äthans gewinnen. Auf diese einfache Weise erhält man von den in die Reichgaszerlegung eingehenden

$$C_5+h \quad \text{rd. } 100\% \text{ als Gasbenzin,}$$
$$C_4 \qquad ,, \quad 95\% \;\; ,, \;\; \text{Butan-Fraktion,}$$
$$C_3 \qquad ,, \quad 89\% \;\; ,, \;\; \text{Propan-Fraktion.}$$

Diese Fraktionen stehen nun als reine flüssige Produkte zur Verfügung, das Gasbenzin als Komponente für das gewaschene Hydrierbenzin, Propan und Butan beispielsweise nach üblicher Vermischung miteinander (Einstellen des gewünschten Dampfdrucks) und Abfüllung in Kesselwagen oder Flaschen als Treibgas. Eine Abtrennung der Ungesättigten aus den Hydriergasen ist nicht lohnend, da der Gehalt nur etwa 2—4% beträgt.

Die Kompression des Reichgases kann man umgehen, indem man den Abstreifer unter dem Zwischenentspannungsdruck stabilisiert und anschließend den stabilisierten Abstreifer destilliert. Die bei dieser Stabilisierung unter Druck erhaltenen gasbenzinfreien Reichgase werden nach Reinigung destillativ in ihre Bestandteile zerlegt. Auch dieser Weg ist großtechnisch durchgeführt worden, doch kann noch nicht eindeutig gesagt werden, ob er wirtschaftlich vorteilhafter ist als die oben beschriebene Methode über die Null-Entspannung.

Die Armgase wird man — allein wegen ihres relativ hohen Wasserstoffgehalts — für die Wasserstofferzeugung einsetzen. Auch hier wird zweckmäßig bei dem gewählten Zwischenentspannungsdruck zunächst die Entfernung des Ammoniaks durch Wasserwäsche — ebenfalls auf etwa 30—50 mg/Nm³ Gas — vorgenommen und anschließend der Schwefelwasserstoff entfernt durch Waschen des Gases mit Alcacid-Dik-Lauge (S. 183); die restlose Auswaschung von Schwefelwasserstoff und Kohlensäure erfolgt mit Natronlauge. Nach Zumischen des Restgases der Reichgaszerlegung erfolgt dann — zweckmäßig nach Druckentlastung auf etwa 2—5 at — die Reinigung des Gases von organischen Schwefelverbindungen (S. 181) und schließlich die drucklose Spaltung, zumeist mit Wasserdampf über Nickelkontakt (S. 180).

Würde man das gesamte anfallende Armgas (einschl. des Restgases der Reichgaszerlegung) zu Wassergas (Wasserstoff) spalten, so würde eine immer stärkere Stickstoffanreicherung im Wasserstoff eintreten. Man muß daher für ein „Ventil" zur Entfernung des Stickstoffs Sorge tragen. Die einfachste — und technisch häufig gewählte — Lösung besteht darin, bestimmte Armgase — vornehmlich die stickstoffreicheren — von der Umwandlung auszuschließen und diese — natürlich ohne vorherige Entschweflung — als Heizgas einzusetzen. Im allgemeinen wählt man hierfür das Abschlammgas und das Gas der Vorhydrierung. Mit dieser Arbeitsweise zieht man naturgemäß nicht unerhebliche Teile Wasserstoff aus der Rückführung über die Spaltung heraus. In dem hier betrachteten Beispiel der Steinkohle-Hydrierung macht der zum Heizgas gegebene Wasserstoff etwa 30% des insgesamt in den Armgasen (einschl. Restgas der Reichgaszerlegung) enthaltenen Wasserstoffs aus bzw. etwa 5% des Frischwasserstoff-Bedarfs; hinzu kommt noch der mit den gleichzeitig herausgezogenen Kohlenwasserstoffen entfernte potentielle Wasserstoff.

Wenn daher das für die Hydrierung benötigte Heizgas — beispielsweise durch direkte Kohlevergasung — preiswert erzeugt werden kann, erweist sich dieses „Stickstoffventil" als recht kostspielig. Es ist daher auch großtechnisch der Weg beschritten worden, ein konzentriertes Stickstoffventil anzuwenden durch vollständige oder weitgehende Zerlegung der Armgase durch Tiefkühlung (Linde-Zerlegung: S. 187).

Theoretisch könnte man in diesem Falle auf die Trennung der Hydriergase in Reich- und Armgase verzichten und den gesamten Anfall über die Linde-Zerlegung geben. Technisch-wirtschaftlich indessen hat es sich als zweckmäßiger erwiesen, die Trennung beizubehalten, da die Zerlegung der höheren gasförmigen Kohlenwasserstoffe durch die Druckdestillation der Reichgaszerlegung die technisch-wirtschaftlich bessere Lösung ist als die fraktionierte Kondensation durch Abkühlung. Aus diesem Grunde gibt man auch die in der Vorkühlung der Linde-Anlage aus den Armgasen sich ausscheidenden höheren gasförmigen Kohlenwasserstoffe zur Trennung voneinander in die Reichgaszerlegung, wohingegen man die niederen Kohlenwasserstoffe des Reichgases, die als Kopfprodukt in der Reichgaszerlegung anfallen, zur Trennung voneinander in die Linde-Zerlegung gibt. Je nach den für die Reichgaszerlegung gewählten Druckverhältnissen kann man hier auch das im Reichgas enthaltene Äthan ganz oder teilweise gewinnen, so daß dann Äthan in beiden Zerlegungsanlagen anfällt.

Bei vollständiger Zerlegung der Armgase (einschl. der Restgase der Reichgaszerlegung) kann man in dem betrachteten Beispiel etwa 88% des in den Hydriergasen enthaltenen Wasserstoffs wiedergewinnen, wodurch etwa 13% des gesamten Wasserstoffbedarfs gedeckt werden.

Durch Einschaltung der Linde-Zerlegung gewinnt man also auch die in den Armgasen enthaltenen höheren gasförmigen Kohlenwasserstoffe und verbessert dementsprechend (S. 200) das Ausbringen an diesen wertvollen Gasbestandteilen.

Auf der anderen Seite hat man praktisch alle niederen Kohlenwasserstoffe aus den Armgasen für die Wasserstofferzeugung zur Verfügung, da man ja durch das konzentrierte Stickstoffventil der Linde-Anlage so gut wie keine Kohlenwasserstoffe abführt, während bei der Stickstoffentfernung durch Herausziehen von unzerlegtem Armgas außer dem darin vorhandenen Wasserstoff (S. 202) auch beträchtliche Mengen potentiellen Wasserstoffs (Kohlenoxyd, Kohlenwasserstoffe) von der Nutzbarmachung für die Hydrierung ausgeschlossen werden. Eine Gegenüberstellung der Auswirkung der beiden Arbeitsweisen gibt Tab. 46:

Tabelle 46. *Auswirkung der Art der Stickstoffentfernung aus den Hydriergasen auf die Höhe der Verluste an effektivem und potentiellem Wasserstoff.*
(Angaben bezogen auf 100 Vol.-Teile entfernten Stickstoffs.)

Arbeitsweise	entfernte Vol.-Teile		
	H_2	$CO+C_1+C_2$	$CO+(C_1-C_5)$
Armgas zum Heizgas ..	604	213	256
Linde-Zerlegung	51	40	52

Außerdem erhält man die für die Wasserstoff-Erzeugung bestimmten niederen Kohlenwasserstoffe (Methan und Äthan) bei Anwendung der Linde-Zerlegung in hochprozentiger Form, wodurch die für die katalytische Spaltung mit Wasserdampf im Röhrenverfahren aufzuheizenden Gasmengen erheblich erniedrigt werden. (Wird die Spaltung mit Sauerstoff durchgeführt, so wirkt sich dieser Vorteil allerdings nicht aus [S. 182].)

Unter Berücksichtigung der Verluste kann man einsetzen, daß bei Einschaltung der Linde-Zerlegung von den in den Hydriergasen insgesamt enthaltenen Mengen Methan und Äthan etwa 85% zu $CO + H_2$ umgesetzt werden. Daraus ergibt sich, daß man — bezogen auf die im Hydrierprozeß insgesamt entstandenen Mengen niederer Kohlenwasserstoffe — bei vollem Einsatz der Linde-Zerlegung praktisch erhält aus

$$1\ t\ CH_4 \qquad 4650\ Nm^3 H_2\ (100\%ig),$$
$$1\ t\ C_2H_6 \qquad 4350\ Nm^3 H_2\ (100\%ig),$$

Betrachtet man mit diesen Zahlen das Ausmaß der Deckungsmöglichkeit des Wasserstoffbedarfs durch katalytische Spaltung des im Hydrierprozeß entstehenden Methans und Äthans mit Wasserdampf bei der Erzeugung von Autobenzin (C_4-frei) aus verschiedenen Rohstoffen (Tab. 30), so ergibt sich das in Tab. 47 wiedergegebene Bild, wobei zugrundegelegt wurde, daß 88% des in den Produkten gelösten Wasserstoffs über die Linde-Anlage zurückgewonnen werden (S. 202):

Tabelle 47. *Deckungsmöglichkeit des für die Hydrierung verschiedener Rohstoffe zu Autobenzin benötigten Wasserstoffs durch Spaltung von Methan und Äthan aus den Hydriergasen.*

Rohstoff	Stein-kohle	Braun-kohle	Kokerei-teer	Rückstände aus	
				Braun-kohlen-Schwelteer	asphalt-basischem Erdöl
H_2 aus Methan und Äthan der Hydriergase in % des insges. benötigten H_2	40	30	43	46	42

Rund $^2/_5$ des Wasserstoffbedarfs können also aus dem entstandenen Methan und Äthan gedeckt werden. Durch Heranziehung auch des Propans zur Wasserstofferzeugung wird dieser Anteil sehr wesentlich erhöht.

Ob man — um den Stickstoff zu entfernen — die Abgabe von Armgas zum Heizgas oder die Totalzerlegung wählen soll, entscheiden die örtlichen Bedingungen, in erster Linie das Wertverhältnis zwischen Wasserstoff und Heizgas; außerdem spielt die Bewertung der höheren gasförmigen Kohlenwasserstoffe eine Rolle[1].

Verwertung der Gasbestandteile. Soweit Absatzmöglichkeiten für Treibgas gegeben sind, wird man das Gemisch von Butan und Propan — gegebenenfalls unter Hinzufügung kleiner Mengen (maximal 10%) Äthan — als Flüssiggas abgeben (S. 201). Um den relativ großen Anfall an C_4-Kohlenwasserstoffen bei der Hydrierung auch für den Flugbetrieb nutzbar machen zu können — wofür Flüssiggase nicht in Frage kommen —, mußte die Umwandlung des Butans in flüssige Kohlenwasserstoffe vorgenommen werden. Dazu mußte das gesättigte Butan zunächst in die reaktionsfähige ungesättigte Form übergeführt werden. Für die Herstellung der reinen Isooctan-Treibstoffe mußte das Isobutan als Rohstoff eingesetzt werden. So wurde das Gesamtbutan zunächst durch Destillation unter Druck getrennt in n-Butan als Treibgaskomponente und in i-Butan für die Isooctan-Herstellung. Für das Treibgas ist diese Änderung ohne Bedeutung, da auch das n-Butan einen ausgezeichneten Klopfwert hat (OZ 91) und im Treibgasgemisch der geringe Unterschied gegenüber dem i-Butan (OZ 99) bei dem sehr hohen Klopfwert des Propans (OZ 125) keine Rolle spielt.

Die Dehydrierung des Isobutans erfolgte drucklos bei 550 → 620° C über einem aus 90% aktiviertem Al_2O_3, 8% Cr_2O_3 und 2% K_2O be-

---

[1] Man kann auch — nach einem Vorschlag des Bureau of Mines (Ind. Eng. Chem. **41**, 870 [1949] — den Stickstoff aus dem fertigen, komprimierten Wasserstoffgemisch durch Überführen in Ammoniak entfernen; dies erscheint als ein sehr aussichtsreicher Weg.

stehenden Kontakt in Kugelform (etwa 6 mm $\varnothing$). Bei der Dehydrierung des Isobutans zu Isobutylen findet eine C-Abscheidung auf dem Kontakt statt, d. h. der Kontakt muß regelmäßig regeneriert werden. Bei der Arbeitsweise der I. G. — die von der in US. angewandten abweicht — wird mit bewegtem Kontakt gearbeitet, indem der Katalysator im Gleichstrom mit dem Butan mit einer Verweilzeit von etwa 4 Stunden abwärts durch die Reaktionszone wandert, am unteren Ende ausgeschleust und dann in einem gesonderten Ofen, durch welchen der Kontakt ebenfalls im Abwärtsstrom wandert, durch Oxydation in einem umgewälzten, etwa 2% O_2 enthaltenden Gasstrom bei etwa 570° C regeneriert wird, wobei der C-Gehalt des Kontaktes sich von etwa 3½ auf etwa 1½% erniedrigt; danach kehrt der Kontakt zum Dehydrierofen zurück, läuft also im Kreislauf. Da die Dehydrierung ein endothermer Vorgang ist, muß ständig von außen Wärme zugeführt werden; zu diesem Zweck ist der Reaktionsraum zu einem Rohrbündel aus 128 Reaktionsrohren je Einheit aufgegliedert, das sich in einem von Heizgasen durchströmten Ofen befindet. — Im einmaligen Durchgang durch die Reaktionszone werden etwa 20% des eingebrachten Isobutans umgesetzt. Neben Isobutylen und dem durch die Dehydrierung frei werdenden Wasserstoff entstehen durch Spaltung infolge der hohen Reaktionstemperatur geringe Mengen leichterer Kohlenwasserstoffe. Auf das umgesetzte Butan ergeben sich etwa folgende Ausbeuten (in Gew.-%) (ohne Berücksichtigung der kleinen Mengen auf dem Kontakt abgeschiedenen Kohlenstoffs):

Isobutylen	78,5	Methan	6,6
Propan	11,0	Wasserstoff	2,0
Äthan	1,9		

Auf das Reaktionsvolumen bezogen, resultiert eine Leistung an Isobutylen von etwa 0,17 t/m³ × h.

In dem Verfahren der Universal Oil Products Co.[1] wird die Dehydrierung dadurch erleichtert, daß dem Butan elementarer Schwefel als Wasserstoffacceptor zugegeben wird; im übrigen wird nicht mit durchlaufendem Kontakt gearbeitet, sondern mit zwei Reaktoren, die wechselseitig betrieben werden.

Aus dem Gesamtprodukt der Dehydrierung, das also auch das nicht umgesetzte Isobutan enthält, werden die bei der Dehydrierung entstandenen leichteren Produkte herausgenommen, was durch Kompression der Reaktionsgase auf etwa 10 at und Abkühlung auf etwa + 10° C erfolgt; aus den hierbei nicht verflüssigten Gasen werden durch eine Ölwäsche unter Druck die schwereren Anteile herausgeholt und nach Freimachung durch Entspannung des Öles vor die Kompression zurückgeführt. Das verflüssigte Produkt wird in einer Stabilisation von den leichteren Anteilen (bis einschl. C_3) befreit; die gesamten leichteren

---

[1] Oil and Gas Journal **45**, Nr. 46, S. 149 (1947).

Gase werden in irgendeiner geeigneten Weise — beispielsweise durch Linde-Zerlegung — weiterverarbeitet. Das stabilisierte, flüssige, aus C_4-Kohlenwasserstoffen bestehende Produkt wird dann polymerisiert, was nach einem von der I. G. patentierten und später von der Universal Oil Products Co. übernommenen Verfahren bei etwa 50 at Druck und etwa 110° C über einem Phosphorsäure/Asbest-Kontakt erfolgt. Die dabei ablaufende Hauptreaktion[1] ist die Bildung von Diisobutylen:

$$
\begin{array}{ccccc}
CH_3 & CH_3 & & CH_3 & CH_3 \\
| & | & & | & | \\
CH_3-C \;+\; CH &=& C-CH_3 \;\rightarrow\; CH_3-C-CH &=& C-CH_3 \\
\| \quad | & & & | & \\
CH_2 \quad H & & & CH_3 &
\end{array}
$$

Zu einem Teil indessen geht die Polymerisation weiter, so daß in der Praxis ein Polymer-Gemisch entsteht aus etwa:

84% Diisobutylen,
15% Triisobutylen und
1% Tetraisobutylen.

Die im eingehenden C_4-Gemisch enthaltenen Ungesättigten werden fast vollständig polymerisiert, so daß das austretende C_4 praktisch reines Isobutan ist. Es wird in einer bei etwa 10 at betriebenen Kolonne vom Polymerisat abdestilliert und kehrt nach Zugabe von frischem Isobutan in die Dehydrieranlage zurück. Das Polymerisat wird bei gewöhnlichem oder vermindertem Druck destilliert, wobei das nicht in die Benzinsiedekurve fallende Tetrapolymere als Rückstand verbleibt; es wird in die Hydrierung gegeben.

Das nun vorliegende Gemisch von Di- und Triisobutylen wird nach einer der oben (S. 164) beschriebenen Arbeitsweisen zu Isooctan-Treibstoff hydriert. Über alles betrachtet, beträgt die Ausbeute an fertigem Isooctan-Treibstoff etwa 73—75% des eingesetzten Isobutans. Da bei der Dehydrierung des Isobutans aus jedem der beiden das Diisobutylen bildenden C_4-Moleküle ein Molekül H_2 frei wird, steht — auch unter Berücksichtigung der Bindung von Wasserstoff durch die in dem Hydrierungsprozeß entstehenden Spaltprodukte — genügend Wasserstoff für die Hydrierung des 1 Mol Wasserstoff je 8 C-Atome brauchenden Diisobutylens zur Verfügung, d. h. der benötigte Wasserstoff wird ausschließlich vom ursprünglichen Einsatzprodukt geliefert, ja es bleibt sogar noch Wasserstoff übrig:

$$2\,C_4H_{10} \rightarrow C_8H_{18} + H_2.$$

Nach diesem Verfahren ist in Deutschland zeitweise großtechnisch der „T-52-Treibstoff" hergestellt worden. Da er — wie wir gesehen haben — nicht aus dem reinen 2,2,4-Trimethylpentan (dem Bezugsprodukt „100" der Octanskala) besteht, sondern gewisse Mengen des weniger klopffesten

---

[1] Über den Feaktionsmechanismus s. Ipatieff: Ind. Eng. Chem. **27**, 1067 (1935); Karrer: „Lehrbuch der organischen Chemie", 9. Aufl., S. 40 (Georg Thieme, Leipzig, 1943).

Isododecans enthält, liegt seine Octanzahl bei 96, was aber — wenn man von Höchstleistungs-Flugkraftstoffen absieht — nicht von ausschlaggebender Bedeutung ist. Nach Heinemann[1]) soll man zur Octanzahl 100 kommen, wenn man als Polymerisations-Kontakt an Stelle der Phosphorsäure aktivierten Bauxit benutzt.

Eine Möglichkeit erheblicher Verbesserung von Isooctan-Treibstoffen bot die in USA. gemachte Entdeckung, daß sich das tertiäre Kohlenstoffatom des Isobutans gegenüber ungesättigten Verbindungen wie die tertiären Kohlenstoffatome des Benzols verhält, d. h. daß Ungesättigte daran angelagert werden können, so wie beispielsweise Benzol durch Äthylen zu Äthyl-Benzol alkyliert wird. Damit konnte nun das gesättigte i-Butan durch das ungesättigte n-Butylen direkt zu einem gesättigten C_8-Kohlenwasserstoff alkyliert werden. Für die Erzeugung von 1 Mol Isooctan brauchte also nur noch 1 Mol Butan dehydriert zu werden statt der bisherigen 2 Mol bei dem Wege über das Diisobutylen. Außerdem kam die Hydrierstufe in Wegfall, da ja die C_8-Verbindung unmittelbar gesättigt anfiel. Ein weiterer bedeutender Vorteil dieses amerikanischen Fortschritts lag darin, daß auch bei Verwendung von n-Butylen für die Alkylierung des Isobutans ein klopffestes Isooctan erhalten wird, während man auf dem Wege über das Diisobutylen ausschließlich[2] von Isobutan ausgehen muß. Die Möglichkeit, n-Butan einzusetzen, vermehrte die zur Verfügung stehende Rohstoffmenge erheblich, da ja bei der Hydrierung — wie auch bei den meisten anderen Prozessen — stets Gemische der beiden Isomeren anfallen.

Für die Durchführung des Prozesses zur Herstellung von Alkylat-Treibstoff ("AT-Verfahren") mußte also n-Butylen als Alkylierungsolefin zur Verfügung gestellt werden. Die Dehydrierung des n-Butans erfolgt in der gleichen Weise wie die des i-Butans, wobei die sich bildenden Olefine zu etwa 60% aus α- und zu etwa 40% aus β-Butylen bestehen. Da sich n-Butan etwas leichter umsetzt (Umsatz 25% beim einmaligen Durchgang), ist auch die Butylen-Ausbeute etwas günstiger als beim i-Butan: auf das umgesetzte n-Butan ergeben sich etwa folgende Ausbeuten (in Gew.-%):

n-Butylen	82,4	Methan	3,1
Propan	8,5	Wasserstoff	2,5
Äthan	3,5		

Die Abtrennung der leichteren Gasbestandteile wird in praktisch der gleichen Weise vorgenommen wie bei der i-Butan-Dehydrierung. Zu dem unter 5 at in flüssiger Phase vorliegenden n-Butan/n-Butylen-Gemisch

---

[1] Heinemann: Angew. Chem. A **60**, 221 (1948).
[2] Durch Copolymerisation von n- und i-Buten mit Dihydroxyfluorborsäure (H_3ᐟ O_2F_2) mit anschließender Hydrierung erhält man nach Socony Vacuum Oil Co. (Ind. Eng. Chem. **41**, 1694 [1949]) allerdings auch hochklopffeste Isooctane.

wird flüssiges i-Butan zugegeben, und zwar in einer Menge von etwa 13 Gew.-Teilen i-Butan auf 1 Gew.-Teil Olefin. Dieser hohe Überschuß wird gewählt, um die Alkylierung des i-Butans gegenüber unerwünschten Polymerisations-Reaktionen des Olefins zu bevorzugen. Die Alkylierung selbst erfolgt in Gegenwart von 96%iger Schwefelsäure, wobei die Temperatur von ± 0° C aufrechterhalten wird durch Verdampfen von Butan, das im Kreislauf umgepumpt wird. Auf diese Weise wird die bei der Reaktion frei werdende Wärme von etwa 150 WE/kg gebildeten Alkylats abgeführt. Das gesamte eingehende Olefin tritt hierbei in Reaktion, so daß nur die überschüssigen gesättigten Kohlenwasserstoffe übrigbleiben. Diese werden von dem gebildeten flüssigen Alkylat getrennt und in einer Druckdestillation zerlegt in n-Butan, das in die Dehydrierung zurückgeht, und i-Butan, das in die Alkylierung zurückgeführt wird.

Das entstandene flüssige Alkylat wird nach Abtrennung von der Schwefelsäure zur Entfernung von Säureresten gewaschen und dann destilliert zwecks Ausscheidung von etwa 5% > 200° C siedender Anteile, die in die Hydrierung zurückgehen bzw. zum Autobenzin gegeben werden.

Über alles gerechnet, beträgt die Ausbeute an fertigem Alkylat etwa 84% des eingesetzten Butan-Gemischs und liegt damit beträchtlich günstiger als die Ausbeute an Isooctan-Treibstoff aus Isobutan, insbesondere da bei der AT-Herstellung nur rund die Hälfte des eingesetzten Butans der verlustbringenden Dehydrierung unterworfen werden muß. Außerdem ist — wie schon hervorgehoben — beim AT-Verfahren die Rohstoffquelle viel größer, da beide Butan-Isomere eingesetzt werden können und nicht nur — wie bei der T-52-Herstellung — das Isobutan.

Nach Stabilisierung hat das fertige Flugalkylat:

<pre>
Siedebeginn .... rd. 85° C
80% .... bis ,, 120° C
Endpunkt .... ,,. 200° C
OZ .... ,, 93—94,
</pre>

ist mithin fast gleichwertig dem aus Isobutan über Diisobutylen erhaltenen Isooctan-Treibstoff.

Die einfachste Vorstellung über den Ablauf der Alkylierung ist der Mechanismus, der zur Bildung von 2,2,3-Trimethylpentan führt, also einem nahen Verwandten des Bezugsisooctans:

$$
\begin{array}{c}
\mathrm{CH_3} \quad\quad \mathrm{H} \\
| \quad\quad\quad | \\
\mathrm{CH_3-C} \diagdown \quad + \mathrm{C-CH_2-CH_3} \rightarrow \\
| \diagdown\mathrm{H} \quad\quad \| \\
\mathrm{CH_3} \quad\quad \mathrm{CH_2}
\end{array}
\quad
\begin{array}{c}
\mathrm{CH_3}\ \mathrm{H} \\
|\quad | \\
\mathrm{CH_3-C-C-CH_2-CH_3} \\
|\quad | \\
\mathrm{CH_3}\ \mathrm{CH_3}
\end{array}
$$

Wenn auch wohl diese Reaktion einen wesentlichen Anteil am Ablauf des Geschehens hat, so ist tatsächlich doch der Mechanismus wesentlich verwickelter[1]. Dies geht schon daraus hervor, daß effektiv etwa 1,13 Mole i-Butan mit 1,0 Mol n-Butylen in Reaktion treten; auch die Tatsache, daß das Produkt der Alkylierung eine recht weit gestreckte Siedekurve hat an Stelle eines Siedepunktes, wie ihn eine eindeutig definierte chemische Verbindung als Reaktionsprodukt haben würde, deutet auf die Komplexität des Reaktionsablaufs hin.

Nach diesem Verfahren sind in Deutschland in größtem Maßstabe die bei der Hydrierung anfallenden Butanmengen in Alkylat als hochwertige Flugtreibstoff-Komponente übergeführt worden. Wesentlich größer noch ist der Umfang der Anwendung dieses Verfahrens im Lande seiner Entstehung, in USA., ja es ist zu erwarten[2], daß künftig generell für Benzinherstellung das gesamte in den Raffinerien anfallende Butan auf Alkylat verarbeitet werden wird. Allerdings ist die Frage zu stellen, ob es bei der Verwendung von Schwefelsäure als Alkylierungs-Katalysator bleiben, ob nicht vielmehr die dafür von Franz Fischer[3] vorgeschlagene und von der Universal Oil Products Co.[4] aufgenommene Verwendung von wasserfreier Flußsäure als Kontakt in den Vordergrund treten wird, um so mehr, als dieses Verfahren in USA. (Philipps Petroleum Co.[5]) bereits großtechnisch durchgeführt wird. Für diesen Übergang spricht auch der Umstand, daß die Leistung bei der Alkylierung unter Verwendung von Flußsäure mit etwa 1,1 t fertiges Alkylat/m^3 Reaktionsvol. $\times$ h sehr viel höher ist als in Gegenwart von Schwefelsäure (etwa 0,17), und daß sich die verbrauchte Flußsäure ungleich einfacher regenerieren läßt als die mit Säureharz verunreinigte Schwefelsäure.

Wir haben gesehen, daß bei der Alkylierung das Isobutan überschüssig in die Reaktion eingeht; auf der anderen Seite tritt — wie wir gesehen haben — bei der Dehydrierung des n-Butans ein Verlust ein. Diese gegenläufigen Verhältnisse heben sich ungefähr auf, d. h. man benötigt als Rohstoffe 49 Teile i-Butan auf 51 Teile n-Butan, also praktisch gleiche Mengen der beiden Isomeren, wenn man das gesamte bei der Hydrierung anfallende Butan in Alkylat überführen will.

Nun sind die Mengenverhältnisse, in welchen die beiden Butanisomere im Hydrierprozeß anfallen, in den drei Stufen der Hydrierung recht verschieden, von der Art des Rohstoffs jedoch weitgehend unabhängig, d. h. die Reaktionsbedingungen — vornehmlich hinsichtlich der Katalysatorwirkung — haben den unbestritten beherrschenden Einfluß auf

---

[1] S. z. B. Morton: Petroleum Refiner **27**, Nr. 3, S. 184 (1948); Egloff: Oil and Gas Journal **46**, Nr. 17, S. 88 (1947).

[2] Holaday: Petrol. Process. **3**, Nr. 2, S. 107 (1948).

[3] Fischer: DRP 742 578 v. 11. 7. 39; s. a. Gilfert: Angew. Chem. A **60**, 213 (1948).

[4] USP 2 267 730 v. 30. 12. 41; s. a. FP 918 505 v. 7. 12. 45; C **1947**, II, 558.

[5] Oil and Gas Journal **45**, Nr. 46, S. 149 (1947).

das Verteilungsverhältnis der Isomere. Im Durchschnitt kann man mit folgenden Werten für den Isobutan-Gehalt im Gesamtbutan rechnen:

Sumpfphase .... 10—20%
Gasphase: Vorhydrierung .. 50%
Benzinierung ... 75%
Aromatisierung.. 20%
DHD, HF ...... 35—40%.

Man sieht also, daß die Isomerisierung um so ausgeprägter ist, je beherrschender die katalytische Lenkung des Spaltprozesses ist. Die Verhältnisse liegen hier also ähnlich wie beim Kracken[1], wo das Butan aus dem thermischen Kracken etwa 30% i-Butan enthält, das aus dem katalytischen Kracken etwa 70%.

Während — wie gesagt — die prozentische Verteilung der Isomeren in den einzelnen Stufen vom Rohstoff weitgehend unabhängig ist, kommt dieser zur Geltung in der Aufteilung des Gesamtbutans aus allen drei Stufen zusammen, da ja das Verhältnis der Butanbildung in den drei Stufen zueinander von der Art des Rohstoffs bzw. des erzeugten Endprodukts beeinflußt wird. Die Auswirkung dieser Vorgänge sei in Tab. 48 an Hand charakteristischer Beispiele erläutert unter Verwendung der Werte der Tab. 30 bzw. 32:

Tabelle 48. *Verteilung des Butananfalls auf die einzelnen Hydrierstufen und Zusammensetzung des Gesamtbutans.*

| Rohstoff | Endprodukt | Prozentische Verteilung des Gesamtbutans auf | | | Isobutan-gehalt im Gesamt-butan % |
| | | Sumpf-phase | Gasphase | | |
			Vorhy-drierg.	Benzi-nierg.	
Steinkohle	Autobenzin	50,0	8,9	41,1	40,7
,, ...	Flugbenzin	33,4	6,0	60,6	52,1
Kokereiteerpech ..	Autobenzin	45,1	9,1	45,8	43,8
Rückstand aus asphaltbasischem Rohöl	Autobenzin	34,4	—	65,6	56,1

Man sieht daraus, daß man im Falle der Autobenzin-Erzeugung beim Erdöl einen ausreichenden Anteil am Isobutan erhält, bei Steinkohle und Kokereiteerpech etwas zu wenig. Bei der Flugbenzin-Herstellung kommt man auch bei Steinkohle zum ausreichenden Isobutangehalt des Gesamtbutans.

Um nun auch in Fällen des Isobutan-Unterschusses das Butan vollständig zur Alkylat-Herstellung verwenden zu können, muß ein Teil des n-Butans zu i-Butan isomerisiert werden. Dies geschieht nach dem allgemein üblichen Verfahren[2] durch Überleiten von flüssigem n-Butan unter Zugabe von etwa 10% gasförmiger Salzsäure bei 18 at und 95°C

---

[1] Egloff: Fußnote [1] S. 209.
[2] Über den Reaktionsmechanismus s.: Universal Oil Products Co, Research Lab.: C 1947, I, 1077.

in Aufwärtsströmung über stückiges, fest im Reaktionsraum angeordnetes Aluminium-Chlorid. Aus dem abgekühlten Reaktionsprodukt wird der mitgeführte Aluminium-Chlorid-Schlamm abgetrennt. Nach Abtreiben der Salzsäure, die zurückgeführt wird, wird das Produkt mit Natronlauge gewaschen und zerlegt. Beim einmaligen Durchgang wird — fast entsprechend der Gleichgewichtslage — etwa ein Drittel des n-Butans umgesetzt mit einer Ausbeute von etwa

      92,5% i-Butan
      5,0% Propan (entstanden durch die Spaltwirkung des Aluminium-Chlorids) und
      2,5% Polymerisate (im Aluminium-Chlorid-Schlamm)

und einer Leistung an i-Butan von etwa

      0,4 t/m³ x h, bezogen auf den mit Aluminium-Chlorid gefüllten Raum, bzw.
      0,06,   bezogen auf den gesamten Reaktionsraum.

Durch Einschaltung dieser Isomerisierung kann mithin auch der gegebenenfalls vorhandene Überschuß an n-Butan im Hydriergas für die Alkylat-Herstellung eingesetzt werden, d. h. das gesamte vorhandene Butan steht für die AT-Herstellung zur Verfügung.

Auch die Isomerisierung ist in Deutschland großtechnisch durchgeführt worden, wenn auch nicht in dem Umfange wie im Ausland. In englischen Arbeiten[1] ist eine wesentliche Erhöhung der Leistung erzielt worden, indem die Reaktion in Gegenwart oder unter Nachschaltung poröser Körper (Al_2O_3, SiO_2 usw.) durchgeführt wird, wobei das $AlCl_3$ großenteils in Dampfform vorliegt. Wahrscheinlich wird der Übergang zum Arbeiten in Gasphase die künftige Entwicklung bestimmen.

Die oben (S. 206) beschriebene Polymerisation des i-Butylens kann auch weitergetrieben werden. Hierfür ist es allerdings notwendig, von isoliertem, reinem Isobutylen auszugehen. Man führt dann die Polymerisation bei —100° C in Gegenwart von Borfluorid als Kontakt aus, wobei man die Temperatur durch Anwesenheit verdampfendem Äthylens aufrechterhält. Die so gewonnenen „Oppanole" haben je nach den Reaktionsbedingungen Mol-Gewichte von 3000—200 000 und dienen je nach ihren Eigenschaften als Schmieröle, Schmieröl-Additive, Weichmacher, Kunststoffe usw. Doch soll hier nicht näher darauf eingegangen werden, da dies über den Rahmen dieser Abhandlung hinausgehen würde.

Die oben (S. 207) betrachtete Dehydrierung des n-Butans — bzw. der primär entstandenen Butene — läßt sich[2] bei höherer Temperatur und — aus Gleichgewichtsgründen — zweckmäßig bei Unterdruck[3] weiter-

---

[1] Anglo Iranian Oil Co: FP 917 399 v. 14. 11. 45 (C **1947**, II, 361); Petrol. Process. 3, Nr. 3, S. 257 (1948).

[2] S. z. B.: SHELL Development Co: FP 919 003 v. 14. 12. 48; C **1947**, II, 643; Egloff: Oil and Gas Journal **46**, Nr. 17, S. 88 (1947); Esso Lab.: Ind. Eng. Chem. **41**, 646 (1949).

[3] Houdry Process Corporation: Oil and Gas Journal **45**, Nr. 46, S. 149 (1947).

treiben bis zum Butadien. Hierzu führt auch der von der I. G. beschrittene Weg der Chlorierung des n-Butans bzw. der Butene mit anschließender Salzsäure-Abspaltung. Doch sei auch hierauf nur am Rande hingewiesen.

Während so das in der Hydrierung angefallene Butan in großem Maßstabe zur Erzeugung von Flugtreibstoff eingesetzt worden ist, ist das Propan im wesentlichen als solches verwendet worden, und zwar vornehmlich im Gemisch mit Butan als Treibgas. Auch als Haushaltspropan hat es Verwendung gefunden sowohl für Heizung wie für Beleuchtung. Einen gewissen Umfang hatte auch — im Interesse der Benzinersparnis — der Einsatz von Propan zum Einfahren von Flugmotoren auf dem Stand.

Während wohl unter normalen Umständen dem Treibgas für Straßenfahrzeuge eine gewisse Grenze gesetzt sein wird durch die relative Umständlichkeit des Betriebes, und das Einfahren von Flugmotoren auf dem Stand — obgleich es grundsätzlich im Interesse der überall notwendigen Benzin-Einsparung richtig und zweckmäßig ist — kein sehr großes Absatzfeld bietet, ist die Verwendung des Propans für Haushaltszwecke sicher erweiterungsfähig, wofür auch der Umstand[1] ein Hinweis ist, daß von den in USA. vertriebenen Flüssiggasmengen über die Hälfte für Koch- und Heizzwecke eingesetzt worden ist. Außerdem kann nicht günstig absetzbares Propan zu Wasserstoff gespalten werden.

Das in USA.[2] angewandte Polyformen des Propans in Kombination mit dem Kracken hat im Rahmen der Hydrierung bisher keine Rolle gespielt, da die erstrebenswerte Kombination von Hydrieren und Kracken großtechnisch bislang nicht verwirklicht worden ist.

Das bei der Hydrierung angefallene Äthan ist in großem Maßstabe zur Erzeugung der höchstwertigen Schmieröle SS-906 bzw. SS-903 nach dem I.-G.-Verfahren[3] eingesetzt worden. Hierfür wird das Äthan zunächst in Äthylen übergeführt durch Dehydrieren in Gegenwart von Sauerstoff bei etwa 800° C und Unterdruck in einem mit Porzellankugeln gefüllten Reaktionsraum, wobei in einmaligem Durchgang etwa $2/3$ des eingebrachten Äthans umgesetzt werden. Das nicht umgesetzte Äthan wird über eine Linde-Zerlegung in die Dehydrierung zurückgeführt. Bei dieser vollständigen Rückführung werden etwa folgende Ausbeuten erhalten, s. Tab. S. 213, oben.

Dieser „Dehydrierprozeß" ist also gewissermaßen eine Vorstufe[4] der oben (S. 181) erwähnten Umsetzung der gasförmigen Kohlenwasserstoffe

---

[1] Erdöl und Kohle **1**, 91 (1948).
[2] S. z. B. Gulf Oil Corp.: Oil and Gas Journal **45**, Nr. 46, S. 149 (1947).
[3] Zorn: Angew. Chem. A **60**, 185 (1948).
[4] Nach Oregon State College (Ind. Eng. Chem. **41**, 1455 [1949]) läßt sich die Bildung von Kohlenoxyden stark zurückdrängen, wenn der Sauerstoff an zahlreichen Punkten des Reaktors zugegeben wird.

Produkt	aus 100 Gew.-Teilen ein- gesetzten Äthans	aus 100 Gew.-Teilen als Äthan ein- gesetzten C
H_2	4,0	—
CH_4	9,4	8,8
C_2H_2	1,0	1,1
C_2H_4	63,7	68,2
C_3+h	8,1	8,3
CO	20,6	12,1
CO_2	4,4	1,5
Summa:	111,2	100,0

mit Sauerstoff zu Wassergas. Unter Berücksichtigung der Schwierigkeit der Dehydrierung von Äthan sind die erzielten Ausbeuten sehr
günstig.

Aus dem Reaktionsgas wird das Acetylen durch Hydrierung zu Äthylen
(mit dem im Gas vorhandenen Wasserstoff) entfernt, dann wird aus dem
noch weiter gereinigten Gas durch Linde-Zerlegung hochprozentiges
Äthylen gewonnen. Das Äthylen wird dann chargenweise unter Druck
von etwa 60 at bei etwa 100—140° C durch die Gegenwart von Aluminium-Chlorid polymerisiert zu besonders hochwertigen Schmierölen.
Je nach den Bedingungen bei der Polymerisation werden dickere oder
dünnere Öle erhalten. Vornehmlich wurde so gearbeitet, daß als Hauptprodukt Flugmotorenöl (SS-903) bzw. Flugmotoren-Brightstock (SS-906)
anfiel. Daneben bildet sich eine geringere Menge dünneren Vorlauföls
(V 120) (leichtes Spindelöl). Durch Zersetzung des von den entstandenen
Schmierölen abgetrennten Aluminium-Chlorid-Schlamms wurde ein ungesättigtes Öl erhalten, das durch Erhitzen mit Aluminium-Chlorid in
ein gesättigtes Öl (R-Öl) (Zylinderöl) übergeführt wurde. Durch Zersetzen
des hierbei anfallenden Aluminium-Chlorid-Schlamms wurde ein sehr
schweres, ungesättigtes Öl (RR-Öl) mit trocknenden Eigenschaften gewonnen. Die Ausbeuten und Eigenschaften der so erzeugten Öle waren
etwa folgende:

Produktbezeichnung	V 120 Leichtes Spindel- öl	SS-903 Flugmot. Öl	SS-906 Flugmot. Bright- stock	R-Öl Zyl.-Öl	RR-Öl trock- nendes Öl
Ausbeute vom eingesetz- ten Äthylen	7	74		8	1
D_{20}	—	0,855	0,860	0,90	0,96
E_{20}	2,9	—	—	—	—
E_{50}	—	3,0	6,0	4,0	25
VI	—	115	108	105	70
ep° C	— 80	— 35	— 25	— 25	—
Fl. P.° C	—	210	225	—	—
Conrads. %	—	< 0,2	< 0,2	0,15	5,0
Jodzahl	—	—	—	—	> 100

Von den beiden Hauptprodukten, die also zusammen mit nahezu 50% des eingesetzten Äthans anfielen, wurde das Öl 903 als solches als Flugmotorenöl verwendet, das Öl 906 nach Verschneiden mit Erdöl-Schmierölen. Beide Öle, deren Mengenverhältnisse in weiten Grenzen variiert werden können, zeichnen sich durch hervorragende Temperatur-Viskositätskurve (VI) aus sowie durch sehr niedrige Stockpunkte. Ihre hohe Reinheit und einheitliche Struktur (Isoparaffine) bewirkt, daß die Öle besonders lange Laufzeiten ohne Ringstecken ergeben, auch in Mischungen mit Naturölen. — Das Vorlauföl (leichtes Spindelöl) ist ausgezeichnet durch einen ungewöhnlich niedrigen Stockpunkt. Auch das Zylinderöl stockt recht tief. Das ungesättigte Öl hat infolge seiner trocknenden Eigenschaften als „Karboresin" besondere Verwendung gefunden.

Auf die vielen anderen Verwertungsmöglichkeiten des Äthylens soll hier nicht näher eingegangen werden, da sie außerhalb des Rahmens dieser Abhandlung liegen bzw. in Verbindung mit der Hydrierung bisher keine Rolle gespielt haben.

Die Dehydrierung des Äthans kann nach einem I. G.-Verfahren, das dem früher (S. 186) beschriebenen Verfahren der partiellen Oxydation des Methans zu acetylenhaltigem Gas sehr ähnlich ist, durch unvollständige Verbrennung des Äthans mit Sauerstoff weitergetrieben werden zu einem acetylenhaltigen Wassergas mit einer Acetylenausbeute von etwa 33%, bezogen auf umgesetztes Äthan, d. h. auch das Äthan kann nach diesem Verfahren zur Wasserstofferzeugung unter gleichzeitiger Gewinnung von Acetylen — und zwar in besserer Ausbeute als beim Methan — eingesetzt werden.

Auf die Gewinnung von Acetylen aus Methan oder durch unvollständige Verbrennung im Lichtbogenverfahren ist bereits oben (S. 186) eingegangen worden, so daß sich hier weitere Ausführungen erübrigen. — Erwähnt sei auch noch die Herstellung von Ruß[1] — insbesondere für die Kautschukfabrikation — durch unvollständige Verbrennung von Methan.

Bei den hier beschriebenen Verfahren war generell die erste Stufe für die Verwendung der Gase die Überführung der gesättigten in ungesättigte Kohlenwasserstoffe. Hierin könnte man einen gewissen Nachteil der praktisch ganz gesättigten gasförmigen Nebenprodukte der Hydrierung gegenüber denen des Krackens sehen, wo von vornherein ein nicht unerheblicher Teil der Gase ungesättigt anfällt[2]:

| | Krackprozeß | Näherungswerte für den Olefin-Gehalt (%) in den Fraktionen | |
	C_2	C_3	C_4
thermisch	10	33	45
katalytisch	35	45	55

---

[1] S. z. B. Weber: Oil and Gas Journal **45**, Nr. 52, S. 94 (1947); Carr: Oil and Gas Journal **45**, Nr. 51, S. 205 (1947).

[2] S. z. B. Egloff: Oil and Gas Journal **46**, Nr. 17, S. 88 (1947); Read: Petrol. Process. **3**, Nr. 4, S. 329 (1948).

Diese Benachteiligung der gesättigten Hydriergase wird aber gegenstandslos, wenn man die Gase als Rohstoff für Oxydationsprozesse ansieht, Verfahren, die — vor allem in USA.[1] — wachsende Bedeutung gewinnen, insbesondere zur Erzeugung von niederen aliphatischen Alkoholen, Aldehyden, Ketonen, Säuren und Estern, wobei besonders gute Ausbeuten — vornehmlich an Aldehyden — erhalten werden, wenn nach dem Verfahren der Hibernia die Oxydation katalytisch mit ozonisiertem Sauerstoff vorgenommen wird. Für alle diese zukunftsreichen Verfahren, deren Beschreibung außerhalb des Rahmens dieser Abhandlung liegt, stellen die Inhaltsstoffe der Hydriergase wertvolle Rohstoffe dar, die im Laufe der Entwicklung wesentlich zur Verbesserung der Wirtschaftlichkeit der Hydrierung beitragen werden.

Wir haben oben (S. 202) gesehen, daß auch schon für die Wasserstoffgewinnung die Totalzerlegung der Hydrierabgase vorteilhaft sein kann; berücksichtigt man die hier skizzierten chemischen Verwertungsmöglichkeiten der Inhaltsstoffe der Hydriergase, so befürworten diese sehr stark die Totalzerlegung, vor allem, weil für die meisten hier betrachteten Prozesse die einzelnen Gasbestandteile in relativ großer Reinheit — insbesondere frei von Wasserstoff — vorliegen müssen.

Wir haben gesehen (S. 200), daß der in den Hydriergasen enthaltene Schwefelwasserstoff mit Hilfe des Alcacidverfahrens in konzentrierter Form gewonnen wird. Dieser Schwefelwasserstoff kann dann — beispielsweise nach dem I.-G.-Claus-Prozeß[2] — in elementaren Schwefel oder nach dem üblichen Verfahren in Schwefelsäure übergeführt werden, was in Deutschland in größtem Maßstabe erfolgt ist. Vor allem bei schwefelreichen Rohstoffen spielt diese Verwertung des Schwefelwasserstoffs der Hydriergase eine wirtschaftlich recht wichtige Rolle, ganz abgesehen davon, daß wegen Vermeidung der Verunreinigung der Atmosphäre der Schwefel in den Gasen sowieso gebunden werden muß. Während der Schwefel des Rohstoffs, der mit den Frischprodukten in die Gasphase bzw. die Sumpfphase mit fest angeordneten Kontakten eingebracht wird, von Undichtigkeitsverlusten abgesehen, praktisch vollständig entweder direkt oder auf dem Umwege über das Abwasser in den Abgasen erscheint und somit daraus gewonnen werden kann, wird von dem in die Kohlephase bzw. die Sumpfphase mit feinverteilten Kontakten mit den Rohstoffen eingehenden Schwefel ein mehr oder minder großer Teil von den anorganischen Bestandteilen der Rohstoffe bzw. der Kontakte als Sulfid gebunden und somit der Gewinnung aus

---

[1] S. z. B. Egloff: l. c.; Foster: Oil and Gas Journal **47**, Nr. 12, S. 64 (1948); Hightower: Chemical Engineer. **55**, Nr. 7, S. 105 (1948); Blendworth: Oil and Gas Journal **46**, Nr. 51, S. 99 (1948).

[2] Bähr: Chem. Fabr. **11**, 283 (1938).

den Hydriergasen entzogen; dieser Anteil läßt sich jedoch nur von Fall zu Fall experimentell ermitteln.

Auf die Gewinnung des Ammoniaks aus den Hydriergasen bzw. dem Abwasser ist im Rahmen der Hydrierung bisher verzichtet worden, da die Wirtschaftlichkeit hierfür nicht gesichert erschien.

γ) **Gewinnung und Verarbeitung sonstiger Nebenprodukte.**

Da die Entwicklung der Hydrierung bisher in erster Linie auf die Erzeugung von Kraft- und Schmierstoffen abgestellt war, hat die Gewinnung fester und flüssiger Nebenprodukte aus den Hydrierölen bislang noch nicht den Umfang angenommen, der nach der Analogie mit den älteren Mineralöl-Industrien (Steinkohlenteer, Braunkohlenteer, Erdöl) auch hier zu erwarten ist. Grundsätzlich können die Hydrierprodukte zur Gewinnung von Nebenerzeugnissen in der gleichen Weise herangezogen werden wie die im Charakter entsprechenden Öle der anderen Mineralöl-Industrien. Es erübrigt sich daher hier, auf diese gewohnten Wege näher einzugehen. Im folgenden sollen lediglich einige Arbeitsweisen herausgegriffen werden, die im Rahmen der Hydrierung Bedeutung erlangt haben bzw. aus dem Hydriergebiet heraus entwickelt worden sind.

Gewinnung und Verarbeitung pechartiger Substanzen. Die Erzeugung praktisch aschefreier, hochschmelzender Kohlebitumina nach dem Verfahren von Pott und Broche (S. 92) bzw. Uhde (S. 97) ist oben eingehend geschildert worden. Auch ist bereits erwähnt worden, daß der Extrakt nach Pott und Broche sich vorzüglich für die Herstellung von Elektrodenkoks bewährt hat. — Es war auch von der I. G. versucht worden, den Extrakt im Originalzustand im Kohlenstaubmotor einzusetzen; doch erwies sich hierbei der Flammpunkt (etwa 400° C) als zu hoch; auch war es recht störend, daß der Extrakt schmelzbar war. Durch eine Behandlung des Extrakts mit Stickoxyden konnte der Flammpunkt auf etwa 200° C erniedrigt werden, und der Extrakt wurde unschmelzbar. Wenn damit auch dieses Produkt im Kohlenstaubmotor einsetzbar war, so konnte sich daraus doch keine praktische Konsequenz ergeben, da grundsätzlich der Kohlenstaubmotor gegenüber den mit flüssigen Treibstoffen arbeitenden Motoren zu stark benachteiligt ist.

Eine sehr viel größere praktische Bedeutung könnte in der Zukunft dem durch die Kurzhydrierung (S. 100) gewonnenen aschehaltigen Bitumen zukommen, insbesondere für die Erzeugung von festem, stückigem Hochtemperatur- oder Schwelkoks aus Kohlen, die bei der Entgasung für sich allein keinen befriedigenden Koks geben. In erweiterter Form können dafür — bzw. als normales Steinkohlen-Brikettiermittel — eingedickte Steinkohlenhydrier-Schleuderrückstände bzw. -abschlämme eingesetzt werden, was auch in Deutschland großtechnisch durchgeführt worden ist. Um diese bei etwa 80° C schmelzenden aschehaltigen Bitumina in stückiger versandfähiger Form zu erhalten, wurde nach einem Verfahren von Rütgers das auf etwa 170° C vorgekühlte „Hy-Pech" in dünnem Strahl in von Wasser durchflossene Rinnen eingeleitet, worin es erstarrte, und dann als Granulat auf einem Schüttelsieb vom Wasser getrennt. Dieses Verfahren arbeitete einwandfrei, wenn genau definierte Bedingungen, vornehmlich hinsichtlich der Temperatur des Hy-Pechs beim Einlauf in das Wasser sowie hinsichtlich der Verweilzeit im Wasser eingehalten wurden. Bei Abweichungen hiervon stieg der Wassergehalt des Granulats auf $> 2\%$, was unangenehmes Spratzen beim Wiederaufschmelzen des Pechs gelegentlich seiner Verwendung zur Folge hatte. — Es könnte daher für die Verfestigung des Pechs das von der Compagnie du Gaz de Paris[1] vorgeschlagene Verfahren zweckmäßiger sein, nach welchem das flüssige Pech auf einem bestimmt geformten endlosen Band durch Luftkühlung zu Granulat verfestigt wird.

Gewinnung und Verarbeitung von Paraffin. Es war bereits oben (S. 108) darauf hingewiesen worden, daß Öle, die über fest angeordnetem Kontakt hydriert worden sind, sich besonders glatt entparaffinieren lassen. So lassen sich für die Gewinnung des Paraffins aus den Hydrierprodukten praktisch alle in der Erdölindustrie üblichen Verfahren mit Erfolg anwenden.

Es war weiter erwähnt worden, daß das durch die TTH-Behandlung von Braunkohlenschwelteeren erhaltene Paraffin infolge seiner Reinheit und seiner geradkettigen Konstitution sich vorzüglich als Rohstoff für weitere Verarbeitungen eignet. Die bereits an jener Stelle erwähnte Oxydation zu Fettsäuren — insbesondere zur Speisefettherstellung — soll hier nicht näher betrachtet werden, da sie außerhalb des Rahmens dieser Abhandlung liegt.

Kurz gestreift sei indessen die Spaltung des Paraffins zu Olefinen für die Gewinnung synthetischer Schmieröle. Hierfür eignen sich als Rohstoffe in erster Linie geradkettige Paraffine, also gerade die, die im TTH-Verfahren aus Braunkohlenteer gewonnen werden. Auch sind — wie schon oben (S. 103) angedeutet wurde — Erdölparaffine, die einem Hydrierprozeß unterworfen gewesen waren, geeigneter als direkt isolierte Erdölparaffine, wahrscheinlich da die leichter hydrierbaren ölähnlicheren Inhaltsstoffe des Rohparaffins bei der Hydrierung zu niedriger siedenden Produkten aufgespalten worden sind.

Das Spalten des Paraffins erfolgte in Gasphase drucklos bei etwa 510° C in Rohren, wobei mit sehr kurzer Verweilzeit (etwa 25″) sowie sofortigem Abschrecken gearbeitet wurde, um Olefine mit endständiger

---

[1] FP 922 469 vom 15. 2. 46; C **1947**, II, 958.

Doppelbindung zu erhalten und Isomerisierungen sowie Wanderungen der Doppelbildung zu vermeiden. Das durch fraktionierte Kondensation abgeschiedene Paraffin wurde zurückgeführt (Umsatz etwa 35%), durch weitere Abkühlung wurde das bis etwa 325° C siedende, zu etwa 95% aus Ungesättigten bestehende Krackprodukt in einer Ausbeute von etwa 70% kondensiert. Die gebildeten gasförmigen Produkte bestanden zu ungefähr 60% aus Olefinen.

Die Polymerisation der flüssigen Olefine erfolgte chargenweise in Gegenwart von Aluminium-Chlorid bei etwa 80—100° C, wobei die Reaktionsbedingungen so gewählt wurden, daß vornehmlich Öle von 3° E/99° C (SS-1103) bzw. 6° E/99° C (SS-1106) anfielen. Die Aufarbeitung der Polymerisate geschah in analoger Weise wie beim Äthylenschmieröl (S. 213); auch die Produkte hatten ähnliche Eigenschaften:

Produktart	Vorlauföl (Dieselöl)	SS-1103	SS-1106	Dampfzylinderöl (durch Zersetzung d. $AlCl_3$-Schlamms)
E_{99} ca.	—	3,0	5,6	6,0
VI ca.	—	120	115	108
Fl. P.° C ca. ..	—	220	250	300
ep° C ca.	± 0	<— 30	— 30	— 30
Kokstest % ca.	—	< 0,2	0,2	2,0
Jodzahl	—	—	—	20
CZ	72	—	—	—

Für das Arbeiten auf das eine oder andere Hauptprodukt waren die Ausbeuten (%, bezogen auf eingesetztes Paraffin) etwa folgende:

Arbeiten auf	SS-1103	SS-1106
Krackgas	30	30
Dieselkraftstoff	7	6
Schmieröl ...:..	50	50
Dampfzylinderöl	8	11
Verluste	5	3

Auch dieses Verfahren der I. G. hat sich in der Großtechnik hervorragend bewährt.

Ein anderer von der I. G.[1] entwickelter Weg der Verarbeitung des Paraffins bestand in der Kondensation mit Naphthalin. Hierfür wurde Hartparaffin auf einen Chlorgehalt von etwa 13% chloriert und dann unter Zuhilfenahme von Aluminium-Chlorid mit Naphthalin kondensiert. Neben einem Spindelölvorlauf wurde in einer Ausbeute von etwa 65% vom eingesetzten Paraffin ein sehr dickflüssiges Material erhalten (E_{100} 50—80). Dieses Produkt war von der I. G. ursprünglich als Viskositätsverbesserer für Schmieröle gedacht worden. Die Standard

---

[1] Christmann: Erdöl und Kohle 2, 178 (1949); über die entsprechende Arbeitsweise von „Rheinpreußen" s. Kölbel: Chem. Ing. Techn. 21, 112 (1949).

fand dann aber, daß dieses Material in etwa zehnfacher Verdünnung mit Maschinen- oder Spindelölen hervorragende stockpunktserniedrigende Eigenschaften für Schmieröle hat, und so hat das verdünnte Produkt in größtem Ausmaße unter der Bezeichnung „Paraflow" Verwendung als Stockpunktserniedriger gefunden, indem bereits Zusätze des verdünnten Materials in Mengen unter 0,5% zu Schmierölen den Stockpunkt in beträchtlichem Maße erniedrigen, da das Paraflow die Kristallisation des Paraffins verhindert.

Gewinnung flüssiger Nebenprodukte. Wir haben bereits oben (S. 191) gesehen, daß die Sumpfphaseprodukte aus sauerstoffhaltigen Rohstoffen Phenole enthalten, die sich z. T. im Hydrierabwasser lösen. Es war weiter beschrieben worden, in welcher Weise die Phenole aus dem Abwasser gewonnen werden, wobei die Menge der zu gewinnenden Phenole vergrößert werden kann, indem das Abwasser mit einer stark phenolhaltigen Hydrierölfraktion (beispielsweise 160—210° C aus Sumpfphaseabstreifer) aufgestärkt wird; hierbei findet zugleich ein Phenolaustausch statt, indem die niederen Phenole in das Wasser gehen, die höheren in das Öl. Auf diese Weise werden in der Phenosolvananlage bevorzugt die niederen Phenole gewonnen.

Bei der oben (Tab. 14 und 15) betrachteten Steinkohlehydrierung beispielsweise enthalten die Anteile bis 325° C aus dem Kohleofen-Abstreifer etwa 17% Phenole. Von diesen Phenolen sind etwa:

Prozentische Zusammensetzung	Ausbeute, bezogen auf eingesetzte Reinkohle (Schema 4) % ca.
12 Carbolsäure	1,2
15 Kresole	1,5
25 Xylenole	2,5
48 höhere Phenole	4,8

Bei der Kresolen überwiegt stark die m-Form; sie macht meist mehr als die Hälfte aus, während o-Kresol nur zu etwa 10% in der Kresolfraktion enthalten ist. — Unter den höheren Phenolen findet man in den Hydrierprodukten aus gewissen älteren Braunkohlen bzw. deren Schwelteeren auch kleinere Mengen Dioxybenzole — vornehmlich Brenzcatechin —, deren Isolierung u. U. recht lohnend ist.

Bei jüngeren Braunkohlen finden sich gelegentlich im Abwasser auch geringere Mengen aliphatischer Alkohole, Aldehyde bzw. Ketone, die zur Bildung azeotroper Gemische mit den Phenolen neigen und daher zur Abtrennung der Phenole Umlaugen erfordern.

Bei genügender Kapazität der Phenosolvananlage kann man von den vorhandenen niederen Phenolen (C_6 — C_8) mit Hilfe der Aufstärkung etwa 80% gewinnen. An sich rechtfertigt sich auch eine Vergrößerung der Phenosolvananlage zum Zwecke der Phenolgewinnung aus den Ölen, da unter normalen Verhältnissen sich die

Phenolgewinnung aus Abwässern von einem Gehalt von 5 g Phenolen/l Abwasser an aufwärts selbst trägt.

Die aus der Phenosolvananlage erhaltenen Phenole sind — wie schon erwähnt (S. 193) — bei einwandfreier Neutralöl-Entfernung in der Abwasser-Vorreinigung ausreichend hochkonzentriert, um durch die übliche Phenol-Destillation klarlösliche, isolierte Phenole zu ergeben; wird dieses Ziel nicht erreicht, so muß eine Umlaugung eingeschaltet werden.

Wenn so auch die wertvollen niederen Phenole aus dem Öl mit Hilfe des Phenosolvan-Verfahrens gewonnen werden können, so ist doch der Umfang der dafür zu erstellenden Anlagen recht groß. Die I. G. hat deshalb ein Verfahren ausgearbeitet, das aus den Ölen bevorzugt die niederen Phenole extrahiert. Das Verfahren beruht darauf, daß die niederen Phenole wesentlich saurer sind als die höheren. Dementsprechend werden die phenolhaltigen Hydrieröle mit unterschüssiger Natronlauge extrahiert, sei es in einmaligem Gang oder im Gegenstrom. Hierbei gehen vornehmlich Carbolsäure und Kresole in Lösung, so daß in die Destillation der aus der Lauge wieder ausgefällten Phenole wesentlich kleinere Mengen einzusetzen sind, als wenn die Gesamtheit der Phenole gelöst und wieder gefällt worden wäre; außerdem ist mit diesem Verfahren natürlich eine wesentliche Laugeeinsparung verbunden. — Auch dieses Verfahren ist — ebenso wie das Phenosolvan-Verfahren — für die Gewinnung von Phenolen aus Hydrierölen in Deutschland in großem Maßstabe durchgeführt worden. Beide Verfahren haben sich dabei als technisch reif erwiesen.

Grundsätzlich aber ist das heute noch allgemein übliche Laugen zum Zwecke der Phenolgewinnung keine ideale Lösung, vor allem, da die Regenerierung der Lauge mit Kalk ein wenig schöner Prozeß ist. Es bestand daher das Bestreben, diese chemische Umsetzung durch ein physikalisches Verfahren der Selektiv-Extraktion zu ersetzen. Hier haben nun — aufbauend auf dem alten, unvollkommenen Fresol-Verfahren (Extraktion mit wäßrigem Äthyl-Alkohol) — I. G. und Lurgi gemeinsam das „Metasolvan-Verfahren" entwickelt. Es besteht darin, die vom Benzin befreiten phenolhaltigen Mittelöle mit etwa 70%igem wäßrigem Methanol bei gewöhnlicher Temperatur im Gegenstrom zu extrahieren. Die Phenole gehen dabei zu > 90% in den Methyl-Alkohol über. Aber wie beim Fresol-Verfahren löst sich auch ein Teil der aromatischen Kohlenwasserstoffe im Methanol, so daß der Extrakt nur etwa 80% Phenole enthält. Um nun die mitgelösten Kohlenwasserstoffe zu entfernen, wird die Extraktlösung — gegebenenfalls nach weiterer Verdünnung mit Wasser — bei gewöhnlicher Temperatur mit 'einer Leichtbenzin-Fraktion, beispielsweise 60/90° C, im Gegenstrom extrahiert, wobei die Kohlenwasserstoffe — zusammen mit geringen Mengen

Phenolen — in das Benzin übergehen. Das Benzin wird abdestilliert, Destillat und Rückstand gehen in den Kreislauf zurück, Rückstand vor, Destillat hinter die Methanol-Extraktion. Aus der extrahierten Methanol-Lösung wird das Methanol abgetrieben, aus dem Rückstand nach Abkühlen das Wasser abgetrennt. Methanol und Wasser gehen in den Kreislauf zurück, so daß kein zu entphenolendes Abwasser anfällt. — Unter *sorgsam* gewählten Extraktionsbedingungen erhält man auf diese Weise ein 99%iges Phenolgemisch, aus dem durch Feinfraktionierung die einzelnen Phenole klarlöslich gewonnen werden.

Dieses Verfahren befand sich bei Kriegsende noch im Versuchsstadium, so daß noch nicht gesagt werden kann, ob es generell zur Gewinnung reiner Phenole — ohne Laugen — eingesetzt werden kann. Aber die erzielten Ergebnisse berechtigen zu der Hoffnung, daß das Metasolvan-Verfahren berufen ist, früher oder später allgemein das Laugen zu ersetzen.

Entsprechend den aus den Hydrierölen entfernten Phenolmengen verringert sich naturgemäß die Benzinausbeute. Wenn man sich bei der Phenol-Extraktion auf die Behandlung einer nur die wertvollen Phenole (C_6, C_7 und vielleicht C_8) enthaltenden Abstreifer-Fraktion beschränkt, ist unter normalen Verhältnissen die Gewinnung der niederen Phenole zweckmäßiger als ihre Überführung in Benzin, vor allem wenn man berücksichtigt, daß beispielsweise im Zuge der Gasphasehydrierung zu Benzin für 1 t Carbolsäure allein für die Reduktion des Sauerstoffs zu Wasser 240 m³ Wasserstoff benötigt werden. Beschränkt man sich bei der Herausnahme der Phenole auf Carbolsäure und Kresole, so tritt qualitativ keine Veränderung des Hydrierbenzins ein; entfernt man die gesamten Phenole, so muß man — beispielsweise bei der Steinkohlehydrierung — mit einer Einbuße von etwa 2 OZ des Benzins rechnen infolge des Ausfalls der entsprechenden Menge der recht klopffesten Hydroaromaten.

Nach dem derzeitigen Stande sind die höheren Phenole für die Kunststoffherstellung nicht geeignet[1]. An sich können höhere Phenole durch katalytische Druckhydrierung bei Aufrechterhaltung eines hohen Wasserdampf-Partialdruckes in niedere Phenole übergeführt werden; doch ist dieses Verfahren technisch-wirtschaftlich wenig vorteilhaft. Ob der Prozeß[2] der oxydativen Spaltung für die Verwertung der höheren Phenole vorteilhafter ist als ihre Umwandlung durch Hydrierung in Benzin, kann heute noch nicht gesagt werden.

---

[1] Ob sich die Herstellung von Homogen-Holz durch Kondensation höherer Phenole mit Formaldehyd unter Zumischung von Sägemehl wird durchsetzen können, läßt sich heute noch nicht entscheiden.

[2] Soc. an. des Chaux et Ciments de Laforge et du Teil: F. P. 921 811 v. 1. 12. 45; C 1947, II, 766.

15*

Gegenüber den Phenolen spielen die anderen Kohlenwasserstoff-Derivate in den Hydrierölen nur eine untergeordnete Rolle, so daß auf ihre Gewinnung bisher kein entscheidendes Gewicht gelegt worden ist. Die Stickstoffverbindungen in den Hydrierölen liegen z. T. als Basen, z. T. als neutrale Stickstoffverbindungen vor. In den Steinkohle-Hydrierölen bis 325° C machen die Basen etwa 1—2% aus. Ihre Gewinnung kann in der üblichen Weise durch Extraktion mit verdünnter Schwefelsäure erfolgen mit anschließender Spaltung der entstandenen Salze durch Lauge.

Bei den Sauerstoff-, Stickstoff- und Schwefelverbindungen in den Sumpfphase-Hydrierölen handelt es sich aber immer nur um Nebenbestandteile; die Hauptmenge sind Kohlenwasserstoffe. In den Gasphaseprodukten sind die Kohlenwasserstoffe die alleinigen Inhaltsstoffe. Die Isolierung bestimmter Individuen daraus bereitet wegen der Komplexität der Gemische gewisse Schwierigkeiten. Erleichtert wird diese Aufgabe, wenn aromatisierte Produkte vorliegen, wie man sie durch die aromatisierende Spaltung von Mittelölen bzw. das DHD-Verfahren erhalten kann. Eingehender ist diese Frage studiert worden hinsichtlich der Gewinnung von Toluol aus DHD-Benzin.

Wir hatten oben (S. 148) gesehen, daß das DHD-Benzin rund 50% Aromaten enthält, worunter naturgemäß auch Toluol zu erwarten war. Zu dessen Gewinnung hat die I. G. ein Verfahren ausgearbeitet, das darin besteht, die Fraktion 70—120° C aus DHD-Benzin bei —76° C mit SO_2/Propan zu extrahieren; der erhaltene Extrakt wird dann feinfraktioniert und liefert neben Benzol und höheren Aromaten in der Hauptsache Nitriertoluol (99+%), und zwar mit nahezu 100%iger Ausbeute des im DHD-Benzin enthaltenen Toluols. Aus DHD-Benzin von Steinkohle erhält man beispielsweise 12% Toluol, was (Schema 13) rund 5½% der eingesetzten Reinkohle entspricht. Der Aromatengehalt des verbleibenden DHD-Benzins geht natürlich entsprechend der Menge der durch Extraktion herausgenommenen Aromaten zurück.

Ein anderer, ebenfalls von der I. G. entwickelter Weg besteht darin, aus dem DHD-Produkt eine Toluol-Fraktion (etwa 100—115° C) herauszuschneiden und diese unter verschärften Bedingungen — insbesondere mit niedrigerem Durchsatz (etwa 0,14 t/m³ × h), also längerer Verweilzeit — einer zweiten DHD-Behandlung zu unterwerfen, so daß ein hocharomatisches Produkt entsteht, aus welchem durch Feinfraktionierung unmittelbar Nitriertoluol herausgeschnitten werden kann. Die Toluol-Ausbeute ist hier zwar etwas niedriger (etwa 10% aus DHD-Benzin, rd. 4½% auf eingesetzte Reinkohle), aber durch die zweite scharfe DHD-Behandlung wird der Aromatenverlust durch das Herausnehmen des Toluols kompensiert, und das Restbenzin hat etwa 50%

Aromaten, d. h. es ist genau so wertvoll, wie wenn im einstufigen DHD-Prozeß das Toluol nicht gewonnen worden wäre.

Beide Verfahren sind infolge der Kriegsereignisse nicht mehr über den halbtechnischen Maßstab herausgekommen; ein endgültiges Urteil, welchem von beiden der Vorzug zu geben ist, kann noch nicht abgegeben werden.

In Laboratoriumsversuchen ist auch die Frage der Gewinnung von Mehrkern-Aromaten durch Dehydrierung höher siedender Fraktionen aus den Sumpfphaseprodukten — insbesondere von Steinkohle — studiert worden. Als wichtigster Repräsentant ist hier das Pyren hervorgetreten; aber auch höher kondensierte Systeme, wie Benzpyren u. dgl., wurden isoliert. Zweifellos ist hier noch ein großes Entwicklungsfeld, und es ist durchaus wahrscheinlich, daß in den unter schonenderen Bedingungen gewonnenen Hydrierprodukten eine viel größere Mannigfaltigkeit von Individuen vorliegt als in dem unter den scharfen Bedingungen der Kokerei gewonnenen Steinkohlenteer. Aber auch für die Reindarstellung von Aromaten aus Steinkohlenteer kann die Hydrierung wertvolle Dienste leisten. So läßt sich beispielsweise durch schwaches Hydrieren von Rohcarbazol das damit vergesellschaftete Anthracen in flüssige, d. h. leicht abtrennbare Hydroaromaten überführen, ohne daß das Carbazol angegriffen wird. Auch Phenanthren und Pyren lassen sich durch Aufarbeitung von anhydriertem Kokereiteer leicht in reinster Form gewinnen[1].

Da unter den Verhältnissen, die in Deutschland vorlagen, die Kraftstoff-Erzeugung das dominierende Ziel war, wurden generell die Arbeiten über Nebenprodukte in den Hintergrund gedrängt. Berücksichtigt man die stürmische Aufwärtsentwicklung, die die Erdölchemie in den letzten Jahren genommen hat[2], so ist wohl die Annahme berechtigt, daß auch von den Hydrierprodukten aus eine ähnliche Entwicklung erfolgen könnte, wobei die Hydrierprodukte aus aromatischen Rohstoffen zur Herstellung aromatischer Verbindungen wesentlich geeigneter sein dürften als die Erdöle. So könnte auch auf chemischem Gebiete die Hydrierung eine sehr wertvolle Ergänzung der bestehenden Mineralöl-Industrien werden.

---

[1] Kruber: Angew. Chem. **61**, 59 (1949).
[2] S. z. B. Nelson: Oil and Gas Journal **45**, 100 v. 12. 4. 47.

C. Technische Gestaltung der Hydrierung.

Über die technischen Einrichtungen, die im Rahmen der Hydrierung Verwendung finden, sind bereits im Zuge der Darstellung der verschiedenen Verfahren die wesentlichsten Angaben gemacht worden, so daß hier außer einer gedrängten Zusammenfassung nur noch Besonderheiten gebracht werden sollen.

I. Einrichtungen für die Vorbereitung der Roh- und Hilfsstoffe.

Die für die Hydrierung in Frage kommenden Verfahren zur Entaschung der Steinkohle sind bereits oben (S. 169) eingehend besprochen worden. Die Vorrichtungen sind die in der Aufbereitungstechnik üblichen, so daß sich ein näheres Eingehen darauf erübrigt. Nach dem derzeitigen Stande der Technik verdienen für die Zwecke der Hydrierung die Schwereflüssigkeits-Verfahren den Vorzug.

Die Apparaturen zum Brechen, Mahlen und Trocknen der Kohlen sind die gleichen, wie sie allgemein in der Industrie üblich sind. Unter vergleichbaren Bedingungen ist dem Verfahren der Vorzug zu geben, das die Kohle am schonendsten behandelt, insbesondere am wenigsten oxydiert. Auf den Transportwegen soll die getrocknete Kohle vor Luftzutritt bewahrt bleiben, weshalb der Transport in geschlossenen Systemen erfolgen soll. Soweit pneumatische Förderung vorgesehen ist, muß diese mit Inertgas durchgeführt werden, wobei sich Stickstoff besser eignet als Kohlensäure, da aus letzterer sich der Feinstaub zu schwer absetzt. Sind größere Transportwege zu überwinden, so kann man die Kohle mit einem Teil des Anreibeöls befeuchten und so vor Luftzutritt schützen.

Die Kontaktzugabe erfolgt am zweckmäßigsten auf die in dünner Schicht auf Bändern unter der Kontakt-Dosiervorrichtung vorbeilaufende Kohle. Auf diese Weise wird von vornherein eine gleichmäßige Verteilung des Kontaktes in der Kohle bewirkt. Die Kontaktzugabe wird automatisch gesteuert durch das in jedem Zeitabschnitt darunter vorbeilaufende Kohlegewicht. Diese automatische Regelung von in bestimmten Mengenverhältnissen zu vereinigenden Teilströmen wird generell durchgeführt, d. h. nicht nur bei Kohle und Kontakt, sondern ebenso bei Kohle und Anreibeöl, Abschlamm und Verdünnungsöl usw., also in allen Fällen, wo die gleichmäßige Einhaltung einer bestimmten Endkonzentration notwendig ist. — Soweit Eisensulfat als Kontakt benutzt wird, empfiehlt sich im allgemeinen die Zugabe vor der endgültigen Trocknung der Kohle, da dann das Eisensulfat die bessere Möglichkeit hat, sich mit den alkalischen Bestandteilen der Kohlenasche umzusetzen. Besonders vorteilhaft ist die Zugabe des Eisensulfats als konzentrierte wäßrige

Lösung, da dann die gewünschte Umsetzung am glattesten verläuft; in diesem Falle allerdings müssen die Lösungsbehälter und die Leitungen säurefest ausgekleidet sein. — Die Zugabestelle der Bayermasse ist an sich nicht von entscheidender Bedeutung; die Zugabe kann — je nach dem, wie es sich gerade am günstigsten anordnen läßt — vor oder hinter der Trocknung erfolgen. Bei der Zugabe vor der Trocknung hat man den Vorteil, bereits in der Trocknung das Wasser der Bayermasse zu verdampfen. — Das Natriumsulfid soll erst unmittelbar vor der Anreibung der Kohle zugegeben werden, um Umsetzungen mit Kohle- oder Kontaktbestandteilen zu vermeiden.

Die Kohlebrei-Herstellung geschieht in den Konzentra-Mühlen, liegenden, dampfbeheizten, rotierenden Trommeln mit Zu- und Abgang an gegenüberliegenden Enden. Vermischung von Kohle und Öl und zugleich Mahlung der Kohle bewirken die Füllkörper, als welche vorteilhafterweise im ersten Teil Stahlkugeln (etwa 60 mm ⌀), im Hauptraum Stahlzylinder (etwa 20 mm ⌀, 25 mm lang) verwendet werden, die durch Siebe in den Abteilen der Mühle zurückgehalten werden.

Die apparative Anordnung der Konzentra-Mühle wird durch Abb. 6 veranschaulicht. — Im Anschluß an die Konzentra-Mühle, die eine Leistung von etwa 25 stuto Brei hat, wird der Kohlebrei über ein 1-mm-Schwingsieb gegeben, auf welchem die gröberen Anteile zurückgehalten werden, die leicht zu Störungen in den Ventilen der Breipressen führen und auch im Ofen nachteilig sind, da sie zumeist aus hartem anorganischem Material bestehen. Auf ihre Rückführung in die Mühle wird daher auch in den meisten Fällen verzichtet.

Weiter gelangt der Kohlebrei in dampfbeheizte Zwischenbehälter, die ständig umgepumpt werden, um den Brei homogen zu

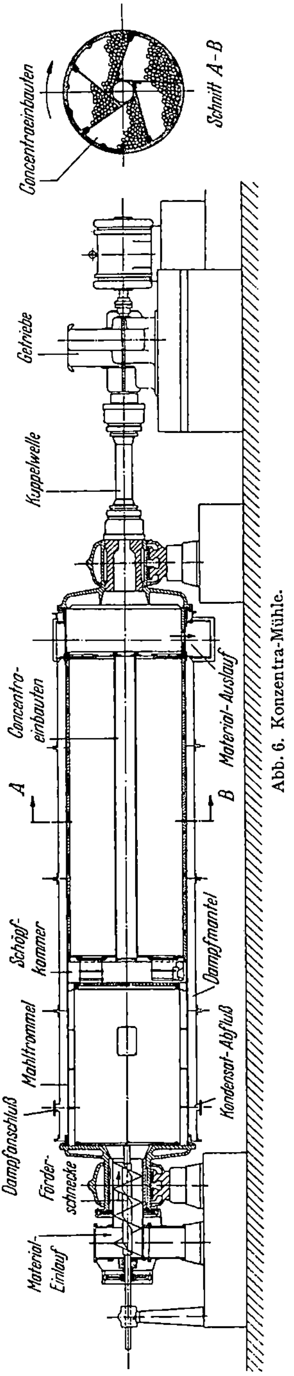

Abb. 6. Konzentra-Mühle.

halten. Es ist unbedingt zu empfehlen, die Breivorratsmenge klein zu halten, so daß nur eine relativ kurze Verweilzeit zwischen der Breiherstellung und seiner Zuführung zu den Breipressen liegt. Bei längerem Aufbewahren — beispielsweise über 12 Stunden — macht sich schon eine deutliche Verdickung des Kohlebreis infolge Quellung (Auflösung) der Kohle in Anreibeöl bemerkbar. Diese Viskositätszunahme aber ist für das spätere Aufheizen des Kohlebreis — vor allem in den Wärmeaustauschern —recht nachteilig, ja kann gegebenenfalls zu weiterer Zugabe von Anreibeöl als Verdünnungsmittel nötigen. Daher empfiehlt sich eine ständige Überwachung der Viskosität des den Breipressen zugepumpten Kohlebreis; hierfür hat die I. G. ein auf dem Torsionsprinzip beruhendes „Breiviskosimeter" entwickelt, das in Betrieb selbst sehr rasch die erforderlichen Daten zu bestimmen gestattet.

Auch über die Vorbereitung der Teere und Mineralöle ist bereits oben (S. 173) das Wichtigste gesagt worden. Als Schleudern für die Entfernung der Feststoffe verwendet man zumeist normale Schälzentrifugen. Auch die Filtereinrichtungen für die weitergehende Entfernung der Feststoffe sind die üblichen. Im allgemeinen wurden in Verbindung mit der Hydrierung gewöhnliche Filterpressen benutzt, wobei über die Stoffeinlage noch ein feinporiges Papierfilter gespannt wurde, um auch möglichst die feinsten Teilchen zurückzuhalten. — Auch die Destillationen sind die normalen Toppdestillationen, ausgelegt allerdings auf möglichst geringe Übertemperaturen in der Aufheizung, da die meisten Teere — auch bei gemeinsamer Destillation mit den Abstreiferprodukten — thermisch recht empfindlich sind, d. h. zu Koksansätzen neigen.

Die Einrichtungen für die Herstellung von Wasserstoff sind die allgemein in der Industrie üblichen, so daß sich weitere Angaben über das bereits Gesagte (S. 174) hinaus hier erübrigen. Insbesondere ist bereits oben (S. 180) die katalytische Spaltung gasförmiger Kohlenwasserstoffe mit Wasserdampf behandelt worden. Eine Vorstellung von der apparativen Anordnung des Spaltofens vermittelt Abb. 7. Jeder Spaltofen hat 66 Kontaktrohre, 150×168 mm, 8000 mm lang, aus NCT 3.

Weiter sei hier noch kurz erwähnt, daß bei den Verfahren der partiellen Oxydation von Kohlenwasserstoffen zu Wassergas mit Sauerstoff für die mit hohen Temperaturen beaufschlagten Wärmeaustauscher Rohre aus Sichromal 10 (13% Cr, 1% Si, 1% Al) verwendet worden sind. An sich haben sich diese Rohre den sehr starken Beanspruchungen gewachsen gezeigt, aber im Interesse höherer Sicherheit wären stärker legierte Stähle angezeigt. — Bei der Druckkonvertierung des Wassergases zu Kohlensäure und Wasserstoff sind in dem als Sättiger dienenden Wärmeaustauscher an Stelle der sonst generell üblichen kreisrunden Rohre solche von elliptischer Gestalt verwendet worden, womit erreicht wurde, daß die Wärmeübergangswerte außen und innen gleich wurden und

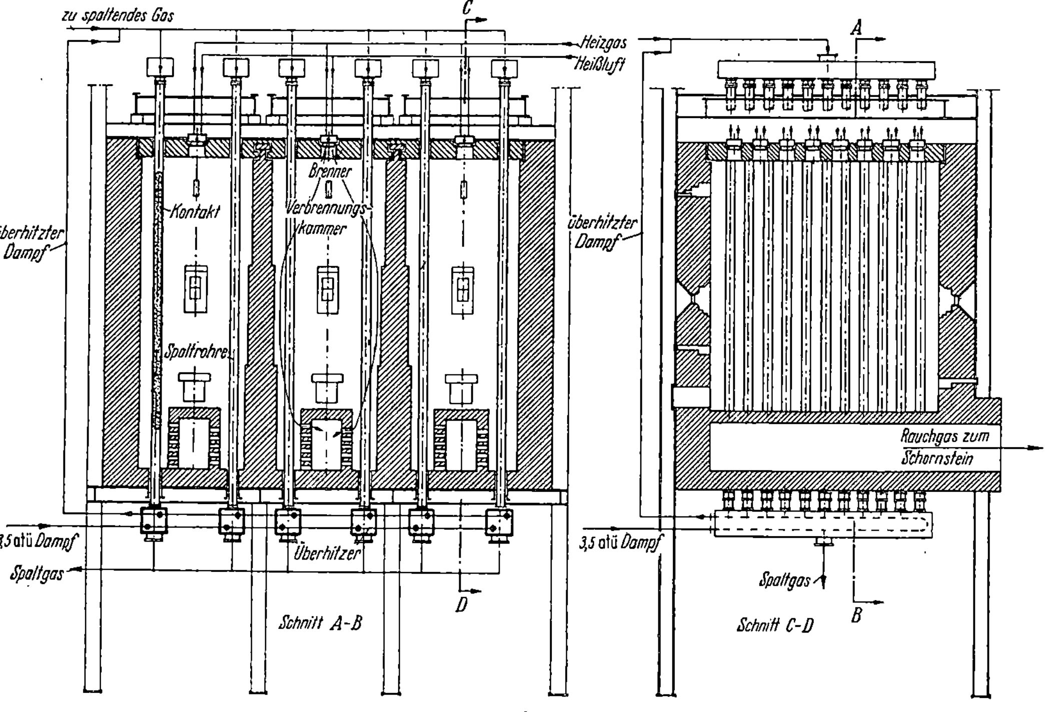

Abb. 7. Spaltofen.

somit unverhältnismäßig große Wärmeübertragungen bewirkt werden konnten. Dieses Prinzip ist zweifellos auch auf anderen Gebieten anwendungsfähig. Den stark korrosiven Einflüssen im Sättiger haben sich nur V_2A oder ähnlich hoch legierte Stähle völlig gewachsen erwiesen; die versuchsweise benutzten niedriger legierten Stähle (6%iger Cr-Stahl, Cr-Si-Stahl) haben nicht vollauf befriedigt. Im übrigen ist, wie erwähnt (S. 185), der technische Wert der Druckkonvertierung umstritten.

Auch die Vorrichtungen zur Herstellung der Katalysatoren — insbesondere der für die Gasphase — sind die in der chemischen Industrie allgemein üblichen Apparaturen, so daß sich ein näheres Eingehen darauf erübrigt. Über Zusammensetzung und Herstellung der Kontakte ist in den jeweiligen Abschnitten alles Wichtige bereits gesagt worden.

Der feinverteilte Kontakt für die Sumpfphase wird zunächst in üblicher Weise auf etwa <1 mm trocken vorgemahlen. Dann wird er mit Schweröl etwa im Verhältnis 1:2 angerieben. Wenn irgend möglich, nimmt man hierzu asphaltfreies Schweröl, zweckmäßigerweise Abstreifer-Schweröl; werden Abstreifer und Frischöl gemeinsam destilliert, so muß man sich mit dem Gemisch der Rückstände begnügen, es sei denn — was bei hochasphalthaltigen Rückständen zweckmäßig ist —, daß man zeit-

weilig Abstreifer für sich allein destilliert. Die Naßmahlung des Kontakt-
breies nimmt man vorzugsweise bei etwa 40—70° C im Umlauf durch
Schlagkreuzmühlen vor, wobei die Mahlung fortgesetzt werden soll, bis
ein 99%iger Durchgang durch das 10000er-Maschensieb erreicht ist.

II. Die Hochdruck-Apparatur.

Für die technische Gestaltung der Hochdruck-Apparatur der Hydrierung konnten wesentliche Teile aus den anderen Hochdruck-Industrien
(insbesondere Ammoniak- und Methanol-Synthese) übernommen bzw.
in einfacher Weise daraus entwickelt werden. In manchen Fällen mußten
Sonderkonstruktionen geschaffen werden. Auf diese soll hier in erster
Linie eingegangen werden, wobei weniger das technische Detail in den
Vordergrund gestellt werden soll als vornehmlich das der Lösung zugrunde liegende Prinzip.

Das Einbringen der Rohstoffe. Für das Einbringen des Kohlebreies
in die Hochdruck-Apparatur werden sogenannte „Breipressen" benutzt.
Sie entnehmen den Brei einem Niederdruck-Kreislauf, in welchem der
Kohlebrei unter einem Druck von etwa 2 atü umgewälzt wird, um ein
Sedimentieren der Kohle zu verhindern. Ein in einem liegenden Zylinder
sich bewegender Kolben saugt den Kohlebrei durch das Saugventil des
Ventilkörpers ein und drückt ihn nach Umkehr durch das Druckventil
in die Druckleitung nach den Öfen. Indem ständig eine kleine Menge
Anreibeöl vor die Stopfbüchsen des Kolbens gepumpt wird, werden diese
vor dem Zutritt des verschleißenden Kohlebreies bewahrt. Außerdem
wird der Kolben durch ständige Zugabe von Heißdampf-Zylinderöl ge-
schmiert. Der Antrieb des Kolbens erfolgt durch Treibwasser[1], welches
in einem eigenen Kreislauf über Kreiselpumpen umläuft. Da der Druck
in der Preßwasserleitung eindeutig festgelegt ist (beispielsweise auf 40 at),
kann auch die Breipresse nie über den entsprechenden Höchstdruck
herauskommen, d. h. bei Verstopfung der Druckleitung bleibt die Breipresse stehen. Das Antriebsaggregat ist zentral angeordnet, so daß das
eine Aggregat einen Doppelkolben und damit zwei Ventilkörper bedient;
auf diese Weise wird bewirkt, daß eine Breipresse einen ununterbrochenen Breistrom liefert, indem die eine Seite drückt, während die
andere saugt. Die apparative Anordnung veranschaulicht Abb. 8. Die
Leistung der Breipressen wird reguliert durch Veränderung der Geschwindigkeit, d. h. der Hubzahl pro Zeiteinheit, wobei die Regulierung

---

[1] Zur Vermeidung von Korrosionen werden dem umlaufenden Treibwasser etwa 2% emulgierendes Korrosionsschutzöl zugefügt. —
    Das Bureau of Mines (World Petroleum **20**, Nr. 5, S. 52 [1949]) ist bei seiner
Kohlehydrier-Versuchsanlage zu Dampfantrieb der Breipressen und Heißumlaufpumpen übergegangen, was sicherlich eine beträchtliche Ersparnis
mit sich bringt.

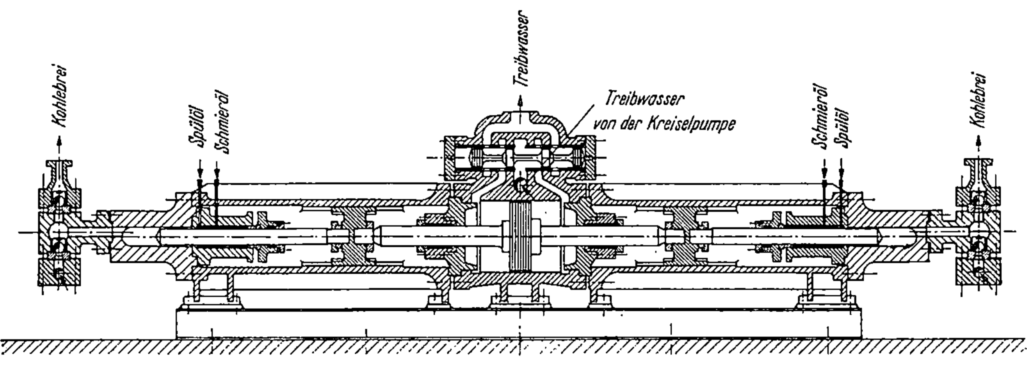

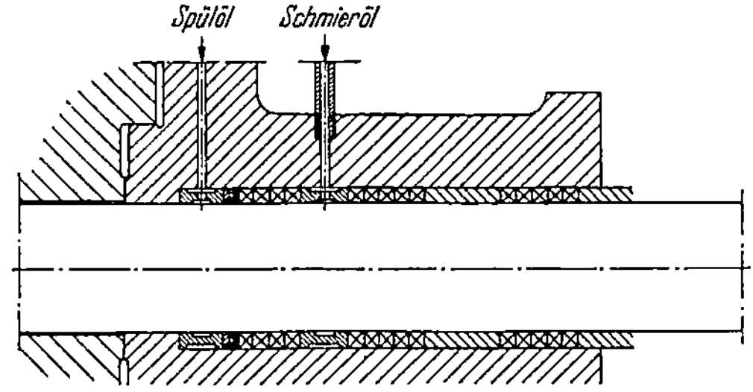

Abb. 8. Breipresse

durch stärkere oder schwächere Treibwasserzugabe zum Antriebsaggregat der Breipresse vorgenommen wird. — Die üblichen Breipressen
hatten eine Maximalleistung von etwa 10 m³ Brei/h, die neueren Typen
hatten die doppelte Maximalleistung. — An sich könnte man alle Breipressen auf eine gemeinsame Druckleitung für alle Kammern fahren;
da aber die gleichmäßige Verteilung des unter Druck stehenden Breis
nicht ganz einfach durchzuführen ist, hat es sich als zweckmäßiger erwiesen, jeweils nur die notwendige Anzahl Breipressen ohne Drosselung
für eine Kammer zu betreiben.

Für das Einbringen der Schweröle werden zweckmäßigerweise
3-Plunger-Preßpumpen verwendet, deren Leistung durch Änderung der
Tourenzahl des Antriebsmotors geregelt wird. Abweichend vom Kohlebrei werden die Schweröle auf eine Sammelleitung mit Pufferflasche im
Nebenschluß gefahren, und das zuviel gepumpte Schweröl wird zurückentspannt; da die Schweröle praktisch feststofffrei sind, bereitet die
Regulierung an den Kammer-Eingängen keine besondere Schwierigkeit.
— Den zuzugebenden Kontaktbrei vermischt man mit dem rückzu-
führenden Kaltabschlamm und spritzt dieses Gemisch vermittels Breipressen direkt in die jeweiligen Kammern ein. — Eine gleichmäßigere
Mischung der Reaktionsteilnehmer erhält man, wenn man das Schweröl
im Niederdruck mit Kontaktbrei und Kaltabschlamm mischt; doch da

man dann für die Gesamteinspritzung die teureren Breipressen verwenden muß, wird man diesen Weg im allgemeinen nicht beschreiten.

Auf einem den Breipressen verwandten Förderprinzip beruhen die ebenfalls mit Treibwasser (aus einem besonderen Treibwasserkreislauf) angetriebenen Heißumlaufpumpen, die den Abschlamm praktisch ohne Abkühlung aus dem heißen Abscheider in den Spitzenvorheizer zurückbefördern. Die Förderung erfolgt durch einen zwischen Abscheider und Spitzenvorheizer angebrachten heißen, zweigeteilten „Ventilkörper", der durch zwei längere „Pendelleitungen" mit den beiden Enden einer doppeltwirkenden, liegenden Kolbenpumpe verbunden ist. Die Pendel-

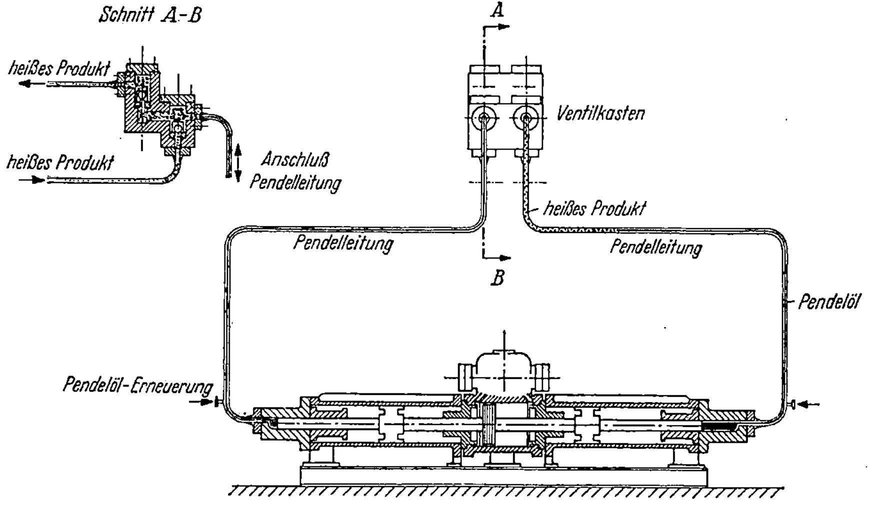

Abb. 9. Heißumlaufpumpe.

leitungen sind mit Schweröl (zumeist Abstreifer-Schweröl) gefüllt. Bei der Bewegung des Kolbens wird nun in der einen Pendelleitung das Öl zurückgezogen, und es zieht entsprechend durch das Saugventil des heißen Ventilkörpers Abschlamm aus der Zugangsleitung zum Ventilkörper nach. Entsprechend wird gleichzeitig in der anderen Pendelleitung der darin zuvor eingesaugte Abschlamm durch das Druckventil des Ventilkörpers weggedrückt. Nach Umkehrung der Wegrichtung des Kolbens geht das Spiel mit vertauschten Rollen weiter. Durch die Kolbengeschwindigkeit wird die Umpumpleistung variiert, durch Eindrücken geringer Mengen Schweröl (Spülöl) in die Pendelleitungen wird der Kolben vor dem Zutritt heißen Abschlamms geschützt. Die apparative Anordnung der Heißumlaufpumpe ist in Abb. 9 wiedergegeben.

Die Pumpen für das Einbringen der Mittelöle, Benzine usw. sowie des Spülwassers weichen in ihren Konstruktionen nicht nennenswert ab von den sonst in der Industrie üblichen Hochdruckpumpen, so daß sich ein näheres Eingehen darauf erübrigt. Im allgemeinen verwendet man stehende 3-Plunger-Pumpen, die auf eine allen entsprechenden Kammern gemeinsame Druckleitung arbeiten, von der aus die Kammern einzeln beschickt werden. Aus der mit Pufferflasche im Nebenschluß versehenen Druckleitung wird die zuviel gepumpte Leistung zum Tank zurückentspannt; das zurückentspannte Material geht also gegebenenfalls zweimal über die Beschweflung.

Die Wasserstoffverdichter entsprechen in ihrer Bauart durchaus den in den anderen Hochdruck-Industrien üblichen, so daß eine nähere Beschreibung nicht notwendig ist. Im allgemeinen werden elektrisch angetriebene, 6stufige Horizontal-Kompressoren von $1 \rightarrow 325$ at verwendet, wobei das konvertierte Gas angesaugt und zwischen die geeigneten Stufen (meist zwischen die dritte und vierte Stufe) die CO_2-Wäsche eingeschaltet wird. Bei 325 at erfolgt die CO-Wäsche, woraufhin gegebenenfalls der vorgesehene Teil des Gases in einem gesonderten, einstufigen „Nachschaltverdichter" auf 700 at gebracht wird. — Die Regulierung der Leistung der Kompressoren erfolgt wahlweise nach folgenden Prinzipien:

1. Rückentspannung der zuviel komprimierten Gasmenge von der Druck- auf die Saugseite;

2. Anheben der Saugventile — vornehmlich der ersten Stufe — über die Dauer des Saughubes hinaus, wodurch der Kolben bei Beginn des Druckhubes einen Teil des angesaugten Gasvolumens wieder in die Ansaugleitung zurückdrückt. Praktisch kann man damit stufenlos auf 70% der Volleistung herunterregulieren;

3. künstliche Vergrößerung des schädlichen Raumes, womit praktisch ebenfalls auf 70% herunterreguliert werden kann.

Die üblicherweise verwendeten Kompressoren, von denen Abb. 10 eine Vorstellung vermittelt, hatten eine Ansaugleistung von 14000 bis 17000 m³ Gas/h, die Nachschalt-Verdichter eine Leistung von etwa 10000 m³ Gas/h. Im allgemeinen wird das komprimierte Frischgas in die Druckseite des Gaskreislaufs hineingegeben. — Wo die betrieblich noch stark umstrittene Druckkonvertierung angewandt wurde, war versucht worden, über die an sich damit gegebene Volum-Einsparung hinaus (Wassergas an Stelle von Konvertgas) die Kompressoren in ihrer Bauart dadurch stark zusammenzudrängen, daß die Verdichtung des Wassergases auf den Druck der Konvertierung bzw. der Kohlensäurewäsche durch Turbo-Kompressoren vorgenommen wurde. Indessen ist dies wohl mehr eine rechnerische Einsparung, ganz abgesehen von den recht großen Schwierigkeiten, das Austreten von Kohlenoxyd an den Stopfbüchsen der hochtourigen Maschinen ausreichend zu verhindern. Indessen ermöglichte die kompendiösere Bauart der Kompressoren die Einverleibung des

Nachschalt-Verdichters in die gleiche Maschine, wobei die gewisse Starrheit dieser 700-at-Verbundmaschine durch Regulierung der Saugventil-Öffnungszeiten auf betriebliche Brauchbarkeit ausgeglichen wurde.

Auch die Gasumlaufpumpen sind an sich normale Konstruktionen. Der Leistungsüberschuß wird direkt zurückentspannt. Im allgemeinen hält man eine Druckdifferenz von 30—50 at zwischen der Saug- und der Druckseite des Gaskreislaufs. Abb. 11 bringt ein Bild einer 700-at-Gasumlaufpumpe für eine Leistung von 32000 m³/h, Abb. 12 gibt einen Blick auf eine Reihe von 300-at-Gasumlaufpumpen.

Abb. 10[1]. Einheits-Sechsstufen-Gasverdichter.

Die Aufheizung der Reaktionsteilnehmer. Grundsätzlich erfolgt die Aufheizung der Reaktionsteilnehmer in Wärmeaustauschern und im Spitzenvorheizer. Wie bereits oben (S. 29) hervorgehoben, werden als Wärmeaustauscher generell „Bündel-Regeneratoren" verwendet, bei welchen innerhalb eines senkrecht stehenden Hochdruckmantels von zumeist 600 mm ∅ und 18000 mm Länge etwa 190—240 parallele Rohre (zumeist 14 mm l ∅) — zu einem Bündel vereinigt — gleichmäßig verteilt über den freien Querschnitt angeordnet sind. Da die Rohre sich bei Erwärmung anders ausdehnen als der kälter bleibende Mantel, wird die Abdichtung von Außen- gegen Innenraum der Rohre durch eine Stopfbüchse am oberen Ende des die einzelnen Rohre zusammenfassenden zentralen Hauptrohres vorgenommen. Eine Vorstellung der apparativen

---

[1] Die Abb. 10—12 sind einem Katalog der Firma Halberg, Ludwigshafen, entnommen.

Abb. 11. Gasumlaufpumpe 700 at, 32000 Nm³/h.

Abb. 12. Gasumlaufpumpen 300 at.

Anordnung des Wärmeaustauschers vermittelt Abb. 13. — Bei feststofffreien Eingangsprodukten hat es sich als zweckmäßig erwiesen, zur Erhöhung der Wärmeübertragung im Außenraum des Bündels „Schikanenbleche" derart anzuordnen, daß das Eingangsprodukt jeweils schräg aufwärts die Rohre umstreicht; bei feststoffhaltigen Rohstoffen bewähren sich diese Schikanenbleche nicht, hier läßt man den Außenraum frei. Im allgemeinen kann man mit einer Wärmeübertragung rechnen bei Kohlebrei von etwa 150, bei feststofffreien Ölen von etwa 250 kgcal/m² × °C × h[1]. — Die Rohre des Bündels wurden widerstandsfähig gemacht ge-

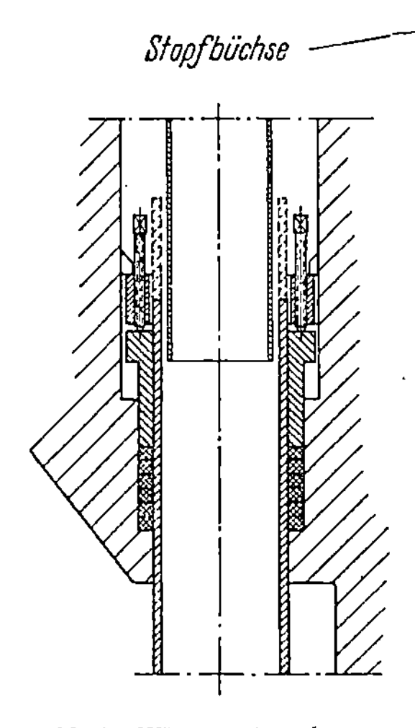

Abb. 13. Wärmeaustauscher.

gen den Angriff von Schwefelwasserstoff durch die von der I. G. entwickelte „Dampfverzinkung", bei welcher die Rohre in einem Glühofen der Einwirkung von Zinkdampf ausgesetzt werden; hierbei bilden sich weit widerstandsfähigere Eisen-Zink-Legierungen, als sie bei dem üblichen Tauchverfahren erhalten werden[2].

---

[1] Über Verfahren zur Berechnung von Ein- und Austritts-Temperaturen von Wärmeaustauschern s. v. Stein: Maschinenbau und Wärmewirtschaft 2, 19 (1947) (Springer-Verlag, Wien).

[2] An sich ist bemerkenswert, daß durch Hinzulegieren eines so unedlen Metalles wie Zink die Beständigkeit des Eisens gegen schwefelwasserstoffhaltigen Wasserstoff so außerordentlich erhöht wird. Ein Analogon findet sich darin, daß Kupfer, welches gegen schwefelwasserstoffhaltigen Wasserstoff sehr unbeständig ist, durch Zulegieren von Zink völlig beständig gegen schwefelwasserstoffhaltigen Wasserstoff unter Druck wird. Diese Cu-Zn-Legierung verhält sich damit ebenso wie Silber, das gleichfalls völlig beständig ist, ganz entsprechend der großen Ähnlichkeit in katalytischer Hinsicht von Cu-Zn einerseits und Ag andererseits. Für apparative Zwecke müssen allerdings Cu-Zn und Ag ausscheiden, da sie durch Wasserstoff unter Druck verspröden.

Wie ebenfalls bereits erwähnt (S. 28), werden für die Spitzenvorheizung haarnadelförmige Druckrohre verwendet von 90 bzw.
110 mm l ⌀ und etwa 30000 mm Gesamtlänge, von denen je nach den
Erfordernissen bis zu 30 in einem Aggregat vereinigt wurden. Zur Vergrößerung der äußeren Wärmeübertragungsfläche wurden die Rohre im
Abstand von etwa 10 mm mit etwa 4 mm starken aufgeschweißten
rechteckigen Blechen (270×320 mm) „berippt", so daß sich ein Verhältnis der äußeren zur inneren Fläche von etwa 20:1 ergab[1]. An sich
wäre für die Vorheizerrohre V_2A das geeignetste Material gewesen; doch
konnten die Legierungsbestandteile hierfür nicht in ausreichenden
Mengen beschafft werden. Deshalb wurden besonders entwickelte,
niedriger legierte Stähle verwendet, unter denen der wichtigste für
700-at-Haarnadeln das Material N 10 war mit ungefähr folgenden Le-
gierungsbestandteilen (in %):

Cr	Mo	W	V	C	Mn	Si
3,0—3,6	0,5	0,3	0,75	0,18—0,22	0,35	0,3

Bei 700 at Druck ist dieses Material verwendbar bis zu einer Wand-
temperatur von etwa 520° C und einer Wälzgastemperatur von etwa
560° C. Diese, für die relativ schwache Legierung erstaunlich guten
Eigenschaften verdankt das Material indessen nicht nur seiner Zusammensetzung, sondern einer ganz besonderen Art der Vorbehandlung,
nämlich einer Verlängerung der Erhitzung in der austenitischen Zone
mit anschließendem Abschrecken und kurzem Anlassen. An sich ist dieses
Material den Anforderungen vollauf gerecht geworden mit der einen
Ausnahme, daß es gewisse Ermüdungserscheinungen zeigt, die ein Auswechseln nach etwa einjährigem Betrieb erfordern. — Der Umstand,
daß von der Materialseite her — aber auch mit Rücksicht auf das auf-
zuheizende Produkt die Rauchgastemperaturen niedrig gehalten werden
müssen, hat zur Anwendung der Wälzgasbeheizung geführt, wobei die
Haarnadeln eingehängt sind in relativ schmale „Gassen", welche von
dem Wälzgas mit hoher Geschwindigkeit durchströmt werden. Für die
Umwälzung sind Radial- oder Axialgebläse verwendet worden. Für
kleinere Leistungen sind die Radialgebläse vorzuziehen, für große Leistungen die Axialgebläse; der schwerere Bau der letzteren erfordert die
Erstellung einer Drehvorrichtung für die Perioden des Anheizens und
der Abkühlung, wo das Gebläse nicht laufen kann. Je nach der Zahl der
Haarnadeln und den zu übertragenden Leistungen — die bis zu
8×10^6 WE/h betrugen — sind verschiedene Ausführungsformen für den
gasbeheizten Vorheizer gewählt worden. Eine dieser Formen bringt
Abb. 14. Hier strömen die Wälzgase im Gegenstrom zum Produkt durch
die Gassen hindurch und kehren dann zur Mischkammer zurück, wo sie

---

[1] Über die Berechung der Wärmeübertragung von Rippenrohren s. z. B.
Schmidt: Angew. Chem. B **20**, 337 (1948).

sich mit den Rauchgasen aus der Brennkammer vereinigen. Diese Anordnung ist sehr betriebssicher, aber etwas kostspielig. Eine kompendiösere Bauart (Abb. 15) ergibt sich, wenn man die Brenner direkt vom Wälzgas umströmen läßt und damit die Brennkammer einspart; doch erfordert diese Bauart eine größere Aufmerksamkeit in der Bedienung. Für größere Leistungen kommt vornehmlich diese Ausführung ohne

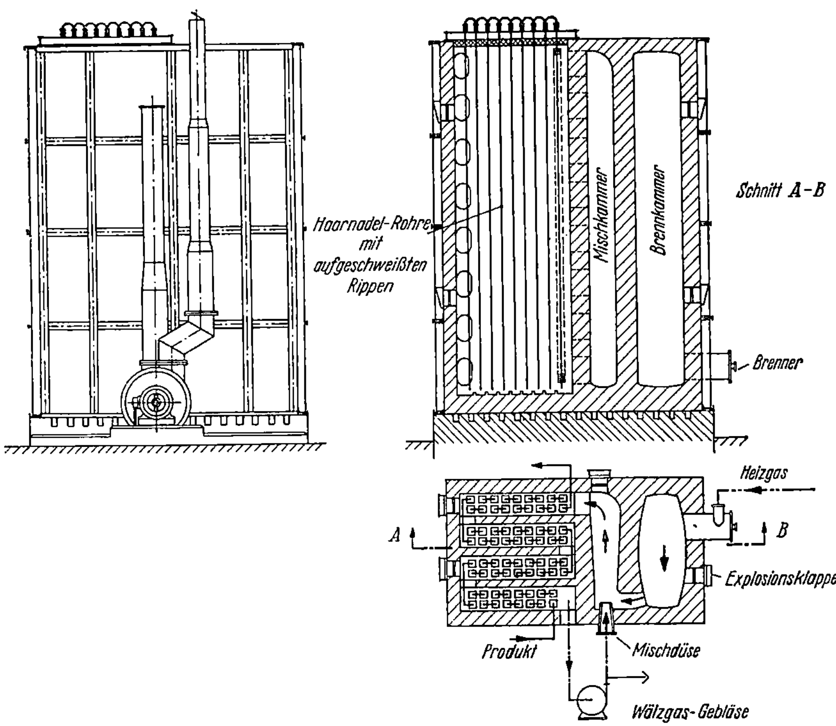

Brennkammer in Frage. In der Kohlehydrier-Versuchsanlage des Bureau of Mines[1] ist für den Bau des Breivorheizers das Strahlungsprinzip der Vorheizer der Erdölkrackanlagen übernommen worden; zur Vermeidung von lokalen Überhitzungen sind die Vorheizerrohre dampfummantelt worden. Zweifellos bringt diese Umgehung der Wälzgaserhitzung beträchtliche Einsparungen, doch ist über die Bewährung noch nichts bekannt geworden.

Beim Gasphase-Vorheizer ist das Bureau of Mines — abweichend von den Gepflogenheiten der I. G. — zur horizontalen Lagerung der Vorheizerrohre übergegangen, wie sie in der Kracktechnik üblich ist.

---

[1] World Petrol. **20**, Nr. 5, S. 52 (1949); Mech. Eng. **71**, 553 (1949).

Wie bereits oben (S. 29) erwähnt, ist in den Fällen, wo der Vorheizer lediglich zum Anfahren benötigt wird bzw. laufend nur eine geringe Spitze abzudecken ist, der Elektrovorheizer dem Gasvorheizer unbedingt vorzuziehen, da er in seinem Aufbau wesentlich einfacher ist. Beim

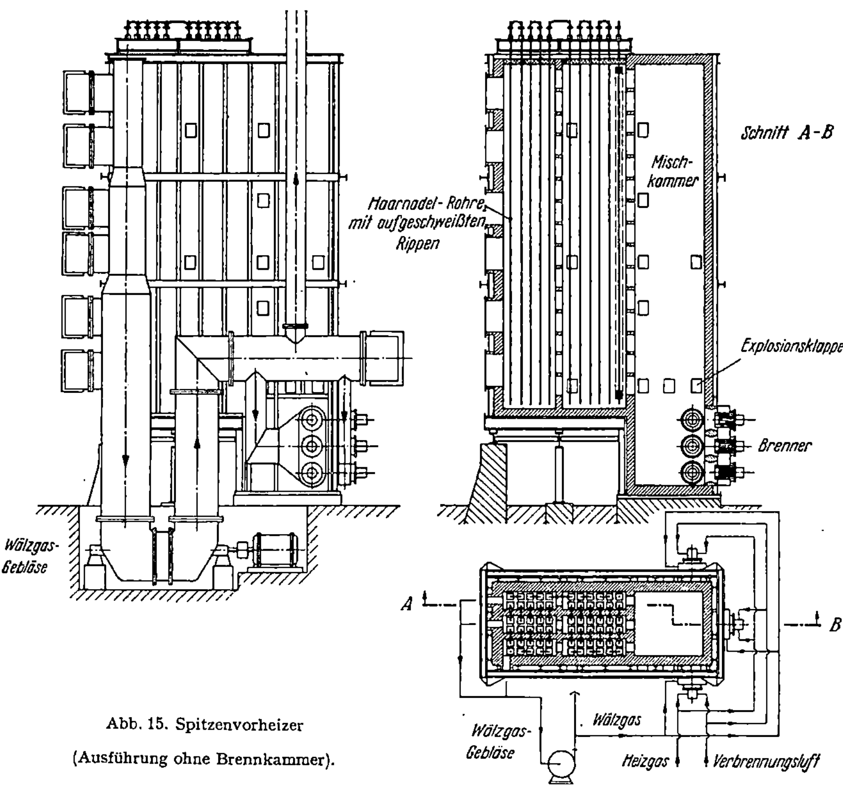

Abb. 15. Spitzenvorheizer

(Ausführung ohne Brennkammer).

Elektrovorheizer dienen die Haarnadeln selbst als Widerstandselemente für den niedergespannten Strom hoher Stärke, von dem sie durchflossen werden. Der Elektrovorheizer hat sich insbesondere bewährt bei den praktisch autotherm laufenden TTH- und MTH-Verfahren; auch bei der normalen Vorhydrierung, bei der die Spitzenvorheizung schwach belastet ist, ist er in zahlreichen Fällen eingesetzt worden. Im allgemeinen liegt die wirtschaftliche Grenze für den Elektrovorheizer bei einer Belastung von 1200 kVA. Für die spaltende Hydrierung von Kohle und Schwerölen scheidet der Elektrovorheizer auch deshalb aus, weil bei zufälligen leichteren Ansätzen in den Rohren die Gefahr lokaler Überhitzungen besteht.

16*

Der Reaktionsraum. Wie bereits erwähnt (S. 32), erfolgt die eigentliche Reaktion in den Kapazitäten, d. h. in den Hochdruck-Hohlkörpern. Angewandt wurden Hohlkörper von 800, 1000 und 1200 mm lichter Weite und zumeist 18000 mm Länge. In der normalen Herstellung werden die Körper aus Blöcken über dem Dorn auf schweren Schmiede-pressen ausgeschmiedet. Als Material wird im allgemeinen ein relativ niedrig legierter Chromstahl (N 1) verwendet von etwa folgender Zusammensetzung (in %):

Cr	Mo	C	Mn	Si
2,5—3,0	0,20—0,25	0,20—0,30	0,4—0,6	0,25—0,35

Da für die herrschenden Drucke die Wandtemperaturen auf etwa 300° C begrenzt sind, werden die Öfen innen mit einer etwa 65 mm starken Zement-Asbest-Isolierung versehen, die gegen den Ofeninhalt durch ein Rohr aus V_2A oder V_2A-plattiertem Eisen geschützt wird. Eingang und Ausgang des Ofens sind konisch gestaltet. In den neueren Ausführungsformen des Sumpfofens wird das Kaltgas durch seitliche Bohrungen eingeführt, womit das Hereinhängen langer Kaltgasrohre in den Reaktionsraum — wie es bei den älteren Konstruktionen üblich war — vermieden wird und Ansatzmöglichkeiten für Verkrustungen ausgeschaltet sind. So hängt in den modernen Sumpföfen nur noch eine Thermohülse, gegebenenfalls — wenn genauere Messungen oder eine Reserve gewünscht werden — eine zweite. Am unteren Konus ist für die Fälle — wo es notwendig ist — eine Ofen-Entsandung vorgesehen.

Die oben erwähnte, bis vor wenigen Jahren ausschließlich durchgeführte Herstellung der Hochdruck-Hohlkörper aus dem Vollen ist etwa ab 1940 in zunehmendem Maße ersetzt worden durch das „Wickeln". Bei dem von der I. G. geschaffenen „Wickelofen" wird auf ein Kernrohr aus wasserstoffestem Material von etwa 20 mm Wandstärke[1] auf einer Drehbank ein durch elektrische Widerstandsheizung (4000—6000 A, 30—40 V) auf etwa 800° C erhitztes Band fest aufgewickelt mit anschließender rascher Abkühlung, wodurch das Aufschrumpfen des Bandes erfolgt. Das Wickelband ist in solcher Verzahnung profiliert, daß beim Aufwickeln der zweiten Schicht des Mehrlagen-Behälters die Vorsprünge des Bandprofils in die entsprechenden Vertiefungen der darunterliegenden Bänder eindringen, und so das Band fest zum Anliegen kommt. Am Ende des Druckrohres werden die Wickelband-Enden mit dem Innenrohr bzw. der vorhergehenden Wickelbandschicht verschweißt. Während die Bänder als solche die axialen Spannungen aufnehmen, werden die Längskräfte in der Verzahnung aufgenommen. In einem Wickelbehälter sind im Betrieb die Spannungsverhältnisse völlig anders

---

[1] Die Wandstärke des Kernrohrs kann erniedrigt werden (beispielsweise auf etwa 5 mm) durch Erzeugung der notwendigen Festigkeit vermittels Beton-Auskleidung des Kernrohrs.

als in einem Vollwandkörper. Während bei letzterem die Zug-Tangential-Spannung vom Innenrand zum Außenrand vom Betriebsdruck auf 0 abfällt, steht im drucklosen Zustand bei den Wickelbehältern das Kernrohr unter hohen Druckvorspannungen, während die Außenlagen sich unter Zugvorspannung befinden; beim Unterdruckstellen der Wickelbehälter findet entsprechend ein weitgehender Ausgleich der Druck- und Zugspannungen statt, d. h. bei den unter Druck stehenden bewickelten Behältern liegt eine gleichmäßige Beanspruchung aller Querschnittsteile vor, welche Idealform beim Vollwandkörper schon theoretisch unmöglich ist. Auf Grund dieser Überlegenheit des Wickelbehälters gegenüber dem Vollwandkörper wird in der Praxis der Wickelbehälter mit 1,6facher Sicherheit gebaut gegenüber der 1,8fachen bei den Vollwandkörpern. Für den praktischen Betrieb ergibt sich weiter, daß die Neigung zum Trennungsbruch, die bei den Vollwandkörpern bei Überbeanspruchung grundsätzlich vorhanden ist[1], bei den Wickelbehältern mit Sicherheit beseitigt ist. — Auch bei den Wickelbehältern war die Fertigung bis zu 1200 mm ⌀ und 18000 mm Länge entwickelt, doch ist hier eine Vergrößerung des Durchmessers technisch wesentlich einfacher durchzuführen als bei den Vollwandkörpern, so daß die künftige Annäherung an die erstrebten Großraum-Öfen durch die Wickelöfen sehr erleichtert worden ist. — In Deutschland sind Wickelbehälter sowohl für 300 wie für 700 at Druck in größtem Ausmaße hergestellt und in Betrieb genommen worden, wobei sie sich für Sumpf- und Gasphase-Öfen sowie für Wärmeaustauscher gleich hervorragend bewährt haben. Da die Wickelbehälter außerdem wesentlich billiger sind als die Vollwandkörper, kann mit großer Wahrscheinlichkeit vorhergesagt werden, daß generell — d. h. nicht nur für die Hydrierung — der Hochdruck-Hohlkörper der Zukunft der Wickelbehälter sein wird.

Eine schematische Darstellung des Sumpfofens bringt Abb. 16, in der auch im Schnitt der Aufbau der drucktragenden Wand in Wickelausführung wiedergegeben ist.

Was den drucktragenden Körper anlangt, ist der Aufbau beim Gasphase-Ofen grundsätzlich der gleiche wie beim Sumpfphase-Ofen. Die Prinzipien, die die Anordnung des Katalysators im Reaktionsraum beherrschen, sind bereits oben (S. 118) dargelegt worden. Die recht beträchtlichen Wärmemengen, die in den Gasphase-Öfen — vor allem denen der Vorhydrierung — abgeführt werden müssen, erfordern eine zweckmäßige Gestaltung der Kaltgaszugabe, bei der eine möglichst rasche und vollständige Durchmischung der kalten mit den heißen Gasen erfolgt, so daß starke lokale Unterkühlungen, die die Gefahr von Flüssigkeits-

---

[1] Tatsächlich ist indessen kein einziger Fall eines Trennungsbruches eingetreten, da unzulässige Überbeanspruchungen immer vermieden werden konnten.

Abscheidungen auf dem Kontakt mit sich bringen, ausgeschlossen bleiben. Dieser Forderung sind die Kaltgasblenden vollauf gerecht geworden, bei denen das durch ein Steigrohr vom oberen Deckel eingeführte kalte Gas aus einem Ringraum an der Wandung zum heißen Gas zuströmt, sich mit diesem auf dem Weg zur Ofenmitte mischt, um nach Umkehr als gleichmäßig temperiertes Gemisch durch einen Siebboden in die nächste Kontaktschicht überzutreten. — Da die Wärmetönungen in den einzelnen Öfen eines Systems verschieden sind, d. h. im ersten Ofen am stärksten, im letzten am schwächsten, müßte die Zahl der Blenden in einem Ofen in den einzelnen Öfen verschieden sein, wollte man — was an sich erstrebenswert ist — überall die größtmögliche Kontaktfüllung erzielen. Im praktischen Betrieb aber hat es sich als zweckmäßig erwiesen, lauter gleiche Öfen eines Systems zu haben, um bei ein- und derselben Hydrierstufe (Kontaktart) jederzeit beliebig auswechseln zu können; demnach werden alle Öfen so eingerichtet, daß sie als Ofen I fahren können, wozu im allgemeinen

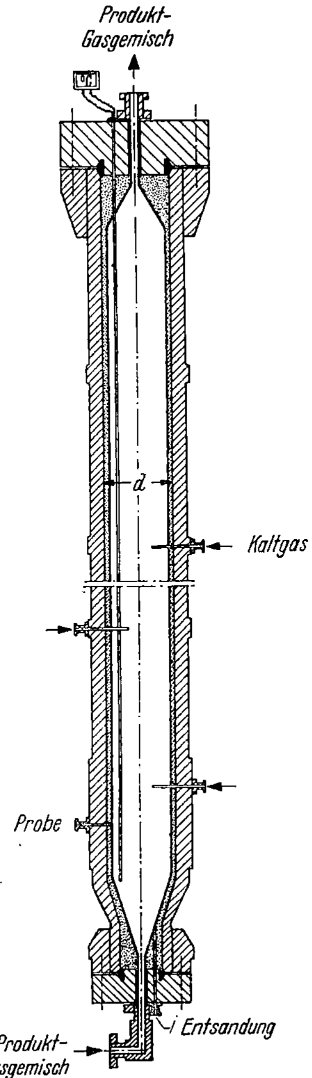

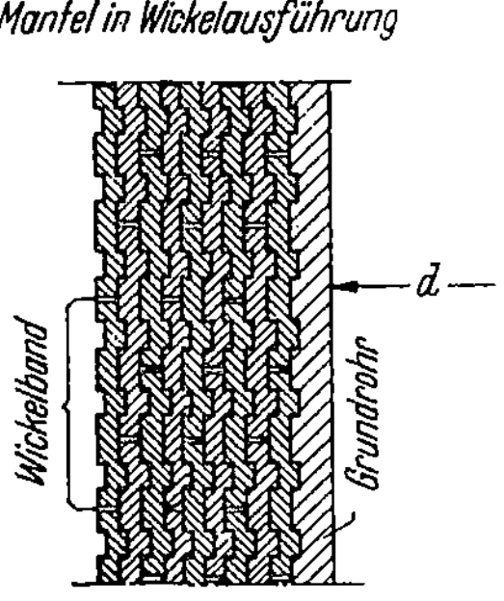

Abb. 16. Sumpfofen.

6 Blenden je Ofen angeordnet werden. — Die schematische Darstellung der Abb. 17 vermittelt eine Vorstellung über den Aufbau des Gasphase-Ofens sowie im einzelnen der Blenden. Einen bildmäßigen Eindruck

eines Hochdruck-Ofens, wie er gerade durch den Kran hochgehoben wird für das Einsetzen in die Kammer, gibt Abb. 18 (S. 242).

Es sei noch mit wenigen Worten auf die Verbindungen der Hochdruckrohre miteinander und auf die Verschlüsse von Hochdruck-Hohlkörpern eingegangen. Es ist verständlich, daß auf die Ausbildung dieser Apparaturteile besondere Sorgfalt gerichtet werden muß, da bei dem herrschenden hohen Druck schon kleinste Undichtigkeiten zu Betriebsstörungen führen; wenn erst einmal das Gas oder — was noch ur günstiger ist — das Gas und der flüssige Ofeninhalt einen Weg nach außen gefunden haben, so erweitert sich infolge der Ver-

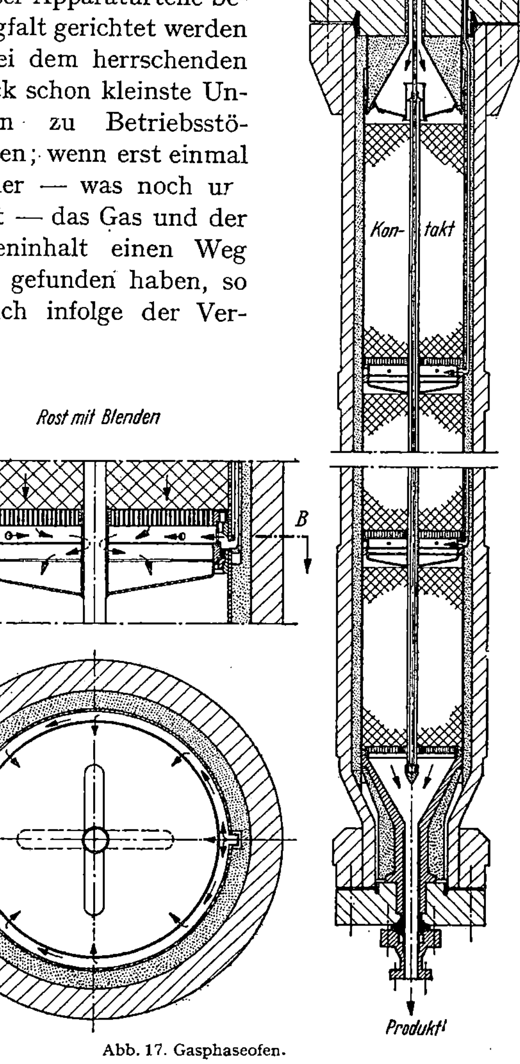

Abb. 17. Gasphaseofen.

schleißwirkung die entstandene Öffnung in relativ kurzer Zeit bis zu einem solchen Ausmaß, daß eine Weiterführung des Betriebes nicht möglich ist.

Um Druckleitungen miteinander zu verbinden, werden die Rohrenden zu einer Kegelfläche ausgebildet. Zwischen die zu verbindenden Enden wird als Dichtung eine Linse eingesetzt, die ganz schwach kugelförmig gewölbt ist. Dadurch ergibt sich eine *Linien*dichtung. zwischen Linse und Rohrwand. Die Anpressung der Rohrenden auf die Linse erfolgt

Abb. 18. Hochdruckofen, am Kran hängend.

vermittels Schrauben, die an den auf die Rohrenden aufgeschraubten Flanschen angreifen. Eine Vorstellung von der Anordnung einer solchen Rohrverbindung vermittelt Abb. 19.

Für heiße Rohre, insbesondere solche, die gelegentlich Temperaturschwankungen unterworfen sind, ist eine etwas abgeänderte Linsenform verwendet worden: von der Mitte des Innenrandes der Linse führt ein haarfeiner Schnitt in Richtung nach außen und mündet etwa auf halbem Wege in eine Ausbuchtung (Abb. rechts unten). Hierdurch wird bewirkt, daß die Linse — wie ein Balg atmend — Längenänderungen nachgeben kann. Diese „Balglinse" hat sich — insbesondere am Spitzenvorheizer — in Gasphase hervorragend bewährt; für Sumpfphase ist sie nicht so vorteilhaft, da sich der feine Schnitt relativ bald durch eindringenden Kohlebrei o. dgl. verstopft, womit die Balglinse ihre Wirksamkeit verliert; in der Sumpfphase sind daher die Vollinsen vorzuziehen.

Die Dichtung von Hochdruck-Hohlkörpern war zunächst so durchgeführt worden, daß ein an den Deckel angeschmiedeter Konus in eine

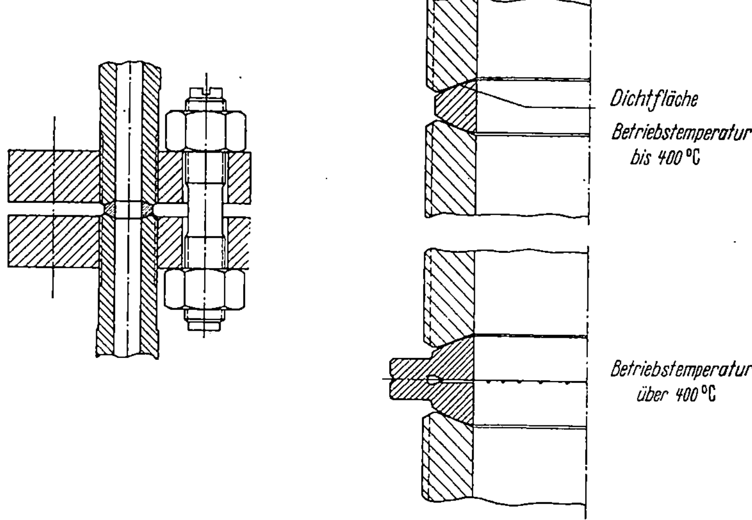

Abb. 19. Rohrverbindung.

keglige Fläche des Mantels gepreßt wurde. Dieser Verschluß hat den Nachteil, daß die *volle* erforderliche Pressung an den Dichtflächen durch Anziehen der Deckelschrauben vor Unterdruckstellen bewirkt werden muß. Diese Vorpressung war für 700 at praktisch nicht mehr möglich. Es wurde deshalb als Dichtung zwischen Deckel und Mantel ein Doppelkonusring verwendet, der so mit Druckausgleich des Gases ausgebildet ist, daß er gewissermaßen selbstdichtend wirkt. Dies hat zur Folge, daß für das Vorspannen der Deckelschrauben an den Dichtflächen nur eine Vorpressung aufzubringen ist, die weit unterhalb des Betriebsdruckes liegt. Dieser Verschluß, der in Abb. 20 am Beispiel eines Wickelkörpers dargestellt ist, hat sich betrieblich hervorragend bewährt.

Abscheidung und Entspannung. Wie bereits oben (S. 33) erwähnt, erfolgt bei der Sumpfphase-Hydrierung die Trennung von Abschlamm und Produkt in einem dem Ofen nachgeschalteten heißen „Abscheider", dessen Temperatur etwa 10—40° C unterhalb der Reaktionstemperatur gehalten wird. Im unteren Teil des Abscheiders wird Stand gehalten,

wobei die Standmessung[1] nach dem Prinzip der hydrostatischen Waage
erfolgt, indem vermittels einer registrierenden Druckwaage die Druckdifferenz gemessen wird zwischen dem Gas, das durch ein langes Stand-
meßrohr in den tiefsten Punkt des Sumpfes eingedrückt wird, und dem
Gas, das durch ein kurzes Standrohr oberhalb des Standes, eben vor dem
Ausgang der gasförmigen Produkte aus dem Abscheider geleitet wird.
Das vom letzten Ofen kommende Produkt wird oberhalb des Standes,

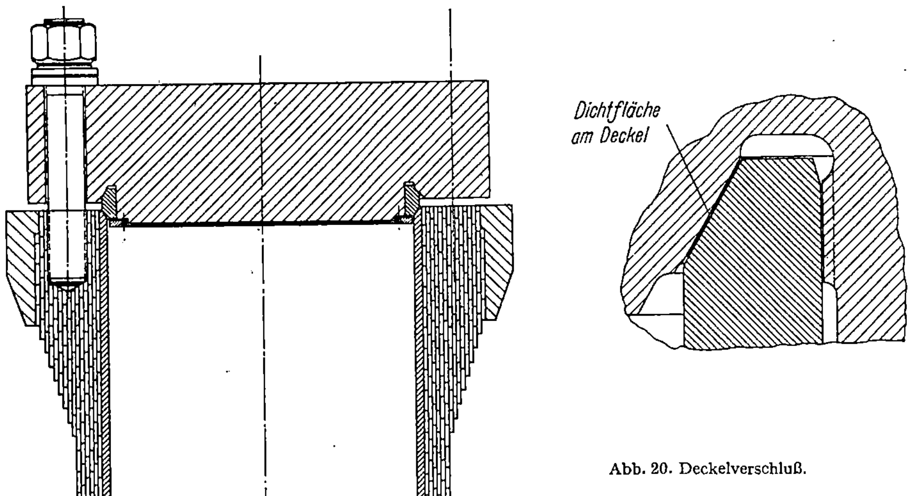

Abb. 20. Deckelverschluß.

aber in genügender Entfernung vom Gasausgang aus dem Abscheider
eingeleitet. Der vom Abschlamm erfüllte Raum des Abscheiders ist
konisch verjüngt, damit einerseits eine relativ große Fläche für die
Trennung Flüssigkeit/Gas zur Verfügung steht, andererseits mit zunehmender Verarmung des Sumpfes an Wasserstoff und damit wachsender Verkokungsgefahr die Verweilzeit auf Temperatur abnimmt.
Darüber hinaus hat es sich zweckmäßig erwiesen, den untersten, am
meisten gefährdeten Teil des Abscheiders durch Kühlgas in der Temperatur zu drücken. Diese Anordnung, die als eine bewährte und übliche
angesprochen werden kann, ist in Abb. 21 wiedergegeben. Im allgemeinen werden die Abscheider mit 1000 bzw. 1200 mm lichtem $\varnothing$
und 9000 bzw. 12000 mm Länge ausgeführt. Bei Produkten, die besonders
stark zur Verkokung neigen, hat es sich darüber hinaus als zweckmäßig
erwiesen, in den unteren Teil des Sumpfes geringe Mengen Kaltgas ein-
zuleiten, um unter gleichzeitiger zusätzlicher Kühlung der Wasserstoff-

---

[1] Das Bureau of Mines (Ind. Eng. Chem. **41**, 870 [1949]) verwendet zur
Standmessung ein ,,Gagetron" genanntes Instrument, welches den Unterschied der Absorption der von einem Radiumpräparat ausgesandten γ-Strah-
len in Öl einerseits, Öldämpfen andrerseits ausnutzt.

verarmung entgegenzuwirken. Manchmal kann es auch vorteilhaft sein, auch im oberen Teil des Abscheiders eine Kühlung durch Kühlgas vorzusehen, um so einen gegen Verkokung schützenden fließenden Ölfilm an den Wandungen zu erzeugen.

Das den Abscheider am oberen Ende verlassende Gas-Produkt-Gemisch wird nach Durchgang durch die Wärmeaustauscher in einem liegenden, in Etagen übereinander angeordneten Wasserkühler völlig abgekühlt und gelangt dann in den Abstreifer: ein liegendes, schwach gegen die Horizontale geneigtes Hochdruckrohr von im allgemeinen 1000 mm lichtem ⌀ und 6000 mm Länge. Das Produkt tritt am unteren Ende durch ein Steigrohr ein, das so nach oben abgekröpft ist, daß die Mündung oberhalb des Standes liegt, d. h. im freien Gasraum. In entsprechender Weise ist am anderen Ende des Abstreifers der Gasabgang vorgesehen, während der Produktausgang an der tiefsten Stelle des Gefäßes liegt. Bei Drucken bis zu 300 at kann die Standmessung durch die üblichen Schaugläser erfolgen; für 700 at aber ist die Bruchgefahr zu groß. Man verwendet daher einen elektrischen Flüssigkeitsstand-Anzeiger, das sogenannte „Weis'sche Auge", bei welchem in einem Seitenschluß ein durch einen Schwimmer getragener Kern einen Differential-Transformator beeinflußt, dessen Spannungsänderungen durch ein Meßinstrument angezeigt werden. Diese Vorrichtung hat sich in der Großtechnik ausgezeichnet bewährt. — Eine Darstellung des Abstreifers mit dem Standanzeiger bringt Abb. 22.

Die gewählte Lagerung[1] des Abstreifers stellt eine große Fläche für die Trennung von Flüssigkeit und Gas zur Verfügung, so daß in fast allen Fällen die Trennschärfe vollauf befriedigt. Lediglich — wie wir gesehen haben (S. 34)

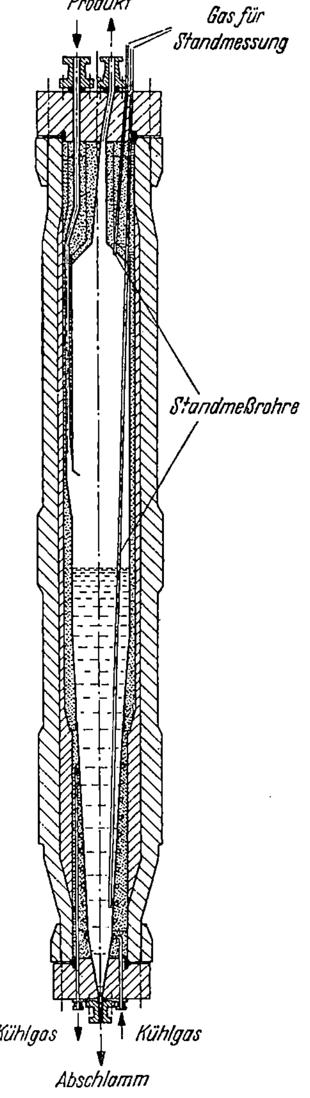

Abb. 21. Abscheider.

---

[1] Das Bureau of Mines (l. c. S. 244) verwendet einen senkrechten Abstreifer mit besonderen Abscheide-Vorrichtungen im oberen Teil.

— bei relativ großen Mengen Propan und Butan im Kreislaufgas empfiehlt sich zur Vermeidung des Schäumens im Abstreifer die Eingliederung eines Heißabstreifers.

Die für die einzelnen Konstruktionsteile der Kammer (Rohre, Formstücke, Flanschen, Linsen, Bolzen usw.) zu verwendenden Materialien richten sich nicht nur nach dem Druck, sondern auch nach der Wärmebeanspruchung an den jeweiligen Stellen, wobei man im Interesse der Wirtschaftlichkeit jeweils das Material aussucht, dessen Eigenschaften für den jeweilig betrachteten Fall ausreichen. Um hierbei sicherzugehen, sind alle einzubauenden Stücke gestempelt oder mit bestimmten Zeichen versehen; außerdem werden alle in eine Apparatur eingebauten Werkstücke in einer Skizze festgehalten, die nach jeder Reparatur ausgewechselt wird. Zur weiteren Kontrolle werden die eingebauten Stähle überwacht sowohl durch Vollanalyse als auch durch die schnelle „Tüpfelmethode":

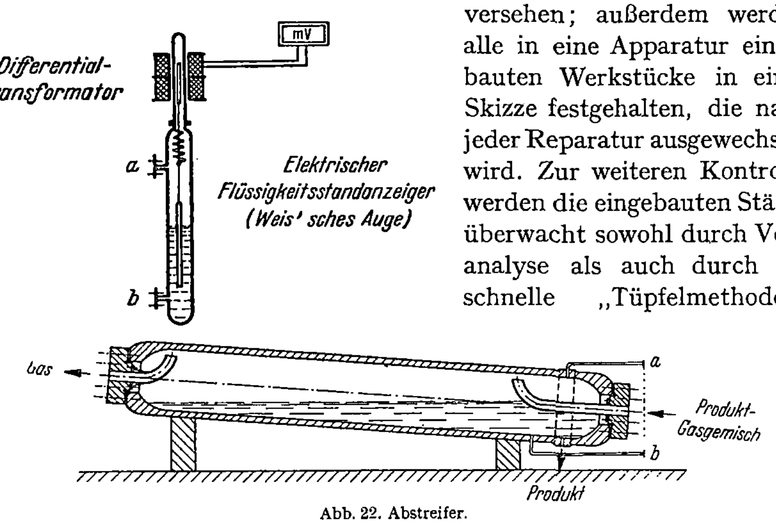

Abb. 22. Abstreifer.

„Tüpfeln" des Werkstückes mit Schwefelsäure, Salpetersäure oder Salzsäure und Beobachten der Farbflecken. — Dank dieser Sicherungsmaßnahmen sind Fehleinbauten praktisch nie vorgekommen.

An sich hat der Betrieb von Hydriereinheiten eine sehr große Sicherheit erreicht. Indessen kommt es — wenn auch sehr selten — so doch gelegentlich vor, daß infolge Durchgehens der Öfen die Verbindungsleitungen zwischen den Öfen überhitzt werden und deshalb aufreißen. Dann tritt der Wasserstoff zusammen mit dem Ofeninhalt mit hoher Gewalt aus, und die dabei auftretende Reibungswärme und -elektrizität führen zumeist nach wenigen Sekunden zur Entzündung des austretenden Gemisches, das dann mit großer Stichflamme verbrennt, bis das im System vorhandene Gas verbraucht ist. Um auch gegen diese seltenen Fälle gesichert zu sein, werden die heißen Teile des Systems (Wärmeaustauscher, Öfen, Abscheider) in eine Betonkammer gesetzt. Früher wurden die Kammern auf die volle Höhe der Öfen hochgeführt, so daß sich die Aggregate in einem nur nach oben offenen Raum be fanden. Wurde nun durch einen Zufall eine Leitung unten in der Kammer undicht, so konnte bei verzögerter Zündung eine größere Menge explosiblen Gases sich in der Kammer ansammeln, bei dessen Entzündung dann infolge der Verdämmung recht große Kräfte frei wurden und in einem Falle beispielsweise zu einer Ausbauchung der Kammerwand führten. Auch die Anbringung von Lockflammen im unteren Teil der Kammer bewährte sich nicht. Man ging deshalb dazu über, soviel wie

Abb. 23. Hochdruck-Kammer.

möglich freien Luftzutritt zu geben, d. h. man beschränkte sich darauf, die Kammerwände so hoch zu ziehen, daß die in der Nähe arbeitenden Menschen und benachbarte wichtige Apparaturteile gegen Stichflammen geschützt waren. Diese offene Bauweise, die natürlich auch wesentlich billiger ist als die frühere geschlossene Anordnung, hat sich vollauf bewährt und in jeder Hinsicht als ausreichend sicher erwiesen.

Eine bildmäßige Darstellung eines Doppelsystems bringt Abb. 23. Es hat sich als zweckmäßig erwiesen, je zwei Einheiten zu einer Doppelkammer zusammenzufassen, wobei die Anordnung praktisch spiegelbildlich erfolgt. Die Betonwand zwischen den Kammern ist ganz hochgezogen, so daß in der einen Kammer gearbeitet werden kann, während die andere Kammer in Betrieb ist[1]. An der Vorderfront sind

---

[1] Das Arbeiten in einer in Betrieb befindlichen Kammer ist nicht zulässig.

die Kammern weitgehend offen; die in der Mitte befindliche Tür ist
ausfahrbar, so daß hierdurch das Auswechseln der Aggregate mit Hilfe
des Krans erfolgen kann. Auf der (im Bilde nicht sichtbaren) Rückseite
ist die Kammerwand höher geführt, um den dahinterliegenden Etagen-
kühler und die Kreislaufleitungen (im Bilde rechts erkennbar) vor evtl.
einmal auftretenden Stichflammen zu schützen. An den beiden Schmal-
seiten der Doppelkammer sind — außerhalb der Kammern liegend —
die Spitzenvorheizer angeordnet mit den im Vordergrunde des Bildes
erkennbaren Wälzgasleitungen und dem Wälzgasgebläse.

Die Überwachung der Kammer ist in einen zentralen Bedienungsgang
(Abb. 24) (S. 249) zusammengezogen, in welchem sich alle wichtigen
Meßinstrumente und die Hauptventile befinden. Die Temperatur-
messungen erfolgen — zum mindesten in allen höheren Lagen — mit
Thermoelementen (zumeist Eisen/Konstantan), wobei der zweite Pol
sich in einem elektrisch konstant auf 40° C geheizten Kupferblock befindet. Jeweils 60 Elemente sind in einem Tasterkasten vereinigt, so daß
in schneller Folge durchgemessen werden kann, zumal da die Meßinstrumente durch Schwingungsdämpfung auf Schnellanzeige eingerichtet sind. Bestimmte wichtigste Elemente sind außerdem gegen eine·
konstante Gegenspannung geschaltet, so daß durch diese Herauf-
verlagerung des 0-Punktes die Meßgenauigkeit wesentlich erhöht wird.
In den Öfen befinden sich — wie bereits erwähnt (S. 238) — die Thermo-
Elemente, zu mehreren vereinigt, in einer druckfesten Hülse. Die wichtigsten Elemente werden außerdem auf Mehrfachschreibern registriert.
Niedrigere Temperaturen werden im allgemeinen mit Widerstands-
Thermometern gemessen. Außer den üblichen Druckmessungen wird
zusätzlich die Druckdifferenz der Kammer registriert, wobei es im Be-
darfsfalle möglich ist, die Differenzen der einzelnen Aggregate der
Kammern für sich zu messen. — Die Mengenmessungen der Gase und
Flüssigkeiten geschehen mit Hilfe von Drosselscheiben, die ihre durch
die Strömung erzeugten Druckdifferenzen durch gas- bzw. ölgefüllte
Leitungen, die in beweglichen Spiralen münden, auf eine mit Queck-
silber gefüllte, registrierende Druckwaage übertragen[1]. — Von den Ventilen, deren Hauptgruppen zwischen dem Bedienungsgang und der
Kammer angeordnet sind, sind außer den eigentlichen Regulierventilen
für die Gase und Flüssigkeiten auch die Elektro-Schnellschluß-Ventile in
den Bedienungsgang hereingenommen worden, die bei evtl. notwendig
werdender schneller Abstellung der Kammer die Kammer sofort vom Kreislauf abriegeln und so den Nachschub des Wasserstoffs verhindern. Außerdem befinden sich hier die Ventile für die — im Notfall schnell zu bewir-

---

[1] Das Bureau of Mines (Chem. Eng. August 1949, S. 107) mißt mit einem
„Statham"-Element die Druckdifferenz an der Drossel durch Änderung des
elektrischen Widerstandes von Drähten.

kende — Entleerung der Sumpföfen; der Ofeninhalt wird in einen drucklosen „Notentspannungsturm"[1] abgelassen, der ständig unter Inertgas gehalten wird, um die Ausbildung explosibler Gemische darin auszuschließen, und der gegebenenfalls bei Benutzung mit kaltem Öl berieselt werden kann.

Von entscheidender Bedeutung für die Betriebssicherheit der Hydrierung war es, daß es im Laufe der Zeit gelang, den Prozeß immer mehr zu automatisieren. Unmittelbare betriebstechnische Vorteile brachte beispielsweise die Automatisierung des Ablassens des Ab-

Abb. 24. Bedienungsgang.

schlamms aus dem Abscheider; während bei der Regulierung der Abschlammventile mit Hand der — natürlich schreibend registrierte — Stand im Abscheider recht erheblichen Schwankungen unterworfen war, lag nach Einführung der Automatisierung der Stand konstant, und als Folge davon fielen auch die Ankrustungen weg, die sich zuvor im Bereich des schwankenden Standes gelegentlich gebildet hatten. Vorteilhaft für die gleichmäßige Beaufschlagung des Abscheiders wirkte sich auch die von den Thermo-Elementen gesteuerte Automatisierung der Kaltgaszugabe in die Öfen aus, indem nun das bei Handregulierung schwierig

---

[1] Es handelt sich hier um ähnliche Einrichtungen, wie sie auch in Mineralölen-Raffinerien üblich sind: S. z. B. Johnsen: Oil and Gas Journal **46**, Nr. 5, S. 65 (1947); Petroleum-Refiner **26**, Nr. 6, S. 91 (1947).

ganz zu vermeidende Überwerfen größerer Mengen des Ofeninhalts in
den Abscheider behoben wurde. Auch für die Gleichmäßigkeit der
Temperaturlage in den Öfen war die Automatisierung sehr vorteilhaft.
Indem so Stück für Stück die Automatisierung eingeführt wurde, resultierte schließlich die vollautomatisch laufende Kammer. — In entsprechender Weise wurden in stetig wachsendem Umfange auch die
Aggregate der Vorbereitung der Rohstoffe und der Aufarbeitung der
Reaktionsprodukte automatisch geregelt, so daß sich der Gesamtbetrieb
immer mehr der Vollautomatik näherte.

Der Gaskreislauf. Wir hatten oben (S. 196) gesehen, daß bei der
spaltenden Hydrierung in der Sumpfphase die Löslichkeit der gebildeten
gasförmigen Kohlenwasserstoffe in den Ölen des Abschlamms und des
Abstreifers im allgemeinen nicht ausreicht, um am Ofeneingang den
erforderlichen Wasserstoff-Partialdruck aufrechtzuerhalten, sondern daß
hierfür noch eine zusätzliche Ölwäsche notwendig ist, wobei sich als
Waschöl Mittelöl aus der Gasphase besonders gut eignet.

Wie bereits oben (S. 34) erwähnt, muß der Abstreifer häufig — teils
aus Gründen des Schäumens, teils zur Vermeidung von Paraffin-Aus-
scheidungen — auf etwas höhere Temperaturen gefahren werden. Da
nun die Ölwäsche möglichst bei normaler Temperatur oder darunter vorgenommen werden soll, wird das Gas vor dem Waschen in einem Wasserkühler gekühlt. Bei stärker ammonsalzhaltigen Kreislaufgasen empfiehlt
es sich, zur Vermeidung von Verstopfungen etwas Wasser in den Kreis-
laufgaskühler einzuspritzen, das dann natürlich vor dem Waschen wieder
abgezogen werden muß. Die Waschung erfolgt im Gegenstrom, wonach
das angereicherte Waschöl durch eine zweistemplige, gegenläufig ge-
kuppelte Entspannungsmaschine abgezogen wird. Über 80% der für
die Öleinspritzung benötigten Energie wird in dieser Maschine zurückgewonnen, so daß die Zusatzpreßpumpe nur relativ kleine Mengen Öl
zu fördern braucht. Die Entspannungsmaschine entspannt das gebrauchte Waschöl auf den in den übrigen Aggregaten eingehaltenen
Zwischenentspannungsdruck (S. 197), wo in einem Behälter die Abtrennung des Armgases erfolgt. Das hiervon befreite Waschöl gibt dann
in der 0-Entspannung das Reichgas ab und kehrt in den Kreislauf zurück.
Gelegentlich ist noch eine Vacuum-Entgasung[1] eingeschaltet worden,
doch haben sich im allgemeinen die dadurch ermöglichten Einsparungen
an umlaufendem Waschöl als nicht ausreichend erwiesen, um diese Mehrbelastung zu rechtfertigen; einer Anreicherung von Gasbenzin im Waschöl, die die Abgabe der höheren gasförmigen Kohlenwasserstoffe in der
0-Entspannung erschwert, wirkt man besser durch stärkeres Auswechseln des Waschöls entgegen. — Eine Übersicht über die Anordnung
der Kreislaufgaswäsche gibt Abb. 25.

---

[1] Das Bureau of Mines (l. c. Seite 244) dämpft das Waschöl aus.

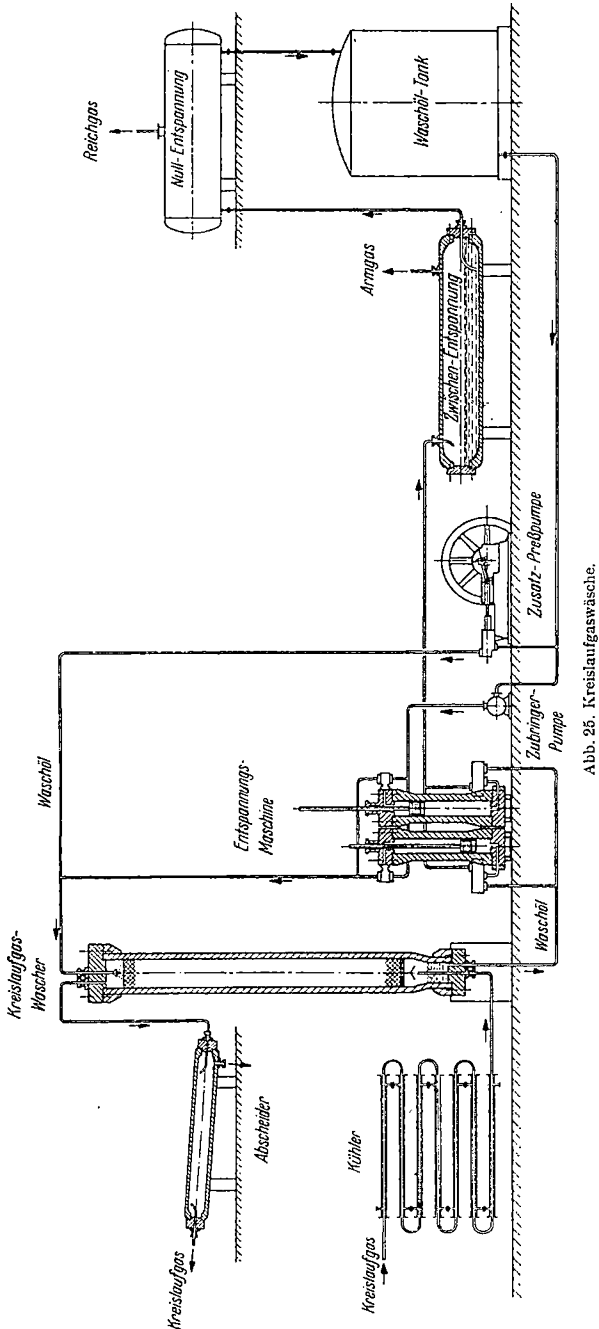

Abb. 25. Kreislaufgaswäsche.

Die Einrichtungen für das DHD-Verfahren sind grundsätzlich die gleichen wie für das eigentliche Hydrierverfahren, jedoch sind — infolge des niedrigeren Betriebsdrucks — die Apparate entsprechend einfacher. Als Öfen sind im allgemeinen solche von 1400 mm l $\varnothing$ und 12 000 mm Länge verwendet worden, die vollständig mit dem Kontakt angefüllt waren, da ja Kaltgasblenden hier nicht nötig sind.

III. Einrichtungen für die Verarbeitung der Hydrierprodukte.

Soweit es sich um die Verarbeitung der feststofffreien flüssigen bzw. der gasförmigen Hydrierprodukte handelt, unterscheiden sich die dafür verwendeten Aggregate nicht charakteristisch von den in den verwandten Industrien benutzten Apparaturen. Wie bereits erwähnt (S. 173), empfiehlt es sich, die Sumpfphase-Destillation mit möglichst geringer Übertemperatur in der Vorheizung auszulegen. Der Schnitt zwischen Mittelöl und Schweröl soll tunlichst scharf sein, damit die Gasphase keine ungeeigneten Produkte bekommt.

Auf einen Spezialfall sei indessen doch kurz hingewiesen: es hat sich gezeigt, daß — insbesondere bei der Steinkohlehydrierung und in schwächerem Maße bei der Braunkohlehydrierung — die Entwässerungsbzw. Zwischentanks für das abwasserhaltige Abstreiferprodukt vornehmlich in den Bereichen, in denen sich die Trennschicht zwischen Öl und Wasser bewegt, im Laufe der Zeit einen gewissen Angriff erleiden, der sich als Laugebrüchigkeit manifestiert. Es hat sich als zweckmäßig erwiesen, diese Tanks aus izettiertem Material herzustellen, welches keinen Angriff erleidet, wofern man nicht die bereits erwähnte (S. 120) Auskleidung der Tanks mit öl- und wasserfesten Überzügen (Kunststoffen) vorzieht.

Eine Sonderausführung sind die von der Separator Nobel entwickelten Laval-Zentrifugen für das Schleudern des verdünnten Abschlamms. Die mit etwa 225 Tellern von etwa 0,5 mm Abstand ausgerüsteten Schleudern trennen den durch die hohle Welle zugeführten verdünnten Abschlamm in dem Raum zwischen den Tellern in das aufwärts abfließende Schleuderöl, das durch Löcher in der Nähe der Welle abgezogen wird, und den nach unten fließenden Schleuderrückstand, der durch eine Widia-Düse ausgetragen wird. Der stündliche Durchsatz einer Schleuder liegt bei etwa 3 t.

Eine Vorstellung von der Anordnung der Schwelung des Schleuderrückstand im Kugelofen vermittelt die vereinfacht gehaltene Abb. 26. Der Kugelofen selbst (2 200 mm lichter $\varnothing$, 11 700 mm lang) befindet sich — zum Koksausgang hin schwach gegen die Horizontale geneigt — in einem gemauerten Ofen und wird darin direkt von 10—12 Gasbrennern

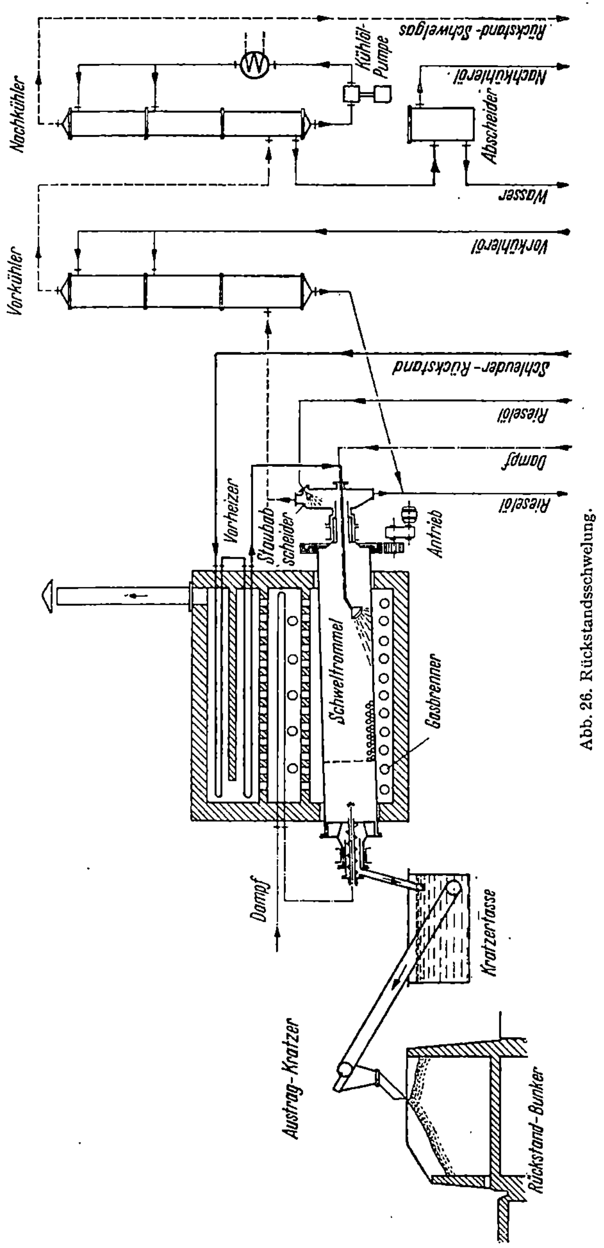

Abb. 26. Rückstandsschwelung.

17*

beheizt. Nachdem die Heizgase die sich drehende Trommel umspült haben, treten sie in den darüber gelagerten Vorheizer ein, wo sie die Vorheizerrohre für den Wasserdampf und den Schleuderrückstand umspülen. Der gegebenenfalls zuvor auch schon in einem Wärmeaustauscher aufgeheizte Schleuderrückstand[1] tritt — zumeist verdüst durch Dampf — am erhöhten Ende in die Schweltrommel ein, während der als Spülgas dienende überhitzte Wasserdampf in das andere Ende der Trommel eingeführt wird. Es hat sich als zweckmäßig herausgestellt, die ersten drei Viertel der Länge mit Stahlkugeln mittlerer Größe (etwa 2 kg Gewicht) zu beschicken, das letzte Viertel mit großen Kugeln (etwa 10 kg Gewicht). Um zu bewirken, daß die Kugeln im sich drehenden Ofen möglichst hoch mitgenommen werden, um dann im Herabfallen die sich bildenden Krusten loszuschlagen, hat der Kugelofen in der Längsrichtung als Mitnehmer flache aufgeschweißte Rippen. aus besonders widerstandsfähigem Material (Guronit [25% Cr]), die zudem die Ofenwandung gegen den Verschleiß durch die Kugeln schützen und die nach Verbrauch erneuert werden können. Des weiteren kann der Kugelofen. in der Tourenzahl variiert werden (9 bzw. 19 Touren/'), was das Losschlagen von Kokskrusten erleichtert. Der Schwelrückstand wird über eine Förderschnecke und eine Wassertauchung ausgetragen. — Das am gegenüberliegende Ende austretende Gemisch von Schwelöldampf und Wasserdampf geht durch einen ölberieselten Staubabscheider (S. 189) und den Vorkühler bzw. gegebenenfalls den Wärmeaustauscher — wo das Vorkühleröl kondensiert — zum Nachkühler, wo sich das Nachkühleröl niederschlägt.

Von einer Beschreibung des Schneckenofens kann abgesehen werden, da er praktisch als überholt gelten kann.

Dieser kurze Überblick über die technische Gestaltung der Hydrierung konnte natürlich nur die besonderen Entwicklungen beleuchten, die die Hydrierung auf dem Gebiete des chemischen Apparatebaus hervorgebracht hat. Die großtechnische Durchführung der Hydrierung wäre ohne die schritthaltende Entwicklung der Apparaturen und Materialien nicht möglich gewesen. Und in der Zukunft wird es die Aufgabe der Technik sein, durch immer sinnvollere Konstruktionen und durch Vergrößerung der Einheiten die die Wirtschaftlichkeit der Hydrierung stark beeinflussenden Investitionskosten entscheidend zu senken. Es erscheint aber darüber hinaus durchaus möglich, daß die Entwicklung des Verfahrens selbst Wege nimmt, die zu ganz neuen Aufgaben der technischen Gestaltung führen.

---

[1] Der Durchsatz des Kugelofens beträgt etwa 3 stuto.

D. Großtechnische Anwendung der Hydrierung.

Die Zusammenarbeit mit verschiedenen Industriegruppen hatte Bergius schließlich zu der Überzeugung geführt, daß die großtechnische Gestaltung der Hydrierung nur im Rahmen der I. G. möglich ist, da nur dort die Zusammenballung von chemischen und technischen Erfahrungen und schöpferischer Kraft gewährleistet ,ist, welche für die erfolgreiche Durchführung eines so schwierigen Verfahrens unerläßliche Voraussetzung ist. Durch die Anspannung stärkster technischer und wirtschaftlicher Kräfte gelang es dann im Laufe von Jahren der I. G., die auf jeder Entwicklungsstufe neu auftretenden Schwierigkeiten immer wieder zu überwinden und so das Verfahren zur großtechnischen Reife zu führen. Und dann setzte die Arbeit der Vervollkommnung des Prozesses ein, eine stetig im Fluß gehaltene Entwicklung zu immer rationelleren Arbeitsweisen, eine Entwicklung, die noch weit vor dem Abschluß durch den Kriegsausgang ein jähes Ende fand. Als im Herbst 1926 Carl Bosch den Entschluß zur Errichtung der Großversuchsanlage in Leuna faßte, war seine technische Überzeugung von der Richtigkeit des Weges ein stärkerer Pfeiler als die Grundlagen der klein- und halbtechnischen Versuche. Wenn trotzdem die Anlage in Leuna in ihren Grundzügen unbedingt richtig war, so stellte das der technischen Voraussicht der Schöpfer ein gleich beredtes Zeugnis aus wie die Tatsache, daß diese Anlage später mehr als das Sechsfache dessen leistete, wofür sie geplant worden war. Während die Einführung der Methanol-Synthese in den Großbetrieb sich als ein technischer Husarenritt offenbart hatte, erwiesen sich die Schwierigkeiten in der Hydrierung als ungleich größer, so daß bei Eintritt der Wirtschaftskrise zu Beginn der dreißiger Jahre noch nicht ein alle Zweifel überwindender technischer Stand erreicht war. Der durch unterschütterlichen Glauben gefestigten Standhaftigkeit von Carl Bosch, Carl Krauch und Mathias Pier ist es zu danken, daß die Hydrierung über diese Krise hinwegkam und daß damit der Weg geebnet wurde zu der großen Entwicklung, die von der Mitte der dreißiger Jahre an stürmisch einsetzte.

I. Die Hydrierung in Deutschland.

Die Entwicklung der Hydrierung in Deutschland ist in erster Linie durch die Art der vorhandenen Rohstoffe bestimmt worden. Zugleich bestimmten die Distrikte der Rohstoffvorkommen die Standorte der Hydrierwerke, da aus wirtschaftlichen Gründen die Anfahrwege der Rohstoffe zu den Hydrierwerken tunlichst klein gehalten werden mußten.

In Leuna, das schon bei seiner Gründung auf die mitteldeutsche Braunkohle basiert worden war, stand die direkte Hydrierung der Braunkohle im Vordergrunde. Daneben wurden aber auch gewisse Mengen Braunkohlenschwelteer verarbeitet.

Die immer stärkere Aufwärtsbewegung in der Energie-Erzeugung im Raume des mitteldeutschen Braunkohlenbergbaus hatte den Wunsch erstehen lassen, der Braunkohle vor ihrer Verbrennung in den Kraftwerken den in ihr enthaltenen Teer zu entziehen, d. h. nur die Grude zu verbrennen. Dieses Streben war vor allem dadurch gerechtfertigt, daß die große Mehrzahl der in Frage kommenden Kohlen recht teerreich, d. h. schwelwürdig war. Um diesen Gedanken verwirklichen zu können, mußte indessen der Absatz für den anfallenden Schwelteer gesichert sein. Die destillative und raffinierende Aufarbeitung des Teeres konnte den zu stellenden Ansprüchen nicht genügen; die Hydrierung aber bot die Möglichkeit, den Teer mit größten Ausbeuten in wertvolle Produkte (Kraftstoffe, Schmierstoffe, Paraffin usw.) überzuführen. Und so wurden im mitteldeutschen Raume drei Hydrierwerke errichtet, von denen zwei (Böhlen und Magdeburg [Sachsen]) den Teer in spaltender Sumpf- und Gasphase hydrierten, eines (Zeitz [Thüringen]) den Teer im TTH- bzw. MTH-Verfahren hydrierend raffinierte.

Aus den mit der mitteldeutschen Braunkohle erzielten Hydriererfolgen ergab sich der Wunsch, auch das im Vorrat noch größere[1] rheinische Braunkohlevorkommen zur Treibstoff-Erzeugung durch Hydrierung heranzuziehen; und so wurde in Wesseling (Bez. Köln) ein Hydrierwerk erstellt, in welchem die Kohle direkt hydriert wurde, da die rheinische Braunkohle wegen zu geringer Teerausbeute nicht schwelwürdig ist.

Die hohe Teerausbeute, die beim Verschwelen der sudetendeutschen Braunkohle erhalten wird, ließ es angezeigt erscheinen, auch diese Kohle über Schwelung und Teerhydrierung für die Treibstoff-Erzeugung einzusetzen; diesem Vorhaben diente die Errichtung des Hydrierwerks in Brüx.

Nachdem durch den Großversuch in Ludwigshafen die technisch-wirtschaftliche Hydrierbarkeit der Ruhrsteinkohle erwiesen war, konnte auch dieses reiche Energievorkommen der Treibstoffgewinnung durch direkte Kohlehydrierung nutzbar gemacht werden, wofür die Hydrierwerke Scholven und Gelsenberg (beide im Gelsenkirchener Bezirk) erstellt wurden. Während an der Ruhr die für die Hydrierung am besten geeigneten jungen Steinkohlen nur einen kleineren Anteil des gesamten Kohlevorkommens ausmachen, stellen die jungen Steinkohlen in dem anderen großdeutschen Steinkohlerevier, in Oberschlesien, das Hauptkontingent, ja die östliche Hälfte des Vorkommens besteht ausschließlich

---

[1] Über die Größe der Vorkommen in den deutschen Kohlerevieren s. z. B. Michwitz: Angew. Chem. B 20, 33 (1948).

aus junger Steinkohle. Somit war der Wunsch verständlich, gerade auch diese für die Hydrierung prädestinierte Steinkohle zur Verflüssigung zu verwenden; hierfür wurde das Hydrierwerk Blechhammer (Oberschlesien) gebaut.

Das in Welheim (Essener Bezirk) errichtete Hydrierwerk war zunächst auf die Aufgabe ausgerichtet gewesen, die Steinkohle nach dem Pott-Broche-Verfahren in Extrakt überzuführen und diesen dann spaltend zu hydrieren. Die beträchtlichen technischen (und auch wirtschaftlichen) Schwierigkeiten indessen, die sich dem Extraktionsverfahren entgegenstellten, hatten es angezeigt erscheinen lassen, die eigentliche Hydrieranlage von dieser unsicheren Rohstoffbasis freizumachen und Kokereiteerpech bzw. Kokereiteeröle als Rohstoffe einzusetzen. — Dieser Rohstoff wurde auch in dem kleineren Hydrierwerk Lützkendorf (Bez. Halle) verarbeitet, wo jedoch als Haupteinsatz-Produkt für die Treibstoff-Erzeugung Rückstände der Erdölraffination vorgesehen waren.

Infolge der vergleichsweise niedrigen deutschen Erdölerzeugung kam indessen ein großzügiger Einsatz deutscher Erdölprodukte als Rohstoffe für die Hydrierung nicht in Frage. Jedoch gab die in Kleinversuchen erwiesene hervorragende Hydrierfähigkeit relativ minder bewerteter Krackrückstände einen starken Anreiz, dieses Rohmaterial für die Treibstoff-Erzeugung durch Hydrierung einzusetzen. Dies war aber in großem Umfange nur möglich durch Heranziehung ausländischer, d. h. überseeischer Rohstoffe. Aus Transportgründen mußte daher das hierfür zu errichtende Hydrierwerk an die Küste verlegt werden. Um die Elastizität im Rohstoffeinsatz zu sichern, erschien es wünschenswert, auch eine gute Verbindung mit dem oberschlesischen Steinkohlenrevier zu haben. Dadurch ergab sich als Standort Pölitz (Bezirk Stettin), das einerseits über die Ostsee mit den Weltmeeren verbunden war, andererseits außer durch den Schienenstrang auch durch die Oder Verbindung mit Oberschlesien hatte. Infolge der Kriegsverhältnisse wurden in Pölitz vornehmlich oberschlesische Steinkohle, Kokereiteer von der Ruhr und Erdölrückstände (insbesondere aus dem österreichischen Gebiet) eingesetzt.

Zum Teil waren die erwähnten Hydrieranlagen ergänzt durch DHD-Anlagen zur Umwandlung des erzeugten Hydrierbenzins bzw. übernommener Erdölbenzine in Aromatenbenzin sowie durch AT-Anlagen zur Herstellung von Alkylat-Treibstoff (bzw. auch Isooctan-Treibstoff) aus dem in der Hydrierung anfallenden Butan.

Speziell ausgerichtet auf die Erzeugung von Aromatenbenzin durch Dehydrierung von Erdöl- bzw. Hydrierbenzin waren zwei Anlagen, wovon die eine (Moosbierbaum [Österreich]) nach dem HF-Verfahren arbeitete, die andere (Ludwigshafen-Oppau) nach dem DHD-Verfahren.

Infolge der großen Elastizität, die generell das Hydrierverfahren kennzeichnet, konnte die Verteilung der Erzeugung der einzelnen Kraftstoffarten in weiten Grenzen nach den jeweiligen Anforderungen gesteuert werden, d. h. es wurden — wie gerade die Anforderungen lauteten — in den Hydrierwerken erzeugt: Autobenzin, Flugbenzin (sowie dessen Komponenten), Düsentreibstoff, Dieselkraftstoff, Heizöl usw.; dazu kamen Treibgas und in speziellen Fällen Leuchtöl, Schmieröl, Paraffin, Phenole u. a. m.

Soweit und solange die Hydrierwerke ohne kriegerische Einwirkung arbeiten konnten, erfüllten bzw. übertrafen sie die Planzahlen (Kapazitäten); mit zunehmender Beeinträchtigung durch Luftangriffe und sonstige kriegsbedingte Störungen blieb die Produktion in wachsendem Ausmaße hinter der Planung zurück[1]. Tab. 49 gibt einen Überblick über die in Deutschland erstellten Hydrieranlagen.

Damit lag die Gesamtkapazität für die Erzeugung an synthetischen Treibstoffen durch Hydrierung über der Hälfte des deutschen Verbrauchs im letzten Friedensjahr (1938: 7,5 Mill. jato).

Durch den Kriegsausgang kamen zunächst alle deutschen Hydrierwerke zum Erliegen. Die außerhalb Deutschlands (Altreichgrenzen) gelegenen Hydrierwerke (Brüx, Moosbierbaum) gingen in den Besitz der wiedererrichteten Staaten über; die Anlage in Brüx soll wieder in Betrieb sein[2]. — Von den in der russisch besetzten Zone Deutschlands gelegenen Hydrieranlagen sind die Werke Magdeburg, Blechhammer und Pölitz von den Russen demontiert worden und sollen nach Pressenotizen[3], zu einem Werk von 120000—130000 moto Kapazität zusammengefaßt, am Baikalsee wieder errichtet werden. Die verbliebenen Hydrierwerke (Leuna, Lützkendorf, Böhlen, Zeitz), von denen die beiden letzteren in Betrieb sein sollen und Leuna wieder in Betrieb gekommen ist[4], sollen ebenfalls für die Demontage nach Sowjetrußland vorgesehen sein. — Von den in den Westzonen befindlichen Hydrierwerken sind Wesseling und Gelsenberg mit der Hydrierung von je 15000 moto Topprückständen aus importierten Roherdölen wieder in Betrieb gekommen[5]. Durch die mit dieser Veredlung verbundene Devisenersparnis werden die deutschen Hydrierwerke ihren Beitrag zur Erholung Deutschlands leisten und werden in technischer Hinsicht Gelegenheit haben, über den bis jetzt erreichten hohen technischen Stand hinaus das Hydrierverfahren weiter zu vervollkommnen. Der Umstand, daß hier Erdölrückstände zur Verarbeitung kommen werden, wird darüber hinaus wohl dazu beitragen, die Hemmungen zu vermindern, die heute noch in erdölreichen Ländern hinsichtlich der großtechnischen Einführung der Hydrierung bestehen.

---

[1] Für die Produktionszahlen s. z. B. Stahmer: Die Welt 3, Nr. 34, S. 6 (1948). — [2] Erdöl und Kohle 2, 166 (1949). — [3] S. z. B.: Die Welt vom 2. 2. 48. [4] Erdöl und Kohle 2, 371 (1949). — [5] Allerdings ist mit der Demontage von Gelsenberg am 16. 8. 1949 begonnen worden (s. z. B.: Die Neue Zeitung vom 17. 8. 49).

Tabelle 49. *Hydrieranlagen in Deutschland.*

Hydrierwerk	Bezirk	Hauptrohstoffe	Hydrierverfahren	Druck at		Kapazität in 1000 jato ca.
				Sumpfphase	Gasphase	
Leuna	Mitteldeutschland	Braunkohle (Braunkohlenteer)	Sumpf- + Gasphase	200	200	600
Böhlen . . .	,,	Braunkohlenteer	,,	300	300	240
Magdeburg	,,	,,	,,	300	300	230
Zeitz	,,	,,	TTH + MTH	300	300	300
Wesseling .	Niederrhein	Braunkohle	Sumpf- + Gasphase	700	300	200
Brüx	Sudetenland	Braunkohlenteer	,,	300	300	400
Scholwen .	Ruhr	Steinkohle	,,	300	300	200
Gelsenberg	,,	,,	,,	700	300	350
Blechhammer . .	Oberschlesien	,,	,,	700	300	500
Welheim . .	Ruhr	Steinkohlenteer	,,	700	700	180
Lützkendorf	Mitteldeutschland	Erdölrückst., Kokereiteer	,,	700	700	50
Pölitz	Stettin	Steinkohle, Kokereiteer, Erdölrückst.	,,	700	300	600
Eigentliche Hydrierung						3850
Moosbierbaum	Österreich	Erdölbenzin, Hydrierbenzin	HF	—	ca. 15	100
Ludwigsh.-Oppau . .	Oberrhein	,,	DHD	—	,, 50	50
Gesamte Hydrierwerke						4000

II. Die Hydrierung im Ausland.

Die Erfolge, die die I. G. mit Inbetriebnahme der „Großversuchsanlage" Leuna erzielt hatte, hatten auch das Interesse der großen Ölfirmen geweckt, und so hatte sich ein Übereinkommen zwischen der I. G. und der Standard Oil Co. of New Jersey ergeben zur gemeinsamen Weiterentwicklung des Hydrierverfahrens im Rahmen der Standard-I. G. Co., in deren Tochtergesellschaft, der International Hydrogenation Patents Co., auch die Interessen der Royal Dutch Shell Gruppe und der Imperial Chemical Industries, Ltd. zusammengefaßt waren.

Auf Grund der von der I. G. in Kleinversuchen erzielten Ergebnisse der Erdölhydrierung, die die Standard in eigenen Kleinversuchen bestätigte, erstellte die Standard technische Anlagen, die vornehmlich für die Schmierölverbesserung, aber auch für die Erzeugung von Hydrierbenzin und Aromatenbenzin eingesetzt wurden und die aus den Kleinversuchen abgeleiteten Erwartungen voll bestätigten. Die starke Entwicklung jedoch, die in der Folgezeit auf dem Schmierölsektor die Extraktionsverfahren nahmen und auf dem Benzinsektor die Krackverfahren, insbesondere die katalytischen, beeinträchtigte die Konkurrenzfähigkeit der Hydrierung, wobei hinzukam, daß — insbesondere durch das Anwachsen des Haushaltsverbrauchs in USA. — der Markt für Heizöle sich ständig vergrößerte und somit die bei den Extraktions- und Krackverfahren als Nebenprodukte anfallenden Extrakte bzw. cycle stocks (oder auch Krackrückstände) zu immer besseren Erlösen Absatz fanden. Bei dieser wirtschaftlichen Lage entschloß sich die Standard, die Hydrieranlagen abzustellen bzw. für andere Verwendungszwecke einzusetzen. Es wäre aber zweifellos falsch, aus dieser Entscheidung allgemeine Schlußfolgerungen für die Erdölhydrierung abzuleiten; dies ist um so weniger zulässig, da ja die Hydrierverfahren in den letzten Jahren wesentliche technisch-wirtschaftliche Fortschritte erzielt haben, die durchaus geeignet erscheinen, den Fragenkomplex der Erdölhydrierung auch für erdölreiche Länder in anderem Lichte erscheinen zu lassen. Ein Anzeichen hierfür ist vielleicht darin zu sehen, daß in den letzten Jahren gerade auch in USA. das Hydroforming und das DHD-Verfahren wachsende Bedeutung gewinnen, und somit auf dem Wege über die Mitteldruckhydrierung die Bahn für die Hochdruckhydrierung geebnet werden könnte. — Auch das Hydrofining hat in USA. Ansätze dazu gemacht, zu einem Bestandteil der Raffinationsverfahren in der Erdölindustrie zu werden.

Für die spezielle Anwendungsform der hydrierenden Raffination in der Hydrierung von Diisobutylen zu Isooctan ist in Abadan (Persien) eine Hydrieranlage errichtet worden, wodurch das Hydrierverfahren auch in dem wichtigen Mittelostgebiet Eingang gefunden hat. Es liegt durchaus im Bereich der Möglichkeiten, diese Anlagen auch für andere Erdölhydrierungen einzusetzen.

In England hatte sich die I. C. I. — zunächst unabhängig von der I. G. — vornehmlich mit der Steinkohlehydrierung befaßt und hier — insbesondere in der Sumpfphase — sehr große Erfolge erzielt. Der starke Vorsprung, den die I. G. — vor allem in der Gasphasehydrierung — gewonnen hatte und der in den entsprechenden Schutzrechten verankert worden war, führte zu dem bereits erwähnten Übereinkommen einer gemeinsamen Arbeit an der Weiterentwicklung der Hydrierung. Als Folge davon erstellte die I. C. I. in Billingham eine 300-at-Steinkohle-Hydrieranlage mit einer Kapazität von etwa 100 000 jato Treibstoffen. Die Anlage arbeitete mit den erwarteten Ergebnissen bis zum Kriegsausbruch und wurde dann zufolge der Kriegsanforderungen auf die Hydrierung von Kreosot zu Flugbenzin umgestellt[1], wovon sie in 1940 etwa 150 000 t erzeugte.

In Italien hatte das gewissermaßen naturgegebene Interesse an einer *möglichst vollständigen* Umwandlung der zur Verfügung stehenden Rohstoffe in Treibstoffe ein starkes Interesse für die Hydrierung erzeugt, also für das Verfahren, das grundsätzlich die bestmöglichen Ausbeuten an Kraftstoffen für Verbrennungsmotoren liefert. Und so erstellte kurz vor dem Kriege die A n i c in Bari und Livorno je eine Hydrieranlage von je etwa 180 000 jato Kapazität, die beide in Kombination mit vorhandenen Erdöl-Raffinerien arbeiteten. Die Kriegsschwierigkeiten indessen verhinderten einen Vollbetrieb der Anlagen.

Japan hat auf eine Zusammenarbeit mit der I. G. verzichtet und aus eigenen Kräften unter Verwendung der aus den I.-G.-Patenten bekanntgewordenen Verfahrensbedingungen die Steinkohlehydrierung in mitteltechnischem Maßstabe betrieben[2]. Infolge der nicht zu überwindenden technischen Schwierigkeiten — insbesondere hinsichtlich der Verkokung der Hydrieröfen — wurde der Betrieb der beiden errichteten Hydrierwerke wieder eingestellt.

Für die Hydrierung im Auslande war es zweifellos von großem Nachteil, daß durch den Kriegsausbruch die Übertragung der ständig angewachsenen I.-G.-Erfahrungen scharf eingeschränkt bzw. verhindert wurde. Man darf wohl mit Fug und Recht annehmen, daß intensive internationale Zusammenarbeit auf dem Hydriergebiet, verbunden mit regstem Erfahrungsaustausch — wie dies an sich von den Gesellschaften vorgesehen gewesen war —, auch im Auslande der Hydrierung einen stärkeren Auftrieb gegeben hätte, als dies unter den eingetretenen politischen Verhältnissen möglich war.

---

[1] Angew. Chem. B **20**, 51 (1948).
[2] G o d d i n: Petrol. Process. **3**, Nr. 2, S. 121 (1948).

E. Ausblick.

Betrachtet man das überaus umfangreiche Gebiet, das von der Hydrierung überspannt wird, und die Vielfältigkeit der Anwendungsformen, zu denen die Hydrierung befähigt ist, so wird man erkennen, daß — gemessen an der erreichten Entwicklung — die Reifezeit sehr kurz war. Von den ersten katalytischen Kleinversuchen in Ludwigshafen bis zur Einstellung der großtechnischen Hydrierung in Deutschland waren gerade 20 Jahre verflossen, von denen die letzten sechs infolge der Erschwerungen durch den Krieg nicht voll als Entwicklungsjahre gerechnet werden können. Und in dieser kurzen Zeitspanne ist das Verfahren so gestaltet und vervollkommnet worden, daß es alle dafür überhaupt in Frage kommenden Rohstoffe mit hervorragenden Ausbeuten in jede gewünschte Form der Kraftstoffe bzw. gegebenenfalls Schmierstoffe umzuwandeln vermag. Der Beweis hierfür ist in zahlreichen technischen Anlagen größten Ausmaßes erbracht worden.

Es ist verständlich, daß in dieser Zeit die Entwicklungsarbeit in erster Linie darauf abgestellt werden mußte, das Verfahren als solches und die zugehörige apparative Technik auf einen Stand zu bringen, der ein unbedingt zuverlässiges Arbeiten der Großanlagen gewährleistet. Dieses Ziel ist voll erreicht worden. Natürlich wurden dabei auch die wirtschaftlichen Gesichtspunkte scharf berücksichtigt, aber dominierend blieb die Technik als solche. Nachdem nun die Hydrierung zu einem technisch gesicherten Verfahren geworden ist, wird es die Aufgabe der Zukunft sein, die Hydrierung auch wirtschaftlich auf den gleichen Stand zu bringen, den sie in der Verfahrenstechnik erreicht hat. Sowohl in chemischer wie in apparativer Hinsicht haben wir zahlreiche Wege gesehen, die hierfür sehr aussichtsreich erscheinen. Darüber hinaus ist es durchaus vorstellbar (ja gewisse Anzeichen sprechen sogar direkt dafür), daß andere Wege, die aus Zeitmangel nicht bis zum Ende verfolgt werden konnten, zu bedeutenden Fortschritten zu führen vermögen. Die Ammoniak- und die Methanol-Synthese sind Besitz der Welt geworden, die Hydrierung wird es werden.

Die Hydrierung ist notwendig, denn die Entwicklung vom festen zum flüssigen Kraft- oder Brennstoff kann nicht zurückgedreht werden. Weiter müssen die in der Erde gestapelten festen und flüssigen Energievorräte mit den bestmöglichen Ausbeuten in die Verwendungsformen übergeführt werden, die die Technik von heute verlangt. Für diese Umwandlung der festen und flüssigen Rohstoffe ist die Hydrierung in chemisch-technischer Hinsicht infolge der hohen damit zu erzielenden Ausbeuten und ihrer Elastizität das prädestinierte Verfahren. Was verfahrensmäßig richtig ist, wird auch wirtschaftlich richtig werden.

Aber dieses Ziel kann nur durch praktische Arbeit erreicht werden. Es ist deshalb generell für die Hydrierung sehr bedeutungsvoll, daß zwei deutsche Hydrierwerke im Westen wieder in Betrieb gekommen sind. Sie werden zweifellos das ihre dazu beitragen, um in zäher Arbeit das Verfahren wirtschaftlich weiter zu vervollkommnen, wobei sich jedoch infolge der allgemeinen und sonstigen Verhältnisse in Deutschland die Entwicklungsarbeiten innerhalb der durch den Großbetrieb gegebenen Grenzen halten, d. h. nur ein relativ kleines Teilgebiet umfassen werden.

Um im Gesamtrahmen der Hydrierung weiter vorstoßen zu können, ist ein stärkerer Einsatz notwendig, als er in Deutschland aufgebracht werden kann. Es ist deshalb zweifellos von großer Bedeutung, daß Präsident Truman in einer Botschaft[1] vor dem Kongreß am 12. 1. 1948 eine großzügige Aufnahme der Treibstoff-Synthese in USA. angeregt hat. Wenn wohl auch der Krug-Plan in seiner ursprünglichen Form[2] im Ausmaß des gegenwärtig vorzunehmenden Einsatzes über das Ziel hinausgeschossen ist und daher auf Ablehnung seitens der Erdölindustrie stieß bzw. Abänderungswünsche hervorrief[3], so ist es doch das unbestreitbare Verdienst des Planes, eine lebhafte Erörterung des Problems in Gang gesetzt zu haben. Und ebenso wird wohl die Wolverton Bill[4] bewirken, daß die Erdölindustrie — gegebenenfalls in Gemeinschaft mit der Kohleindustrie — die Frage der Aufnahme praktischer Hydrierarbeiten stärker in Erwägung ziehen wird, wobei sich auch wohl der Umstand förderlich erweisen wird, daß das Bureau of Mines, welches deutsche Hydrieraggregate[5] und deutsche Hydriertechniker übernommen hat, beträchtliche Fortschritte in der Entwicklung des Hydrierverfahrens erzielt hat[6,7]. Gerade im Rahmen der Erdölindustrie ließen sich praktische Hydrierarbeiten in besonders vorteilhafter Weise durchführen: der technische Einsatz des Hydroforming könnte für die anfänglichen Versuche, die sich auf das Erdölgebiet beschränken würden, den Wasserstoff liefern. Im Zuge der Übernahme weiterer Hydrierungsarten in den Betrieben würden die Raffineriegase zur Wasserstoff-Erzeugung herangezogen werden, und mit wachsender Ausbreitung könnten dann auch die Versuche auf die Kohlehydrierung ausgedehnt werden. Die Wechselbeziehungen zwischen Betrieb und Versuchsanlage, die sich in Deutschland

---

[1] Petrol. Process. **3**, Nr. 2, S. 99 (1948).

[2] Oil and Gas Journal **46**, Nr. 42, S. 70 (1948).

[3] Oil and Gas Journal **46**, Nr. 44, S. 38 (1948); Nr. 45, S. 61 (1948); Petrol. Refiner **27**, Nr. 3, S. 138 (1948).

[4] Oil and Gas Journal **47**, Nr. 3, S. 120 (1948); Petrol. Process. **3**, Nr. 4, S. 301 (1948).

[5] Petrol. Refiner **26**, Nr. 9, S. 160 (1947); Oil and Gas Journal **46**, Nr. 17, S. 109 (1947).

[6] Petrol. Process. **3**, Nr. 3, S. 207 (1948); Skinnei: Ind. Eng. Chem. **41**, 87 (1949).

[7] Auch Carbide & Carbon Co. (Chem. Eng. Juli 1949, S, 67) haben sich zum Bau einer Kohlehydrier-Versuchsanlage entschlossen.

für die Entwicklung der Hydrierung als so besonders glücklich erwiesen haben, werden bei vollem Einsatz der deutschen Hydriererfahrungen mit Sicherheit zu einer so günstigen Weiterentwicklung des Hydrierverfahrens führen, daß auf allen in Frage kommenden Anwendungsgebieten — auch denen der eigentlichen Kohlehydrierung — der wirtschaftliche Erfolg nicht ausbleiben wird.

Auch für den heutigen Stand der Hydrierung gelten die Worte von Carl Bosch[1]: „Das gewaltige Gebiet großtechnischer Hydrierung ist damit nicht abgeschlossen; ich möchte hoffen, daß die bisherigen Erfolge weiteren Anreiz zu fruchtbringender Arbeit geben mögen." Und in gleicher Weise hat auch heute — gewiß weit über den deutschen Rahmen hinaus — Gültigkeit, was Carl Bosch in seinem Nobel-Vortrag[2] über die Hydrierung gesagt hat: „Dieses Verfahren ist berufen, in Zukunft eine sehr große Rolle zu spielen!"

[1] Bosch, Carl: Chem. Fabr. **7**, 1 (1934).
[2] Bosch, Carl: Chem. Fabr. **6**, 127 (1933).

Literaturverzeichnis.

Die Literatur über Hydrierung ist in den beiden letzten Jahrzehnten sehr stark angewachsen, so daß es weit außerhalb des Rahmens dieser Abhandlung liegen würde, eine erschöpfende Literatur-Übersicht zu bringen. Auch ist es hier nicht möglich, auf die umfangreiche Patentliteratur einzugehen. Es seien daher im folgenden nur einige charakteristische Publikationen herausgegriffen:

Berthelot: Bull. Soc. Chim. **11** (2), 278 (1869); Übersetzung: Abh. Kohle **1**, 156 (1915/16).

Kohlenforschungsinstitut:

Fischer: Abh. Kohle **1**, 231 u. 236 (1915/16); Abh. Kohle **2**, 154 (1917); Die Umwandlung der Kohle in Öle (Gebr. Bornträger, Berlin 1924): S. 231.

Deutsche Bergin A. G.:

Bergius: Journ. Soc. Chem. Ind. **32**, 462 (1913); Angew. Chem. **34**, 341 u. 345 (1921); Angew. Chem. **35**, 626 (1922); Brennstoff-Chem. **5**, 215 (1924); Brennstoff-Chem. **6**, 164 (1925); Het Gas **45**, 225 (1925); Glückauf **61**, 1355 (1925); Petroleum **22**, 76 u. 116 (1926); Chem. Ztg. **50**, 998 (1926); Proc. Inst. Conf. Bit. Coal **1926**, S. 102; Can. Chem. Metall. **10**, 275 (1926); Brennstoff-Chem. **9**, 206 (1928); Nat. Wiss. **16**, 1 (1928); World Petrol. Congr. London **1933**, Proc. Bd. II S. 282; Beitrag in Dunstan: "The Science of Petroleum" (Oxford University Press, London 1938) Bd. III, S. 2130.
Brückmann: Erdöl und Teer **1926**, S. 630.
Schoenemann: Brennst. Chem. **30**, 177 (1949).

I. G.:

Bosch: Chem. Fabr. **6**, 127 (1933); Chem. Fabr. **7**, 1 (1934).
Krauch: Stahl und Eisen **47**, 1118 (1927); Petroleum **25**, 699 (1929).
Krauch u. Pier: Angew. Chem. **44**, 953 (1931); Öl und Kohle **1**, 47 (1933).
Pier: World Petr. Congr. London **1933**, Proc. Bd. II; S. 290; Petr. Times **33**, April 6, 13 u. 20, Mai 4 (1935). Chem. Fabr. **8**, 45 (1935); Öl und Kohle **12**, Heft 47, Dez. 35; Chem. Ztg. **59**, 9 u. 37 (1935); Öl und Kohle **13**, Heft 24, Juni 1937; Ind. Eng. Chem. **29**, 140, Februar 1937; Angew. Chem. **51**, 603 (1938); Österr. Chem. Ztg. **1939**, Nr. 2; Deutsche Akad. d. Luftfahrtforschung 10./11. 5. 39; Der Vierjahresplan, Folge 19, vom 5. 10. 1940.
v. Weinberg: Petroleum **25**, 147 (1929).
Grimm: Proc. 3rd Int. Conf. Bit. Coal **2**, 49 (1932).
Galle: Hydrierung der Kohlen, Teere und Mineralöle (Verlag Theodor Steinkopf 1932); hier ausführliche Literatur-Zusammenstellung.
Jantsch: Kraftstoff-Handbuch (Francksche Verlagsbuchhandlung, Stuttgart 1941).

Standard:

Howard: Oil and Gas Journal **30**, Nr. 46, S. 90 (1932).
Haslam u. Russel: Ind. Eng. Chem. **22**, 1030 (1930); Nat. Petr. News **1930**, Nr. 40, S. 58.
Haslam u. Bauer: J. S. A. E. **1931**, Januar, S. 19; SAE-Journal **28**, 307 (1931).

Haslam, Byrne u. Gohr: Ind. Eng. Chem. **24**, 1129 (1932).
Haslam, Russel u. Asbury: World Petr. Congr. London **1933**, Proc. Bd. II, S. 302 u. 309.
Russel u. Gohr: Journ. Inst. Petr. Techn. **18**, 595 (1932).
Russel, Gohr u. Voorhies: Journ. Inst. Petr. Techn. **21**, 347 (1935).
Russel: Beitrag in Dunstan (l. c.) S. 2139.
Sweeney u. Voorhies: Ind. Eng. Chem. **26**, 195 (1934).

ICI:

Gordon: Trans. Inst. Mining Engrs. (London) **82**, 348 (1932); World Petr. Congr. London **1933**, Proc. Bd. II, S. 317; Journ. Inst. Fuels **9**, N. 44, S. 69 (1935); Journ. Inst. Fuels **20**, 42 (1946)

Gewerkschaft Mathias Stinnes:

Pott u. Broche: Glückauf **69**, 903 (1933).

Sonstige Autoren:

Shatwell u. v. Graham: Fuel **4**, 25 u. 75 (1925).
Boyer: Chem. u. Met. Eng. **37**, 741 (1930).
Zerbe: Chem. Ztg. **55**, 4, 18, 38, 94, 114, 136 u. 152 (1931); hier ausführliche Literatur-Zusammenstellung.
Morgan u. Veryard: Journ. Soc. Chem. Ind. **1932**, S. 51 u. 81 T.
Ormandy u. Burns: World Petr. Congr. London **1933**, Proc. Bd. II, S. 295.
Watermann: World Petr. Congr. London **1933**, Proc. Bd. II, S. 322.
Roberti: World Petr. Congr. London **1933**, Proc. Bd. II, S. 326.
Cawley u. Hall: Journ. Soc. Chem. Ind. **53**, 806 (1934).
Ipatieff: Beitrag in Dunstan (l. c.) S. 2133.
King: Beitrag in Dunstan (l. c.) S. 2149.
Stanley: Beitrag in Dunstan: (l. c.) S. 2163.
Brown u. Tilton: Oil and Gas Journal **36**, Nr. 46, S. 74 (1938).
Vorberg: Seifensiederzeitung **72**, 146 (1946).
Tongue: "The Design and Construction of High Pressure Chemical Plants" (Chapman and Hall, Ltd., London 1934).
Naumann: Chem. Fabr. **11**, 365 (1938).
Siebel u. Schwaigerer: Die Technik **1**, 114 (1946).
— : Chem. Eng. August 1949, S. 107.

Gedruckt im Druckhaus Tempelhof